Entdeckendes Lernen im Mathematikunterricht

Heinrich Winand Winter

Entdeckendes Lernen im Mathematikunterricht

Einblicke in die Ideengeschichte
und ihre Bedeutung für die Pädagogik

3., aktualisierte Auflage

Heinrich Winand Winter
Didaktik der Mathematik
RWTH Aachen
Aachen, Deutschland

ISBN 978-3-658-10604-1   ISBN 978-3-658-10605-8 (eBook)
DOI 10.1007/978-3-658-10605-8

Die Deutsche Nationalbibliothek verzeichnet diese Publikation in der Deutschen Nationalbibliografie; detaillierte bibliografische Daten sind im Internet über http://dnb.d-nb.de abrufbar.

Springer Spektrum
Planung: Ulrike Schmickler-Hirzebruch

Gedruckt auf säurefreiem und chlorfrei gebleichtem Papier.

Springer Fachmedien Wiesbaden GmbH ist Teil der Fachverlagsgruppe Springer Science+Business Media (www.springer.com)

Inhaltsverzeichnis

Vorwort des Autors

Gern würde ich hervorheben, dass Mitglieder dieser oder jener möglichen Adressaten-gruppe (Lehrer, Didaktiker, Mathematiker, Studenten, ...) dies oder jenes lernen könnten, wenn sie dieses Buch durcharbeiten; aber das mag ich nur äußerst zögernd tun. Es würde womöglich der Hauptthese über das (Mathematik)Lernen, die ich hier vertrete und unter immer neuen Aspekten besser zu verstehen trachte, widersprechen, wenn ich die Hoff-nung hätte, durch Buchlektüre könne im Sinne einer belehrenden Veranstaltung Wissen vom Schreiber in den Leser transportiert werden. Ich habe wohl die Hoffnung, dass es Le-ser gebe, die durch die Lektüre dieses Buches angeregt werden, selbst über Probleme des Mathematiklernens (erneut) nachzudenken. Das ist – objektiv gesehen – sein Hauptzweck.

Nachdenken über Mathematiklernen kann man freilich nicht in einem luftleeren Raum oder unter alleiniger Bezugnahme auf Alltagswissen, „common-sense"-Urteile oder priva-te Praxis. Vielmehr gehört es dazu, wichtige Ansätze aus der Geschichte der Mathematik und der Pädagogik und bereits entwickelte Materialien und Wissensbestände der Didaktik wahrzunehmen und für sich durchzuarbeiten. Ich habe versucht, diesem Anspruch gerecht zu werden.

Die Orientierung an der Geschichte entspringt der doppelten Überzeugung, dass man etwas Mathematisches umso besser verstehen kann, je besser man seine Entdeckungsge-schichte kennt und – noch weitaus wichtiger – dass Bildungsbemühungen in der Schule umso weniger der Gefahr naiver und unmündiger Praxisverhaftung erliegen, je mehr sie mit der Geschichte des menschlichen Geistes in Verbindung stehen. Ich halte es für uner-lässlich, dass der Mathematiklehrer eine geisteswissenschaftliche Perspektive anstrebt.

Insoweit didaktische Materialien (im weiteren Sinne: Aufgabentexte, bildliche Darstel-lungen, physikalische Modelle, Verkörperungen in Alltagssituationen, Übungssequenzen usw.) und didaktische Wissensbestände vorgestellt und diskutiert werden, kann (und soll) das Buch eine unmittelbar praxisbezogene Funktion in der Lehrerausbildung erfüllen.

Das Buch ist ein Resultat meiner mehrjährigen Bemühungen mit Schülern verschie-dener Schulstufen und -formen, mit Lehrerstudenten und mit Lehrern (im Rahmen von Fortbildungsveranstaltungen), entdecken lassenden Unterricht selbst zu praktizieren und darüber – auch mit den je Betroffenen – nachzudenken. Diesen Schülern und Lehrern möchte ich hier nochmals danken.

Heute möchte ich herzlich all denjenigen danken, die eine dritte Auflage des Buches für sinnvoll hielten. An erster Stelle nenne ich Frau Prof. Dr. Heitzer von der RWTH Aa-chen, die trotz ihrer weitgestreuten beruflichen Tätigkeiten immer wieder Schritte unter-nahm, eine dritte Auflage des Buches zu erwirken. Ebenso danke ich Frau Barbara Giese für das Neuerstellen des Textes mit allen Abbildungen und Frau Schmickler-Hirzebruch, Cheflektorin beim Springer-Verlag, für Ihre Bemühungen um die durchgesehene Auflage. Schließlich geht mein großer Dank an Frau Prof. Dr. Hefendehl-Hebeker und Herrn Prof. Dr. Dr. h.c. Erich Christian Wittmann für ihre eindringlichen Geleitworte.

Selbstverständlich trage ich die Verantwortung für alle Fehler und Ungereimtheiten, die das Buch enthält.

Aachen, im Juni 2015   Heinrich Winand Winter

Geleitworte zur dritten Auflage

Heinrich Winand Winter ist jetzt sechsundachtzig Jahre alt. Er hat in seinem Haus sowohl in der Bibliothek als auch im Arbeitszimmer einen Schreibtisch. Dennoch ist auch sein Wohnzimmertisch in aller Regel mit diverser Lektüre, vor allem aber eigenen Notizen und Skizzen bedeckt. Aktuell arbeitet er – auf die Aussage gestoßen, jedes der elf Oktaedernetze parkettiere die Ebene – unter anderem am konkreten Auffinden dieser Parkettierungen: mit Buntstiften, Sorgfalt und niemals zufälliger Farbwahl auf eigens dafür produziertem Dreiecksgitterpapier.

Brouwer hat gesagt, die Mathematik sei mehr ein Tun als eine Lehre. Wagenschein war überzeugt, ein guter Bergführer könne nur sein, wer selbst noch gerne klettert. Heinrich Winand Winter lebt den Inhalt dieser Botschaften. Mir scheint auch typisch, dass er sich nicht mit dem Existenzsatz zufrieden gibt. Dies zu tun auf der einen und sich bei geklärter Existenz noch mit der mühseligen Konkretisierung abzugeben auf der anderen Seite gehört zu den Paaren konträrer Haltungen, die – natürlich viel zu platt gesprochen – „Mathematiker und andere" aneinander befremden können.

Im Spannungsfeld zwischen der in den gelehrten Teilen weitgehend fest stehenden Wissenschaft Mathematik und den immer wieder neuen, individuellen Erkenntniswegen gibt es noch einige solcher potentiellen Trennlinien. Winter steht nie kopfschüttelnd auf der einen oder anderen Seite und wendet sich schnell wieder Eigenem zu. Er ist vielmehr permanent unterwegs auf den Pfaden, die vom Rest des Lebens in die Mathematik und wieder zurück führen. Kein schlechter Zustand für einen Mathematikdidaktiker, will mir scheinen.

Es war mir eine Freude und Ehre, diese durchgesehene dritte Auflage zu initiieren und organisieren. Dafür wurden in Absprache mit Heinrich Winand Winter

- der Text neu gesetzt und alle Abbildungen neu erstellt,
- kleinere korrigierende Veränderungen vorgenommen,
- fehlende Referenzen ergänzt,
- im Einzelfall Aktualisierungen zum Stand der Literatur aufgenommen,
- ein Teilkapitel entfernt, das sowohl allgemein als auch für Winter persönlich als überholt gelten musste („Kreativität und Computer"),
- die Rechtschreibreform und, wo unverfälschend möglich, die Währungsänderung und grobe Preisänderungen brücksichtigt,
- die Literaturlisten aller Kapitel um jüngere, thematisch passende Veröffentlichungen erweitert (ohne Anspruch auf Vollständigkeit und ohne explizites Votum des Autors).

Außerdem ist es gelungen, Lisa Hefendehl-Hebeker und Erich Christian Wittmann für einordnende Geleitworte und – auch dank der Unterstützung von Anselm Lambert – eine große Zahl theoretisch wie praktisch des Mathematiklehrens Kundiger für persönliche Geleitworte zu gewinnen.

Aachen, im Juni 2015   Johanna Heitzer
(Professorin für Didaktik der Mathematik an der RWTH Aachen,
Initiatorin und Organisatorin der Neuauflage)

Mathematik ist ein starkes Stück geistigen Lebens. In allen Kulturen, in denen Menschen begannen, die Welt wissenschaftlich zu erschließen, spielte die Mathematik eine entscheidende Rolle. Heute durchzieht sie nahezu alle Lebensbereiche. Mathematische Entdeckungen entwickeln sich im Wechselspiel zwischen konkretem Erfahren und theoretischem Entwerfen, experimentierendem Beobachten und begrifflichem Durchdringen, inhaltlichem Schließen und symbolischem Operieren. Dabei können heuristische Prinzipien wie Analogiebildung oder analysierendes Zurückschreiten den Gedanken eine produktive Richtung weisen. In allen diesen Tätigkeiten kommen unterschiedliche Facetten mathematischer Wissensbildung zum Tragen: anschauliches Spezifizieren, schöpferisches Gestalten, rational strenges In-Beziehung-Setzen, praktisches Anwenden und formales Darstellen.

Diese intellektuelle Vielfalt mathematischer Erkenntnisprozesse ist in den Werken von Heinrich Winand Winter in lebendiger Weise präsent. Mit beziehungsreichem mathematischem Wissen, umfassenden fachhistorischen Kenntnissen, feinsinniger epistemologischer Bewusstheit und Einfühlungsvermögen für Denkvorgänge werden exemplarisch die Spuren wegweisender mathematischer Entdeckungen nachgezeichnet. Dieser Teil der Lektüre ist für sich schon spannend genug. Zusätzlich aber werden die Ausführungen für eine das entdeckende Lernen fördernde Lehre fruchtbar gemacht. Dabei trägt der Autor stets der Tatsache Rechnung, dass ein solcher Unterricht ähnlichen Spannungsfeldern unterliegt wie der Prozess des Entdeckens selbst. Der kreative Einfall kann durch beziehungsreiches Vorwissen und gerichtetes Nachdenken begünstigt werden und bleibt letztlich doch unverfügbar. Entsprechend kann entdeckendes Lernen gefördert werden, indem reichhaltige Lernanlässe geschaffen, intensive Verarbeitungsprozesse organisiert und den Gedanken durch erkenntnisleitende Orientierungen Richtungen gewiesen werden, und doch sind der Machbarkeit im Bereich des Pädagogischen Grenzen gesetzt. Lehrkräfte sind deshalb gehalten, ihre Professionalität fortwährend weiter zu entwickeln und zugleich eine Haltung des Respekts vor dem Unverfügbaren zu bewahren. Es gehört zur inneren Aufrichtigkeit des Werkes, dass begleitend zu den Ausführungen stets auch offene Fragen und Forschungsdesiderate aufgewiesen werden.

Zusätzlich werden vor einem umfassenden geistesgeschichtlichen Hintergrund die mathematischen Entdeckungen in ihrer zeitgeschichtlichen und kulturhistorischen Bedeutung gewürdigt und die zugehörigen didaktischen Überlegungen bildungstheoretisch verortet. Aus philosophischer und pädagogischer Perspektive wird die Frage erörtert, was einzelne Lerninhalte und die vorgeschlagene Art der Befassung mit diesen für Lernende bewirken können – bezogen auf das entstehende Bild des Faches, die Stärkung des Ichs und die intellektuelle Lebenstüchtigkeit im alltagspraktischen und ideellen Sinne. Ein weiter Horizont hält den Blick offen gegenüber Gefahren der Verkürzung, wie sie zum Beispiel aus bildungspolitischen Bestrebungen zur Über-Ökonomisierung des Unterrichts erwachsen.

Dieser innere Beziehungsreichtum und die gelebte Interdisziplinarität machen das Buch zu einer Lektüre von zeitloser Aktualität und den darin wirksam werdenden umfassenden didaktischen Ansatz zu einem Vorbild für die Zukunft. Ich freue mich deshalb sehr, dass eine Neuauflage des Werkes möglich geworden ist.

Düsseldorf, im Juni 2015   Lisa Hefendehl-Hebeker
(Seniorprofessorin für Didaktik der Mathematik, Universität Duisburg-Essen)

Mit seinem Artikel „Allgemeine Lernziele für den Mathematikunterricht" hat Heinrich Winter bereits 1975, also Jahrzehnte vor den Bildungsstandards, die Grundlagen zu einem prozessorientierten Mathematikunterricht gelegt und in der Folge zahlreiche substanzielle Beiträge zu deren mathematisch fundierter Umsetzung *quer über die Schulstufen* geliefert. Für eine Fachdidaktik, in der praxisbezogene Theorie und theoriegeleitete Praxis aus dem Wesen der Mathematik heraus organisch verbunden sind, setzt dieses beeindruckende Werk Maßstäbe.

Es war ein Glücksfall, dass Heinrich Winter Anfang der 1980er Jahre bei der Entwicklung eines Lehrplans für den Mathematikunterricht der Grundschule in Nordrhein-Westfalen mit der Federführung betraut wurde. In einem in der Lehrplangeschichte einmalig transparenten Prozess entstand über mehrere Jahre ein Lehrplan, der es verdient, aufgrund folgender Neuerungen als „Jahrhundertlehrplan" bezeichnet zu werden:

1. Das entdeckende Lernen wurde erstmals als oberstes Unterrichtsprinzip etabliert.

2. Die Anwendungsorientierung wurde organisch mit der Strukturorientierung verbunden.

3. Neben inhaltliche Lernziele traten die allgemeinen Lernziele Mathematisieren, Explorieren, Argumentieren und Formulieren.

Dass Heinrich Winter diese Neuerungen *im Wesen des Faches* verankert, zeigt sein Buch „Entdeckendes Lernen im Mathematikunterricht. Einblicke in die Ideengeschichte und ihre Bedeutung für die Pädagogik", das nach Abschluss der Lehrplanarbeit entstanden ist. Ich habe damals insbesondere durch die gemeinsame Herausgeberschaft in der Zeitschrift „mathematik lehren" ständig Kontakt mit ihm gehabt und ihn ermuntert, dieses Buch zu schreiben und darin seine Ideen im Zusammenhang darzustellen.

Heute treten an die Stelle fachlich begründeter inhaltlicher und allgemeiner Lernziele mehr und mehr floskelhafte „Kompetenzbeschreibungen", auf deren Grundlage versucht wird, das Lernen von außen durch Kompetenzmodelle zu steuern. Bildungsforscher, die vom Fach nichts verstehen, geben den Ton an. Diese „Kompetenzorientierung" zerstört die gewachsenen Strukturen des Faches, unterminiert die Leistungsfähigkeit des Faches für echte Anwendungen und treibt dem Unterricht den Geist aus. *Hier gilt es entschieden gegenzusteuern.* Heinrich Winter weist hierfür den Weg.

Ich freue mich, dass das Buch neu erscheint, danke Johanna Heitzer für die Betreuung der Neuausgabe, und hoffe, dass das Buch als *gemeinsamer Referenztext* in der Mathematikdidaktik und auch in der Mathematik eine Neubesinnung über den Unterricht und die Lehrerbildung anregen und insbesondere zur Pflichtlektüre in den Doktorandenseminaren und Studienseminaren werden wird.

Dortmund, im Juni 2015   Erich Ch. Wittmann
            (Professor emeritus für Didaktik der Mathematik, Technische Universität Dortmund,
                                                                    Herausgeber der Erstausgabe)

Warum das Buch so wichtig ist:
Stimmen aus Schule und Hochschule

Heinrich Winters „Entdeckendes Lernen" war und ist für mich ein großer Schatz an Denkanstößen und eine wunderbare, zeitlose Vision für einen Mathematikunterricht für „alle". Hier wird all das zusammen geführt und erhält seinen sowohl der Mathematik als auch der Entwicklung der Lernenden verpflichteten Platz im Unterricht, was durch die aktuelle Kompetenzorientierung und deren unterschiedliche Deutungen auseinander zu driften scheint: Grundlagenbeherrschung durch Üben und das eigenständige, aber auch geschickt angeleitete Erkunden neuer Zusammenhänge, um wieder neues Wissen aufzubauen, gehören einfach zusammen. Heinrich Winters Buch entzieht sich drastischen Fehldeutungen, und das macht es zeitlos.

Prof. Dr. Regina Bruder
(Didaktik der Mathematik, Technische Universität Darmstadt)

„Entdeckendes Lernen" hat seit 1990 einen Ehrenplatz in meinem Bücherregal. Mich haben zwei Aspekte besonders beeindruckt und auch bei meinen dynamischen Geometrie-Arbeitsblättern beeinflusst:
Zum einen und ganz besonders der „Siehe-Beweis", wo deutlich wurde, dass Sehen mit Denken durchsetzt sein muss. Zum anderen die Rehabilitierung des Übens und dass Üben ein Wiederaufnehmen von Lernprozessen ist. Entdeckendes Lernen hat also etwas mit Anschauung zu tun und ist kein Widerspruch zum Üben.

Hans-Jürgen Elschenbroich
(zuletzt Fach- und Medienberater Mathematik der Bezirksregierung in Düsseldorf)

Heinrich Winters Buch „Entdeckendes Lernen im Mathematikunterricht" gehört seit 25 Jahren zu den unverzichtbaren Lehrbüchern in der Mathematikdidaktik. Ausgehend von der Erkenntnisgewinnung in der Geschichte der Mathematik und der Geschichte des Lehrens von Mathematik werden heuristische Prinzipien und didaktische Vorgehensweisen herauskristallisiert. Dies geschieht durchgehend anhand sehr gut ausgewählter Beispiele, die sich sowohl für den unmittelbaren Einsatz im Unterricht eignen als auch exemplarischen Charakter besitzen und auf andere Themengebiete übertragbar sind. Trotz seines Alters ist das Buch hoch aktuell und allen Lehramtsstudierenden sowie Mathematik-Lehrkräften zu empfehlen.

Prof. Dr. Andreas Filler
(Mathematikdidaktik, Humboldt-Universität zu Berlin)

Unterricht, der Schüler zum Selberdenken ermuntern soll, muss sich „vom Schüler aus" entwickeln – eine Binsenweisheit der Pädagogik. Aber: Wie können angehende Mathematiklehrer/Innen das bewirken lernen, nachdem sie an Standards heutiger Mathematikwissenschaft ausgebildet und geprüft wurden? Es geht wohl nur so, dass sie sich immer wieder einmal die Zeit nehmen, Vorgefundenes von viel allgemeinerer Bedeutung noch einmal für sich und dann wieder mit ihren Schülern neu zu entdecken. Altes neu entdecken? Ja, von (irgendeinem!) Anfang an, von kleinen Beobachtungen her, von Aufgaben, Problemchen, aus Aporien oder aus Verfremdung zu plötzlich gar nicht mehr so Vertrautem... Mathematik, die nicht ins Selberdenken einfließt, braucht niemand wirklich. Und der Geist geht zu Fuß.

Heinrich Winter ist der deutsche Didaktiker und Autor, der Mathematisches virtuos wiederbeleben kann. Wie kein anderer verbindet er die Liebe zum behutsamen Selbsterforschen mit Bewunderung der Sache, mit herzlicher Sorge um den mitlernenden Leser und mit dem Glauben an einen Gesellschaftsauftrag zum Mathematiklehren. Im Buch „Entdeckendes Lernen" werden Themenkreise aus historischer Perspektive reanimiert. Das ist schon für sich spannend. Aber eigentlich, so lese ich zwischen allen Zeilen, sind Winters geschichtliche Skizzen nur Parabeln und Ellipsen für das, worum es ihm immer ging und geht: Staunenlernen über die wichtigen Dinge als wären sie Neuland.

Prof. Dr. Lutz Führer
(zuletzt Didaktik der Mathematik und Informatik, Goethe-Universität Frankfurt)

Immer wieder auch im vermeintlich Alltäglichen und Banalen einen wesentlichen mathematischen Kern zu entdecken und diesen phantasie- und gehaltvoll auszugestalten ist eine der Gaben von Heinrich Winter, die sein Werk für jeden am Lernen und Lehren von Mathematik Interessierten zu einer faszinierenden Entdeckungsreise macht.

Geschichte, Philosophie und Psychologie – reichhaltiges Hintergrundwissen wird verwoben mit dem Gespür für Ästhetik und Schönheit der Mathematik, die Dinge werden liebevoll bis ins Detail durchdacht und ausgeschöpft, nie vordergründig, sondern im besten Sinne anregend und bildend.

Dr. Nicola Haas
(Goetheschule Essen)

„Entdeckendes Lernen im Mathematikunterricht" war meine Entdeckung in der Mathematikdidaktik, wie Inhalte tiefgründig und gleichzeitig elementar sowie Beispiele mathematisch rigoros und gleichzeitig elementar sein sollten.

Eines nährt es nicht: Die Illusion, vielseitigen, beziehungsreichen, Problemlösen aktivierenden und redlichen Mathematikunterricht auf die Beine stellen zu können, ohne vorher selbst immer wieder entdeckend zu lernen. Als besonders wertvoll für die Lehrerbildung erlebe ich das Werk, wenn seine forschende Grundhaltung zu kleinen Erfolgserlebnissen bei selbst entwickeltem Mathematikunterricht in den Praktika führt.

Prof. Dr. Stefan Halverscheid
(Didaktik der Mathematik, Georg-August-Universität Göttingen)

Das „Entdeckende Lernen" hat meine Art und Weise zu Unterrichten und zu Lehren geprägt. Aus einem didaktischen Kolloquium mit Heinrich Winter sind mir das „dialogische Lernen" und der Autor bis heute in lebhafter Erinnerung geblieben. Er ergänzt seinen theoretischen Ansatz durch konkrete Beispiele, auch aus der Geometrie, die sein Konzept konkretisieren und auf Unterrichtsebene unterstützen.

Gaby Heintz
(Zentrum für schulpraktische Lehrerausbildung, Neuss)

Kaum jemand hat in den letzten fünfzig Jahren die Diskussion zur Allgemeinbildung im Mathematikunterricht so geprägt wie Heinrich Winter – von den schönen Mustern und Formen der Mathematik bis hin zu den Anwendungen und zum Modellieren, mit Weitsicht und Tiefgang, ganz ohne Effekthascherei und bildungspolitische Verbeugungen und Verbiegungen. Mit klaren Worten, die mich heute noch zum Denken zwingen, zum Handeln bringen (S. 263):

„Wenn die pädagogischen Ziele ernst genommen werden sollen, dann kann die heikle und sehr beunruhigende Frage nicht ausgeblendet werden, zu welchem Gebrauch und zu welchem Missbrauch ein Ergebnis der Angewandten Mathematik schließlich (beim Endverbraucher oder Endopfer) führen kann. Wenn es wahr ist, dass der 1. Weltkrieg von der Chemie (Giftgas), der 2. Weltkrieg von der Physik (Atombombe) entschieden wurden und der 3. (und endgültig letzte) Weltkrieg von der Mathematik (Computersysteme) entschieden werden würde (Davis/Hersh [5], S. 97), so genügt es nicht mehr, auf die Weltabgewandtheit, Schönheit und Unschuld der Mathematik „an sich" zu verweisen und sich für die Anwendungsproblematik als nicht zuständig zu erklären."

Prof. Dr. Wilfried Herget
(zuletzt Didaktik der Mathematik, Martin-Luther-Universität Halle-Wittenberg)

„Someone, I cannot remember who", schrieb Patrick W. Thompson einmal, „paraphrased Winston Churchill by saying that mathematics and mathematics education are two disciplines separated by a common subject." Nicht so bei Heinrich Winter. Er verbindet Mathematik und Mathematik-Didaktik.

Nehmen Sie als Beleg und Beispiel seinen Artikel über Fermats Zwei-Quadrate-Satz in den Mathematischen Semesterberichten. Ist es Mathematik? Ist es Mathematik-Didaktik? Es ist beides! Es geht ihm immer um ein Stück substanzieller Mathematik – ob einfacher oder schwieriger – und die Frage: Wie kann man sie begreifen, so richtig begreifen (dass man sie nie mehr vergisst)?

Danke, Heinrich Winter.

Prof. Dr. Urs Kirchgraber
(zuletzt Mathematik und Mathematikpädagogik,
Eidgenössische Technische Hochschule Zürich)

Schon als ich es vor Jahren antiquarisch gekauft habe, war es für mich nicht nachvollziehbar, dass dieses hervorragende Buch nicht wieder- und neuaufgelegt ist. Immer wieder habe ich mit Gewinn darin gelesen. Ja, beste Stoffdidaktik ohne Stoffhuberei. Mathematik, ihre Geschichte, Heuristiken und Lehren in produktiver Einheit, Gewinn für Praktiker, Nahrung für Reflektierende und diese Zeitlosigkeit! Etwas böse formuliert:

Man merkt nur, dass es nicht aus der Jetztzeit stammt: zu wenig Kompetenzumschreibungen, zu viel Inhalt... aber gerade deswegen gehört es in die Jetztzeit!

Henning Körner
(Graf-Anton-Günther-Schule, Studienseminar und Carl von Ossietzky Universität,
Oldenburg)

Mich beeindruckt die Weitsichtigkeit Winters, wie er die Förderung des algorithmischen, kalkülhaften Moments mathematischen Arbeitens in seinem vierten Lernziel beschreibt. Die Kalküllastigkeit insbesondere der Analysis in der Sekundarstufe II ist ein immer wieder zu Recht erhobener Vorwurf. Winter erkennt aber die Wichtigkeit des Algorithmus in der Mathematik an und fordert jenseits des bloßen Ausführens auch die Entwicklung und Bewertung, den Aufbau und die Interpretation von Algorithmen und ihren Ergebnissen. Diese zutiefst mathematische Tätigkeit wird oftmals in die Informatik abgeschoben (und dort dann gerne beiseite gedrängt), so dass sie der Mathematik verloren geht. Eine ernsthafte Mathematikdidaktik im Sinne Winters muss dieses Feld mathematischen Tuns zurückerobern!

Prof. Dr. Ulrich Kortenkamp
(Didaktik der Mathematik, Universität Potsdam)

Bei der ersten Begegnung mit dem Buch Entdeckendes Lernen im Mathematikunterricht habe ich die Vorschläge an meinen Unterrichtserfahrungen gemessen und etliche Vorbehalte entwickelt. Ich habe mich dann auf das Buch eingelassen und viele Denkanstöße und praktische Hilfen erhalten. Ich sehe heute das Buch als gelungenes Werk eines Optimisten, das Mut zum Experimentieren macht und das vielfach die Einbettung in größere Zusammenhänge ermöglicht, die über ein lokales Ordnen hinausgeht.

Jürgen Kühl
(ehemaliger Mathematiklehrer, Fach- und Schulleiter, Bad Oldesloe)

Mathematikdidaktik hat eine weit über hundertjährige wissenschaftliche Tradition, die sich in zahllosen Artikeln und vergleichsweise wenigen Monographien dokumentiert. Vieles verblasst zu Recht mit dem Zeitgeist, dem es seine Entstehung schuldet; nur manches zeigt bleibend(e) sinnvolle Wege für das Lernen und Unterrichten von Mathematik auf. Es verwundert mich nicht, dass dies meist Werke sind, die von einer respektvollen – d.h. intensiven, pädagogisch einfühlsamen und zugleich fachlich sehr kompetenten – persönlichen Auseinandersetzung mit Mathematik zeugen. Das vorliegende Buch von Heinrich Winter ist von solcher Zeitlosigkeit und steht damit für mich in einer Reihe mit Adolph Diesterwegs propädeutischer Geometriedidaktik, Walther Lietzmanns Methodik und Hans Freudenthals Phänomenologie.

Prof. Dr. Anselm Lambert
(Mathematik und ihre Didaktik, Universität des Saarlandes)

Ein Standardwerk der Mathematikdidaktik wird neu aufgelegt. Jeder Mathematiklehrer wird aus der Fülle dessen, was in diesem Buch angeboten wird, eine Vielzahl von Anregungen für seinen Unterricht entnehmen können.
Nach der Lektüre bleibt man allerdings mit dem traurigen Wunsch zurück: Wäre doch der heutige Mathematikunterricht an unseren Gymnasien auch nur annähernd so, wie er in diesem Buch beschrieben wird.

Prof. Dr. Josef Lauter
(zuletzt Mathematik und ihre Didaktik, Universität Siegen)

Dies ist ein Buch, das auch 25 Jahre nach seinem ersten Erscheinen weiterhin anregend ist, da bei weitem nicht alle Anregungen umgesetzt sind. Das betrifft etwa die Abkehr von der Lernzielorientierung, den Spagat zwischen Planung und Spontaneität, oder die Notwendigkeit, dass erfolgreich Lehrende vor allem Lernende sein müssen.

„Entdeckendes Lernen" gehört zu der recht überschaubaren Gruppe von Büchern, die die Grundorientierung eines sinnvollen Mathematikunterrichts zum Thema haben.

Dr. Jörg Meyer
(Albert-Einstein-Gymnasium, Studienseminar Hameln, Universität Hannover)

Für Heinrich Winter spielen Geschichte und Philosophie der Mathematik eine zentrale Rolle für die Didaktik. Zurecht nennt er das „Studium der Ideen- und Menschheitsgeschichte der Mathematik eine unersetzliche Quelle didaktischen Denkens". Sicherlich sind seine Verweise zu knapp, um den jeweiligen philosophischen oder mathematikhistorischen Gehalt umfassend zu erheben, sie dienen aber doch als wertvolle Anregung, um auch in der Mathematik- und Philosophiegeschichte entdeckend zu lernen.

Prof. Dr. Gregor Nickel
(Funktionalanalysis und Philosophie der Mathematik, Universität Siegen)

Heinrich Winter ist ein Mathematiker, der von der Ästhetik der Mathematik und von deren kultureller Bedeutung zeitlebens fasziniert wurde. Mit der Idee des entdeckenden Lernens beschreibt er eine Erkenntnisart, die nur der Mathematik eigen ist: Der platonische Himmel der mathematischen Wahrheiten erschließt sich durch ein Denken, das seine Ideen aus der Anschauung entnimmt, mit der in der Geschichte der Mathematik Resultate zunächst gefunden und dann bewiesen wurden. Heinrich Winter hat das Augenmaß, das für die jeweilige Altersstufe Mögliche zu benennen und dem Lernenden in interessanter Weise nahe zu bringen. Er lässt ihm Denkfreiheit, ohne das berüchtigte Spiel der „Mausefallen-Induktion" mitzumachen, mit dem manche Didaktiker der Mathematik einen Königsweg in der Mathematik zu implementieren glauben.

Prof. Dr. Walter Oberschelp
(zuletzt angewandte Mathematik und Informatik,
Rheinisch-Westfälische Technische Hochschule Aachen)

Kompetenzorientierung ist – zu Recht – nicht unumstritten. Den Kern ihres positiven Gehaltes aber hat Heinrich Winter schon deutlich herausgearbeitet. Exemplarisch zeigt seine Behandlung der Fallgesetze, wie Modellieren, Problemlösen und Argumentieren verzahnt werden können.

Prof. Dr. Reinhard Oldenburg
(Didaktik der Mathematik, Universität Augsburg)

Nur in einem Unterricht, der Lernende mit ihren Empfindungen, Einsichten aber auch Interessen in den Mittelpunkt stellt, können Schülerinnen und Schüler sich entwickeln und ihr Potenzial entfalten. Heinrich Winters Werk zum Entdeckenden Lernen gab vielen Lehrkräften, wie auch mir, entscheidende Impulse Mathematik erlebbar zu machen und so junge Menschen zu erreichen. In den Zeiten individualisierten Lernens ist dieser Titel aktueller denn je und Pflichtlektüre für engagierte Mathematiklehrer.

Dr. Andreas Pallack
(Franz-Stock-Gymnasium Arnsberg, Studienseminar Hamm, Universität Bielefeld)

Heinrich Winter ist ein unerschöpflicher Entdecker mathematischer Zusammenhänge und Fragestellungen in Alltagssituationen, in der Kunst und in der Wissenschaft.

Dr. Hella Portz
(Bischöfliches Gymnasium Sankt Ursula, Geilenkirchen)

Heinrich Winters Buch aus dem Jahr 1988 bleibt aktuell, weil es ein flammendes Plädoyer für „Entdeckendes Lernen im Mathematikunterricht" ist. „Lernen von Mathematik ist umso wirkungsvoller (...) je mehr es im Sinne eigener aktiver Erfahrungen betrieben wird, je mehr der Fortschritt im Wissen, Können und Urteilen des Lernenden auf selbständigen entdeckerischen Unternehmungen beruht."" (Winter, 1991², S. 1) Ich empfehle dieses Buch heute noch meinen Studierenden, z. B. wenn es darum geht, sich der Frage zu stellen, wie die Multiplikation negativer Zahlen erarbeitet werden soll, anschaulich oder algebraisch (vgl. Winter, 1991², Kapitel 8.2, S. 173-181). Die kompakte Darstellung verdeutlicht, dass „Entdecken lassen" nur im Rahmen einer mathematisch reichhaltigen und durchdacht aufgebauten Lernumgebung Erfolg versprechend ist.

Prof. Dr. Jürgen Roth
(Didaktik der Mathematik, Universität Koblenz-Landau)

Heinrich Winters Buch „Entdeckendes Lernen" hat mich vorangebracht. Es hat auch mich so manches entdecken und lernen lassen. So die Tatsache, dass wichtige Momente in der Ideengeschichte des Entdeckens aus ihrer Zeit zu verstehen sind und damit trotz des Zeitkolorits Fortschritte brachten. Und weiter, dass ihr wirkliches Verständnis zu Strategien führen kann, die analoge Probleme im Mathematikunterricht erreichbar und lösbar machen.

Prof. Dr. Hans Schupp
(zuletzt Mathematik und Didaktik des Mathematikunterrichts,
Universität des Saarlandes)

Das Buch „Entdeckendes Lernen im Mathematikunterricht" ist ein Meilenstein in der Entwicklung der Mathematikdidaktik in Deutschland – vergleichbar mit dem Buch „Grundfragen des Mathematikunterrichts" von E. Ch. Wittmann. Es besitzt dadurch zeitlosen Charakter, dass grundlegende Gedanken zum Lehren und Lernen mit substanziellen mathematischen Inhalten eng verquickt sind.

Prof. Dr. Volker Ulm
(Mathematik und ihre Didaktik, Universität Bayreuth)

Mathematikdidaktik habe ich entdeckend gelernt. Heinrich Winter verdanke ich dabei die Anregung, an mathematischen Problemen und deren Lösungen nach ihrer „Tiefenstruktur" zu suchen. Bei seinen Beispielen habe ich dabei an Bekanntem Neues, an Neuem Bekanntes und an Neuem Neues entdeckt. Wer sich auf dieses Buch einlässt, wird sicher Ähnliches erleben.

Prof. Dr. Hans-Joachim Vollrath
(zuletzt Didaktik der Mathematik, Universität Würzburg)

Einleitung

„Es ist nicht nötig, in den Menschen etwas von außen hineinzutragen. Man muß nur das, was in ihm beschlossen liegt, herausschälen, entfalten, und im einzelnen aufzeigen. "

(Comenius, S. 38)

Zum Begriff „entdeckendes Lernen"

Eine endgültige und auch formal befriedigende Definition kann schon deshalb nicht gegeben werden, weil man eine prinzipielle Offenheit einräumen muss: Der definitionsbeflissene Pädagoge ist selbst Teil des Systems, das zu definieren ist. Indem er Definitionsversuche anstellt, ändert er womöglich bereits das System. Voreinstellungen gehen mit ein und Erfahrungen können das Bild vom menschlichen Lernen modifizieren oder gar revolutionieren. Speziell wird hier davon ausgegangen, dass ein Lehrer, der entdecken lassenden Unterricht anstrebt, sich selbst notwendig auch als Lernender erkennt, vorzugsweise als Lernender auf dem Gebiet des Lehrens und Lernens.

Wäre Entdecken präzise (als außenstehendes Phänomen) beschreibbar, so wäre es maschinell simulierbar, technisch beherrschbar. Da das Letztere offenbar nicht möglich ist, bleibt ein irrationaler, allenfalls intuitiv fühlbarer Rest von Unaussprechlichem. Das heißt aber nicht, dass man in einen stammelnden Entdeckungsmystizismus verfallen müsste.

Die Hauptthese, die hier vertreten wird, lautet: Das Lernen von Mathematik ist umso wirkungsvoller – sowohl im Hinblick auf handfeste Leistungen, speziell Transferleistungen, als auch im Hinblick auf mögliche schwer fassbare bildende Formung –, je mehr es im Sinne eigener aktiver Erfahrungen betrieben wird, je mehr der Fortschritt im Wissen, Können und Urteilen des Lernenden auf selbständigen entdeckerischen Unternehmungen beruht.

Diese Hauptthese kann im Vorhinein durch die folgenden Argumente gestützt werden, die ihrerseits – wenn auch nur partielle und nicht immer eindeutige – empirische Bestätigungen besitzen.

(1) Etwas in Mathematik zu lernen, kann auf die Dauer nicht ohne *Gewinnen von Einsicht* erfolgreich sein. Scheinleistungen (Reproduktion angelernter verbaler Verhaltensweisen) sind zwar durchaus möglich und treten auch gehäuft real auf, können aber nur immer zeitlich und inhaltlich lokal funktionieren. Auf die Dauer ist Lernen mit und durch Einsicht intellektuell sowohl ökonomischer als auch wirkungsvoller (im Sinne von Transferleistungen).

Das Gewinnen von Einsicht kann aber nicht anders als ein Prozess gedacht werden, den der Lernende nur ganz für sich persönlich vollziehen kann.

Damit ist freilich noch nichts darüber gesagt, an welche Voraussetzungen das Eintreten von einsichtigem Lernen gebunden ist. Es gibt zwar Grund für die Hoffnung, durch didaktische Maßnahmen günstigere Voraussetzungen oder doch Vorbedingungen für günstigere Voraussetzungen für einsichtsvolles Lernen zu schaffen, aber letztlich gibt es keine Möglichkeit, Verstehen (weder in sich selbst noch in anderen) von außen zu erzwingen. Darüber hinaus muss die Unbeschränktheit des Verstehens anerkannt werden: Es gibt viele Grade der Einsicht in etwas; und man kann etwas immer noch besser und immer noch wieder anders verstehen und auch plötzlich nicht mehr verstehen.

(2) Die *spezifische Wissensstruktur* mathematischer Inhalte erlaubt grundsätzlich das Lernen durch eigenes Erfahren, da diese Inhalte einerseits eine denkbar helle innere logische Verflechtung besitzen – und somit vielfältig intern kontrollierbar sind – und andererseits in vielen anschaulich zugänglichen Situationen repräsentiert sein können, die die Möglichkeit eigenständigen Erkundens – oft aus dem Alltagswissen heraus – zulassen. Das bedeutet natürlich nicht, dass ein entsprechendes Angebot von Erfahrungs*möglichkeiten* automatisch auch immer Erfahrungs*wirklichkeiten* in allen Schülern hervorriefe.

(3) Das Bemühen um eigenständige Erschließung neuen Wissens und des selbständigen Lösens bietet die Möglichkeit zu *intellektuellen und emotionalen Identifikationen*, zu Erfolgserlebnissen, Teilerfolgserlebnissen, Misserfolgserlebnissen, zu Erlebnissen mit seinem eigenen Verstand, seinem Gedächtnis, seinem Gemüt, seinem Beharrungsvermögen usw.

Wenn insbesondere jeder Mensch mit natürlicher Neu- und Wissbegier ausgestattet ist, woran zu glauben es trotz allem Gründe gibt, dann gibt es hier Möglichkeiten, sie auszuleben. Und dies hätte wiederum langfristige Folgen für das Selbstkonzept und das zukünftige Lernen. Inwieweit und wodurch solche Identifikationserlebnisse hervorgerufen oder begünstigt werden können, ist freilich eins der vielen Probleme. Wahrscheinlich spielen hier Persönlichskeitsmerkmale von Schülern und Lehrern (Vertrauen in die eigenen Fähigkeiten, Angst vor Misserfolg usw.) eine entscheidende Rolle.

(4) Selbständiges Erarbeiten erfordert ein ständiges Absuchen und Umorganisieren des vorhandenen Wissens und stellt somit eine intensive und sinnerfüllte Form des Übens dar. Vor allem kann dabei systematisch das *Transferieren* (lat. transferre = hinüberbringen) trainiert werden, was ja Lernerfolg am deutlichsten zum Ausdruck bringt. Wenn es auch keine allgemein akzeptierte Transfer-Theorie gibt, so scheint doch die Überzeugung unbestritten, dass Transferleistungen selten einfach vom Himmel fallen, sondern in der Regel bewusst geübt werden müssen. Die Gefahr, sich dabei im Kreise zu drehen (Üben im Transferieren macht Transferieren überflüssig), ist allerdings zumindest theoretisch gegeben.

(5) Nicht zuletzt wegen der emotionalen Besetzung von Findungsbemühungen ist die Wahrscheinlichkeit hoch einzuschätzen, dass die Inhalte getreulich und langwährend *behalten* und leicht *erinnert* werden. Die Gedächtnisspuren graben sich offenbar tiefer ein. Das ist allerdings dann von fragwürdigem Wert, wenn das Episodisch-Subjektive das Inhaltliche überdeckt oder gar verfälscht.

(6) Unstrittig ist heute, dass jede Art von Lernen nur immer ein *Weiterlernen* ist, dass also die Vorstellung, etwas funkelnd Neues würde auf einen vollkommen leeren Platz im Langzeitgedächtnis abgespeichert, gänzlich inadäquat ist, sogar für niedere Lernformen. Die Idee vom Lernen als einem Entdecken ist in besonderer Weise verträglich mit der des Lernens als eines Prozesses, der weitgehend von dem bestimmt ist, was bereits vorhanden ist.

Eingehendere und kritische Diskussionen des psychologischen Hintergrundes des entdeckenden Lernens findet man z. B. in Neber [4, 5] (1973, 1981).

„Entdeckendes Lernen" ist weniger die Beschreibung einer Sorte von beobachtbaren Lernvorgängen (wenn so etwas überhaupt direkt möglich ist), sondern ein theoretisches Konstrukt, die Idee nämlich, dass Wissenserwerb, Erkenntnisfortschritt und die Ertüchtigung in Problemlösefähigkeiten nicht schon durch Information von außen geschieht, sondern durch eigenes aktives Handeln unter Rekurs auf die schon vorhandene kognitive Struktur, allerdings in der Regel angeregt und somit erst ermöglicht durch äußere Impulse.

Ich finde es äußerst beachtenswert, wie dieses Konstrukt des „entdeckenden Lernens" auf eine überraschende Weise mit der Grundvorstellung korrespondiert, die die Neurobiologen Maturana und Varela [3] (1987) vertreten, dass nämlich im Erkenntnisakt die Welt nicht in die Seele abgebildet, sondern im Erkenntnisakt vom Subjekt erschaffen wird. Ein Schlüsselbegriff in ihrer konstruktiven biologischen Erkenntnistheorie ist *Perturbation* (lat.: perturbare = stören, einwirken): Externe Zustände im Umfeld eines Individuums lösen Veränderungen im Individuum aus, die sich aber nach internen Gesetzen vollziehen. Die äußeren Einflüsse determinieren nicht und instruieren nicht, was im Einzelnen im Individuum geschieht; und das gilt auch umgekehrt, wenn das Individuum auf sein Milieu einwirken will.

Eine weitere bemerkenswerte Stütze findet das Konzept des entdeckenden Lernens in neueren Theorien des Managements, worauf kürzlich Wittmann [6] (1988) hingewiesen hat, wonach hochgradig komplexe soziale Systeme (wie z. B. eine Schulklasse) nicht nur nicht vollständig kontrollierbar sind, sondern sich nur effizient entfalten können, wenn den spontanen Kräften Raum gegeben wird und relativ autonome Untersysteme begünstigt werden.

Die große didaktische Aufgabe der Praxis ist es, den Unterricht nach Möglichkeit so zu gestalten, um ein Lernen durch Entdecken bei möglichst vielen Schülern in Gang zu bringen und zu halten. Diese Aufgabe erweist sich als enorm schwierig und komplex.

Einige innere und äußere Schwierigkeiten lassen sich ohne weiteres aufzählen:

(1) Der Lernende kann nur schwer die Bedeutung eines Inhaltes für das Folgelernen abschätzen. Also muss mindestens die Stoffauswahl und Akzentuierung weitgehend extern erfolgen.

(2) Der Umfang der anzueignenden Inhalte ist gemessen an der beschränkten Lernzeit so groß (und wächst ständig an), dass ein gewisses Mindesttempo im Aneignungsprozess notwendig ist.

(3) Die natürliche Neugier muss sich nicht auf Mathematik beziehen. Möglicherweise ist sogar der überwiegende Teil der Schüler grundsätzlich nicht oder nur sehr eingeschränkt für mathematische Fragen zu interessieren.

(4) Die Situation in der Forschung, also des echten Fortschritts durch Entdecken und Erfinden, unterscheidet sich grundsätzlich von der Situation in der Schule:

Forschung	Schule
Erwachsene	Kinder/Schüler
Profis	Laien
freiwillige Gemeinschaft	Zwangsgemeinschaft
offenes Arbeiten	Arbeiten nach Lehrplan

(5) Das System Schule mit Klassenunterricht, Lehrplan, Fachunterricht, Stundenplan, Prüfungen, Zeugnissen usw. erfordert ein programmartiges gesteuertes Vorgehen, allein schon wegen der Vergleichbarkeit.

(6) Die Professionalität des Lehrenden zeigt sich gerade darin, möglichst viele Schülerinnen und Schüler in möglichst kurzer Zeit zu möglichst ansehnlichen und vorzeigbaren Leistungen durch gekonntes Unterrichten zu führen.

Hieraus wird zumindest erkennbar, dass sich ein entdecken lassender Unterricht in der Regel nicht selbst trägt. Es bedarf des planmäßigen, professionellen Angebots an Erfahrungs- und Übungsmöglichkeiten. Man spricht vom Lernen durch „gelenktes Entdecken". Das ist solange eine zu vage Formulierung, solange Umfang und vor allem Art der Lenkung unbestimmt bleiben. Die Wahrscheinlichkeit, dass im Unterricht nur scheinbar etwas entdeckt wird, ist besonders hoch, wenn in Frage-Antwort-Spielen die erwarteten Antworten durch raffiniert zugespitzte Fragen „herausgekitzelt" werden oder wenn durch Anstöße in einer so genannten „offenen Phase" so etwas wie ein heiteres Begriffe-Raten inszeniert wird.

Vielleicht kann die folgende Gegenüberstellung etwas stärker verdeutlichen, wie sich ein Unterricht, der Lernen durch Entdecken bewirken will, von seinem grundsätzlichen Gegenpol des belehrenden Unterrichts, der Lernen durch Informationsaufnahme und -einprägung anstrebt, unterscheidet:

Lernen durch Entdeckenlassen	Lernen durch Belehren
Lehrer setzt auf die Neugier und den Wissensdrang.	Lehrer setzt stärker auf die Methoden seiner Vermittlung.
Lehrer betrachtet die Schüler als Mitverantwortliche am Lernprozess.	Lehrer neigt stärker dazu, die Schüler als zu formende Objekte anzusehen.
Lehrer versteht sich als erzieherische Persönlichkeit und fühlt sich für die Gesamtentwicklung mitverantwortlich.	Lehrer versteht sich in erster Linie als Instrukteur, als Vermittler von Lerninhalten.

Lehrer ist sich der Begrenztheit didaktischer Einflussnahme bewusst; er weiß insbesondere, dass er auch zur Verdunklung beitragen kann.	Lehrer tendiert zu einem ausgeprägten Glauben an pädagogische Machbarkeit.
Lehrer versucht, die allgemeine Bedeutung des Lernstoffs zu erhellen.	Lehrer beschränkt sich hauptsächlich auf die innermathematische Einordnung des Stoffes.
Lehrer versucht, zentrale Ideen deutlich werden zu lassen.	Lehrer legt größeren Wert auf die lokale Abgrenzung des Inhalts.
Lehrer versucht, den Beziehungsreichtum der Lerninhalte sichtbar werden zu lassen.	Lehrer hält Separationen und Isolationen für lernwirksamer.
Lehrer bietet herausfordernde, lebensnahe und nicht so arm strukturierte Situationen an.	Lehrer gibt das Lernziel – möglichst im engen Stoffkontext – an.
Lehrer ermuntert zum Beobachten, Erkunden, Probieren, Fragen.	Lehrer erarbeitet den neuen Stoff durch Darbieten oder durch gelenktes Unterrichtsgespräch.
Lehrer gibt Hilfen als Hilfen zum Selbstfinden.	Lehrer gibt Hilfen als Hilfen zur Produktion der gewünschten Antwort.
Lehrer fördert und schätzt auch intuitives Handeln hoch.	Lehrer tendiert zum möglichst raschen Gebrauch der Fachsprache.
Lehrer gibt der Eigendynamik von Lernprozessen, die sprunghaft und unsystematisch erscheinen, Raum.	Lehrer setzt auf kleinschrittiges und schwierigkeitsgradig gestuftes Vorgehen.
Lehrer hält die Schüler an, ihre Lösungsansätze selbst zu kontrollieren.	Lehrer fühlt sich verpflichtet, im Wesentlichen selbst Schülerbeiträge zu beurteilen.
Lehrer versucht, Schülerfehler (oder vermeintliche Schülerfehler) mit den Schülern zu analysieren.	Lehrer versucht nach Kräften, das Auftreten von Schülerfehlern zu unterbinden.
Lehrer thematisiert das Lernen und Verstehen. Insbesondere legt er Wert auf das Bewusstwerden heuristischer Strategien (Heurismen). (griech.: heuriskein = finden, entdecken)	Lehrer vermeidet eher Reflexionen über das Lernen und über das Lösen von Problemen. Problemlösen vollzieht sich naiv.

Dies ist kaum eine Klassifikation real existierender Unterrichtsgeschehnisse. Die gewollt idealtypische Polarisierung soll vor allem deutlich machen, dass ein entdecken lassender Unterricht nicht allein eine methodische Angelegenheit ist, die man unter Ausblenden von allgemeineren pädagogischen, psychologischen, mathematisch-inhaltlichen Gesichtspunkten rein praxishaft in den Griff bekommen könnte. Ein solcher Unterricht ist – nur scheinbar paradoxerweise – wesentlich voraussetzungsvoller als ein belehrender Unterricht, was z. T. seine geringe Verbreitung erklärt. Und er ist auch zerbrechlicher, keineswegs ein Königsweg zur Mathematik. Fatal wäre indes, wenn daraus der Schluss gezogen würde, dass ein solcher Unterricht schicksalhaft nur den (wenigen) besonders begnadeten Pädagogen vorbehalten sei. Wenn auch eine bestimmte Grundhaltung, die man näherungsweise sokratisch (im Sinne von wahrheitsliebend und menschenliebend) nennen könnte, unbedingt dazu gehört, so lassen sich andererseits aber auch handwerklich-technologische Handlungsweisen abschöpfen, deren Beherrschung zumindest teilweise erlernbar ist.

Damit wird ein pädagogisches Schlüsselproblem angesprochen. Die Doppelnatur pädagogischer Kompetenz – charismatische, einfühlsame Hingabefähigkeit hier und technologisches Machenkönnen dort – wird beim Bestreben, Kinder entdeckend lernen zu lassen, besonders deutlich und auch schmerzlich herausgefordert: Einerseits soll der Lehrer (gekonnt) auf das Kind einwirken, es verändern. Und er lebt von dem Glauben, dass dies auch möglich ist, wie und in welchem Maße auch immer. Andererseits soll er „ein freies Wesen für die Freiheit erziehen" (Luhmann/Schorr [2] 1982, S. 7), die Individualität und individuelle Würde des Kindes einfühlend und hingebend respektieren und nur insoweit er dies tut, ist überhaupt eine nicht-destruktive Kommunikation möglich.

Hinweise zu den Kapiteln

Sie können durchweg unabhängig voneinander gelesen werden. Jedes Kapitel stellt den Versuch dar, von einer bestimmten Warte aus die Frage nach der grundsätzlichen Möglichkeit, sich möglichst selbständig neues Wissen und neues Können anzueignen, zu beantworten. Darüber hinaus werden in jedem Kapitel dazu passende Schulbeispiele erörtert, in denen auch konkrete unterrichtsmethodische Handlungsmöglichkeiten genannt und diskutiert werden. Diese unterrichtsnahen Partien sollen keine erfolgsgarantierenden Muster sein, aber doch nachhaltig belegen, dass man als Lehrer nicht mit leeren Händen dazustehen braucht, wenn man entdeckendes Lernen intendiert.

In *Kapitel 1* erfolgt eine Auseinandersetzung mit Platos „Menon", dem frühesten Zeugnis mathematik-didaktischer Bemühungen. Heutige Formen des „sokratischen" Lehrens (Heckmann, Lakatos, Lorenzen) werden kritisch dargestellt. Zum mathematischen Inhalt – Quadratverdoppelung – werden unterschiedliche Aktivitäten angedeutet.

Das *Kapitel 2* setzt die Diskussion über sokratische Gespräche am Beispiel des Primzahlsatzes von Euklid fort, wobei eine kritische Auseinandersetzung mit Wagenschein verbunden wird. Insbesondere wird die Frage nach der Rechtfertigung von Inhalten erörtert.

Vorschläge für die Beschäftigung mit dem Sieb des Eratosthenes sollen die allgemeinere These erläutern, dass es für das Entdecken genauso wichtig ist, Erkundungsräume anzubieten, wie erwägende reflektierende Gespräche einzufädeln.

Ausgangspunkt des *Kapitels 3* ist die Methodenlehre des Archimedes, eines der frühesten und wichtigsten Zeugnisse des Nachdenkens eines Mathematikers über den eigenen entdeckenden Wissenszuwachs.

An den Beispielen affin-geometrischer Sätze und der Volumenbestimmung der Kugel wird – den Fußstapfen Archimedes teilweise folgend – dargestellt, wie aus der Verquickung von physikalischen mit mathematischen Fragestellungen im Sinne des Entdeckens profitiert werden kann. Der letzte Abschnitt ist einer besonders wichtigen heuristischen Strategie, der Analogiebildung, gewidmet, die schon bei Archimedes genannt wird.

In *Kapitel 4* geht es – ausgehend von der Rechendidaktik des A. Ries – vor allem um die Frage des Lernens von Rechenverfahren (Algorithmen), die als bildungswichtig für jedermann angesehen werden. Am Beispiel der schriftlichen Division wird dargestellt, inwieweit auch (genormte) Algorithmen im Sinne einer progressiven Schematisierung entdeckend gelernt werden können.

Das *Kapitel 5* bemüht sich – im Bannkreis des Erzvaters aller Didaktiker, des J.A. Comenius – um die Erörterung allgemeinerer didaktischer Fragen: um die Doppelnatur (einfühlend vs. algorithmisch) der Lehrkunst, um die Frage nach der „rechten" Stufung in Lehr-Lern-Gängen, um Probleme und Möglichkeiten des Übens, alles immer unter dem Gesichtspunkt des entdeckenden Lernens.

Stärkere mathematische Bezüge hat dann wieder das *Kapitel 6*. Hier wird über drei wichtige Ansätze der Heuristik in der Barockzeit berichtet: Rückwärtsarbeiten mit algebraischen Methoden beim Problemlösen (Viete), die analytische Geometrie als heuristisch zu betreibende Geometrie (Descartes), die kreative Bedeutung von Symbolsystemen (Leibniz). Dabei werden an Beispielen Möglichkeiten für heutiges Unterrichten aufgeführt, insbesondere wird die Bedeutung von geometrischen Konstruktionsaufgaben und Textaufgaben dargestellt.

Das *Kapitel 7* befasst sich – von Pascal ausgehend – mit einem der umstrittensten und gleichzeitig wichtigsten Begriffe, dem der Induktion und mit den damit verbundenen Begriffen der vollständigen Induktion, der Rekursion und der Iteration. Die Darstellung von Entdeckungsmöglichkeiten am Pascal-Dreieck, Reflexionen zur vollständigen Induktion im Gefolge von Poincaré, Beispiele zu konstruktiven und generativen Iterationen (u. a. Regula falsi zur Nullstellenbestimmung), Beispiele zu Rekursionen (u. a. Pyramidenvolumen) und Erörterungen zur induktiven Verallgemeinerung sollen die didaktische Bedeutsamkeit der Thematik widerspiegeln.

In *Kapitel 8* erfolgt eine Auseinandersetzung mit dem Begriff der Anschauung, die ja von zentraler Bedeutung für Entdecken und Verstehen ist, wobei das Wechselspiel von Ideation und Wahrnehmung im Vordergrund steht. Am Beispiel der Zahlbegriffsentwicklung (negative Zahlen, komplexe Zahlen) wird versucht, darzustellen, wie Erkenntnisfortschritt als doppelte Entwicklung – begriffliche Verallgemeinerung und Verbesserung der anschaulichen Vorstellungen – zu begreifen ist. Welche Rolle Veranschaulichungen beim Problemlösen und beim Auflösen von Paradoxien spielen können, wird an Beispielen aus der Schulmathematik erörtert.

Das *Kapitel 9* stellt eine Auseinandersetzung mit dem schwer fassbaren Phänomen (oder Konstrukt) der Kreativität aus verschiedenen Blickwinkeln dar: der kreative Findungsprozess im Sinne Poincarés-Hadamards und seine konstruktive Wendung in der Heuristik des

8

Polya (erläutert am Beispiel der „Reflexionsaufgabe"), das divergente Denken im Sinne Guilfords (angewandt auf das Beispiel quadratische Gleichungen) und Kreativität in den Forschungen zur Künstlichen Intelligenz (dabei kritische Auseinandersetzung mit Papert).

In *Kapitel 10* schließlich geht es um den Zusammenhang zwischen Entdecken und Anwenden. Es wird herauszustellen versucht, wie die Konstruktion neuen Wissens in der Geschichte (am Beispiel des Fallgesetzes von Galilei und die lernende Rekonstruktion neuen Wissens in der Schule (an den Beispielen Geschwindigkeit im Straßenverkehr und Lebensversicherung) von dem Bestreben nach tieferem Verstehen der Wirklichkeit bestimmt sein können. Erörterungen über Probleme der Anwendungsorientierung sind eingefügt.

Literatur

[1] Comenius, J. A.: Große Didaktik, herausgegeben von A. Flitner, Klett-Cotta 1982.

[2] Luhmann / Schorr (Hrsg.): Zwischen Technologie und Selbstreferenz – Fragen an die Pädagogik, Suhrkamp 1982.

[3] Maturana / Varela: Der Baum der Erkenntnis, Scherz 1987.

[4] Neber, H. (Hrsg.): Entdeckendes Lernen, Beltz 1973.

[5] Neber, H. (Hrsg.): Entdeckendes Lernen, Neuausgabe, Beltz 1981.

[6] Wittmann, E. Chr.: Das Prinzip des aktiven Lernens und das Prinzip der kleinen und kleinsten Schritte in systematischer Sicht, in: Beiträge zum Mathematikunterricht 1988, Franzbecker 1988, S. 339-342.

Auswahl jüngerer Literatur zum Thema

[7] Hischer, H.: Zur Zielorientierung für einen künftigen Mathematikunterricht. In: Müller, K. P. (Hrsg.): Beiträge zum Mathematikunterricht 1995, Franzbecker 1995, S. 240-243.

[8] Vom Hofe, R. (Hrsg.): Mathematik lehren – Mathematik entdecken, 2001, Heft 105.

[9] Vollrath, H.-J. / Roth, J.: Grundlagen des Mathematikunterrichts in der Sekundarstufe. Spektrum Akad. Verlag 2012.

[10] Weigand, H.-G.: Verzichtbare Ziele und Inhalte im Mathematikunterricht. In: Niedersächsisches Kultusministerium (Hrsg.): Ziel und Inhalt eines künftigen Mathematikunterrichts an Gymnasien, Fachgymnasien und Gesamtschulen, Hannover 1994, S. 40-43.

1 Die Verdoppelung des Quadrats in Platos „Menon" – die erste Mathematikstunde in der Menschlichkeitsgeschichte

1.1 Der Menon-Dialog

Der griechische Philosoph Plato (429 ? bis 348 ? v. Chr.) ist die erste Bezugspersönlichkeit für mathematikpädagogisches Denken. Mathematik ist für ihn Bildungsgrundlage und in seinem Werk setzt er sich mit der Natur mathematischer Objekte, mit Erkenntnistheorie und mit Lehren und Lernen auseinander.

Besonders bedeutsam ist für uns der Dialog „Menon". Das Hauptthema in dem Dialog (griechisch: diálogos = Unterredung) zwischen dem Lehrenden Sokrates (469 - 399) und dem Lernenden Menon, einem jungen Mann aus dem thessalischen Adel, ist die Frage nach dem Begriff und der Lehrbarkeit von Tugend. Nachdem der Versuch, Tugend zu definieren, gescheitert ist, wirft Sokrates die Frage auf, ob man denn überhaupt etwas suchen könne, was man nicht wisse. Er führt dann die Lehre von der Unsterblichkeit der Seele und damit die Idee ein, dass es möglich sei, sich an ein Wissen aus früherer Existenz zu erinnern. Diese Fähigkeit des Wiedererinnerns (Anamnese, griechisch: anamnesis = Erinnerung) ist ihm die Erklärung dafür, dass man offenbar Erkenntnisse in jemandem erwecken kann, ohne ihn zu unterweisen; man muss ihn nur geschickt fragen, dann erinnert er ein – sogar echtes und nicht nur irgendwie überkommenes und ungeklärtes – Wissen.

Um den zweifelnden Menon von der These des Erkennens als eines Wiedererinnerns zu überzeugen, wird ein (scheinbar) unwissender Sklave herbeigerufen, der in einem Zwiegespräch mit Sokrates das Problem der Verdoppelung des Quadrates in der Sicht des Sokrates selbständig (ohne Belehrung) löst.

Der Anfang des Gespräches zwischen Sokrates und dem Sklaven lautet (wobei man sich noch vorstellen muss, dass Figuren in den Sand gezeichnet werden) (vgl. Abb. 1.1):

„Sokrates: Sage mir also, Knabe, weißt du wohl, daß ein Viereck eine solche Figur ist?

Sklave: Das weiß ich.

Sokrates: Gibt es also ein Viereck, welches alle diese Seiten, deren vier sind, gleich hat?

Sklave: Allerdings.

Sokrates: Hat es nicht auch diese beiden, welche durch die Mitte hindurchgehen, gleich?

Sklave: Ja.

Sokrates: Ein solcher Raum nun kann doch größer und kleiner sein.

Sklave: Freilich.

Sokrates:	Wenn nun diese Seite zwei Fuß hätte und diese auch zwei; wieviel Fuß enthielte das Ganze? – Überlege es dir so. Wenn es hier zwei Fuß hätte, hier aber nur einen, enthielte dann nicht der ganze Raum einmal zwei Fuß?
Sklave:	Ja.
Sokrates:	Da er nun aber auch hier zwei Fuß hat, wird er nicht von zweimal zwei Fuß?
Sklave:	Das wird er.
Sokrates:	Zweimal zwei Fuß ist er also?
Sklave:	Ja.
Sokrates:	Wieviel nun zweimal zwei Fuß sind, das rechne aus und sage es.
Sklave:	Vier, o Sokrates.
Sokrates:	Kann es nun nicht einen anderen Raum geben, der das doppelte von diesem wäre, sonst aber ein ebensolcher, in dem alle Seiten gleich sind wie in diesem?
Sklave:	O ja.
Sokrates:	Wieviel Fuß muß der halten?
Sklave:	Acht Fuß.
Sokrates:	Gut! Nun versuche auch mir zu sagen, wie groß jede Seite in diesem Viereck sein wird. Nämlich die des ersten ist von zwei Fuß; die aber jenes doppelten?
Sklave:	Offenbar, o Sokrates, zweimal so groß.
Sokrates:	Siehst du wohl, Menon, wie ich diesen nichts lehre, sondern alles nur frage? Und jetzt glaubt er zu wissen, wie groß die Seite ist, aus der das achtfüßige Viereck entstehen wird. Oder denkst du nicht, daß er es glaubt?
Menon:	Allerdings.
Sokrates:	Weiß er es aber wohl?
Menon:	Wohl nicht.
Sokrates:	Er glaubt aber doch, es entstehe aus der doppelten?
Menon:	Ja.

Das Entdeckungsgespräch endet mit:

Sokrates:	Sage mir du, ist dies nicht unser vierfüßiges Viereck? Verstehst du?
Sklave:	Ja.
Sokrates:	Können wir nun nicht hier noch ein gleiches daransetzen?
Sklave:	Ja.
Sokrates:	Und auch das Dritte jedem von den beiden gleich?
Sklave:	Ja.
Sokrates:	Können wir nun nicht auch das noch hier in der Ecke ausfüllen?
Sklave:	Allerdings.
Sokrates:	Sind dies nun nicht vier gleiche Vierecke?
Sklave:	Ja.

Sokrates:	Wie nun? Das wievielfache ist wohl dies ganze von diesen?
Sklave:	Das vierfache.
Sokrates:	Wir sollten aber ein zweifaches bekommen, oder erinnerst du dich nicht?
Sklave:	Allerdings.
Sokrates:	Schneidet nun nicht diese Linie, welche aus einem Winkel in den andern geht, jedes von diesen Vierecken in zwei gleiche Teile?
Sklave:	Ja.
Sokrates:	Und werden nicht dieses vier gleiche Linien, welche dieses Viereck einschließen?
Sklave:	Allerdings.
Sokrates:	So betrachte nun, wie groß wohl dieses Viereck ist?
Sklave:	Das verstehe ich nicht.
Sokrates:	Hat nicht von diesen vieren von je einem jede Seite die Hälfte nach innen zu abgeschnitten? Oder nicht?
Sklave:	Ja.
Sokrates:	Wieviel solche sind nun in diesem?
Sklave:	Vier.
Sokrates:	Wieviel aber in diesem?
Sklave:	Zwei.
Sokrates:	Vier aber ist von zwei was doch?
Sklave:	Das Zweifache.
Sokrates:	Wievielfüßig ist also dieses?
Sklave:	Achtfüßig.
Sokrates:	Von welcher Linie?
Sklave:	Von dieser.
Sokrates:	Von der, welche aus einem Winkel in den anderen das vierfüßige schneidet? (DB)
Sklave:	Ja.
Sokrates:	Diese nun nennen die Gelehrten die Diagonale, so daß wenn diese die Diagonale heißt, alsdann aus der Diagonale, wie du behauptest, das zweifache Viereck entsteht.
Sklave:	Allerdings Sokrates.
Sokrates:	Was dünkt dich nun, Menon? Hat dieser irgendeine Vorstellung, die nicht sein war, zur Antwort gegeben?
Menon:	Nein, nur seine eigenen.
Sokrates:	Und doch wußte er es vor kurzem noch nicht, wie wir gestanden?
Menon :	Ganz recht.
Sokrates:	Es waren aber doch diese Vorstellungen in ihm.
Menon:	Ja."

Das Wort „Fuß" wird einmal als Längen- und einmal als Flächenmaß benutzt.

$A\ B\ C\ D$ ist das flächenvierfüßige Ausgangsquadrat.

$D\ B\ F\ H$ ist das flächenachtfüßige Zielquadrat.

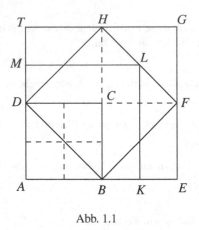

Abb. 1.1

Als Quintessenz dieses Intermezzos mit dem Sklaven verstärkt Sokrates im weiteren Gespräch mit Menon die Behauptung, dass der menschliche Geist zu sicherer, unbestreitbarer Erkenntnis durch Wiedererinnerung gelangen kann.

Im letzten Teil des Dialogs wird die Frage nach der Lehrbarkeit der Tugend erneut aufgenommen. Sie bleibt offen. Skeptisch und ironisch setzt sich Sokrates jedenfalls mit Anytos (seinem späteren Ankläger) auseinander, der auf das unreflektierte Nachahmen der (göttlichen) Männer als Mittel der Tugendvermittlung setzt. Am Schluss wird die wichtige Unterscheidung zwischen echtem Wissen einerseits, wie es der Sklave gewonnen hat und der richtigen Vorstellung andererseits, mit der man sich im Alltag begnügt, herausgearbeitet.

1.2 Die Tiefenstruktur des Gesprächs über die Quadratverdoppelung

Das Gespräch zwischen Sokrates und dem Sklaven, das ich im Folgenden so betrachte, als ob es wirklich einmal stattgefunden hätte, ist einerseits als das Urmuster des gerade danach benannten sokratischen Lehrens gepriesen worden, wonach die Lernenden nicht durch Informationsvermittlung belehrt wird, sondern eigenständig zur Erkenntnis kommt und andererseits gerade umgekehrt als Urmuster kleinschrittig gängelnden Unterrichts kritisiert worden, in dem der Lernende nur scheinbar etwas selbst findet, in Wirklichkeit jedoch – höchst reaktiv und hilflos – dem Szenarium des suggestiven Fragespiels ausgeliefert wird.

Tatsächlich stützt der Text des Dialogs zunächst einmal die negative Deutung: Die Redebeiträge des Sklaven beschränken sich weitgehend darauf, die in der Regel sehr eng gestellten Fragen von Sokrates mit einem Einwortsatz zu beantworten oder die Aussage des Lehrenden schlicht zu bestätigen („Ja." „Allerdings, Sokrates."). Der Sklave hat offenbar überhaupt keine Chance, etwas anderes zu sagen, als das, was der Lehrer Sokrates in einer vorbedachten Regie als Antwort hervorzulocken gedenkt und darin auch nicht getäuscht wird. Der Lehrende führt das Gespräch, und zwar absolut dominant, der Sklave folgt ihm lediglich den kunstvollen Fragen preisgegeben.

In dieser kommunikationstheoretisch orientierten Sicht verkörpert also das Gespräch geradezu das Gegenteil von dem, für was es in verbreiteter Weise Vorbild sein sollte: für das entdeckende Lernen.

Verlassen wir jedoch die Oberflächenstruktur des Frage-Antwort-Spiels und decken seine Tiefenstruktur auf, so zeigt sich ein anderes Bild, eben doch das Schema einer möglichen entdeckenden Lösungsentwicklung mit folgenden Phasen (vgl. Abb. 1.1):

(1) Problemstellung, gegeben durch den Lehrenden
(2) Erster Lösungsvorschlag durch den Lernenden (Verdoppelung der Seitenlänge),
    $A E G T$
(3) Gemeinsame Analyse dieses Lösungsvorschlags und Bewertung als falsch
(4) Zweiter Lösungsvorschlag durch den Lernenden (Ver-1,5-fachung der Seitenlänge)
    $A K L M$
(5) Gemeinsame Analyse dieses Lösungsvorschlags und Bewertung als falsch
(6) Krisis; Eingeständnis der Unwissenheit durch den Lernenden
(7) Entdeckungshilfe durch den Lehrenden (Hinweis auf die Diagonalen), $D B$ usw.
(8) Schrittweiser und gemeinsamer Aufbau dieses dritten Lösungsansatzes, $D B F H$
(9) Bestätigung dieses Lösungsversuches als richtig durch beide.

Die Tiefenstruktur des Gespräches, die ja nicht direkt beobachtbar ist, habe ich hier im Rahmen der Philosophie Platos rekonstruiert.

Platos Auffassung von (mathematischem) Wissen und Wissensverbreitung wird offenbar: Mathematische Ideen existieren als objektive und wahre Gegebenheiten; sie sind in sich unwandelbar, bestehen seit Ewigkeit her. Ihr Sein ist unabhängig von erkennenden Subjekten. Der Mensch kann nicht Mathematik erfinden und herstellen, er kann nur (in Grenzen) das bereits Existierende entdecken, aufdecken. Er besitzt kraft seiner unsterblichen Seele bereits dieses wahre Wissen von Anfang an in sich. Aber es ist verdeckt durch falsches Wissen und Scheinwissen (an dem die von Sokrates zeitlebens bekämpften Sophisten interessiert sind). Um des wahren Wissens bewusst zu werden, muss zunächst dieses oberflächliche und dünkelhafte (wenn auch in der Welt erfolgreiche) Scheinwissen abgetragen werden. Und dies geschieht dadurch, dass ein geschickt fragender Lehrender Lösungen des Scheinwissens induziert, die dann als Trugschlüsse entlarvt werden; das währt so lange, bis aus diesem Scheinwissen keine Lösung mehr produziert werden kann. Dann ist die kritische Grenzstelle zwischen Schein- und wahrem Wissen erreicht, das Eingeständnis der Unwissenheit. Durch weiteres Fragen angeregt, wird sich der Lernende mehr und mehr seines wahren Wissens bewusst, er erinnert sich seiner.

Mathematiklernen ist damit Abbauen von Fehlvorstellung und Erinnern an bereits vorhandenes wahres Wissen. Und Mathematiklehren besteht darin, diesen Abbau/Erinnerungsprozess zu initiieren und zu unterstützen, und zwar durch kunstvolles Fragen.

Die Funktion des Lehrenden, so wird es von Plato im Dialog „Theätetos" auch ausdrücklich gesagt, ist vergleichbar mit der Hebammenkunst (Mäeutichen technen): Wie die Hebamme (die Mutter Sokrates' war eine) nicht das Kind macht und für seine Eigenschaften nicht verantwortlich ist, sondern nur hilft, es ans Licht zu bringen, so unterstützt der Lehrende das Hervorbringen des wahren Wissens im Lernenden. Er legt es nicht in diesen hinein und schon gar nicht hat er Einfluss auf das Wissen selbst, dies ist vielmehr schon unwandelbar und fertig vorhanden.

1.3 Das Sokratische Lehren

Platos „Menon" ist ein Werk der Philosophie, die damals freilich noch allumfassend war und unsere Unterscheidungen in Erkenntnislehre, Psychologie, Pädagogik usw. nicht kannte. Das über Jahrhunderte beständige und auch heute noch lebhafte Interesse seitens der Didaktik (insbesondere der Mathematikdidaktik) an diesem Dialog, der ja ein philosophischer Disput ist und nicht tatsächlich geschehenen Unterricht protokolliert, erklärt sich m. E. durch die bestechende und überaus mathematikfreundliche Theoriehaltigkeit. Lehren besteht hier nicht etwa im Ausführen von überkommenen Vermittlungspraktiken (Aufmerksamkeit erregen, Inhalt in viele Teile zerlegen, Veranschaulichen, Üben usw.), sondern ist eingeordnet in ein faszinierend stimmiges Bild vom Menschen und seinen intellektuellen Möglichkeiten.

Obwohl nur Geburtshelfer, ist der Lehrende durch eine höchstrangige Funktion ausgezeichnet, insofern er daran mitwirkt, wahres Wissen ans Licht des Bewusstseins zu bringen. Er selbst ist bereits im Besitz wahren Wissens und versteht es nun, diesesselbe in anderen hervorzuholen; damit fällt ein Abglanz der schönen Ideen der Mathematik auf ihn. Das Mittel des Hervorholens ist das Sokratische Lehren, die Sokratische Methode.

So, wie uns diese Lehrmethode im „Menon" vorgeführt wird, nämlich als gängelnder und kurztaktiger, fragend-entwickelnder Einzelunterricht (früher „Katechese"; griech.: katechesis = mündlicher Unterricht), muss sie überaus kritisch gesehen werden, gerade auch deshalb, weil sie − oft unter dem Schlagwort entdeckendes Lernen − in den Schulen so verbreitet ist. Einige Punkte, die sich direkt auf den Dialog beziehen, sind:

(1) Das Problem wird nicht aus einem Kontext heraus entwickelt, sondern dem Sklaven unvermittelt vorgesetzt. Er hat keine Gelegenheit, über seine Sinnhaftigkeit nachzudenken. Es hat auch mit seiner sonstigen Lebenspraxis nichts zu tun.

(2) Der erste Lösungsversuch (Verdopplung der Seiten) wird nur als falsch beurteilt. Sein Zustandekommen bleibt aber unerörtert. Es wird nicht bewusst gemacht, dass der Flächeninhalt nicht proportional von der Seitenlänge abhängt, sondern quadratisch, dass also hier das sonst überaus leistungsfähige Schema („Wenn die eine Größe verdoppelt wird, verdoppelt sich auch die von ihr abhängige.") inadäquat ist.

(3) Der zweite Lösungsversuch, der wiederum nur als falsch nachgewiesen wird, hat nicht nur eine gewisse Plausibilität für sich (die in anderen Situationen durchaus erfolgreich sein kann), sie hätte insbesondere als Ausgangspunkt einer approximativen Lösung dienen können. Der Lehrende Sokrates ist aber auf eine, *die* Lösung, *seine* Lösung festgelegt. Wie kann der Sklave das ahnen?

(4) Das Eingeständnis der Unwissenheit wird vom Lehrenden als notwendig und als positiv wirkend angesehen. Die Gefahr, dass der Lernende auch und sogar für längere Zeit entmutigt werden kann oder gar sich als inferior gegenüber dem im Besitz des wahren Wissens befindlichen und daher übermächtigen Lehrenden vorkommen muss, wird nicht gesehen.

(5) Der Verweis des Sokrates auf die Diagonale, die entscheidende Entdeckungshilfe, geschieht unvermittelt. Der Sklave erhält keinen Anreiz und keinen Spielraum, um womöglich selbst auf die Idee zu kommen. Er wird nur gehalten, nachzuvollziehen, welche problemlösende Wirkung das Einzeichnen von Diagonalen hat.

(6) Am Ende der Lektion erfolgt weder ein Rückblick auf die Etappen der Lösung noch ein Vorausblick auf mögliche Fortsetzungen und Verallgemeinerungen; es bleibt auf Seiten des Sklaven bestenfalls bei einem einmaligen Aufleuchten einer Einsicht.

(7) Entgegen den Beteuerungen des Sokrates gegenüber dem Menon muss sich Sokrates beim Abtragen des Scheinwissens doch auch schon auf vorhandene Bestandteile richtigen Wissens beim Sklaven stützen. Die Entlarvung von Scheinwissen und Trugschlüssen setzt ja schon ein Mindestmaß wahren Wissens voraus. Zumindest musste der Sklave verstehen, was Quadrate sind und elementare Rechenoperationen vollziehen und deuten können.

Die Liste kritischer Punkte wird noch länger, wenn man die oft erhobene Forderung prüft, im Mathematikunterricht (durchgehend) sokratisch zu lehren und sich dabei des „Menon" als eines Musters zu bedienen. Schon Weierstraß in seiner pädagogischen Prüfungsarbeit vom Jahre 1841 benennt einige Problempunkte:

(8) Im Dialog „Menon" gibt es nur einen Lernenden, den Sklaven. Wenn ein Lehrender mehrere, ja viele Lernende hat, bleibt zunächst unklar, wir hier ein Dialog zu führen wäre, wenn dies überhaupt möglich erscheint.

(9) „Die Sokratische Methode in ihrem wahren Geiste durchgeführt passt weniger für Knaben als für reifere Jünglinge" (Weierstraß [15], S. 327). Jedenfalls sind die Gesprächspartner in den Platonischen Dialogen nicht Kinder, sondern junge Männer, die schon eine hohe Stufe der Bildung erreicht haben. Das Problem ist also, welche Voraussetzungen in Sprachkultur und Wissensstand Schülerinnen und Schüler bereits mitbringen müssen, um Sokratische Dialoge erfolgreich bestreiten zu können.

(10) Unsere allgemeinbildende Schule ist (bis zu einem bestimmten Ausmaß) Pflichtschule, in der Platonischen Akademie trafen sich hingegen Interessierte freiwillig. Die Frage ist, inwieweit die obligate Massenschule die geeignete Atmosphäre für Sokratisches Lehren bieten kann.

(11) Ist jeder Lehrende imstande, Sokratische Lehrdialoge zu führen? „Wer in Sokrates' Weise unterrichten will, muss auch von Sokrates Geiste etwas in sich tragen" (Weierstraß [15], S. 327). Bekanntlich war Sokrates ein herausragender Lehrender, herausragend in seiner Liebe zur Wahrheit, in seinem Glauben an die Verbreitbarkeit der Tugend und an die Verbesserbarkeit des Menschen; und schließlich in seinem Mut beim Kampf gegen Unwissenheit und Scheinwissenschaftlichkeit. Die Frage ist, inwieweit die Sokratische Methode einen charismatischen Lehrenden dieses Formats voraussetzt.

(12) Ausdrücklich wird von Plato vorausgesetzt (und auch im „Menon" stillschweigend unterstellt), dass in den Menschen ein Streben nach wahrer Erkenntnis vorhanden ist und auch gestillt werden könne. Heute glauben wir zu wissen, dass die Lust an der Theorie, das Verlangen nach Einsicht und Durchblick (gegen alle Widerstände und unabhängig von Belohnungen externer Art) zumindest keine bare Selbstverständlichkeit ist. Vielmehr wird die Motivationsproblematik als besonders heikel eingeschätzt.

(13) Ein letzter wichtiger Kritikpunkt: Ist das Sokratische Lehren daran gebunden, dass der Lehrende im grundlagentheoretischen Sinne ein Platonist ist? D. h. also grob gesagt der Auffassung, dass mathematische Objekte (in dem berühmten Platonischen Ideenhimmel) als Wirklichkeiten unveränderbar und kristallen existieren, unabhängig von denkenden Wesen? „Dem Platonimus zufolge ist ein Mathematiker ein ebenso empirischer Wissenschaftler wie ein Geologe; er kann nichts erfinden, da alles bereits vorhanden ist. Es bleibt ihm nur, die Dinge zu entdecken" (Davis/Hersh [2], S. 334). Möglicherweise gibt es eine Affinität zwischen der Hochschätzung Sokratischen Lehrens und Platonismus. In diesem Falle wäre es problematisch, das Sokratische Lehren entschieden zu favorisieren oder gar als allgemein verbindliches Lehrverfahren auszuzeichnen.

Diese Kritik kann indes nicht die überragende Bedeutung der Philosophie des Sokrates und Plato, speziell des Dialogs "Menon", für die Mathematikdidaktik mindern.

Was oft übersehen wird: Für Sokrates und Plato war das Ziel aller Wissenschaft und Philosophie die Bildung und Erziehung der Menschen. Und dabei räumten beide (wenn auch mit unterschiedlichen Akzenten) der Mathematik als der rationalsten Wissenschaft eine hervorragende Rolle zur Ausbildung von Verstandestugenden ein. Diese attischen Philosophen verfochten – als erste im Abendland – ein entschiedenes Programm der Aufklärung, setzten also auf die Entwicklung der Vernunft, die sie als notwendig ansahen zur Herbeiführung individueller und sozialer Glückseligkeit. Wie alle Aufklärer mussten sie freilich auch schmerzlich erfahren, wie äußerst mühselig die Verbreitung noetischer (griech.: noesis = das Denken) Tugenden ist, dass das Wissen um das Gute noch längst nicht gutes Handeln nach sich ziehen muss. Auf jeden Fall wird man dem Sokratischen Lehren nicht gerecht, wenn man es nicht in den Rahmen der Gesamtbemühungen der „Pädaia", der kunstvoll wissenschaftlich betriebenen und aufklärerischen Erziehung stellt. Bei Plato wird – zum ersten Mal im Abendland – die Mathematik als Bildungsfach definiert, sogar implizit als Bildungsfach für alle, denn sie ist – wie es am Beispiel des Sklaven demonstriert wird – in allen Menschen als verdecktes Vorwissen erinnerbar. Dass andererseits Plato einen aristokratischen, scharf ständisch gegliederten und totalitär-spartanischen Erziehungsstaat anstrebte, widerspricht aus unserer Sicht seine allgemein menschlichen Pädagogik der Aufklärung entschieden.

Ein zweites sollte bei aller berechtigten Kritik am Verlauf des Verdoppelungsgesprächs nicht aus dem Auge geraten: die Schlüsselrolle, die Plato dem dialogischen Gespräch überhaupt, dem Diskurs, dem argumentativen Wechselspiel zwischen Rede und Gegenrede bei der Bewusstwerdung wahren Wissens zuerkennt. Wahres Wissen ist geradezu dadurch als Wissen charakterisiert, dass die Gesprächspartner in gemeinsamen Bemühungen am Ende als deduktiv geordnet, als einsichtig und in sich folgerichtig ansehen. Insofern darf man in den Sokratischen Dialogen des Plato Prototypen mathematischer Beweissprechakte sehen: Im Gespräch versichert man sich, was man unter welchem Wort verstehen, was man als unbestreitbar ansehen und was man weshalb als begründet einsehen will. Das Platonische ist freilich dabei, dass die mathematische Wahrheit schon vorliegt und im Gespräch nur aufgedeckt, bewusst gemacht wird, während heute (im Gefolge von Wittgenstein) die Einschätzung verbreitet ist, dass der mathematische Inhalt während des Gesprächs überhaupt erst konstruiert wird; die „Sache" entsteht erst, die Bedeutung der Wörter wird „ausgehandelt".

1.4 Moderne Formen dialogischen Lehrens

Das Sokratische Lehren hat in unserer Zeit u.a. drei besondere und für die Mathematikdidaktik wichtige Ausformungen erfahren, an die hier nur kurz erinnert werden kann: das Sokratische Gespräch im Sinne Heckmanns, das Beweis-Widerlegungs-Spiel (Situationslogik) nach Lakatos und die Dialog-Logik von Lorenzen.

Damit soll nicht behauptet werden, dass die sokratische Tradition erst in diesem Jahrhundert wieder aufgenommen worden sei. Ich erinnere nur an die in Dialogform geschriebenen Werke des Galilei, der ganz bewusst auch an die Erkenntnistheorie Platos (Anamnese) anknüpft und an die Bemühungen in der Didaktik des 19. Jahrhunderts, wo z. B. folgende Formen von Lehrgesprächen unterschieden werden (Schmidt [12], S. 2-19):

1. akroamatisch (vortragend)
2. erotematisch (fragend)
   a) examinierend (abfragend)
   b) repetitorisch (wiederholend)
   c) katechetisch (erfragend)
   d) sokratisch (anstoßend, anregend)

Heckmann [4] (1981) stützt sich ausdrücklich – wie übrigens auch Wagenschein als der profilierteste „Sokratiker" – auf den Philosophen L. Nelson (1882 - 1927), der die „sokratische Methode" als die für den Philosophie-Unterricht allein brauchbare erklärt hat und definiert: „Sokratisch würde ich ein Gespräch nennen, [...], in dem durchgängig ein gemeinsames Erwägen von Gründen stattfindet" (S. 7). Genauer: „Im sokratischen Gespräch arbeiten wir nur mit dem Instrument des Reflektierens über Erfahrungen, die allen Gesprächsteilnehmern zur Verfügung stehen. Fragen, deren Beantwortung anderer Instrumente bedarf, scheiden also aus" (S. 8). Ausgeschieden werden Experimente und Beobachtungen, empirische Erhebungen, historische Studien und psychoanalytische Introspektionen (womit eigentlich schon klar ist, dass Sokratische Gespräche dieser Art nicht den ganzen Mathematikunterricht tragen könnten; dort sind ja Experimente, Messungen und Beobachtungen unverzichtbar). Dagegen gehören Metagespräche ausdrücklich zum Sokratischen Gespräch; die Teilnehmer sollen insbesondere jedes Unbehagen (z.B. über den bisherigen Gesprächsverlauf) artikulieren können. Die Rolle des unparteiischen Gesprächsleiters ist es,

- darauf zu bestehen, dass zum Thema gesprochen wird,
- auf volles Einverständnis hinzuwirken,
- zu helfen, dass alle Auffassungen zur Geltung kommen,
- dafür zu sorgen, dass sie gründlich und sachlich geprüft werden,
- energische Partner in die Schranken zu weisen und
- ängstliche und langsam denkende Partner zu schützen und zu ermutigen.

In den (von Erwachsenen geführten) Gesprächen über mathematische Gegenstände, von denen Heckmann berichtet (Heckmann [4], S. 22 ff.), spielte die Frage nach den „Basisvoraussetzungen" eine zentrale und teilweise auch quälende Rolle: Was kann man in einem geometrischen Beweis als evident voraussetzen und ist dies auch für alle gleichermaßen evident? Wie weit soll das planmäßige Zweifeln getrieben werden? U.ä.

Im Gegensatz zum „Menon"-Typ des Sokratischen Lehrens wird hier von einer stärkeren Symmetrie der Gesprächsteilnehmer, die insbesondere ihre Verständnisschwierigkeiten einbringen, ausgegangen und es erfolgt keine vom Lehrer straff geführte einbahnige Entwicklung vom Falschen zum Wahren, vielmehr eine von Zweifeln, Brüchen und Rückschlägen durchsetzte Annäherung an das Verstehen eines mathematischen Beweises, wobei die Gesprächsteilnehmer ihre persönliche Lerngeschichte einbringen können. Insofern wird in Sokratischen Gesprächen Heckmanns ein höheres Maß an Lernwirklichkeit abgebildet als im „Menon"-Dialog. Allerdings berichtet Heckmann über Erfahrungen mit erwachsenen Studentinnen und Studenten eines Philosophie-Seminars, so dass die Frage der Übertragbarkeit auf „normalen" Schulunterricht zunächst einmal offen bleiben muss.

Imre Lakatos (1922 - 1973), mathematisch gebildeter Philosoph, von Poppers Forschungslogik und Polyas Heuristik ausgehend, stellt in seinem Werk „Beweise und Widerlegungen" ([6], 1979 auf Deutsch erschienen) am Beispiel des Eulerschen Polyedersatzes dar, wie sich in seiner Sicht mathematisches Wissen tatsächlich entwickelt. Dabei rekonstruiert er die Grundzüge der geschichtlichen Genese auf zwei Arten: die „Dialektik der Ereignisse" durch ein erfundenes dramatisches Gespräch in einem imaginären Klassenzimmer zwischen einem Lehrenden und einer Gruppe von (hochgradig interessierten, kritischen und fähigen) Schülerinnen und Schülern, die historischen Daten finden sich in Fußnoten. Seine Hauptabsicht ist es, die Philosophie der Mathematik aus ihrer Reduktion auf Metamathematik (wobei meist nur die formalisierte Mathematik betrachtet würde) herauszuführen und stattdessen ihr die Aufgabe zuzuweisen, zu untersuchen und darzustellen, wie sich inhaltliche (nicht formale) Mathematik durch die Arbeit lebendiger Menschen entwickelt (Situationslogik).

Lakatos' „Beweise und Widerlegungen" ist erregend und spannend, „ist ein überwältigendes Werk" (Davis/Hersh [2], S. 367). „Anstelle von Symbolen und Kombinationsregeln stellt er uns Menschen vor, einen Lehrenden und seine Studentinnen und Studenten. Anstelle eines auf grundlegende Prinzipien aufgebauten Systems präsentiert er einen Zusammenprall von Ansichten, Argumenten und Gegenargumenten. Anstatt mathematische Skelette und Fossilien zeigt er, wie sich die Mathematik aus einem Problem und einer Vermutung entwickelt, wie eine Theorie vor unseren Augen Gestalt annimmt; er schildert die Hitze von Argument und Gegenargument, den Zweifel, der der Gewissheit weicht, und diese erneutem Zweifel." (Davis/Hersh [2], S. 365).

Für Lakatos arbeitet ein Mathematiker auf keinen Fall so, wie es die Lehrbücher der fertigen Mathematik oder gar die metamathematischen Abhandlungen mit ihren logischen Rekonstruktionen vorzuspiegeln scheinen, sondern quasi-empirisch. Nach einer Vermutung rollt nicht eine Beweismaschine ab, die mit tödlicher Sicherheit eine Kette von Aussagen (angefangen von den Voraussetzungen bis zur Behauptung) produziert und so die Vermutung in eine ewige, fürderhin nicht mehr bezweifelbare Wahrheit transformiert. Vielmehr dient bei Lakatos der Beweis der Erhellung der Vermutung und kann nur (im Sinne Poppers) vorläufige Wahrheit garantieren, bis eine Beweislücke entdeckt wird, bis ein Gegenbeispiel lokaler (Bezweiflung eines Beweisschrittes) oder globaler (Bezweiflung der Vermutung) Art gefunden wird. Während der dramatischen Auseinandersetzungen über die Stichhaltigkeit von Beweisen verschärfen sich die Begriffe (hier der Polyederbegriff), verändert sich die ursprüngliche Behauptung und entwickeln sich die Vorstellungen über das Beweisen.

Welche Wirkungen das Werk Lakatos' auf das Denken und das Selbstverständnis der Mathematiker hat oder haben wird, ist schwer abzuschätzen. Mancher mag vor den schwankenden Gefilden der Subjektivierung und Relativierung zurückschaudern und lieber auf dem festen Boden des formalistischen Dogmatismus verbleiben, auch wenn dieser ihn in seine wirklichen Arbeit überhaupt nicht trägt.

Die Bedeutung von Lakatos' Situationslogik für die Mathematikdidaktik kann schwerlich überschätzt werden. Wenn man auch sicher nicht die (meist verwickelte) historische Entwicklung einer mathematischen Idee als mögliches Modell für ihre Entwicklung in der Schule in direkt-naiver Weise (unter Verweis auf das sogenannte biogenetische Grundgesetz) verwenden kann, weil es sich dort um erwachsene, voll ausgebildete, von Natur aus motivierte, eben professionelle Mathematiker handelt, so ist doch das Studium der Ideen- und Menschheitsgeschichte der Mathematik eine unersetzliche Quelle didaktischen Denkens. Was sich in der Mathematik geschichtlich ereignet hat, ist prinzipiell dadurch schon interessant für die Didaktik, weniger, um Anekdotisches in den Unterricht einflechten oder historisierende Simulationen versuchen zu können, sondern um ein Bild von der Mathematik als einer lebendigen und von Menschen gemachten Kulturdisziplin zu erwerben.

Lakatos hat uns wie bisher kein anderer die Wichtigkeit der historischen Dimension vor Augen geführt. Dass er die Form des (konstruierten, aber an der geschichtlichen Entwicklung orientierten) Dialogs als Darstellungsform wählt und so über Polya, Galilei u. a. die Verbindung schließlich zu Plato dokumentiert, entspringt bestimmt keiner Marotte oder Koketterie, sondern ist essentiell: So kann dem heuristischen (vs. euklidisch-deduktivistischen) Zugang zur Mathematik auf besonders eindrückliche Weise Form verliehen werden.

Freilich könnte die Brillanz des Dialogs im Vergleich zur sprachlichen und intellektuellen Kärglichkeit durchschnittlicher Unterrichtsgespräche entmutigen und vielleicht ist diese Differenz auch die Ursache dafür, dass Lakatos bisher so wenig in der Mathematikdidaktik rezipiert worden ist. In der Tat bleibt uns das Problem, inwieweit unter „normalen" Schulbedingungen das Lernen von Mathematik als ein Entdeckungsprozess gestaltet werden kann, in voller Schärfe erhalten.

Lakatos war sich übrigens der pädagogischen Bedeutsamkeit seiner philosophischen Bemühungen bewusst, man lese dazu etwa den Anhang 2 seines Buches ([6], S. 134 ff.), wo es in einer Fußnote heißt: „Es ist bis jetzt noch nicht ausreichend erkannt worden, dass die gegenwärtige mathematische und naturwissenschaftliche Ausbildung eine Brutstätte des Autoritätsdenkens und der ärgste Feind des unabhängigen und kritischen Denkens ist" ([6], S. 135). Wie Sokrates gegen die cleveren Sophisten, so kämpft Lakatos gegen die dogmatischen Formalisten, beide waren unverbesserliche Aufklärer.

Auf den ersten Blick erscheint die *Dialoglogik* des Mathematikers und Philosophen Paul Lorenzen ([8, 9, 10]) recht fern von mathematikdidaktischen Fragestellungen. Er entwickelte sie im Rahmen des von ihm vertretenen operativen Konstruktivismus bei der Formalisierung der Logik. In seiner „Metamathematik" ([8] 1962, S. 21 ff.) führt er den Begriff „dialogisch definit" als Eigenschaft von Aussagen ein: „Allgemein heißt eine Aussage dialogisch-definit, wenn für ihre Behauptung in einem Dialog die Regeln für beide Dialogpartner so festgelegt sind, dass jederzeit entschieden werden kann, (1) ob der Dialog beendet ist und (2) wer in diesem Falle gewonnen hat. 'Remis' sei nicht zugelassen." (S. 21). Der den Dialog mit einer Behauptung eröffnende Partner heißt Proponent, sein Gegner, der die Behauptung systematisch anzweifelt, Opponent. Eine Behauptung kann dann als wahr gelten, wenn der Proponent eine Gewinnstrategie besitzt, d. h. im Stande ist, jedweden Angriff eines jeden Opponenten abzuwehren.

Ein einfaches Beispiel zur Verdeutlichung: Der Proponent stelle die Behauptung auf, dass jede Summe aufeinanderfolgender und mit 1 beginnender ungerader (natürlichen) Zahlen eine Quadratzahl ist. Mögliche Dialoge sind dann:

Opponent	Proponent
	Immer ist die Summe aufeinanderfolgender ungerader Zahlen, die mit 1 beginnen, eine Quadratzahl.
? $1+3$	$1+3 = 4 = 2^2$
? $1+3+5$	$1+3+5 = 9 = 3^2$
? 1	$1 = 1^2$
? $1+3+5+7$	$1+3+5+7 = 16 = 4^2$
$\vdots$	$\vdots$
? $1+3+5$	$1+3+5 = (1+2)+3+(5-2) = 3 \cdot 3 = 3^2$
? $1+3+5+7+9$	$1+3+5+7+9$
	$= (1+4)+(3+2)+5+(7-2)+(9-4)$
	$= 5 \cdot 5 = 5^2$
? $1+3+5+7$	$1+3+5+7$
	$= (1+3)+(3+1)+(5-1)+(7-3) = 4 \cdot 4 = 4^2$
? $1+3+\ldots+2n-1$	$1 + 3 + 5 + \ldots + (2n-5) + (2n-3) + (2n-1)$
	$+(2n-1)+(2n-3)+(2n-5)+\ldots+ 5 + 3 + 1$

n beliebige	$= (1 + 2n - 1) + (3 + 2n - 3) + \ldots$
natürliche Zahl	$+ (2n - 5 + 5) + (2n - 3 + 3) + (2n - 1 + 1)$
	$= n \cdot 2n = 2n^2$
	also $1 + 3 + 5 + \ldots + 2n - 1 = n^2$

? $1 + 3 + 5 + \ldots + 2n - 1$ Jede mit 1 beginnende Folge aufeinander folgender ungerader Zahlen kann ich als quadratisches Punktmuster darstellen.

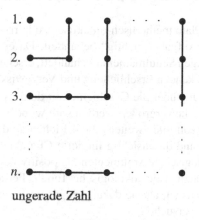

ungerade Zahl

Abb. 1.2

Im ersten Fall attackiert der Opponent nur mit Einzelbeispielen als möglichen Gegenbeispielen, die der Proponent alle zurückweist, aber ohne Strategie; er rechnet aus und findet in jedem Beispiel eine Quadratzahl, ohne dass erkennbar wird, warum es eine Quadratzahl ergeben muss. Der Proponent kann daher nicht als Gewinner gelten, die Behauptung ist nicht bewiesen. Im zweiten Fall dagegen reagiert der Proponent auf Einzelangriffe mit einer (zwar unformalen, eher impliziten) Strategie, nämlich der der Mittelwertbildung: Die Folge der aufzuaddierenden Zahlen ebnet er auf ihren Mittelwert ein. Im dritten Fall wird die Strategie des zweiten verallgemeinernde ausgestaltet, so dass der allgemeine Angriff des Opponenten (was ist die Summe der n ersten ungeraden Zahlen?) erfolgreich pariert werden kann. Im letzten Fall (Abb. 1.2) schließlich antwortet der Proponent auf den allgemeinen Angriff des Opponenten mit einer geometrischen Strategie (die zumindest in der Schule u. U. höher zu werten ist als die im dritten Fall).

Vollrath ([14] 1970) hat gezeigt, auf welche Weise diese Dialoglogik für den Mathematikunterricht direkt fruchtbar gemacht werden kann, jedoch haben seine Gedanken meines Wissens bisher kaum in die Breite gewirkt.

Hier ist noch zu betonen, dass die Dialoglogik keineswegs ein logizistisches oder methodisches Detail ist. Ihre Bedeutung kann erst erfasst werden, wenn wir sie im Rahmen der betont aufklärerischen Bemühungen sehen, wie sie Lorenzen etwa in seinem Aufsatz „Methodisches Denken " ([10] 1974) darstellt. Und da geht es um mehr als um formal richtiges Argumentieren, nämlich auch um das einfühlende Verstehen des Denkens als einer menschlichen Leistung. Durch methodisches Denken sollen die Reduktionen der mathematischen Logistik und gleichzeitig der geisteswissenschaftlichen Hermeneutik (griech.: hermeneutike techne = Textauslegungskunst) überwunden werden, wobei an der Lebenspraxis – einschließlich der Fragen nach Zwecken, Motiven und Interessen – anzusetzen ist: „Alles Denken ist eine Hochstilisierung dessen, was man im praktischen Leben immer schon tut" ([10] 1974, S. 26).

1.5 Entdeckungsübungen an der Quadratverdoppelung

Es geht hier nicht darum, Plato methodisch-didaktisch zu korrigieren oder gar Vorschläge anzudienen, wie man die Aufgabe „richtig" behandelt. Da es sich aber auch um einen klassischen Inhalt der heutigen Schulmathematik handelt, erscheint es sinnvoll, über einige Möglichkeiten einer entdeckenden Erschließung und Vergewisserung nachzudenken.

Bekannt ist die Hinführung über die Geschichte mit dem „quadratischen" Becken, das auf die doppelte (Ober-)Fläche vergrößert werden soll, wobei erstens wieder ein „quadratisches" Becken entstehen soll und zweitens die 4 Eichen an den Ecken erhalten bleiben sollen. Der episodenhafte und durchsichtig fingierte Charakter dieser Einkleidung kann sie mit plausiblen psychologischen Argumenten als positiv bewertbar erscheinen lassen; vielleicht beeindruckt zusätzlich der ökologische Touch. Ferner bietet die Situation insofern einen Lösungshinweis an, als sie dazu zwingt, die Vergrößerung irgendwie durch „Ausbeulen" der Seiten zu versuchen.

Andererseits wäre ein „echter" Anwendungsbezug in einem umfassenderen Kontext im Hinblick auf die übergeordneten Ziele des Mathematikunterrichts (etwa: Beitrag zur Erschließung der Umwelt) vorzuziehen. Da ist es denn unerlässlich, über den Zaun der Mathematik zu schauen. Wo wird so etwas wie Flächenverwandlung, -vergrößerung, -verkleinerung unter diesen oder jenen Bedingungen und Verkörperungen betrieben? Ein sehr alltägliches – und dadurch für Allgemeinbildung günstiges – Beispiel (eine Idee von Freudenthal) ist das Falten von Wäschestücken, also etwa: Wie kannst du ein quadratisches Taschentuch (Tischtuch) so falten, dass wiederum ein Quadrat zu sehen ist? Das ist zwar die inverse Aufgabe, aber es handelt sich jetzt nicht nur um eine vertraute Situation, sondern um eine solche, die handgreiflich auf der Stelle mit Papiertüchern simuliert werden kann. Außerdem geht implizit die Forderung ein, dass eine „klassische" Lösung mit Zirkel und Lineal gesucht ist. Wenn keine einengende Zusatzbedingung angegeben wird, wird sich die Lösung aufdrängen, die der ersten Fehllösung des Sklaven entspricht: Falten an den Mittellinien zu einem Quadrat mit einem Viertel der Flächengröße. Bei der Zusatzbedingung, dass das gefaltete Taschentuch genau halb so groß erscheinen soll wie das Gegebene, scheiden dann sofort die Mittellinien und auch die Diagonalen als Faltachsen aus, so dass der Zwang entsteht, etwas Neues zu probieren, dem Raum zu geben wäre. Die Lösung – in der Sprache von Schülerinnen und Schülern: „Ecken nach innen klappen" – ist voller Handgreiflichkeit und die zueinander inversen Handlungen Halbieren (Einschlagen) und Verdoppeln (Ausklappen) können als solche aufeinander bezogen werden. Vom Papierfalten her gibt es neuerdings auch einen Zugang zur Verallgemeinerung, zum Satz des Pythagoras als Flächensatz (Kroll [5] 1988).

Ein verwandter aber weniger realistischer (was zu besprechen wäre) Einstieg könnte das Problem sein, einen Tisch mit quadratischer Tischfläche zu entwerfen, der durch Ausklappen zu einem Tisch mit quadratischer aber doppelt so großer Fläche vergrößerbar ist.

Ein umfassenderer und doch auch alltagsnaher Kontext ist das Parkettieren. Eines der klassischsten und einfachsten Parketts ist das weit verbreitete Quadratparkett (Schachbrettmuster), das zu vielerlei Aktivitäten schon mit jungen Kindern anregen kann. Z. B. kann (Anstoß: „Siehst du weitere Quadrate?") die quadratische Abhängigkeit des Flächeninhalts von der Seitenlänge unmittelbar beobachtet werden: Ist die Seite 1, 2, 3, 4, … Längen-Einheiten (cm, Kästchenlängen, usw.) groß, so ist die Fläche 1, 4, 9, 16, … Flächeneinheiten groß.

Da kann auch schon beim Vergleichen der Flächeninhalte die Frage auftreten, ob es ein Paar Quadrate gibt, von denen das eine (genau, ungefähr) eine doppelt so große Fläche hat wie das andere. Dass es das genau nicht gibt, mag erstaunen und kann später bei Irrationalitätsbetrachtungen wieder aufgegriffen werden (Abb. 1.3).

Die Quadratsverdoppelung und -halbierung (im Sinne der Menonschen Problemstellung) kann als Frage und Resultat entdeckt und analysiert werden, wenn die Schülerinnen und Schüler zum Ausschmücken des Quadratmusters durch Einzeichnen von (Gitter-)Geraden angeregt werden.

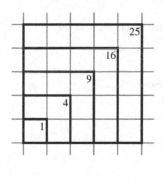 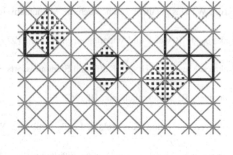

Abb. 1.3   Abb. 1.4

Allein schon die Beobachtung und Verifikation, dass das neue Gitter wieder ein Quadratgitter ist, ist bemerkenswert und gibt Anlass, Eigenschaften des Quadrats bewusst zu machen oder zu wiederholen. Aber das neue Quadratgitter enthält Quadrate von anderer Flächengröße als das Alte. Der Vergleich zwischen alten und neuen Quadraten kann auf vielerlei Arten ausgestaltet werden (sogar im wörtlichen Sinne), als „Menon-Figur", als „Taschentuchfaltung" und als „Pythagoras-Figur" (Abb. 1.4).

Das Quadratgitter (einschließlich möglicher Ausschmückungen) enthält so viel Entdeckungspotential, dass von hier aus wichtige schulmathematische Inhalte zugänglich erscheinen: Quadrat und seine Symmetrien, Parkettierungen, Satzgruppe des Pythagoras, Flächenverwandlungen, Quadrieren/Radizieren, Irrationalität von Zahlen.

24

Dass hierbei die Schülerinnen und Schüler aktiv handeln und dabei selbst auf Probleme stoßen können, gerät nun doch zu einer schwerwiegenden Kritik an Platos Wissens- und Lehr/Lern-Begriff: Die Deutung von Wissenserwerb durch *aktives Erfahren* als ein kompliziertes Wechselspiel zwischen Tun und Denken, zwischen Praxis und Gnosis (griech.: gnosis = Erkenntnis), zwischen Vermutung und Test und neuer Vermutung (ein Erfahren, das freilich immer schon vorgängige Erfahrungen voraussetzt) erscheint wirklichkeitsnäher und fruchtbarer für die Pädagogik als die Deutung vom Wissensauftauchen als Wiedererinnern, das durch kunstvolles Fragen in Szene gesetzt wird. Gemeinsam ist aber die Vorstellung, dass Wissenserwerb eine persönliche Angelegenheit des Lernenden ist und der Lehrende dabei „nur" Helfer sein kann, allerdings auch muss.

Literatur

[1] Becker, O.: Die Grundlagen der Mathematik in geschichtlicher Entwicklung, Alber 1964.

[2] Davis/Hersh: Erfahrung Mathematik, Birkhäuser 1985.

[3] V.d. Driesch/Esterhuis: Geschichte der Erziehung und Bildung, Schöningh 1950.

[4] Heckmann, G.: Das sokratische Gespräch, Schroedel 1981.

[5] Kroll, W.: Das gefaltete Taschentuch. In: Mathematik lehren, Heft 28, (1988), S. 48-49.

[6] Lakatos, J.: Beweise und Widerlegungen, Vieweg 1979.

[7] Lakatos/Musgrave (Hrsg.): Kritik und Erkenntnisfortschritt, Vieweg 1974.

[8] Lorenzen, P.: Metamathematik, BI 1962.

[9] Lorenzen/Schwemm: Konstruktive Logik, Ethik und Wissenschaftstheorie, BI 1973.

[10] Lorenzen, P.: Methodisches Denken, Suhrkamp 1974.

[11] Platon: Mit den Augen des Geistes, Fischer 1955.

[12] Schmidt, S.: Rechenunterricht und Rechendidaktik an den rheinischen Schullehrer-Seminaren im 19. Jahrhundert, Habilitationsschrift Uni Köln 1988.

[13] Struwe/Voigt: Der Menon-Dialog −Analyse und Kritik, in: Beiträge zum Mathematikunterricht 1986. Franzbecker 1986.

[14] Vollrath, H.J.: Dialogisches Lehren von Beweisen, in: Beiträge zum Mathematikunterricht 1969, Schroedel 1970, S. 33-39.

[15] Weierstraß, K.: Über die sokratische Lehrmethode und deren Anwendbarkeit beim Schulunterricht. In: Mathematische Werke, 3. Band, Mayer & Müller 1903.

Auswahl jüngerer Literatur zum Thema

[16] Badr Goetz, N.: Das dialogische Lernmodell – Grundlagen und Erfahrungen zur Einführung einer komplexen didaktischen Innovation im gymnasialen Unterricht, Meidenauer 2007.

[17] Bittner, S.: Das Unterrichtsgespräch – Formen und Verfahren des dialogischen Lehrens & Lernens, Julius Klinkhardt 2006.

[18] Frohn, D.: Die Wurzel aus 2 – Zugänge zur Irrationalität auf algebraischen und geometrischen Wegen, in: Mathematik lehren 2009, Heft 154, S. 20-46.

[19] Heymann, H. W.: Genetisches Lehren, Sokratisches Lehren. In: Heymann H. W. (Hrsg.): Allgemeinbildung und Mathematik, Beltz 1996.

[20] Loska, R.: Lehren ohne Belehrung – Leonard Nelsons neosokratische Methode in der Gesprächsführung, Klinkhardt 1995.

[21] Ruf, U. / Gallin, P.: Dialogisches Lernen in Sprache und Mathematik, Band 1+2, Kallmeyer 1999.

[22] Saran, R. / Neißer, B.: Enquiring Minds – Socratic Dialogue in Education, Trentham Books 2004.

[23] Spiegel, H.: Sokratische Gespräche über mathematische Themen mit Erwachsenen – Absichten und Erfahrungen. In: Mathematik lehren 1989, Heft 33, S. 54-59.

2 Die Unendlichkeit der Primzahlfolge – Euklids Beweis – Trick oder System?

2.1 Der Satz und sein Beweis

Im Buch IX der „Elemente des Euklid (um 300 v. Chr.; nach Proklos (410 - 485 n. Chr.) „jünger als die Schüler des Platon und älter als Eratosthenes und Archimedes") steht als 20. Theorem:

„Es gibt mehr Primzahlen als jede vorgegebene Anzahl von Primzahlen."

(Beweis)

„Die vorgelegten Primzahlen seien a, b, c. Ich behaupte, dass es mehr Primzahlen gibt als a, b, c.

Man bilde die kleinste von a, b, c gemessene Zahl. Sie sei DE, und man füge zu DE die Einheit DF hinzu. Entweder ist dann EF eine Primzahl, oder nicht. Zunächst sei es eine Primzahl. Dann hat man mehr Primzahlen als a, b, c gefunden, nämlich a, b, c, EF.

Zweitens sei EF keine Primzahl. Dann muss es von irgendeiner Primzahl gemessen werden; es werde von der Primzahl g gemessen. Ich behaupte, dass g mit keiner der Zahlen a, b, c zusammenfällt. Wenn möglich, tue es dies nämlich. a, b, c messen nun DE; auch g müsste dann DE messen. Es misst aber auch EF. g müsste also auch den Rest, die Einheit DF, messen, während es eine Zahl ist; dies wäre Unsinn. Also fällt g mit keiner der Zahlen a, b, c zusammen; und es ist eine Primzahl nach Voraussetzung. Man hat also mehr als die vorgelegte Anzahl a, b, c gefunden, nämlich a, b, c, g." (Euklid [3], S. 204 f.).

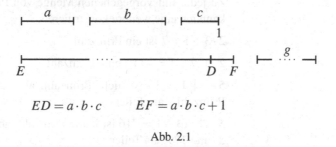

$$ED = a \cdot b \cdot c \qquad EF = a \cdot b \cdot c + 1$$

Abb. 2.1

Übrigens „misst" heißt heute im Allgemeinen „teilt" und die Einheit 1 ist bei Euklid keine Zahl, denn Zahlen sind ja definiert als Mengen von Einheiten.

Wahrscheinlich ist dieser Satz – wie das meiste Arithmetische in den „Elementen" – nicht von Euklid selbst, sondern war bereits den Pythagoräern bekannt. Van der Waerden ([18] 1966, S. 323) attestiert dem Buch IX ein sehr hohes mathematisches Niveau, weil Euklid sich hier auf erstklassige Mathematiker stützen konnte. Wo der Verfasser der „Elemente" das nämlich nicht könne, seien seine Texte weitaus schwächer.

„Eukleides ist vor allem Didaktiker, kein schöpferisches Genie" ([18], S. 323). „Es ist merkwürdig, dass ein so hervorragender Didaktiker wie Eukleides manchmal so wenig logisch ist. Aber das gibt es auch sonst" ([18], S. 324).

Wie dem auch sei, der Satz ist fürwahr erstaunlich und der Beweis von einer Brillanz, dass man immer nur über Didaktiker staunen kann, wenn sie sich beeilen, hervorzukehren, dass der Beweis „sehr einfach" sei (so übrigens auch Wagenschein). Ob er der erste indirekte Beweis der Mathematik-Geschichte ist, wie Kropp vermutet ([9], S. 35), ist deshalb zweifelhaft, weil es im Hauptteil überhaupt kein indirekter Beweis ist, lediglich die Passage „Wenn möglich, ..." klingt nach indirektem Schließen. Wohl aber sind die meisten modernen Fassungen des Beweises indirekt angelegt, wo es dann immer in etwa heißt: Seien 2, 3, 5, ..., p_n alle endlich vielen Primzahlen (und p_n also die größte), dann ist $m = 2 \cdot 3 \cdot 5 \cdot \ldots \cdot p_n + 1$ usw.

Euklids Beweis ist sehr viel „besser", weil konstruktiver als die modernen Fassungen. Euklid sagt nicht: Ich will beweisen, dass es unendlich viele Primzahlen gibt und das tue ich so, dass ich das Gegenteil dieser Behauptung ad absurdum führe. Er sagt vielmehr: Gebt mir irgendwelche Primzahlen und ich zeige euch, dass es mindestens noch eine Primzahl mehr als diese gibt. Dieser Haufen von Primzahlen kann wirklich ganz beliebig sein, der Anzahl nach, der Größe nach, es brauchen nicht die n ersten zu sein, noch müssen sie aufeinander folgen. Insofern ist der originale Euklidische Beweis nicht nur konstruktiver, sondern auch von höherer intellektueller Freiheit als seine modernen Abarten. Vielleicht kommt in der folgenden dialogischen Darstellung die wunderbare Gestalt des Beweises klarer zum Vorschein:

Opponent	Proponent
	Zu jeder mir vorgegebenen Menge von Primzahlen kann ich eine weitere konstruieren.
? 2, 3	$2 \cdot 3 + 1 = 7$ ist ein Primzahl
? 2, 3, 7	$2 \cdot 3 \cdot 7 + 1 = 43$ ist eine Primzahl
? 5, 7	$5 \cdot 7 + 1 = 36$ ist nicht Primzahl, aber enthält die Primzahl 3 als Teiler
? 5, 11, 13	$5 \cdot 11 \cdot 13 + 1 = 716$ ist keine Primzahl, aber enthält 2 (und 179) als Teiler
? a, b, c	$a \cdot b \cdot c + 1$ ist selbst Primzahl, dann fertig
? $a \cdot b \cdot c + 1$ nicht Primz.	enthält Teiler g und g ist Primzahl
? $g = a$ (oder $= b$ oder $= c$)	g teilt $a \cdot b \cdot c$ und g teilt $a \cdot b \cdot c + 1$, dann also auch g teilt **1**, g teilt 1 ist aber Unsinn, denn „g ist eine Zahl" (d. h. größer als eine Einheit)

Eine besondere Feinheit dieses Beweises ist, dass das Konstruktionsverfahren für die neue Primzahl eigentlich mehr ein Existenznachweisverfahren ist; die neue Primzahl kann nur in einem „Fall" mit $a \cdot b \cdot c + 1$ explizit angegeben werden, aber man weiß gar nicht, ob dieser „Fall" vorliegt und braucht es auch nicht zu wissen.

Leider wissen wir überhaupt nichts darüber, wie ein Mensch erstmalig auf die Beweisidee gekommen ist. Zuerst erscheint sie wie ein Trick, nachträglich dann aber geradezu selbstverständlich und systematisch herausgearbeitet und das kann lähmend wirken.

Der Inhalt des Satzes ist nicht minder erstaunlich, besagt er doch, dass, obgleich die Primzahlen immer rarer werden, je weiter man in der Zahlenreihe fortschreitet und obgleich man beliebig große Lücken zwischen aufeinanderfolgenden Primzahlen nachweisen kann, es immer wieder weitere Primzahlen geben muss. Und dass dies wirklich so ist, hängt nicht von konkreten empirischen Überprüfungen ab, sondern wird einzig und allein garantiert von einer endlichen Überlegung: Es muss denknotwendig so sein. So ist es kein Wunder, dass Menschen hierbei ob der Kraft menschlichen Denkens ins Schwärmen geraten.

Nicht minder faszinierend scheint es aber auch zu sein, immer größere Primzahlen nun tatsächlich auch numerisch aufzustöbern, bei riesigen Zahlen ein hartes Geschäft und ohne Computer ein aussichtsloses. Da gibt es eine internationale Rekordjagd; 1985 fand ein Team aus Houston die Primzahl $2^{216091} - 1$ mit 65 050 Dezimalstellen (Führer [6] 1985, S. 62), doch dieser Rekord wird inzwischen gebrochen sein.

Nur anfügen möchte ich noch, dass Euler den Satz ganz anders bewiesen hat (über die Divergenz von $\sum \frac{1}{p}$) und noch ganz anders Polya (über Fermatsche Zahlen, Hardy-Wright [7] 1958, S. 15 f.).

2.2 Über den Bildungswert des Satzes

Inwieweit kann es dieser Satz mit seinem Beweis in der allgemeinbildenden Schule verdienen, von allen gelernt zu werden?

Eine Antwort kann natürlich nicht allein aus dem Satz selbst entnommen werden, so wenig wie die Frage: „Soll man sich ein Häuschen bauen?" ohne Kenntnis des Kontextes beantwortet werden kann.

Dass überhaupt eine Antwort notwendig ist, sei ausdrücklich hervorgehoben, denn bei einer Konzeption des entdeckenden Lernens, wie sie mir vorschwebt, kann auf keinen Fall die Frage nach dem, *was* warum gelernt werden soll, ausgespart werden.

In der traditionellen Volksschule mit ihrem vorherrschenden Selbstverständnis als der Schule für den 3. Stand, die vor allem einige als lebenswichtig angesehene Fertigkeiten und ein schlichtes Weltbild vermitteln sollte, wurde (und wird) die Beschäftigung mit einer so lebensfern erscheinenden Angelegenheit wie Primzahlen als nicht rechtfertigbar betrachtet. Abgesehen von einigen Bemühungen um Teilbarkeitsregeln im Zusammenhang mit Rechenproben und evtl. von der Beschäftigung mit Primfaktor-Zerlegung, kgV und ggT im Zusammenhang mit der Bruchrechnung gab es (und gibt es) kaum eine Einlassung auf Zahlentheoretisches. Speziell: „Der euklidische Nachweis, dass die Zahl der Primzahlen unendlich groß ist, findet sich meines Wissens in keinem Rechenbuche", resümiert

Lietzmann [12] (1912, S. 60). Der große Reformer Johannes Kühnel erwähnt Primzahlen mit keinem Wort, Fettweis empfiehlt zahlentheoretische Aufgaben als Denktraining.

Im Zuge der New-Math-Reform gab es kurzfristig eine enorme Hochschätzung und Ausbreitung zahlentheoretischer Inhalte, die jedoch mitunter zum Einüben der Mengensprache missbraucht wurden und heute wieder erheblich eingeschränkt sind.

Im Mathematikunterricht des traditionellen und heutigen Gymnasiums spielen zahlentheoretische Inhalte in aller Regel aber auch nur eine nachgeordnete und dienende Rolle im „Hauptstoff" der 5./6. Klasse. Lediglich im Hessischen Bildungsplan von 1957 wurde für die Oberstufe altsprachlicher Gymnasien u. a. auch das Thema „Über Primzahlen und Euklids Beweis für das Nichtabbrechen ihrer Folge" empfohlen, um so „an einzelnen Problemen das Wesentliche des mathematischen Denkens gründlich und bildend bewusst zu machen" und „philosophische Vertiefung" anzustreben (Lenné [11], S. 312 f.).

Demgegenüber heißt es bei Wagenschein ([19] 1980, S. 74): „Der ebenso einfache wie geniale antike Beweis dafür, dass die Reihe der Primzahlen niemals abbrechen kann, gehört zu den wenigen wirklich unentbehrlichen Stücken des mathematischen Lehrgutes. Ohne irgendwelche Vorkenntnisse vorauszusetzen lässt er erfahren, was es heißt, mathematisch zu denken. Für die überhaupt dafür Empfänglichen ist das aktive Begreifen dieses souveränen Verfahrens ein unvergessliches Erlebnis." Wieso dieses „Stück" unentbehrlich ist, wird von Wagenschein nicht näher analysiert. Vielmehr erfolgt die ausführliche Schilderung einer von ihm selbst durchgeführten 5-stündigen Unterrichtsreihe an einer Paul-Geheeb-Schule in der Schweiz mit 14- bis 17-jährigen Schülerinnen und Schülern aus verschiedenen Ländern. Es handelt sich um eines der leider seltenen Dokumente über entdeckendes Lernen in einer besonders überzeugenden Ausgestaltung und man sollte diesen Eindruck nicht sogleich durch Verweis auf die besonderen Umstände zu relativieren suchen. Einige wesentliche Momente sind: die in Muße entwickelte Ausfaltung des Themas und des Problems, das Wechselspiel zwischen Vermutungen und ihrer Überprüfung, das Nachdenken über das eigene Tun (und dabei z. B. die Klärung des Verhältnisses Satz/Umkehrsatz), die Beharrlichkeit in der Problemverfolgung auch außerhalb der Mathematikstunden, die starke emotionale Beteiligung und der Nachhall über dieses Mathematik- (und Mensch!-) Erlebnis.

Eine Begründung für die Wichtigkeit, sogar Unentbehrlichkeit des Themas liefert Wagenschein somit indirekt und gewissermaßen empirisch: weil es nachweislich von ihm erfolgreich entdeckend-genetisch entwickelt, zum vollen Verständnis gebracht und als Exempel für grundsätzliche Einsicht in mathematische Denkweisen angesehen werden kann.

Stark verkürzt und verallgemeinert würde das Auswahlkriterium lauten: Ein Inhalt ist dann als Lehrgut aufzunehmen, wenn er „gut" (hier im Wagenscheinschen Sinne „sokratisch") zu unterrichten ist. Vermutlich wurde und wird weit mehr Lehrstoff als man glauben möchte nur deshalb in den Schulen behandelt, weil er im Sinne der vorherrschenden Lehrweisen behandlungsfreundlich ist, wenn dies auch nicht immer offen zugegeben wird. So ist es natürlich kein Zufall, dass bisher durchgehend solche Stoffe überwiegen, die sich in Rechnungen (Zins-, Differential-, ...) darstellen, in Lehrgängen organisieren, in zahllosen Aufgaben einüben und gut prüfen lassen.

Tatsächlich ist die Lehrbarkeit ein durchaus lauteres und wichtiges Kriterium und zeigt nur, wie sehr Lehrinhalt und Lehr/Lernweisen aufeinander bezogen sind. Dabei ist aber zu bedenken, dass beide alles andere als konstante und fest umrissene Größen sind. Und genau das ist der Punkt. Die Erweiterung der fachdidaktischen Kompetenzen und die Verfügbarkeit über leistungsfähigere Medien können z. B. zu einer veränderten Einschätzung eines potentiellen Lehrstoffes führen.

Konsequenterweise sollten Lehrpläne dem Lehrenden genügend Freiraum für eigene (auch ungesicherte) Unternehmungen belassen, eine ebenso alte wie (zunehmend) missachtete Forderung. Es kann auch eine problematische Forderung sein, nämlich wenn die Gefahr entsteht, dass der Mathematikunterricht in zwei Teile zerfällt: normalen Lernunterricht mit dem trockenen Haferbrot der üblichen Mathematik, interessanter Entdeckungsunterricht mit den Rosinen von der Art des Primzahlsatzes. So kann man übrigens Wagenschein tatsächlich (miss)verstehen. In jedem Falle haben wir einen noch eher zunehmenden Pensumdruck. Und das offenbar unaufhaltsame Vordringen der Computer verschärft die curriculare Situation zusätzlich. Umso dringlicher wird die Frage nach konsensfähigen Kriterien für die Auswahl, Akzentuierung und Detaillierung der Lehrinhalte.

Hier müsste nun eigentlich die ganze Problematik übergeordneter Lernziele oder anzustrebender Qualifikationen angesprochen werden (wobei man dann schon die Frage ausblenden würde, inwieweit Lerninhalte u.U. auch dann schon legitimiert sind, wenn sie den Schülerinnen und Schülern Möglichkeiten zur intellektuellen oder emotionalen Identifikation bieten, also etwa Spaß machen, ohne irgendwelche Verhaltensverbesserungen im Auge zu haben). Aus Platzgründen müssen einige Bemerkungen genügen. Wenn die allgemeinbildende Schule auf das spätere Leben (einschließlich weiterer Bildung und Ausbildung) im Sinne von Qualifizierung vorbereiten soll, dann ist (in materialer Hinsicht) ein Thema wie der Euklidische Primzahlsatz offenbar nicht zu rechtfertigen: Nirgendwo im privaten, beruflichen und öffentlichen Leben (von Nichtmathematikern) kann ein Wissen über Primzahlen zur Meisterung von Situationen verwendet werden. Insofern stimme ich der Kritik von Volk ([17] 1980, S. 71) an Wagenschein zu, allerdings mit zwei Einschränkungen. Erstens weise ich auf die neuere Kryptoanalyse hin, wo − wahrscheinlich zum ersten Mal in der Geschichte − u. a. auch Primzahlwissen zur Verschlüsselung von Nachrichten benutzt wird (etwa im RSA-System, Heider u. a. [8]) und Verschlüsselungsfragen hängen mit Datenschutz, Überwachung, Spionage u. a. äußerst heiklen Fragen zusammen, die jeden Bürger betreffen. Damit fordere ich nicht schon, in der Schule Codierungstheorie zu betreiben; es sei lediglich angemerkt, dass das Primzahlthema nicht für alle Zeit nur ein Schatz im berühmten Elfenbeinturm bleiben muss.

Zweitens ist nicht einzusehen, inwiefern ausschließlich auf die Meisterung von Situationen im späteren Leben hin erzogen werden soll. Das spätere Leben bietet doch wahrscheinlich nicht nur eine ununterbrochene Kette von Problemen, die eine beständige und auf Erfolg ausgerichtete angespannte Aktivität erfordern. Müssen wir nicht auch in die Fähigkeit zum gelassenen Betrachten, zur Kontemplation, ja zum Träumen zu erziehen versuchen? Das Getriebensein zum rastlosen Handeln und die Gier, auftauchende Probleme möglichst sofort zu erledigen (zu erschlagen!), können das Zusammenleben zu einer Qual werden lassen und zur Blindheit gegenüber Daseinsbestimmungen, die sich nicht als Probleme formulieren lassen, führen. Überdies: Die Fähigkeit, Mathematik anzuwenden, erfordert selbst schon „theoretische Distanzierung" (griech.: théa = Anschauen, Schau) von der praktischen Sache. „Wer die Mathematik mit Erfolg anwenden will, muss Phantasie besitzen und träumen können", lässt Renyi ([14] 1967, S. 53) Archimedes zu König Hieron sagen. Kurz: Gerade wer auf die Praxis des Lebens vorbereiten will, darf „Theoretisches" nicht einfach als zur „Rätselecke" gehörig diskreditieren, wie das Volk ([17], S. 70) tut, auch wenn er andererseits „Muße-Erörterungen" als zulässig (!) (S. 71) erachtet.

Soviel zur Wichtigkeit/Unwichtigkeit des Themas, was seinen Inhalt für die spätere Lebenspraxis angeht. Wagenschein rechtfertigt das Thema überhaupt nicht mit solchen „materialen" Überlegungen. Für ihn gehört der Euklidische Primzahlsatz zu denjenigen „Stücken", an denen im Sinne des exemplarischen Lehrens und Lernens grundsätzlich paradigmatisch (griech. parádeigma = Musterbeispiel) erfahren werden kann, was das Spezifische mathematischen Denkens ist. Es handelt sich um ein sogenanntes „Initiationsproblem", ein Problem also, das ohne systematisches Vorwissen und ohne technische Fertigkeiten erfasst, im Wesentlichen selbsttätig gelöst und vor allem restlos verstanden werden kann. Auch, und gerade der Mathematik fernstehende, entmutigte, ja hasserfüllte Lernende sollen die Chance für einen Einstieg oder Wiedereinstieg dadurch erhalten, dass sie erleben können, wie sie allein mit den Mitteln alltäglichen Denkens erfolgreich sein können. Abgesehen von der nur empirisch überprüfbaren Frage, inwieweit ein solches Thema auch unter „normalen" Schulverhältnissen eine initiierende Wirkung entfaltet, bleibt die Grundproblematik aller Ansätze der sogenannten formalen Bildung auch in dieser exemplarischen Variante bestehen: Die erhoffte Ausstrahlung von einem solchen Initiationsproblem auf den „üblichen" Unterricht müsste erst noch belegt werden. Wenn eine Schülerin in Wagenscheins Unterricht bekennt: „Das ist wunderbar, aber Mathematik ist scheußlich" (Wagenschein [19] 1980, S. 82), dann deutet das doch eher auf eine gerade nicht erwünschte Zweiteilung hin.

Noch zurückhaltender wird heute die weitere Transferhypothese betrachtet, die Lichtenberg so schön prägnant formuliert hat: „Was man sich selbst erfinden muss, lässt im Verstand die Bahn zurück, die auch bei anderer Gelegenheit gebraucht werden kann." (S. 145). Gerade darüber, inwieweit Begriffe und Prozeduren, die im Thema A (sogar wirklich verständig) erworben, auf die Bearbeitung des Themas B übertragen und dort – mehr oder weniger spontan – angewandt und verallgemeinert werden, wissen wir noch viel zu wenig. „Eine moderne Transfertheorie als psychologisches Kernstück der Lehr-Lern-Forschung ist nicht einmal in Umrissen erkennbar" (Treiber/Weinert [16] 1982, S. 8). Vielmehr wird heute besonders stark betont, wie wichtig fachspezifisches Wissen und Können beim Lösen von Problemen ist, ja dass überhaupt Denkprozesse in hohem Maße bereichsbeschränkt sind. Andererseits wird durchaus Denktraining für möglich und erfolgversprechend gehalten. „Die Möglichkeiten und Grenzen der geistigen Entwicklung eines Menschen kann man zur Zeit wohl kaum besser abschätzen, als durch das Gelingen oder Misslingen des Versuches, die geistige Kapazität des entsprechenden Individuums zu erweitern. Dazu scheint uns ein Training komplexer Denkabläufe [...] derzeit das am meisten geeignete Mittel zu sein. Auf diesem Gebiet hat aber die empirische Forschung erst zaghaft begonnen" (Dörner [2], S. 142).

Fest scheint zu stehen, dass sich Transfereffekte kaum wie von selbst ergeben, das Transferieren muss offenbar mitgelernt werden. Darüber freilich erfahren wir bei Wagenschein nicht viel, seine Unterrichtsbeispiele – alle aus der vornehmen und reinen Mathematik – ruhen je in sich.

So kann die Frage, ob der Euklidische Primzahlsatz ein unentbehrliches Thema im Mathematikunterricht sein soll, erst überzeugend beantwortet werden, wenn wir es aus seiner Exklusivität befreien.

2.3 Aktivitäten am Sieb des Eratosthenes

Mir ist z. Zt. kein ergiebigerer Einstieg in unser Thema bekannt als das Sieb des Eratosthenes (von Kyrene 276 (?) - 194 (?) v. Chr.), das voller Ideen steckt, die mit den Augen des Körpers und Geistes aufgedeckt werden können. Die Schülerinnen und Schüler werden in den Stand gesetzt, geradezu empirische Mathematik zu betreiben (siehe auch Freudenthal [5] 1973, I, S. 138).

Die Schülerinnen und Schüler − und es können für den ersten Teil Grundschülerinnen und Grundschüler sein − erhalten eine (zunächst total unscheinbar wirkende) Zahlenliste und werden − bewusst vage− zum Beobachten angeregt: Fällt irgendetwas auf?

1	2	3	4	5	6
7	8	9	10	11	12
13	14	15	16	17	18
19	20	21	22	23	24
25	26	27	28	29	30
31	32	33	34	35	36

$$\vdots$$

(zunächst) bis

109	110	111	112	113	114
115	116	117	118	119	120

Erfahrungsgemäß wird in aller Regel zuerst festgestellt, dass in der 6. Spalte das „1×1 der 6" steht.

Und wie ist es mit anderen „Reihen"? Auch schwächere Schülerinnen und Schüler können kleine Entdeckungen machen, etwa dass die Vielfachen der 3 (Dreierzahlen) in der 3. und 6. Spalte (und nur dort) stehen, und zwar schön sortiert nach ungeraden und geraden Dreierzahlen, dass die Sechserzahlen besondere (nämlich gerade) Dreierzahlen sind, dass die Zweierzahlen in der 2., 4. und 6. Spalte stehen, dass die Viererzahlen auch dort stehen, aber die Spalten mit geraden Nicht-Viererzahlen teilen müssen. „Die Viererzahlen springen hin und her" usw. Und die Fünferzahlen? Auch die sind nicht wild verstreut, sie liegen auf „schrägen" Linien; ebenfalls die Siebenerzahlen, jedoch „quer dazu".

Die Schülerinnen und Schüler werden aufgefordert, durch farbige Linien 1×1-Reihen auszuzeichnen, z. B. für die Zweier-Reihe rot, die Dreier-Reihe blau. Für die Sechser-Reihe brauchen wir keine neue Farbe, die Sechserzahlen sind schon rot-blau gezeichnet.

Auch die Zahlen der Vierer-Reihe sind bereits (als besondere Zweierzahlen) gefärbt. Die Fünferzahlen werden mit grüner Linie, die Siebenerzahlen mit schwarzer markiert.

Soweit handelt es sich um eine einfache, wenn auch für manche Kinder aufregende und in jedem Falle vermehrte Einsicht intendierende Wiederholung des 1×1. Neue Sachverhalte werden aufgedeckt, u. a. von der Art: Von 3 aufeinanderfolgenden Zahlen ist immer genau eine durch 3 teilbar, eine hinterlässt den Rest 1, die andere den Rest 2 bei Teilung durch 3.

Etwas anspruchsvoller ist die Frage nach der Begründung des Musters. Es ist wirklich eine schöne Entdeckung, wenn (9- bis 11-jährige) Kinder beobachten, welche Gesetzmäßigkeiten das Zahlenfeld beherrschen:

1 Schritt nach rechts bedeutet $+1$
1 Schritt nach unten bedeutet $+6$

(Bei Zeilenende: 1 Sprung zur nächsten Zeile nach vorn bedeutet $+1$). Wenn also irgendwo eine Fünferzahl steht, dann muss links unter ihr wieder eine stehen (oder in derselben Zeile 5 Schritte nach rechts) und so weiter.

Zum Primzahlbegriff kann man gelangen, wenn man dazu auffordert, das mit farbigen Linien gemusterte Zahlenfeld noch einmal genauer zu betrachten. Eventueller Anstoß: Ist überhaupt noch eine Zahl nicht bunt durchkreuzt? Außer 1 werden 11, 13, 17, 19, bis 113 genannt, erstaunlich viele noch und dazu in seltsamer Unordnung. Sie sind als übrig gebliebene zunächst negativ „definiert": als Nicht-Zweier- und Nicht-Dreier- und Nicht-Fünfer- und Nicht-Siebener-Zahl. Dass alle diese Zahlen in gar keiner 1×1-Reihe („richtig" d. h. ohne Faktor 1) vorkommen, ist damit noch keineswegs erkannt. Dazu bedarf es einer gesonderten und auf dieser Stufe recht anspruchsvollen Argumentation, etwa exemplarisch so: 79 (als stehengebliebene Zahl) ist weder durch 2 noch durch 3 noch durch 5 noch durch 7 teilbar (sonst wäre sie ja mindestens einmal durchkreuzt worden). 79 kann aber auch durch keine andere Zahl teilbar sein; durch 4, 6, 8, 9, 10 nicht (weil sie dann ja doch schon durchkreuzt wäre). Durch 11 und größere Zahlen ist 79 aber auch nicht teilbar, weil in $11 \cdot * = 79$ der andere Faktor $*$ ja kleiner als 11 sein müsste. Das geht aber nicht, weil alle kleineren Zahlen als 11 nicht in 79 enthalten sind. Zur Einübung in diese komplizierte Argumentation mögen weitere Zahlen auf diese Art betrachtet werden.

Jetzt dürfte der Boden vorbereitet sein, die Bezeichnung „Primzahl" einzuführen (Primzahlen sind unteilbare Zahlen, genauer: sind Zahlen, die man nur durch 1 oder sich selbst (ohne Rest) teilen kann o. ä.) und über Primzahlen zu sprechen, auch mit außermathematischen Beziehungen, z. B.: Was ist, wenn eine Schulklasse 17, 19 oder 23 Kinder hat? Welche Rolle spielen Primzahlen in unserem Münzsystem oder in unserem System der Zeitmaße? Die Primzahlen 2, 3, 5 … werden in unserer Sieb-Tabelle besonders gekennzeichnet. Was fällt weiterhin auf?

Eine der sich optisch fast immer aufdrängenden Beobachtungen ist: Außer 2 und 3 liegen sämtliche Primzahlen in der 1. und in der 5. Spalte. Das muss so sein, wenn wir an unsere Aktion mit den bunten Linien denken. Wir könnten eine Formulierung anstreben: Jede Primzahl über 3 ist entweder Vorgänger oder Nachfolger einer Sechserzahl.

Schauen wir uns die Sache noch genauer an. Manchmal ist nur der Vorgänger einer Sechserzahl eine Primzahl (z. B. **23** vor 24), manchmal nur der Nachfolger (**37** nach 36), manchmal sind beide Nachbarn Primzahlen (**11** vor und **13** nach 12, **17** vor und **19** nach 18), man kann hier über Primzahlzwillinge sprechen. Kann es auch vorkommen, dass beide Nachbarn einer Sechserzahl *keine* Primzahlen sind? Erfahrungsgemäß wird dies (sogar von Mathematikstudenten) zunächst einmal verneint, offenbar weil der obige Satz (Jede Primzahl über 3 ist entweder Vorgänger oder Nachfolger einer Sechserzahl) stillschweigend umgekehrt wird. Tatsächlich ist auch erst 120 die kleinste Sechserzahl, die keine prime Nachbarschaft hat. Und die nächste solche Sechserzahl? Und was wäre, wenn doch immer eine Primzahl vor oder hinter einer Sechserzahl stünde?

Es ist offensichtlich, wie man von unserer (endlichen) Sieb-Tabelle aus auch zu anderen Primzahlfragen, speziell zu den üblichen Standardthemen gelangen kann, etwas zur Primzahlzerlegung (und von dort dann zu ggT und kgV): Außer 1 sind ja die Nichtprimzahlen gerade die, durch die mindestens eine bunte Linie verläuft. Die Anzahl der bunten Linien durch eine Zahl gibt die Anzahl der verschiedenen Primfaktoren wieder, allerdings nicht ihre Vielfachheit. Letzteres kann man einbringen, indem man Doppel-, Dreifach-, ... Linien derselben Farben zulässt. So gehen z. B. durch 8 drei rote Linien, weil $8 = 2 \cdot 2 \cdot 2$.

Will man mit jüngeren Schülerinnen und Schülern (5. bis 7. Klasse) noch weiter in Richtung Euklidischer Primzahlsatz fortzuschreiten versuchen, so bietet es sich zunächst an, den Zahlenraum über 120 hinaus zu erweitern. Wie findet man noch größere Primzahlen (als 113)?

121 ist die erste bisher noch nicht durchstrichene Zahl, die aber trotzdem keine Primzahl ist, $121 = 11 \cdot 11$. Ach ja, wir haben ja bisher nur $2 \cdot 11$, $4 \cdot 11$, $6 \cdot 11$, $8 \cdot 11$, $10 \cdot 11$ (rot), $3 \cdot 11$, $6 \cdot 11$, $9 \cdot 11$ (blau), $5 \cdot 11$, $10 \cdot 11$ (grün) und $7 \cdot 11$ (schwarz) durchkreuzt (manche davon auch mehrfarbig). Wir brauchen eine neue Farbe, etwa gelb, für die 11er-Reihe. Wie wird das Muster in unserem Feld aussehen? 2 Schritte nach unten und 1 Schritt nach links bedeutet $+11$, also liegen die Elferzahlen auf steileren Schräglinien von rechts oben nach links unten.

Es wäre ein ziemlich harter Test auf das Verständnis, wenn jetzt das Problem gestellt würde: Angenommen, wir hätten unsere Zahlentabelle mit den Linien aus jetzt 5 Farben sehr weit fortgesetzt. Bis zu welcher Zahl hätten wir dann alle Primzahlen gefunden?

Die Überlegung könnte sein: Durch das farbige Linienmuster sind genau alle diejenigen Zahlen durchkreuzt, die − als Produkt geschrieben − mindestens einen Faktor haben, der 2, 3, 5, 7, oder 11 ist. Die kleinste Zahl, die nicht durchkreuzt ist und doch auch keine Primzahl ist, ist daher $13 \cdot 13 = 169$. Also haben wir jetzt bis 168 alle Primzahlen gefunden. Das wird natürlich auch empirisch bestätigt (oder man geht überhaupt empirisch vor).

Und wenn wir alle Primzahlen bis 200, 500, gar bis 1000 suchen sollten? Dass wir „nur" die Vielfachen von 2, 3, 5, 7, 11, 13, 17, 19, 23, 29 und 31 durchzukreuzen brauchen (immerhin bräuchten wir doch 11 Farben!), um alle Primzahlen bis 1000 zu „bekommen", dürfte etwas von der Kraft des Suchalgorithmus des Eratosthenes lebhaft vor Augen führen.

Es wird vielleicht zu aufwendig sein, die Zahlentabelle wirklich von Hand bis 1000 aufzustellen, obwohl es ein Stück authentischer Arbeit wäre, den Zahlensinn förderte und dabei das multiplikative Rechnung sinnvoll wiederholte und vertiefte. Speziell könnten das Chaos der Primzahlverteilung (mal eng − mal weit, ohne erkennbaren Grund) und ihre durchschnittlich abnehmende Dichte genauer studiert werden:

Zahlenabschnitt	Anzahl der Primzahlen
1 bis 100	25
1 bis 200	46
1 bis 300	62
1 bis 400	78
1 bis 500	95
1 bis 600	109
1 bis 700	125
1 bis 800	139
1 bis 900	154
1 bis 1000	168

Bis 100 sind $\frac{1}{4}$ der Zahlen Primzahlen, bis 1000 nur noch rund $\frac{1}{6}$ aller Zahlen. Es kann ein Schaubild der empirischen Zuordnung

$$n \to \text{Anteil Primzahlen bis } n$$

gezeichnet werden, das eine erste Ahnung vom sogenannten Primzahlsatz aufkommen lassen kann.

Erst jetzt dürften genügend Erfahrungen vorliegen, um die Frage nach dem Abbrechen oder Nichtabbrechen der Primzahlfolge als sinnvoll erscheinen zu lassen.

Für jüngere Schülerinnen und Schüler reicht, wenn die Frage überhaupt angeschnitten wird, der Verweis auf das praktizierte konstruktive Suchverfahren: Wir haben ja mit jeder neuen Farbe (Primzahl) uns weitere Zahlen mit neuen Primzahlen eröffnet.

Wenn man hier tiefer eindringen will, so ist es sinnvoll, die Frage aufzuwerfen, ob man vielleicht planmäßig Primzahlen ausrechnen kann. Das scheint unmöglich: Wie soll man auch 13 oder 37 oder 97 oder 997 ausrechnen können? Primzahlen bleiben halt als Monster übrig, wenn man alle brav teilbaren Zahlen weggekreuzt hat. Anstoß: Das genaue Gegenteil wäre dagegen leicht zu machen, nämlich Zahlen auszurechnen, die sowohl durch 2 als durch 3 als durch 5 als durch ... teilbar sind.

Die Zahlen

$$2 \cdot 3 = 6$$
$$2 \cdot 3 \cdot 5 = 30$$
$$2 \cdot 3 \cdot 5 \cdot 7 = 210$$
$$2 \cdot 3 \cdot 5 \cdot 7 \cdot 11 = 2310$$
$$\ldots$$

stehen sämtlich in der 6. Spalte. Wie könnten wir von dort aus eventuell auf Primzahlen kommen? Natürlich durch $+1$ oder -1.

Als neues Teilproblem wären zum Beispiel die Zahlen

$$2 \cdot 3 + 1 = 7$$
$$2 \cdot 3 \cdot 5 + 1 = 31$$
$$2 \cdot 3 \cdot 5 \cdot 7 + 1 = 211$$
$$2 \cdot 3 \cdot 5 \cdot 7 \cdot 11 + 1 = 2311$$
$$\ldots$$

zu überprüfen. Verführerischerweise sind diese 4 ersten berechneten Zahlen tatsächlich sämtlich Primzahlen, wie man „zu Fuß" mit Taschenrechner – oder per Arbeitsteilung in der Klasse (bei 2311 wären die möglichen Primfaktoren bis 47 zu testen, also 15 Divisionen auf Resthaltigkeit zu prüfen) – bestätigt.

Eine (unvollständige) Induktion drängt sich auf: So also kann man Primzahlen ausrechnen, zwar nicht alle der Reihe nach, aber immer größere. Erfreulicherweise bricht die Vermutung schon beim nächsten Fall

$$2 \cdot 3 \cdot 5 \cdot 7 \cdot 11 \cdot 13 + 1 = 30031$$

zusammen. Der Lehrende muss hier auf Prüfung insistieren, entweder eine Primzahltabelle vorlegen oder – weitaus besser – zur Überprüfung mittels Taschenrechner – oder wieder arbeitsteilig – aufrufen. Da sind ja alle 40 Primzahlen bis 173 zu testen, die ersten kann man sich allerdings schenken (Teilbarkeitsregeln!), die letzten entfallen von selbst, weil sich $30031 : 59 = 509$ ergibt.

Was haben wir jetzt? 30031 ist zwar selbst keine Primzahl, aber sie enthält die Primzahlen 59 und 509 und damit haben wir irgendwie doch aus 2, 3, 5, 7, 11 und 13 neue, größere Primzahlen ausgerechnet.

Nebenbei haben wir ein wenig darüber erfahren, wie mühselig es sein kann, eine ganz große Zahl auf ihre Primzahligkeit zu überprüfen. Das könnten wir im nächsten Fall

$$2 \cdot 3 \cdot 5 \cdot 7 \cdot 11 \cdot 13 \cdot 17 + 1 = 510511$$

noch eindringlicher verspüren (Da kommen ja 127 Primfaktoren von 2 bis 709 in Frage! Gruppenarbeit mit dem Taschenrechner bietet sich an!), wenn nicht schon $510511 : 19 = 26869$ wäre und weiter berechnet man die Primfaktorzerlegung $510511 = 19 \cdot 97 \cdot 277$. Wieder haben wir aus 2, 3, 5, 7, 11, 13 und 17 größere Primzahlen ausgerechnet. Jetzt sind wir schon mitten im Denkwasser des Euklid.

Einsicht in den springenden Punkt, dass man gar nicht zu rechnen braucht, dass man aus dem Rechenausdruck

$$2 \cdot 3 \cdot 5 \cdot \ldots \cdot p + 1$$

die Existenz von mindestens einer neuen Primzahl größer als p erschließen kann, ist sicher erst älteren Schülerinnen und Schülern möglich. Sie beruht auf einer neuen Qualität des Argumentierens, insofern es gerade nicht mehr darauf ankommt, Zahlen effektiv auszurechnen, sondern sich nur auf Überlegungen mit Variablen zu stützen.

38

Dies wird erst in der oberen SI möglich sein, und dann wäre es dort nützlich, wenn der ursprüngliche Euklidische Beweis entwickelt würde.

Das Sieb des Eratosthenes in unserer Spezifikation muss hier nicht vergessen werden, im Gegenteil. Es regt zum Beispiel zu der Frage an, ob es in der 1. Spalte (Zahlen der Form $6n + 1$) allein schon unendlich viele Primzahlen gibt oder auch in der 5. Spalte (Zahlen der Form $6n - 1$). Da kann untersucht werden, ob der Beweis auch für die Zahlen „geht". Wird das Sieb des Eratosthenes in der Form von 4 Spalten geschrieben, tauchen verwandte Fragen auf, zum Beispiel: Gibt es unendlich viele Primzahlen der Form $4n + 1$? Hier kann übrigens einer der erstaunlichsten zahlentheoretischen Sätze entdeckt werden, der Zwei-Quadrate-Satz (Alle Primzahlen der Form $4n + 1$ lassen sich auf genau eine Art als Summe zweier Quadrate darstellen), den der große Pierre Fermat (1601 - 1665) als Erster fand (und wohl auch bewies), dessen Beweis allerdings Mittel erfordert, die die Schulmathematik übersteigen.

Kontexte zum Thema Primzahlen in der SII könnten sein: Periodische Dezimalbrüche – Länge der Periode – Fermat – Eulerscher Satz; Proben aus der Kryptoanalyse – Primzahltests; Logarithmusfunktion – Primzahl(verteilungs)satz.

Jedenfalls könnte der Euklidische Satz über das Nichtabbrechen der Primzahlen als isoliertes Thema der SI/SII, also sozusagen kontextfrei, aus der Warte des entdeckenden Lernens kaum gerechtfertigt werden. Der Vorwurf allerdings von Lenné und anderen Autoren (Lenné [11], S. 64 f.), Wagenschein verbrauche mit 5 Unterrichtsstunden zu viel kostbare Unterrichtszeit, das Ganze lasse sich ja „notfalls in fünf Minuten verständlich machen" (Lenné [11], S. 65), kann nur aufrechterhalten werden, wenn man erstens ein verkürztes Verständnis von „Verstehen" hat und zweitens die Augen vor den erreichbaren Erfolgen des Mathematikunterrichts beharrlich verschließt.

Literatur

[1] Burckhardt, J.J.: Lesebuch zur Mathematik, Räber 1968.

[2] Dörner, D.: Problemlösen als Informationsverarbeitung, Kohlhammer 1979.

[3] Euklid: Die Elemente, Buch I-XIII, herausgegeben von v. C. Thaer, Nachdruck Wissenschaftliche Buchgesellschaft 1980.

[4] Fettweis, E.: Methodik für den Rechenunterricht, Schöningh 1949.

[5] Freudenthal, H.: Mathematik als pädagogische Aufgaben, Band I, Klett 1973.

[6] Führer, L.: Sehr hohe Genauigkeiten, in: Mathematik lehren 1985, Heft 13, S. 62-67.

[7] Hardy-Wright: Einführung in die Zahlentheorie, Oldenbourg 1958.

[8] Heider/Kraus/Welschenbach: Mathematische Methoden der Kryptoanalyse, Vieweg 1985.

[9] Kropp, G.: Geschichte der Mathematik, Quelle & Meyer 1969.

[10] Kühnel, J.: Neubau des Rechenunterrichts, Klinkhardt 1916.

[11] Lenné, M.: Analyse der Mathematikdidaktik in Deutschland, Klett 1969.

[12] Lietzmann, W.: Stoff und Methode des Rechenunterrichts in Deutschland, Teubner 1912, Nachdruck Schö-ningh 1985.

[13] Rademacher-Toepletz: Von Zahlen und Figuren, Springer 1968.

[14] Renyi, A.: Dialoge über Mathematik, Birkhäuser 1967.

[15] Schwarz, W.: Über einige Probleme aus der Theorie der Primzahlen, Ms. Universität Frankfurt 1983.

[16] Treiber/Weinert (Hrsg.): Lehr-Lern-Forschung, Urban & Schwarzenberg 1982.

[17] Volk, D. (Hrsg.): Didaktik und Mathematikunterricht, Beltz 1980.

[18] Waerden, B.L. v d.: Erwachende Wissenschaft, Birkhäuser 1966.

[19] Wagenschein, M.: Unterrichtsgespräch über das Nicht-Abbrechen der Primzahlfolge. In: Volk 1980, S. 74-84.

Auswahl jüngerer Literatur zum Thema

[20] Beckmann, A. (Hrsg.): Der Mathematikunterricht 53 – Fächerübergreifender Mathematikunterricht, 2007, Heft 1/2.

[21] Bedürftig, T. / Murawski, R.: Philosophie der Mathematik, de Gruyter 2010.

[22] Büttemeyer, W. (Hrsg.): Philosophie der Mathematik, Alber 2003.

[23] Duncker, L. / Popp, W. (Hrsg.): Fächerübergreifender Unterricht in der Sekundarstufe I und II – Prinzipien, Perspektiven, Beispiele, Klinkhardt 1998.

[24] Glatfeld, M. (Hrsg.): Mathematik lehren – Primzahlen I, 1993, Heft 57.

[25] Helmerich, M. / Lengnink, K. / Nickel, G. / Rathgeb, M.: Mathematik verstehen – Philosophische und Didaktische Perpektiven, Vieweg+Teubner 2012.

[26] Rempe, L. / Waldecker, R.: Primzahltests für Einsteiger – Zahlentheorie – Algorithmik – Kryptographie, Vieweg+Teubner 2009.

[27] Restivo, S. / Van Bendegem, J. P. / Fischer, R.: Math Worlds – Philosophical and Social Studies of Mathematics and Mathematics Education, SUNY Books 1993.

[28] Ribenboim, P.: Die Welt der Primzahlen, Springer-Lehrbuch 2011.

[29] Walter, G. / Winter, H.: Mathematikmodul G6 des Projekts SINUS-Transfer Grundschule – Fächerübergreifend und fächerverbindend unterrichten, Kiel 2006.

3 Geometrie vom Hebelgesetz aus

3.1 Archimedes' Methodenlehre von den mechanischen Sätzen

„Archimedes grüßt den Eratosthenes. [...] Da ich aber, wie ich schon früher sagte, sehe, dass du ein tüchtiger Gelehrter bist und nicht nur ein hervorragender Lehrer der Philosophie, sondern auch ein Bewunderer (mathematischer Forschung), so habe ich für gut befunden, dir auseinanderzusetzen und in dieses selbe Buch niederzulegen eine eigentümliche Methode, wodurch dir die Möglichkeit geboten werden wird, eine Anleitung herzunehmen, um einige mathematische Fragen durch die Mechanik zu untersuchen. Und dies ist nach meiner Überzeugung ebenso nützlich auch um die Lehrsätze selbst zu beweisen; denn manches, was mir vorher durch die Mechanik klar geworden, wurde nachher bewiesen durch die Geometrie, weil die Behandlung durch jene Methode noch nicht durch Beweis begründet war; es ist nämlich leichter, wenn man durch diese Methode vorher eine Vorstellung von den Fragen gewonnen hat, den Beweis herzustellen als ihn ohne eine vorläufige Vorstellung zu erfinden. So wird man auch an den bekannten Lehrsätzen, deren Beweis Eudoxos zuerst gefunden hat, nämlich von dem Kegel und der Pyramide, dass sie $\frac{1}{3}$ sind, der Kegel des Zylinders und die Pyramide des Prismas, die dieselbe Grundfläche und die gleiche Höhe haben, dem Demokritos einen nicht geringen Anteil zuerkennen, der zuerst von dem erwähnten Körper den Ausspruch getan hat ohne Beweis. Wir sind aber in der Lage, auch den jetzt zu veröffentlichenden Lehrsatz (in derselben Weise) früher gefunden zu haben und fühlen uns jetzt genötigt, die Methode bekannt zu machen, teils weil wir früher davon gesprochen haben, damit niemand glaube, wir hätten ein leeres Gerede verbreitet, teils in der Überzeugung, dadurch nicht geringen Nutzen für die Mathematik zu stiften; ich nehme nämlich an, dass jemand von den jetzigen oder künftigen Forschern durch die hier dargelegt Methode auch andere Lehrsätze finden wird, die uns noch nicht eingefallen sind.“

(Archimedes [1], S. 383 f.)

Im weiteren Verlauf dieses Briefes an Eratosthenes, bekannt als „Methodenlehre" und erst 1906 von Heiberg im Metochion von Konstantinopel gefunden, schildert Archimedes (um 280 v.Chr. bis 212 v.Chr.), wie er durch geschickte Gewichtsvergleiche zu neuen Sätzen gelangt ist. Als erstes zeigt er da, dass der Flächeninhalt eines Parabelsegments $\frac{4}{3}$ des Flächeninhalts des Dreiecks beträgt, dessen Grundseite gleich der Parabelsehne und dessen Höhe gleich dem Abstand des Parabelscheitels von der Sehne ist. Es folgen Sätze über das Volumen und die Oberfläche der Kugel (auf die er offenbar besonders stolz war), ein Satz über die Lage des Schwerpunktes einer Halbkugel und weitere Sätze.

Wie diese mechanische Findungsmethode genau funktioniert, sei (vereinfacht!) am Beispiel des Flächeninhalts des Parabelsegments illustriert (Van der Waerden [9], S. 7, Winter [10] 1978, S. 120 f.) und später in 3.3 an der Kugel. Archimedes behauptet, dass die rechtwinklige Dreiecksfläche (Abb. 3.1a), deren eine Kathete gleich der Sehne der Parabel ist und deren Hypotenuse in der Parabeltangente liegt, sich im Gleichgewicht befindet mit dem Parabelsegment, wenn man beide Flächen so an einem Hebel befestigt, wie dies die Figur zeigt. Die Begründung dafür erfolgt nun aber nicht durch Empirie, sondern durch folgende Argumentation: Beide Flächen werden (gedanklich) in schmale Streifen senkrecht zum Hebelbalken zerlegt, dass man diese als Strecken ansehen kann. Jede Strecke des Dreiecks macht Gleichgewicht mit einer Strecke der Parabel, wie aus dem Hebelgesetz und der Parabelgleichung folgt. Sei nämlich $a = ax^2$ die Gleichung der Parabel, dann hat die Tangente in R die Gleichung $y_T = 2asx - as^2$. Der Drehmomentbetrag für eine Strecke in der Dreiecksfläche im Abstand $s + x_o$ von S ist dann $(s + x_o) \cdot (as^2 - y_T(x_0)) = (s + x_0) \cdot (as^2 - 2asx_0 + as^2) = 2as^3 - 2asx_0^2$ und der Drehmomentbetrag der entsprechend gelegenen Strecke im Parabelsegment, aber aufgehängt in F, ist $2s \cdot (as^2 - ax_0^2) = 2as^3 - 2asx_0^2$, also derselbe.

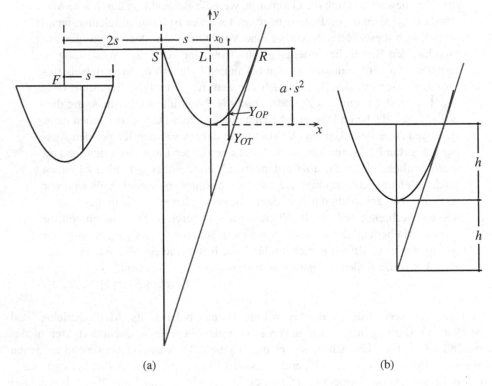

(a) (b)

Abb. 3.1

Da nun jede einzelne Strecke hier in der Dreiecksfläche einen Partner dort in der Parabelfläche hat, befindet sich also die Dreiecksfläche tatsächlich im Gleichgewicht mit der Parabelfläche. Andererseits könnte man das Dreieck auch in seinem Schwerpunkt aufhängen, also in L am Hebelarm befestigen.

Dass $\overline{SL} = \frac{1}{3} \cdot \overline{SR} = \frac{1}{3} \cdot \overline{SF}$ ist (Lage des Schwerpunktes der Dreiecksfläche!), gilt nach dem Hebelgesetz: A(Parabelsegment SR) $= \frac{1}{3}A$ (Dreieck SRT) $= \frac{1}{3} \cdot \frac{2s \cdot 4as^2}{2} = \frac{4}{3}as^3$.

Natürlich konnte sich Archimedes noch nicht der Koordinatensprache bedienen. Für seine Wiegeaktion benutzte er einmal Sätze über Schwerpunkte (die er in der Methodenschrift explizit vorher angibt) und Eigenschaften der Parabel, insbesondere die Tatsache, dass der Scheitel der Parabel die Strecke zwischen Sehnenmitte und dem Schnittpunkt zwischen zugehöriger Parabeltangente und Parabelachse halbiert (Abb. 3.1b).

Dieses mechanische Arrangement des Archimedes sieht geradezu genial-trickreich aus und an keiner Stelle verrät er, wieso er die Flächenstücke gerade so auf dem Wägebalken gedanklich anordnet. Man darf annehmen, dass diesem hochgradig mathematisierten Wägen als Gedankenexperiment praktische Wägeversuche mit dünnen Holz- oder Blechstücken vorausgehen (Schneider [8], S. 111, S. 116) und dass also von dort her bereits das Ergebnis vermutet wird und diese Vermutung das Gedankenexperiment steuert.

Archimedes hebt hervor, dass die mechanische Überlegung (wie mathematisch auch immer ausformuliert) noch der Ergänzung durch einen strengen geometrischen Beweis im Sinne des Eudoxos (Exhaustionsmethode) bedürfe.

> „Dies ist nun zwar nicht bewiesen durch das hier Gesagte; es deutet aber darauf hin, dass das Ergebnis richtig ist." (Archimedes [1], S. 386)

Insgesamt kann man mithin drei Stufen unterscheiden:

(1) praktisches Wiegen, das eine Vermutung (über Flächeninhalt oder Volumen) liefert,
(2) mathematisches Wiegen im Gedankenexperiment, das die Vermutung erhärtet,
(3) geometrischer Beweis im Rahmen der anerkannten Standards.

Warum übrigens Archimedes die 3. Stufe überhaupt noch für notwendig hält, scheint nicht ganz klar zu sein. Heute sehen wir natürlich den schwachen Punkt der mechanischen Beweise darin, dass Flächen aus dünnen Strecken und Körper aus dünnen Scheiben zusammengesetzt aufgefasst werden. Wahrscheinlich war dies auch in Archimedes' Augen insofern suspekt, als der Umgang mit Indivisiblen, mit Atomen also, bestenfalls in den Bereich der Mechanik gehörte und (nach Aristoteles) Gattungswechsel verboten sind. Die Entdeckung von Inkommensurabilität hatte den geometrischen Atomismus eigentlich zu Fall gebracht, so „dass die Mathematiker nach dem Vorgehen von Eudoxos aufgehört hatten, in ihren veröffentlichten Arbeiten Indivisiblenbetrachtungen zu verwenden" (Schneider [8], S. 115).

Die Methodenlehre des Archimedes, unbestreitbar einer der größten, wenn nicht der Princeps der Mathematiker des Altertums, dürfte das früheste Werk der mathematischen *Heuristik* sein, der Kunde also vom Gewinnen, Finden, Entdecken, Entwickeln neuen Wissens und vom methodischen Lösen von Problemen (griechisch heuriskein = finden, entdecken). Hübscherweise verweist auch das Wort „Heuristik" noch in anderer Weise auf

Archimedes, nämlich auf die Legende, wonach er beim Baden das nach ihm benannte Auftriebsgesetz gefunden und vor Freude darüber nackt mit dem Ruf: „Heureka" (Ich hab's gefunden!) durch die Straßen von Syrakus gelaufen sein soll.

Beachtenswert für die Mathematikdidaktik erscheinen mir die folgenden Thesen, die explizit oder implizit die Botschaft der „Methodenlehre" darstellen:

(1) Von konkreten Erfahrungen können mathematische Entdeckungen ausgehen. Wenn man Glück hat, so kann ein Sachbereich (hier die Mechanik am Hebel) zu einer ganzen mathematischen (!) Theorie anregen.

(2) Deckt man in einem außermathematischen Sachbereich Mathematisches auf, so wird umgekehrt auch dieser Sachbereich besser verstanden (hier: Mathematisierung der Hebelerfahrungen).

(3) Der Suchprozess selbst ist mitteilbar; viele können demgemäß von einer potentiellen mathematischen Wissensquelle Nutzen ziehen. Das Auffinden neuer Sätze ist somit in einem gewissen Umfange methodisch planbar und inszenierbar (griech.: methódos = Gang zu etwas hin, von griech.: méta = hinterher, nach; hódos = Weg) und nicht nur eine Angelegenheit unbeeinflussbarer Eingebung.

(4) Wer etwas findet oder entdeckt, verdient auch dann Anerkennung, wenn er keinen dem jeweiligen Standard genügenden Beweis dazu liefert.

(5) Die Vorstellungen, die man beim Entdecken (aus einer Verkörperung heraus) über den Satz gewinnt, können auch nützlich sein für den systematischen Beweis; die Entdeckung kann beweisleitend sein.

Am fruchtbarsten für unser Problem des entdeckenden Lernens ist sicher die 3. These. Von Anamnese im Sinne Platos ist bei Archimedes keine Rede, vielmehr spielt die Erfahrung – die körperliche und die geistige und beide in ihrem Wechselspiel – die entscheidende Rolle beim Entdecken mathematischer Sätze. Damit kann nicht gemeint sein, dass sich die „Methodenlehre" unmittelbar auf den heutigen Schulunterricht übertragen ließe, denn die mechanisch-geometrischen Überlegungen des Archimedes bewegen sich auf einem viel zu hohen Kreativitätsniveau.

Gleichwohl können Kernpunkte des Syrakuser Programms auch heute – wenngleich mit geänderten Akzenten – für das entdeckende Geometrielernen fruchtbar gemacht werden.

3.2 Die Suche nach Schwerpunkten
– als Quelle geometrischer Erfahrungen

Vorausgesetzt wird, dass die Lernenden eine genügend klare Vorstellung vom Hebelgesetz haben. Die Formulierung muss zunächst nicht sehr elaboriert sein (etwa: „Am Hebel herrscht Gleichgewicht, wenn Lastarm mal Last gleich Kraftarm mal Kraft ist." oder Ähnliches), jedoch erscheint es notwendig, eine tiefere Einsicht anzustreben, etwa eine Plausibilitätsbetrachtung nach Mach ([6], S. 12), wo der allgemeinere Fall auf den symmetrischen Sonderfall (gleiche Gewichte, gleich lange Hebelarme) „ zurückgeführt" wird.

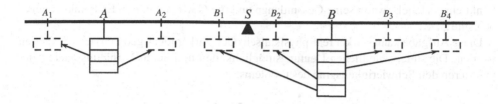

Abb. 3.2

Die Gewichte in A und B, beispielsweise 3 und 5 (Gewichtseinheiten), werden in Einheiten zerlegt und diese gleichabständig so aufgehängt, dass eine symmetrische Konfiguration entsteht. In dieser Situation ist die Mitte S von $\overline{B_1B_2}$ der Schwerpunkt und es gilt $\overline{AS} : \overline{SB} = 5 : 3$.

Offensichtlich (!) bleibt S Schwerpunkt, wenn die ursprüngliche Situation wieder hergestellt wird. Solange die Gewichte kommensurabel sind, kann man dieses Experiment allgemein für Gewichte r_1, r_2 durchführen. Anders, aber ebenso suggestiv, erscheint das Hebelgesetz (nach Lagrange) auf diese Weise einsichtig (Abb. 3.3):

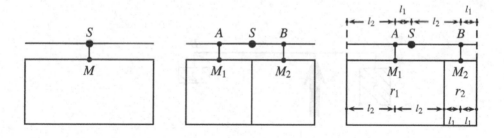

Abb. 3.3

Die Gewichte werden durch Flächeninhalte konstanter Breite repräsentiert. Das ganze Gewicht wird zunächst in der Mitte M aufgehängt, S ist der Schwerpunkt (Figur links), es herrscht Gleichgewicht. Zerlegt man das Gesamtgewicht (Gesamtrechteck) in zwei gleiche Teile, so haben wir noch eine symmetrische Konfiguration und es herrscht Gleichgewicht, wenn wir die Gewichtsrechtecke je in ihrer Mitte M_1, M_2 aufhängen, S bleibt Schwerpunkt (Figur Mitte). Zerlegen wir das Gewichtsrechteck im Verhältnis $2l_2 : 2l_1$ und hängen jedes in seiner Mitte M_1, M_2 auf, so bleibt S ebenfalls Schwerpunkt und es gilt $\overline{AS} : \overline{SB} = l_1 : l_2$, während für die Gewichte r_1, r_2 in A, B das Kehrverhältnis $l_2 : l_1 = r_1 : r_2$ gilt (vergleiche Lorenzen [5] 1960, S. 118), also $l_2 \cdot r_2 = l_1 \cdot r_1$.

Das mechanisch-geometrische Initiationsproblem lautet: Wie bestimmt man den Schwerpunkt eines Hebels, wenn seine Gesamtlänge und die Gewichte in den Endpunkten gegeben sind?

Diese Aufgabe kann stärker real-physikalisch oder stärker ideal-geometrisch verstanden werden. Die unterschiedlichen Deutungsmöglichkeiten und deren Verhältnis zueinander markieren den Schwierigkeitsgrad des Problems.

Real-physikalischer Rahmen	Ideal-geometrischer Rahmen
Wo muss eine starre Stange bekannter Länge, an deren Enden je ein Gegenstand von bekanntem Gewicht hängt, unterstützt werden, damit sie im Gleichgewicht ist?	Wie teilt man eine gegebene Strecke (bekannter Länge) in einem vorgegebenen Verhältnis, dem Kehrverhältnis zweier Zahlen, die als Gewichte in den Endpunkten der Strecke gedacht werden?

Dabei wird die reale Situation auch schon insofern durch eine idealistische Brille gesehen, als die Stange als gewichtslos angenommen (!) wird.

Die Aufgabe (spezialisiert zum Beispiel auf die Gewichte von 2 und 5 Einheiten) kann unter anderem zu folgenden Schüleraktivitäten führen:

(1) Rein mechanische Lösung: Die gegebene Strecke als (idealer) gesamter Hebelarm wird durch einen leichten Stab, die Gewichte werden durch geeignete Gegenstände verkörpert. Den Schwerpunkt findet man durch „approximierende" Aufstützproben; ein besonderes Beispiel für den Regelkreis Sehen-Denken-Handeln (Abb. 3.4):

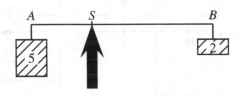

Abb. 3.4

(2) Teilmechanische Lösung mit Hilfe eines gleichabständig unterteilten Gummibandes (Abb. 3.5):

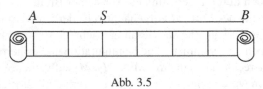

Abb. 3.5

(3) Teilmechanische Lösung durch Abmessen, Rechnen (gegebene Länge durch 7) und Aufmessen.

(4) Teilmechanische Lösung durch „Einschieben" einer Strecke derselben Länge in ein vorgegebenes Parallelstreifenmuster (Abb. 3.6):

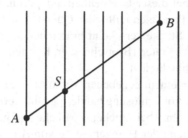

Abb. 3.6

(5) „Klassische" konstruktive Lösung mit Zirkel und Lineal und unter Anwendung des Streifensatzes (als „kleinem" Strahlensatz; Abb. 3.7):

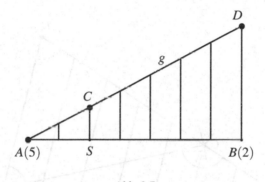

Abb. 3.7

Diese Lösungsansätze sind nicht bare Selbstverständlichkeiten, die quasi im Zuge eines Reifeautomatismus so schön aufeinander folgen. Hier bedarf es der Anstöße und des Angebotes von Hilfsmitteln. Vor allem aber ist es wichtig, zu akzeptieren, dass die Mathematik nicht erst mit dem 5. Punkt beginnt. Jedenfalls ist es für entdeckendes Lernen von enormer Bedeutung, körperliche Erfahrungen – wo immer es ohne Krampf geht – zu ermöglichen, über die allerdings auch vor- und nachgedacht werden muss. So wird man beim 1. Punkt die Schüerinnen und Schüler auffordern, die Lage des gesuchten Punktes per Augenmaß zunächst abzuschätzen, um nachher den schließlich gefundenen Punkt damit zu vergleichen und ihn rechnerisch wie im 3. Punkt unter expliziter Berufung auf das Hebelgesetz zu „bestätigen".

Als besonders wertvoll muss die 4. Lösung deshalb angesehen werden, weil das Streifenmuster eine leistungsfähige Basis einerseits für Erfahrungen zur Bruchrechnung (gewöhnliche Brüche, Winter [11] 1984) und andererseits für das Verständnis des Strahlensatzes (nach dem Pythagoras wichtigsten Satzes der S I) darstellt.

Die konstruktive 5. Lösung, die als „Umkehrung" der 4. angestoßen werden kann (anstatt Strecken in ein vorhandenes Streifenmuster einzuzeichnen, eine vorhandene Strecke mit passendem Streifenmuster auszustatten), setzt nicht notwendig den Streifensatz voraus, vielmehr kann man ihn bei dieser Gelegenheit aufspüren. Die Formulierung „Eine (gleichabständige) Schar von Parallelen teilt jeder Querstrecke (Strecke mit Endpunkten auf Parallelen) in gleichlange Stücke" erscheint hinreichend suggestiv, auch weil sie an die Arbeitsweise von Haushaltsgeräten (Brotschneider, Küchenboy) erinnert und somit in vertraute Erfahrungsbereiche hinabreicht.

Die Teilung einer Strecke in einem gegebenen Verhältnis gemäß 5. muss natürlich, da es sich um eine grundlegende Problemlösung handelt, geübt werden. Speziell erscheint es notwendig, die beiden „Freiheiten" (bei gegebener Strecke und gegebenem Teilverhältnis) bewusst zu machen: die Richtung der Halbgeraden g von A aus und die Länge der Abschnitte auf ihr sind (fast) frei wählbar. Indem dies durchgespielt wird, kann durch Zufall eine Entdeckung gemacht werden. g kann zufällig so liegen, dass $\overline{CB} = \overline{CD}$ ist und also $\overline{CB}$ nicht nur wie sonst auch in fünf gleichlange Stücke zerteilt wird, sondern in fünf Stücke, die genau so lang sind wie die auf $\overline{AD}$. Wie kann man diese spezielle Lage von g konstruieren? (Kreis um A mit zwei hinreichend großen Einheiten, Kreis um B mit fünf Einheiten derselben Größe, liefert C.)

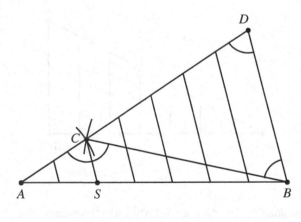

Abb. 3.8

Die Entdeckung nun, zu der die Abbildung 3.8 führen sollte, ist der *Satz über die Winkelhalbierenden im Dreieck*: Sie teilen ihre Gegenseite im Verhältnis (der Längen) ihrer anliegenden Seiten. Die Entdeckung „erwächst" freilich nicht einfach aus der Figur, vielmehr muss die Figur analysiert werden. Und dazu gehören Umzentrierung der Aufmerksamkeit, Umstrukturierung der Figur und Reaktivierung von Vorwissen. $\overline{AB}$ ist jetzt Seite des Dreiecks ABC; BCD ist ein gleichschenkliges Dreieck, daher (Vorwissen!) sind seine Innenwinkel bei B und D von gleicher Größe und deren Summe ist gerade so groß wie der Innenwinkel des Dreiecks ABC bei C (Vorwissen über Außenwinkel!). Da ferner BD parallel zu CS ist, halbiert CS den Winkel bei C, denn jeder der Teilwinkel ist so groß wie die beiden Basiswinkel von Dreieck BCD (Vorwissen über Winkel an Parallelen!). Schließlich: CS ist Winkelhalbierende im Dreieck ABC des Winkels C und teilt in S die Seite $\overline{AB}$

im Verhältnis der Seitenlängen $\overline{AC}$ zu $\overline{BC}$, hier 2 : 5.

Ein ganzes Geflecht von Wissensstücken ist also zusammenzufügen, um die neue Wahrheit ans Licht zu bringen, eine anspruchsvolle Tätigkeit, freilich geleitet und zusammengehalten durch die Figur, was mit sinnreichen Farbgebungen noch verstärkt werden kann. Dass die einmalige Analyse eines solchen Beispiels den Satz über die Winkelhalbierenden noch nicht zum geistigen Besitz bringen kann, ist unstrittig. Insbesondere ist es (später) notwendig, die Konfiguration in umgekehrter Richtung zu entwickeln: beliebiges Dreieck ABC zeichnen, Winkelhalbierende CS in C eintragen, gleichschenkliges Dreieck BCD anfügen, CS als parallel zu BD nachweisen (Umkehrung von Sätzen über Winkel an Parallelen!), Strahlensatzfiguration erkennen und ersten Strahlensatz anwenden: $\overline{AC} : \overline{CB} = \overline{AS}$: $\overline{SB}$ oder ähnlich.

Dieser Satz über die Winkelhalbierenden im Dreieck (zunächst vielleicht nur in „kleiner" Form, das heißt mit kommensurablen Seitenlängen $\overline{AC}$, $\overline{BC}$) wird hier zwar in einem Kontext entdeckt, jedoch darf die relativ große Distanz zum ursprünglichen Problem (der Schwerpunktbestimmung) nicht verkannt werden. Die Gefahr besteht, dass das Initiationsproblem von den Schülerinnen und Schülern als methodisches Mittelchen angesehen werden kann und somit in ihren Augen seinen Eigenwert einbüßt. Andererseits spiegelt es ein Stück Wirklichkeit – auch historische – wider, wenn die Lösung eines Problems (unvermutet) auf neue Probleme unter Umständen völlig anderer Art mehr oder weniger zufällig hinführt. Dies wäre allerdings dann auch mit den Schülerinnen und Schülern zu besprechen.

Noch weiter entfernen wir uns vom Ausgangsproblem, wenn herausgefunden wird, dass das Dreieck ABC auch dann noch nicht eindeutig über der Strecke $\overline{AB}$ (mit den Gewichten 5 und 2 in den Endpunkten) festlegt, wenn BCD gleichschenklig sein soll. Die Lernenden werden aufgefordert zu variieren, was noch variabel ist, nämlich die Festlegung der Längeneinheit und Vermutungen über alle möglichen Lagen des Dreieckspunktes C anzustellen: der sogenannte *Kreis des Apollonius* (262? bis 190 v.Chr.) gerät in Sichtweite. Die Menge aller Punkte, deren Entfernungsverhältnis von zwei festen Punkten A, B konstant dasselbe ist (hier 2 : 5) ist ein Kreis, der die Strecke $\overline{AB}$ innen und außen in den Punkten S und $\overline{C}$ in diesem Verhältnis teilt und dessen Mittelpunkt auf $\overline{AB}$ liegt; es ist der Thaleskreis über $\overline{CS}$. Von den Punkten dieses Kreises aus erscheinen die Strecken $\overline{AS}$ und $\overline{SB}$ je unter gleichgroßem Winkel (Abb. 3.9). Und von diesem Satz aus (der zu beweisen wäre) gäbe es neue Anwendungen und neue Begriffsbildungen zu entdecken.

Die Suche nach dem Schwerpunkt eines Systems lässt sich in noch andere Richtungen ausbauen (Winter [10] 1978).

Hier sei nur noch auf eine Ausprägung kurz hingewiesen: Wo liegt der Schwerpunkt eines ebenen n-Eckes, wenn wir es als System von n Punkten, je mit demselben Gewicht (1) versehen, auffassen? Mechanisch kann die Frage so verstanden werden: Wo muss die Stanzachse angreifen, wenn eine Stanzmaschine aus einem ebenen und überall gleich starken Blechstück n Löcher ausstanzen soll? Im Falle eines Punktdreiecks kann die Überlegung so vonstatten gehen (Abb. 3.10).

Es erscheint evident, dass es genau einen solchen Angriffspunkt S im Innern des Dreiecks ABC geben muss und dass es für die Maschine „gleichgültig" ist, ob sie die drei Löcher A, B, C je mit dem Kraftbetrag 1 oder das Loch S mit dem Gesamtkraftbetrag 3

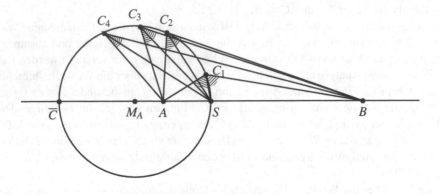

Abb. 3.9

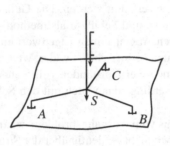

Abb. 3.10

ausstanzt. Zur Bestimmung von S unterstellen wir, und das erscheint aus der Situation heraus legitim, dass das Ausstanzen der beiden Löcher A, B gleichwertig ist mit dem Ausstanzen des einen Loches S_3, dem Mittelpunkt von $\overline{AB}$, wobei die Gesamtkraft vom Betrage 2 notwendig ist. Jetzt haben wir das 3-Punkte-Problem auf ein bekanntes 2-Punkte-Problem reduziert. Der Schwerpunkt von S_3 und C ist dann der Punkt S, der die Strecke $\overline{S_3C}$ im Verhältnis 1 : 2 teilt und S ist der Schwerpunkt des ganzen Systems (Abb. 3.11).

Denselben Schwerpunkt S können wir aber auch über die Teilschwerpunkte S_1 und S_2 erhalten und so kann uns der Satz über die Seitenhalbierenden in den Entdeckungshorizont geraten.

Die Seitenhalbierenden des Dreiecks schneiden einander in einem Punkt, dem Schwerpunkt, und teilen einander im Verhältnis 2 : 1 (von den Ecken aus gesehen). Dass S auch gleichzeitig der Flächenschwerpunkt ist, nicht aber im Allgemeinen der Randstreckenschwerpunkt des Dreiecks, erfordert wieder je eigene Überlegungen.

Im Falle des Punktevierecks liefert uns das analoge Vorgehen wie beim Dreieck den erst überraschend spät von Pierre Varignon (1654 - 1722) gefundenen „schönen" Satz, dass die Mittelpunkte eines jedes Vierecks ein Parallelogramm aufspannen (Abb. 3.12).

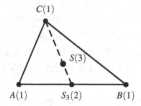 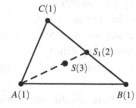 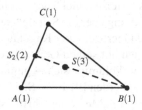

Abb. 3.11

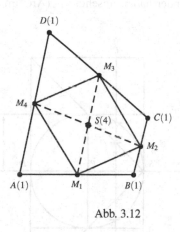

Abb. 3.12

Diese (hier nur angedeutete) Geometrie vom Hebelgesetz her, dürfte zur Zeit kaum eine Chance haben, in der Schule große Verbreitung zu finden. Zum einen passt sie vom Inhalt her nicht oder nur schwerlich in den tradierten Kanon, sei dieser nun abbildungsgeometrisch akzentuiert oder nicht. Zum anderen – und das ist wesentlicher – passt ihre von Natur aus hohe Beziehungshaltigkeit kaum in tradierte Formen der Stofforganisation und deren Hintergrundpsychologien, wo gerade klare Separierbarkeit und Dosierbarkeit als Lernvorteil gilt. Tatsächlich werfen die der Konzeption des entdeckenden Lernens inhärenten Forderungen, offene und möglichst lebensweltlich bedeutsame Aktivitätsfelder anzubieten und das Aufdecken von Beziehungen zu kultivieren, schwierige Probleme der Unterrichtsplanung und -führung auf und zwar für Lehrenden und Lernenden. Weitaus größere Unsicherheiten und Unbestimmtheiten als im systematisch aufbauenden Unterricht sind auszuhalten.

3.3 Heuristik bei Archimedes' Vermessung der Kugel

Als „Meisterstück" des Archimedes (Schneider [8] 1979, S. 124 ff.) gilt heute die „Abhandlung über die Spirale", er selbst hingegen hat das Entdecken der Formeln für Volumen und Oberfläche der Kugel als seine wertvollste Problemlösung eingeschätzt. So wünschte er sich auf seinen Grabstein eine Abbildung eines Zylinders mit einbeschriebener Kugel, deren Volumina sich – gemäß seiner „größten Entdeckung" – wie 3 zu 2 verhalten (Van der Waerden [9] 1973, S. 351).

In der „Methodenschrift" stellt Archimedes die mechanische Herleitung der Formel für das Kugelvolumen dar:

> „Dass die Kugel viermal so groß ist als ein Kegel, dessen Grundfläche dem größten Kreis der Kugel gleich ist, die Höhe aber dem Radius der Kugel, und dass ein Zylinder, dessen Grundfläche dem größten Kreis der Kugel gleich ist, die Höhe aber dem Durchmesser des Kreises, anderthalb mal so groß ist als die Kugel, lässt sich durch die genannte Methode (nämlich die mechanische Hebelmethode, H.W.) folgendermaßen einsehen." (Archimedes [1], S. 386)

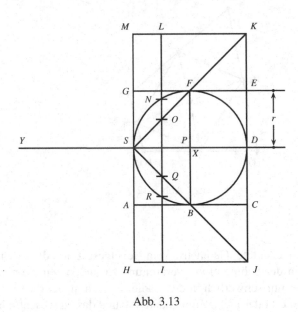

Abb. 3.13

Und nun wird mit Hilfe einer solchen Figur (Abb. 3.13) das kunstvolle Gedankenexperiment einer Gleichgewichtsbestimmung dargestellt, das ich hier in einer etwas modernisierten Sprache skizzenhaft wiedergebe: *HJKM* ist der Grundriss eines Zylinders mit der Achse *SD*, sein Grundkreisradius ist $2r$, seine Höhe ebenfalls. *SJK* ist der Grundriss eines Kegels mit derselben Achse und demselben Grundkreisradius und derselben Höhe wie der genannte Zylinder. *SBDF* ist ein Großkreis einer Kugel mit Mittelpunkt *X*, *BF* ist demgemäß Grundriss eines weiteren Großkreises dieser Kugel. *LI* ist der Grundriss eines ebenen Schnittes senkrecht zu Zylinder- und Kegelachse im beliebigen Abstand x von S. Diese Ebene schneidet aus dem Zylinder einen Kreis mit Radius $2r$, aus dem Kegel einen Kreis mit Radius $\overline{PO}$ und aus der Kugel einen Kreis mit Radius $\overline{PN}$ aus, und es gilt (wegen $\overline{SP} = \overline{PO} = x$):

$$\overline{PO}^2 + \overline{PN}^2 = x^2 + \overline{PN}^2 \overset{1)}{=} \overline{SN}^2 \overset{2)}{=} \overline{SP} \cdot \overline{SD} = x \cdot 2r$$

1) Pythagoras, 2) Höhensatz

YD wird nun als Hebelarm mit Schwerpunkt S aufgefasst, $\overline{YS} = \overline{SD} = 2r$. In Y werden in Gedanken die Schnittkreise von Kegel und Kugel als dünne Scheiben aufgehängt; also hängen beim Schnitt im Abstand x in Y die Kreisscheiben $\pi(\overline{PO}^2 + \overline{PN}^2) = 2\pi x r$, und nach dem Hebelgesetz gilt: $2\pi x r \cdot 2r = 4\pi x r^2$, wobei der Flächeninhalt $2\pi x r$ als Gewicht der Scheiben gedeutet wird. Auf der anderen Seite von S hält diesen beiden Scheiben zusammen eine Kreisscheibe durch den Zylinder mit Radius $2r$ und Abstand x vom Schwerpunkt das Gleichgewicht, denn es ist ja $\pi \cdot \overline{PL}^2 \cdot x = 4\pi r^2 x$, wobei wiederum der Flächeninhalt $4\pi r^2$ als Gewicht genommen wird. Werden die Körper als Summen von Scheiben aufgefasst, so hält der ganze Zylinder also Gleichgewicht mit Kugel und Kegel zusammen, die in dem einen Punkt Y aufgehängt werden.

Da der Zylinder auch in dem einen Punkt X mit der Hebelarmlänge r aufgehängt werden könnte, gilt nach dem Hebelgesetz $(V_{Ku} + V_{Ke}) \cdot 2r = V_{Zy} \cdot r$ und somit, dass das Volumen von Kugel und Kegel zusammen gerade halb so groß ist wie das des Zylinders.

Da (was schon Eudoxos bekannt war) der Kegel $\frac{1}{3}$ des zugehörigen Zylinders fasst, somit $2 \cdot (V_{Ku} + \frac{1}{3} V_{Zy}) = V_{Zy}$ gilt, gelangt man zum Resultat

$$V_{Ku} = \frac{1}{6} V_{Zy}.$$

Vergleicht man noch das Kugelvolumen nicht mit dem großen Zylinder, sondern mit dem kleinen (mit $ACEG$ als Grundriss), der $\frac{1}{4}$ des Großen fasst, so ergibt sich der Satz: Das Volumen der Kugel ist $\frac{2}{3}$ des Volumens des umschriebenen Zylinders. Und der Vergleich des Kugelvolumens mit dem des Kegels, dessen Grundkreisradius und Höhe je t ist (und dessen Volumen $\frac{1}{24}$ des Volumens des großen Zylinders beträgt) liefert schließlich den Satz: Das Kugelvolumen ist gleich dem 4-fachen eines solchen Kegels.

In der „Methodenschrift" benutzt Archimedes übrigens nicht die explizite Flächeninhaltsformel für den Kreis, und es ist ja auch nicht notwendig.

Das ganze komplizierte Gedankenexperiment wird etwas überschaubarer, wenn man es sich als praktischen Wägevorgang vergegenwärtigt (Abb. 3.14):

Die Zylinderscheibe IL in X aufgehängt hält Gleichgewicht mit den beiden Kreisscheiben NR und OQ in Y aufgehängt. Aus dieser fertigen Darstellung des brillanten gedanklichen Wägeversuchs geht nicht hervor, wie Archimedes darauf gekommen ist. Post festum sieht es fast so aus, als ob die Überlegungen von der Sache gesteuert genau so konsequent und konvergent (im Sinne Guilfords) verlaufen müssten oder als ob die Gedanken und ihre Verknüpfungen durch einen genialen Eingebungsmechanismus produziert würden, über

54

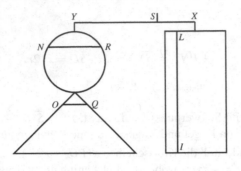

Abb. 3.14

den halt nur Genies verfügen. Beides müsste auf Nicht-Genies, also auf die Mitglieder der breiten Masse, eher entmutigend wirken.

Tatsächlich muss aber auch hier der große Archimedes vor dem Gedankenexperiment bereits über Vorstellungen verfügt haben, die seinen Gedanken Richtungshinweise gaben. Man darf annehmen (Schneider [8] 1979, S. 120), dass Archimedes einerseits über praktische Wägeerfahrung verfügte und deren Ergebnisse andererseits mit einer intuitiv erwarteten Beziehung verband, nämlich der, dass die Volumina von Kegel, Halbkugel und Zylinder in dem denkbar einfachen Zahlenverhältnis 1 : 2 : 3 zueinander stehen (Abb. 3.15) und damit das Halbkugelvolumen das arithmetische Mittel aus den Volumina von Kegel und Zylinder ist.

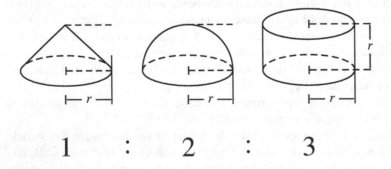

Abb. 3.15

Auf dieses Zahlenverhältnis zu stoßen, erscheint nicht mehr ganz so mysteriös, wenn man sich diese drei Archetypen von Körpern ineinandergesetzt vorstellt und vergleichend betrachtet und wenn man außerdem von der – wahrscheinlich aus einem Glauben an Kosmos und Harmonie gespeisten und dennoch riskanten – Annahme ausgeht, dass wohl nur ein einfaches Zahlenverhältnis in Frage kommt. Der Inhalt des Wortes „Symmetrie", das Archimedes in der Einleitung seiner Schrift „Über Kugel und Zylinder I" gebraucht, kann „einfache ganzzahlige Verhältnisse" bedeuten (Schneider [8] 1979, S. 120).

An dieser Stelle wäre von Archimedes für das Unterrichten zu lernen: praktische Wägungen durchführen und mit Hilfe des Einsatzes von Modellen von Kegel, Halbkugel und Zylinder zu Vermutungen über das Verhältnis der Volumina gelangen. Umschüttversuche mit Sand oder Wasser können diese Vermutungen erhärten. Dabei würde das Denken in Verhältnissen betont, von dem ja Archimedes ganz beseelt ist: Nicht explizite Formeln werden von ihm angestrebt, sondern ein Wissen darüber, wie sich Größen (insbesondere Volumina und Flächeninhalte) verschiedener Gebilde zueinander verhalten. Jede heutige Formel (von der Art der Volumenformel für die Kugel) hat zwei Aspekte: Sie ist erstens Stenogramm eines Berechnungsverfahrens und sie gibt zweitens einen multiplikativen Vergleich mit einem Standardmaß an. So ist $V_K = \frac{4}{3}\pi r^3$ erstens die Handlungsanleitung, wie man von bekanntem r zum gesuchten V_K gelangt, zweitens aber auch die Mitteilung, dass das Volumen der Kugel das $\frac{4}{3}\pi$-fache (also das rund 4,2-fache) des Radiuswürfelvolumens ist (oder eben auch – nach Archimedes – das 4-fache des Volumens des einbeschriebenen Kegels mit einem Großkreis als Grundfläche und dem Kugelradius als Höhe).

Plausibel ist, dass ein tieferes Verständnis der Zusammenhänge umso eher erzielt wird, je stärker das algorithmische Prozessieren mit dem begrifflich-deklarativen Wissen interagiert.

Wie man heute in der Schule (vor der Integralrechnung) von den vermuteten Volumenverhältnissen zwischen Kegel, Halbkugel und Zylinder zur Volumenformel für die Kugel gelangen kann, ohne das komplizierte Archimedische Wägen zu bemühen, das in dieser Form sicher über den Möglichkeiten der Schule liegt, dürfte zum didaktischen Standardwissen gehören, nämlich über den „Indivisible" nutzenden *(Grund)Satz des Cavalieri* (1598 - 1647):

Körper von gleicher Höhe und von gleich großem Flächeninhalt auf jedem ebene Horizontalschnitt sind volumengleich (Abb. 3.16).

Eine dicke Schicht von dünnen und flächeninhaltsgleichen Papier- oder Kartonblättern (Bierdeckeln) verstärkt die intuitive Einsicht in diesen grundlegenden Satz. Diese Blätter verkörpern die „Indivisiblen", und Cavalieri selbst – eine Definition von "Indivisiblen" wohlweislich vermeidend – schlägt in seiner Replik auf die Angriffe Guldins vor, sich Flächen als aus Fäden und Körper als aus parallel geschichteten Blättern vorzustellen (Cantor [2], S. 841 f.).

Ist dieser Satz bekannt, so ist „nur" noch eine Umstrukturierung der Figur nötig (Kegel auf die Spitze stellen! Abb. 3.17), um auf die Idee zu kommen und dann rechnerisch zu verifizieren, dass alle Querschnitte in der Halbkugel und im Restkörper (Zylinder ohne Kegel) immer je gleich große Flächen herausschneiden. Die Flächengleichheit der beiden jeweils zueinander gehörigen Schnittfiguren (Kreis, Kreisring) ist insofern eine Heraus-

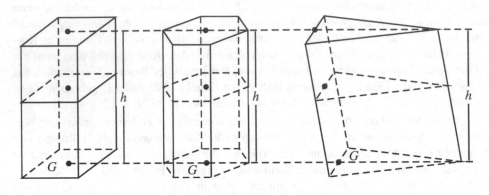

Abb. 3.16

forderung für das anschauliche Verstehen, als die Versuchung besteht, anzunehmen, die Kreisringfläche wüchse linear mit fallender Schnitthöhe.

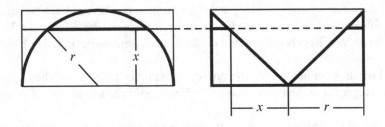

Abb. 3.17

Auf diese Cavalierische Umstrukturierung zu kommen, ist wohl nur möglich, wenn erstens die obige Vermutung über die Volumenverhältnisse der drei beteiligten Körper schon bewusst ist, wenn zweitens der (Grund)Satz des Cavalieri bekannt ist und wenn drittens auf Wissen über Kreisflächenberechnung und den Satz des Pythagoras zurückgegriffen werden kann.

Man sieht hieran wiederum sehr deutlich, dass entdeckendes Lernen nicht nur in der Verarbeitung aktueller situativer Informationen besteht, sondern immer auch auf einschlägiges Vorwissen angewiesen ist. Damit dieses Vorwissen aber in der rechten Weise aktualisiert werde, muss es selbst im Gedächtnis entsprechend „gut" organisiert sein, was intensive und bedeutungshaltige vorausgehende Lernprozesse voraussetzt. So erscheint das Ganze auf einen unendlichen Regress (Verstehen setzt Verstandenes voraus) oder auf eine fatale Tautologie (Genau die entdecken etwas, die etwas entdecken können) hinauszulaufen. Offenbar können wir dem in der „normalen" Schule nur entgegen zu arbeiten versuchen, dass immer wieder Verständigungen gesucht werden, die auf Erfahrungen beruhen, die (möglichst) allen erreichbar sind, dass also dem Üben in diesem anspruchsvollen Sinne (als Wiederholen von Verstehensprozessen) eine hohe Bedeutung eingeräumt wird.

3.4 Analogiebildung als Heurismus

Ausgesprochen apart und für das entdeckende Lernen in der Schule unmittelbar ergiebig ist die Art, wie Archimedes von der Bestimmung des Volumens der Kugel auf die der Oberfläche kommt. Er schreibt in der „Methodenlehre" dazu (Archimedes [1], S. 388):

> „Durch diesen Lehrsatz, dass eine Kugel viermal so groß ist als der Kegel, dessen Grundfläche der größte Kreis, die Höhe aber gleich dem Radius der Kugel, ist mir der Gedanke gekommen, dass die Oberfläche einer Kugel viermal so groß ist als ihr größter Kreis, indem ich von der Vorstellung ausging, dass, wie ein Kreis einem Dreieck gleich ist, dessen Grundlinie die Kreisperipherie, die Höhe aber dem Radius des Kreises gleich, ebenso die Kugel einem Kegel gleich, dessen Grundfläche die Oberfläche der Kugel, die Höhe aber dem Radius der Kugel gleicht."

Zum einen haben wir wiederum das Insverhältnissetzen, hier Kugeloberfläche zu Großkreisfläche wie 4 zu 1, was ja anschaulich bedeutet: Blickt man auf eine Kugel (zum Beispiel den Mond oder die Sonne), und sieht also eine Kreisscheibe als Silhouette, so sieht man „eigentlich" eine doppelt so große Fläche; die Halbkugelfläche ist gerade so groß wie zwei Großkreisflächen (Silhouetten). Mindestens für Behaltensleistungen dürfte solche Eindrücklichkeit überaus hoch zu schätzen sein.

Zum anderen – und das ist hier noch wichtiger – liefert uns Archimedes ein vortreffliches Beispiel für *Analogiebildung* (griech.: análogos = gemäß der Vernunft): Wie der Kreis dem Flächeninhalt nach einem gewissen Dreieck gleicht, so gleicht die Kugel dem Volumen nach einem gewissen Kegel. Bekanntlich lassen sich die beiden Tatsachen je einzeln durch didaktische Modelle vor Augen führen (wobei allerdings meist nur das Flächenmodell für den Kreis vorhanden ist). Wesentlich ist aber gerade, dass die Entsprechung zwischen Flächenrelationen hier und Körperrelationen dort zur Gewinnung neuen Wissens (zumindest neuer Hypothesen) verwendet wird: Aus dem bekannten Wissen über die Flächengleichheit von Kreis und Dreieck mit der Peripherie als Grundlinie und dem Radius als Höhe und der Kenntnis des Volumens der Kugel als gleich dem von vier Kegeln je mit Kugelgroßkreis als Grundfläche und Kugelradius als Höhe erschließt sich per analogiam Archimedes das hypothetische neue Wissen, dass dann die Oberfläche der Kugel gerade gleich der Summe der vier Großkreise sein müsse, denn – das steht allerdings nicht in der Schrift – die Oberfläche der Kugel spielt für die Kugel die Rolle, die die Peripherie des Kreises für den Kreis spielt.

Das Bilden von Analogien kann in sehr verschiedenen Formen und in unterschiedlichen Präzisionsgraden auftreten, es ist jedenfalls eine der wichtigsten Arten (wahrscheinlich die wichtigste überhaupt), neues Wissen hypothetisch zu produzieren, unverzichtbares Instrument beim Verstehen eines neuen Sachverhaltes und ein Hauptheurismus beim Lösen von Problemen. Das spektakulärste Beispiel ist für mich die phantastische Art, wie Euler $1 + \frac{1}{4} + \frac{1}{9} + \frac{1}{16} + \frac{1}{25} + \ldots = \frac{\pi^2}{6}$ entdeckt (Polya [7] 1969, S. 41 ff.). In der Schule beginnt Analogiebildung mit dem ersten Tag.

Im *Erstrechnen* kann sich das Kind bei der Aufgabe $13 + 5$ auf die bekannte Aufgabe $3 + 5 = 8$ stützen; $13 + 5$ ist „ganz ähnlich", nur „um 10 verschoben". Ebenso ist dann

$23 + 5$, $33 + 5$, ... zu finden. Auch in $30 + 50$, $300 + 500$ usw. ist die Analogie zu $3 + 5$ aufdringlich, es „ist dasselbe, nur mit Zehnern, Hundertern usw.". In späteren Schuljahren wird der Verwandtenkreis ausgedehnt auf Brüche und Größen ($0,03$m $+ 0,05$m $= 0,08$m), schließlich auf Terme mit Variablen ($3b^2 + 5b^2 = 8b^2$). Der mathematische Kern dieser Analogiebildung, die ja zentral ist für das ganze Rechnen, ist das Distributivgesetz der Multiplikation über der Addition. Es ist nun aber keineswegs jede Rechenart über jeder anderen distributiv, so dass es zu Fehlern kommt, wenn Analogien in mechanistischer Manier überzogen werden, etwa aus $3 + 5 = 8$, $\sqrt{3} + \sqrt{5} = \sqrt{8}$, $3^2 + 5^2 = 8^2$, $\frac{a}{3+5} = \frac{a}{3} + \frac{a}{5}$ oder Ähnliches „geschlossen" wird, Radizieren ist zum Beispiel nicht distributiv über dem Addieren, wohl aber über dem Multiplizieren ($\sqrt{3} \cdot \sqrt{5} = \sqrt{3 \cdot 5}$).

Entsprechendes gilt für andere Gefilde der Mathematik. Analogien aufzufinden und auszunutzen ist einerseits eine wichtige produktive Unternehmung, aber es muss andererseits immer auch geprüft werden, inwieweit sie trägt. Analogiebildung ist nur schwer formalisierbar (im Gegensatz etwa zur Deduktion), sie ist durch und durch inhaltlich.

Die Archimedische Analogie (Kreis-Kugel) lässt sich bekanntlich auf viele weitere Fälle der *Flächinhalts- und Voluminaberechnung* und überhaupt auf das Parallelisieren von zwei- zu dreidimensionalen Problemen ausweiten (später zu vier- und mehrdimensionalen): Quadrat-Würfel, Rechteck-Quader, Dreieck-Pyramide und so weiter, wie folgende Liste andeutet:

Ebene Figuren, 2-dim.	Räumliche Figuren, 3-dim.
F(Quadrat) $= a^2$	V(Würfel) $= a^3$
Diagonale(Quadrat) $= a\sqrt{2}$	Raumdiagonale(Würfel) $= a\sqrt{3}$
F(Dreieck) $= \frac{g \cdot h}{2}$	V(Pyramide) $= \frac{G \cdot h}{3}$
F(Rechteck) $= a \cdot b$	V(Quader) $= a \cdot b \cdot c$
U(Rechteck) $= 2a + 2b$	O(Quader) $= 2ab + 2ac + 2bc$
Diagonale(Rechteck) $= \sqrt{a^2 + b^2}$	Raumdiagonale(Quader) $= \sqrt{a^2 + b^2 + c^2}$
F(Parallelogramm) $= g \cdot h$	V(Prisma) $= G \cdot h$
Schwerelinien: Ecke-Seitenmitte	Schwerelinien: Ecke-Flächenmitte
des Dreiecks teilen einander	des Tetraeders teilen einander
im Verhältnis 2 : 1	im Verhältnis 3 : 1

Es ist nachgerade eine programmatische Aufgabe im ganzen Geometrieunterricht der Schule, zum Satz A der Ebene das Analogon B des Raumes aufzusuchen und umgekehrt. Entsprechungen können zufällig entdeckt werden, müssten dann aber zu begründenden Überlegungen Anlass geben. Ein vermittelnder (auch auf Cavalieri zurückgehender) Gedanke ist der übereinstimmende Herstellungsprozess: Strecken als Schubspuren von Punkten, Flächen als Schubspuren von Strecken, Körper als Schubspuren von Flächen.

Dass es bei aller schöner Analogie auch Unvergleichliches zwischen Ebene und Raum gibt, sollte ebenfalls erfahren werden. So gibt es in der Ebene unendlich viele reguläre

Polygone, im Raum aber nur fünf ganz regelmäßige (Platonische) Körper. Ein ebenes Gebiet kann in höchstens vier Teilgebiete so zerlegt werden, dass jedes an jedes mit einer Linie angrenzt. Ein räumliches Gebiet kann dagegen in beliebig viele Teilgebiete zerlegt werden, so dass jedes an jedes mit einer Fläche angrenzt.

Der Analogiebegriff des realen Denkens hat eine formale Entsprechung im *Homomorphiebegriff* der Mathematik: A, B seien zwei nichtleere Mengen (von Zahlen, Punkten, ..., irgendwelchen wohl unterscheidbaren Objekten) und jede Menge trage eine Struktur S_A bzw. S_B (eine Ordnungsstruktur, Verknüpfungsstruktur, oder Ähnliches). Gibt es dann eine Abbildung $f : A \to B$, die mit den Strukturen verträglich ist, so nennt man f einen Homomorphismus (griech.: homós = gleichartig, morphé = Gestalt) bezüglich dieser Strukturen; A und B gelten dann als f-holomorph; als f-analog könnte man auch sagen. A muss nicht ungleich B sein. Wenn $A = B$ ist und f eine strukturerhaltende Abbildung von A auf sich selbst, so nennt man f einen Automorphismus. Das Aufweisen von Automorphismen in A ist nichts anderes als das Feststellen von Symmetrien in A. So kann man das oben genannte Distributivgesetz als Automorphismus interpretieren mit

$$[A, S_A] = [B, S_B] = [\mathbb{N}, +] \quad \text{und} \quad f_a : x \to a \cdot x;$$

es gilt ja

$$f_a(x+y) = a(x+y) = a \cdot x + a \cdot y = f_a(x) + f_a(y).$$

Dieser kurze mathematische Exkurs sollte lediglich dazu dienen, die *Analogiebildung als Heurismus* allgemeiner und deutlicher darzustellen, nämlich so:
Wir haben einen neuen Bereich B, in dem zum Beispiel ein Problem gelöst werden soll. Die Analogiebildung besteht darin, einen bekannten Bereich A aufzuspüren („Wo gab es schon einmal etwas Ähnliches? Woran erinnert dich das? ..."), der irgendwie mit dem Bereich B verwandt ist. Diese Verwandtschaft muss durch einen vermittelnden Gedanken (den Homomorphismus f) belegt werden („Inwiefern passt das zu dem?"). Bei Erfolg wird das Problem im bekannten Bereich A (neu) definiert, dort gelöst und die Lösung zurückübertragen in den fraglichen Bereich B.

Der brisante Punkt ist die Doppelaufgabe: (1) das Aufsuchen eines verwandten bekannten Bereiches A und (2) der Aufweis der Verwandtschaft. Da ist Vorwissen zu durchmustern, was aber nur Erfolg verspricht, wenn (Passendes überhaupt da ist und) eine steuernde Ahnung, ein Gefühl, das Suchfeld eingrenzt. Immerhin muss ja der Rahmen B überschritten werden; es ist so etwas wie divergentes Denken (vgl. Kap. 9) notwendig. Eine unterrichtsmethodisch handhabbare Hilfe besteht darin, die Lernenden aufzufordern, den Grad der Elaborierung zu senken, das Problem untechnisch – umgangssprachlich – grob zu fassen: „Wie würdest du das einem Nichtfachmann erklären? Wie kannst du die Sache schlagwortartig ausdrücken? Was ist der Witz der Sache?" oder ähnlich.

Ersichtlich hat Analogiebildung mit *Transfer* (und mit Verallgemeinerung) zu tun, jedenfalls mit dem Transfer als Übertragungsleistung von der Handlungsweise in einem Objektbereich auf die in einem anderen. Nur ist beim Transferieren die Denkrichtung in gewissem Sinne umgekehrt: Man geht vom bekannten Bereich A aus und sucht dazu verwandte Bereiche B_1, B_2,... Und dieses Suchen ist wieder eine Doppelaufgabe, nämlich (1) überhaupt in Frage kommende Bereiche B_i zu suchen und (2) die Beziehung zwischen

A und B_i festzustellen (eine Abbildung $f : A \to B$ zu konstruieren). Dabei können die Bereiche B_i durchaus Oberbereiche von A sein.

Man muss sich den allgemeinen Charakter der Analogiebildung vor Augen halten. Die Verständigung in der menschlichen Kommunikation wird in einem beträchtlichen Ausmaß über Vergleiche, Gleichnisse, Bilder, metaphorische (griech.: metaphérein = anderswohin tragen) Redensarten, von denen die Sprache — auch die mathematische — voll ist, versucht. Wir sprechen von „politischem Tauwetter" und verbinden damit etwa diese Zuordnung:

A: Klimatische Sachverhalte		B: Politische Sachverhalte
strenge Kälte	$\to$	Gewaltherrschaft
gefrorener Boden	$\to$	Unbeweglichkeit im staatlichen Leben
frierende Lebewesen	$\to$	verängstigte Staatsbürger
Tauwetter	$\to$	beginnende Milderung der Gewaltherrschaft
aufblühende Flora	$\to$	sich ausbreitende humanitäre Lebensformen

Auch in der mathematischen Fachsprache benutzen wir metaphorische Redeweisen. Wenn der Tatbestand der Inzidenz von Gerade g und Punkt P ausgedrückt werden soll, so sagen wir „g verläuft durch P" oder „g geht durch P" oder „P liegt auf g" oder ähnlich und diese Redeweisen erinnern an vertraute analoge Erscheinungen des Lebensalltags, wo Straßen durch Orte verlaufen, Orte an einer Bahnstrecke liegen und Ähnliches. Eines der schwierigen Probleme beim Mathematiklernen liegt nun gerade darin, dass diese analogen Bilder einerseits unerlässlich für das Verstehen erscheinen, andererseits nur der strukturelle Kern, das sind die formalen Gebrauchsregeln der Sprachbestandteile, in die offizielle Argumentation eingehen sollen. Das Hin und Her zwischen inhaltlicher Metaphorik und buchstabengetreuem, regelrechtem Rechnen dürfte für viele Lerner das verwirrendste Merkmal der Mathematik sein und die größte Lernhürde darstellen.

Wie wichtig Analogiebildung allgemein eingeschätzt wird, sieht man nicht zuletzt auch daran, dass „Analogie"-Aufgaben zu jedem klassischen *Intelligenztest* gehören (wie immer man auch zum Problem der Intelligenzmessung stehen mag). Zwei Kostproben mögen genügen (aus Hussy [4] 1986, wo auf S. 43 auch ein beeindruckendes Blockschaltbild zur Analogiebildung steht).

Hand : Fuß   wie   Finger : ?   (einfach)

Kaninchen : Giraffe   wie   Affe : ?   (schwierig)

An zwei Beispielen soll nun noch illustriert werden, welche Bedeutung Analogiebildung durch Bezug auf physikalische Situationen im Mathematikunterricht haben kann. Damit kommen wir auch wieder auf Archimedes' Heuristik zurück.

Die Ableitung der Funktion $f(x) = \frac{c}{x}$ (S II)

Mögliche Anwendung dieser Funktion, an die sich die Lernenden erinnern könnten, sind antiproportionale Zuordnungen aus dem bürgerlichen Rechnen, etwa c: Vorrat, x: Zeit, $f(x)$: Verbrauch pro Zeiteinheit.

Physikalische Beispiele sind die Brennkraft einer Sammellinse als Kehrwert der Brennweite (gemessen in Dioptrien), die Frequenz einer Schwingung (oder Kreisbewegung) als Kehrwert der Schwingungsdauer, der Widerstand eines elektrischen Leiters als umgekehrt proportional zur Stromstärke bei fester Spannung usw.

Paradigmatisch für den ganzen Typ dürfte die Abhängigkeit der Länge von der Breite eines Rechtecks bei gegebenem Flächeninhalt sein, insofern es gelingt, andere Interpretationen zu verräumlichen und im Kartesischen Koordinatensystem darzustellen. In Archimedischer Manier denken wir uns das Rechteck als Querschnitt durch einen Wasser enthaltenden Quader, der in Längsrichtung kontinuierlich verstellbar ist (Abb. 3.18a, 3.18b, 3.18c).

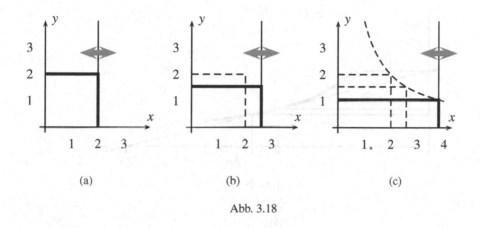

(a)   (b)   (c)

Abb. 3.18

Nennen wir die Querschnittsfläche $1\,[\mathrm{m}^2]$ und die variable Länge x, dann ist die Breite (Höhe) $\frac{1}{x}$.

In diesem physikalisch-mechanischen Bereich A kann nun gedanklich (und bei entsprechendem Aufwand auch wirklich) experimentiert werden. Beobachtungen in A müssen rückübersetzt werden in den „rein mathematischen" Bereich B der Funktionsbetrachtung $f: x \to \frac{1}{x}, x \in \mathbb{R}^+$, z. B.: Wenn die Länge gleichmäßig wächst – auf $1\,\mathrm{m}, 2\,\mathrm{m}, 3\,\mathrm{m}, 4\,\mathrm{m}, \ldots,$ $a\,\mathrm{m}$ –, dann schrumpft die Breite nicht gleichmäßig, sondern immer langsamer werdend – auf $1\,\mathrm{m}, \frac{1}{2}\,\mathrm{m}, \frac{1}{3}\,\mathrm{m}, \frac{1}{4}\,\mathrm{m}, \ldots, \frac{1}{a}\,\mathrm{m}$.

Das Problem der Ableitung von $f(x) = \frac{1}{x}$ an der Stelle $x = a$ bedeutet im Bereich A: Was ist die momentane Änderungsrate der Breite zur Länge, wenn die Länge gerade a beträgt? Klar ist nach den vorausgehenden Experimenten, (1) dass diese Änderungsrate nur negativ sein kann (Mit wachsender Länge, wie geringfügig auch immer, kann die Breite nur schrumpfen), (2) dass sie von A abhängt (also nicht überall gleichgroß ist) und (3) dass sie speziell dem Betrage nach umso kleiner ist, je größer a ist. Nimmt z. B. die Länge von $2\,\mathrm{m}$ auf $4\,\mathrm{m}$ zu, so fällt die Breite von $0,5\,\mathrm{m}$ auf $0,25\,\mathrm{m}$, also ist die durchschnittliche Änderungsrate hier $\frac{0{,}5\,\mathrm{m} - 0{,}25\,\mathrm{m}}{2\,\mathrm{m}} = 0{,}125$. Nimmt die Länge aber von $100\,\mathrm{m}$ auf $102\,\mathrm{m}$ zu, so ist die durchschnittliche Änderungsrate dort nur noch

$$\frac{\frac{1}{100}\,\mathrm{m} - \frac{1}{102}\,\mathrm{m}}{2\,\mathrm{m}} = 0,000098 \approx 0,0001.$$

Welche Gesetzmäßigkeit ist allgemein zu vermuten? Ein plausibler allerdings auch kühner Vorgriff wäre: Der Breitenverlust pro kleinem Längenzuwachs ist (dem Betrage nach) proportional zur jetzigen Breite und gleichzeitig umgekehrt proportional zur jetzigen Länge.

Tatsächlich ist an Abb. 3.19 (die auch zu geometrischen Fragen anregen kann, Tangente an Hyperbel z. B.) für die Länge a direkt zu entnehmen, dass

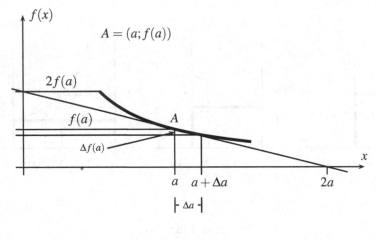

Abb. 3.19

$$\left|\frac{\Delta f(a)}{\Delta a}\right| \approx \left|\frac{f(a)}{a}\right| = \frac{\text{Breite}(\frac{1}{a})}{\text{Länge}(a)}$$

ist, weil die schraffierten Flächen gleich groß sein müssen. Also ist auf

$$f'(a) = \frac{f(a)}{a} = -\frac{f(a)}{a} = -\frac{1}{a^2}$$

zu tippen und allgemein auf $f'(x) = -\frac{1}{x^2}$, was dann rechnerisch zu bestätigen wäre.

Wird die Funktion f als Funktion der Zeit angesehen (1 Längeneinheit entspricht einer Zeiteinheit), so ist f' die Geschwindigkeit, mit der die Breite sinkt; und diese Sinkgeschwindigkeit ist dem Betrage nach nicht schlicht antiproportional, sondern „überantiproportional" zur Länge.

Für den Transfer der Funktion $f: x \to \frac{c}{x} = f(x)$ auf eine idealisierte Standardsituation des Arbeitslebens (c = Arbeitsvolumen, x = Anzahl der Arbeitskräfte, $f(x)$ = Arbeitsvolumen pro Arbeitskraft) präzisierte die Ableitung f' die Beobachtung, dass die Einstellung einer weiteren Arbeitskraft umso weniger das Arbeitsvolumen pro Arbeiter der bereits Tätigen reduziert, je mehr schon vorhanden sind.

Für $x = 10$ ergäbe die Neueinstellung einer weiteren Kraft nur eine Arbeitsvolumenreduktion pro Arbeitskraft um 1%.

Mittelwertsatz der Differentialrechnung (S II)

Es ist eine Funktion $f\colon x \to f(x)$ auf einem Intervall $D = [a, b]$ gegeben, stetig differenzierbar auf D. Man kennt auch die Werte $f(a)$ und (b).

Zu finden ist (Abb. 3.20) eine Beziehung zwischen f und f' auf D.

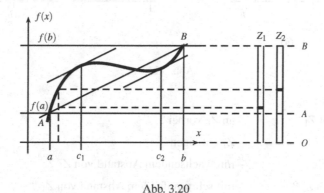

Abb. 3.20

Da f sehr verschieden aussehen kann, ist die Problemstellung zu uferlos. Man könnte so einengen: Eine spezielle Funktion ist ja bestimmt, nämlich die, deren Graph die Gerade durch A und B ist, sozusagen die einfachste. Sie heißt

$$g(x) = f(a) + \frac{f(b) - f(a)}{b - a} \cdot x$$

In welcher Beziehung könnte g zu irgendeiner beliebigen Funktion f auf D stehen?

Der Hinweis auf mögliche physikalische Deutungen, etwa auf Zeit-Weg-Funktionen, könnte zu folgendem Gedankenexperiment (in einem Bereich A) verdichtet werden: Zwei Züge, Z_1 und Z_2, fahren auf parallelen Gleisen eine gerade Strecke. Z_1 fährt gleichförmig, also mit konstanter Geschwindigkeit, Z_2 dagegen unregelmäßig, mal schneller, mal langsamer, evtl. sogar stehenbleibend oder gar rückwärtsfahrend. Nur macht Z_2 keine Sprünge und keine sprunghaften Geschwindigkeitsänderungen. Zum Zeitpunkt a und zum Zeitpunkt b passieren sie genau dieselbe Stelle, haben also zu diesen Zeitpunkten je denselben Abstand von einem Bezugsort O.

Bei genauer Vergegenwärtigung dieser Situation an Hand eines Schaubildes ähnlich dem von Abb. 3.20 gibt Gelegenheit, Vorstellungen über Grundbegriffe der Analysis (im konkreten Gewande) zu wiederholen oder zu vertiefen: Wo (im Intervall D) fährt Z_2

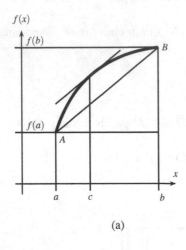

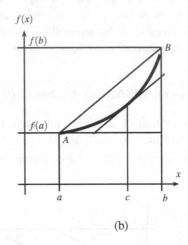

(a)   (b)

Abb. 3.21

– gleichauf mit Z_1 ?	– an Z_1 vorbei ?
– vor Z_1 her ?	– Z_1 entgegen ?
– hinter Z_1 drein ?	– mit wachsendem Abstand von Z_1 ?
– langsamer als Z_1 ?	– mit schrumpfendem Abstand von Z_1 ?
– schneller als Z_1 ?	– ?
– so schnell wie Z_1 ?	

Die Kurve von Z_2 wird mit dem Lineal als Tangente „abgefahren". Die Schülerinnen und Schüler sollen sich vorstellen, in einem der Züge zu sitzen und den anderen zu betrachten.

Dass die eine Frage, nämlich die nach Zeitpunkten für Gleichgeschwindigkeit von Z_2 mit Z_1, das Tor zu dem wichtigen Mittelwertsatz aufstößt, ist wahrscheinlich an dieser Stelle noch nicht zu erkennen. Wenn aber die Schülerinnen und Schüler aufgefordert werden, sich die abenteuerlichsten Bewegungen für Z_2 auszudenken und miteinander zu vergleichen, so kann durchaus auffallen: Wie auch immer Z_2 die Gesamtentfernung $f(b) - f(a)$ in der Zeit $b - a$ überbrückt, er kann es nicht vermeiden, dass er mindestens einmal unterwegs genauso schnell fährt wie Z_1 (Wäre er nämlich durchgehend schneller, so würde er eine größere Distanz zurücklegen usw.). An einer solchen Stelle ist seine Momentangeschwindigkeit genauso groß wie seine mittlere Geschwindigkeit $\frac{\text{Gesamtabstand}}{\text{Gesamtzeit}}$. Das kann noch genauer analysiert werden. Z. B. können einfache monotone Bewegungen für Z_2 betrachtet (3.21a, 3.21b) und dabei die Begriffe Rechtskrümmung (immer langsamer werdend, f' monoton fallend, $f'' < 0$) und Linkskrümmung wiederholt/vertieft/angebahnt werden. Auch die Bildung einer neuen Funktion, nämlich diejenige, die jedem Zeitpunkt aus D die Entfernung der beiden Züge voneinander zuordnet, also $f - g$, drängt sich fast auf.

Die folgende Analogie könnte ausgestaltet werden.

Zugsituation (A)	Funktionssituation (B)
Distanz zwischen Z_1 und 0	$g(x) = f(a) + \frac{f(b)-f(a)}{b-a} \cdot x$
Geschwindigkeit von Z_1	$g'(x) = \frac{f(b)-f(a)}{b-a}$
Distanz zwischen Z_2 und 0	$f(x)$
Geschwindigkeit von Z_2	$f'(x)$
Augenblick, in dem Z_1 so schnell wie Z_2 ist	$f'(x_m) = \frac{f(b)-f(a)}{b-a}$
Entfernung zwischen Z_1 und Z_2	$f(x) - g(x)$
Augenblick einer lokalen maximalen oder minimalen Entfernung zwischen Z_1 und Z_2	$f'(x_m) - g'(x_m) = 0$ (notwendig)

Abschließend sei betont, dass das Aufsuchen und Nutzen analoger Situationen offenbar keine selbstverständlichen Vorgehensweisen beim Mathematiklernen sind, sondern der willentlichen Pflege durch entsprechenden Unterricht bedürfen. Wenn es auch einen Faktor „Analogie" als zur Grundausstattung der Intelligenz gehörig gibt, so bedarf er doch der inhaltlichen Ausgestaltung. Insbesondere sei hervorgehoben, dass das Auffinden konkreter Analoga keineswegs „leicht" im vordergründigen Sinne ist. Die engen Beziehungen zur Problematik der Anschauung (Kap. 8) und der Anwendungsproblematik (Kap. 10) sind unübersehbar.

Literatur

[1] Archimedes Werke, übersetzt und mit Anmerkungen versehen von A. Czwalina, Wissenschaftliche Buchgesellschaft 1972.

[2] Cantor, M.: Vorlesungen über Geschichte der Mathematik, Band II, Teubner 1965 (Reprint von 1900).

[3] Freudenthal, H.: Mathematik in Wissenschaft und Alltag, Kindler 1968.

[4] Hussy, W.: Denkpsychologie, Band 2, Kohlhammer 1986.

[5] Lorenzen, P.: Die Entstehung der exakten Wissenschaften, Springer 1960.

[6] Mach, E.: Die Mechanik, Wissenschaftliche Buchgesellschaft 1976.

[7] Polya, G.: Mathematik und plausibles Schließen, 1. Band, Birkhäuser 1969.

[8] Schneider, J.: Archimedes, Wissenschaftliche Buchgesellschaft 1979.

[9] Waerden, B. v.d.: Einfall und Überlegung, Birkhäuser 1973[2].

[10] Winter, H.: Geometrie und Hebelgesetz aus – ein Beispiel zur Integration von Physik- und Mathematikunterricht der Sekundarstufe 1. In: Der Mathematikunterricht, 24 (1978), S. 88 - 125.

[11] Winter, H.: Bruchrechnen am Streifenmuster. In: Mathemtik lehren, Heft 2 (1984), S. 24 - 28.

Auswahl jüngerer Literatur zum Thema

[12] Bruder, R. (Hrsg.): Mathematik lehren – Heuristik – Problemlösen lernen, 2002, Heft 115.

[13] Heyer, U. / König, H. / Müller, H.: Der Mathematikunterricht 38 (1992), Heft 3.

[14] Höfer, T.: Mathematik und Physik im Dialog, in: Der Mathematikunterricht 53 (2007), Heft 1-2, S. 36-44.

[15] Holzäpfl, L. (Hrsg.): Mathematik lehren – Mathematik im Fächerverbund, 2013, Heft 177.

[16] Ruppert, M.: Archimedes, Kreis und Kugel – Analogiebildung als Weg zu neuen Erkenntnissen. In: Mathematik lehren 2011, Heft 165, S. 48-54.

[17] Schumann, H. / Vásárhelyi, É. / Bruder, R.: Der Mathematikunterricht 52 (2006), Heft 6.

[18] Strathern, P.: Archimedes und der Hebel, Fischer Taschenbuch 1999.

4 Algorithmus und Abakus – Republikanisierung des Rechnens bei Ries

4.1 Die Rechendidaktik des Adam Ries

Adam Ries (1492–1559) war kein schöpferischer Mathematiker, sondern (wie er sich mit 30 Jahren schon selbst nannte) Rechenmeister und im Haupt- und Brotberuf war er, ab 1525 in der Bergwerksstadt Annaberg (Erzgebirge), Regressschreiber, etwa Buchhalter im Bergbau. 1539 wurde er zum „Churfürstlich Sächsischen Hofarithmeticus" ernannt (Wußing/Arnold [29], S. 110).

Sein Hauptverdienst ist es, die damals sich zunehmender Hochschätzung erfreuende Rechenkunst unters Volk gebracht zu haben. Besonders sein 1522 erstmals erschienenes Buch „Rechnung auff der linihen und federn auff allerley hantierung", das allein bis 1650 mehr als 60 Auflagen erlebte, machte ihn geradezu sprichwörtlich bekannt („Das macht nach Adam Ries ...").

Für die Republikanisierung der Mathematik gab es ein verbreitetes Bedürfnis, es war ja die Zeit der Erfindungen und Entdeckungen, Handel und Geldwesen weiteten sich aus; und die gelehrten Hochschulen konnten mit ihrem eher weltabgewandten tradierten Quadrivium (Arithmetik, Geometrie, Astronomie, Musik), das ohnehin nur einer schmalen Elite zugänglich war, den breiten Bildungsbedarf nach Handlungswissen nicht befriedigen.

Die mathematikdidaktischen Leistungen des Adam Ries darf man vielleicht so zusammenfassen:

(1) Seine Veröffentlichungen sind in deutscher Sprache geschrieben und so einer breiten Masse zugänglich. (Er selbst hatte ausgezeichnete Kenntnisse der lateinischen Sprache, der Sprache der Gelehrten bis ins 19. Jhd.).

(2) Er macht die Leser sowohl mit der bisherigen Rechenweise der „Abazisten" (Brettrechnen, Rechnen auf der Linie) als auch mit der neuen und leistungsfähigeren (aber oft kirchlicherseits angefeindeten) Rechenweise der „Algorithmiker" (schriftl. Rechnen mit arabischen Ziffern und Stellenwertschreibweise) vertraut.

(3) Sein methodisch-didaktisches Konzept besteht i. W. darin, erstens genauer, wenn auch nicht begründete Handlungsanleitungen zu geben (wie es gemacht wird, damit es richtig kommt) und zweitens konkrete Exempel vorzurechnen (einschließlich „Proba").

(4) Das angewandte Rechnen steht im Vordergrund: Aufgaben zu Kauf und Verkauf, zu Geldtausch, zur Münzprägung, zur Erbteilung, zum Mischen usw. Er intendiert ausdrücklich Aufklärung; der gemeine Mann soll sich vor Betrug schützen können.

(5) Er kennt als „Cossist" den didaktischen Wert der algebraischen Methode, also die Benutzung von Variablen und eines elementaren Gleichungskalküls. Um 1523/24 schrieb er die „Coß", ein Lehrbuch der Algebra, das allerdings nie erschien; die Zeit war dafür noch nicht reif.

Das Wort „Coß" leitet sich aus dem italienischen „regola de la cos" (von lat.: causa = Ursache, Sache) her und bezeichnet ursprünglich „das Ding", „die Sache". Später bedeutete es dann die auszurechnende Größe, das unbekannte X, wie wir heute sagen könnten (Lehmann [2] 1987, S. 11).

Zur Illustration der didaktischen Denkweise und der pädagogischen Intentionen des A. Ries sei eine Sachaufgabe aus seiner unveröffentlichten „Coß" wiedergegeben (a. a. O. [2], S. 13).

„Ein Münzmeister hat 100 Mark gekorntes Silber, wobei 1 Mark 17 Lot Feinsilber enthält. Ferner hat er 50 Mark gekorntes Silber, wobei 1 Mark 12 Lot Feinsilber enthält. Wieviel Mark gekorntes Silber, bei dem 1 Mark 10 Lot Feinsilber enthält, kann er daraus höchstens herstellen, wenn er keinen Zusatz nimmt, also weder weitere Mengen an Silber noch an anderen Legierungsmetallen verwenden soll?"

Zur Lösung muss man wissen: Feinsilber ist Reinsilber und Mark ist eine Gewichtseinheit, 1 Mark $= 233,8$ g. Lot ist ebenfalls eine Gewichteinheit, 1 Lot $= 1/16$ Mark ($= 14,6$ g). In der heutigen Terminologie handelt es sich um eine *Mischungsaufgabe* und man könnte sie so umformulieren und gleichzeitig ordnen:

Gegeben:		Anteile Reinsilber	Gewicht
	Silber A	$\frac{7}{16} = 43,75\%$	100 Mark
	Silber B	$\frac{12}{16} = 75\%$	50 Mark
Gesucht:			
	Silber M	$\frac{10}{16} = 62,5\%$	maximal

Also: Wieviel 43,75%-iges Silber, von dem man 100 Mark hat, muss man mit 75%-igem Silber, von dem 50 Mark zur Verfügung stehen, mischen, um damit möglichst viel 62,5%-iges Silber herzustellen?

Es ist nicht nur eine Mischungs-, sondern auch noch eine Optimierungsaufgabe. Ries löst sie im Wesentlichen (auf „cossistische" Art) so: Das unbekannte Gewicht des Silbers A, das für die Mischung M gebraucht wird, sei x (in Mark). Dann ist das Feinsilbergewicht, das durch Silber A in der angestrebten Mischung M beigesteuert wird, $\frac{7}{16}x$. Analog ist dann das Feinsilbergewicht des Silbers B in der Mischung M $\frac{12}{16}y$, wo y das unbekannte Gewicht des Silbers B ist. Damit gilt für das gesamte Gewicht des Feinsilbers in der Mischung M

$$\frac{7}{16} \cdot x + \frac{12}{16} \cdot y = \frac{10}{16} \cdot (x+y)$$

Nach Umformung ergibt sich daraus eine Aussage über das Mischungsverhältnis:

$$2 \cdot y = 3 \cdot x \quad \text{oder} \quad x = \frac{2}{3} \cdot y \quad \text{oder} \quad x : y = 2 : 3$$

Die beiden gegebenen Sorten A und B müssen also im Verhältnis 2 : 3 gemischt werden, um 10-lötiges Silber zu bekommen. Nun soll auch noch $x + y$ maximal werden, wobei x höchstens 100 Mark und y höchstens 50 Mark sein kann. Da $x = \frac{2}{3}y$ zu sein hat, kann

x höchstens den Wert $\frac{2}{3} \cdot 50$ Mark $= 33\frac{1}{3}$ Mark haben. Also ist das maximal erreichbare Gewicht der Mischung $33\frac{1}{3}$ Mark (von Silber A) $+50$ Mark (das ganze Silber B) $= 88\frac{1}{3}$ Mark.

Der fruchtbarste aber auch kritischste Teil der Lösung ist die Entwicklung der Mischungsgleichung, die in etwas allgemeinerer Form

$$p_A \cdot g_A + p_B \cdot g_B = p_M \cdot (g_A + g_B) \quad (= p_M \cdot g_M)$$

lautet, wobei g_A, g_B, g_M Gewichte im engeren oder weiteren Sinne und p_A, p_B, p_M Anteile sind.

Man denke an Legierungen (wie gerade bei Ries), aber auch an Mischungen von Wasser verschiedener Temperaturen, an Mischungen von Waren verschiedener Preise, an Mischungen von Flüssigkeiten verschiedenen Gehalts, auch an das Hebelgesetz.

Die Fruchtbarkeit der Mischungsgleichung liegt in ihrer Durchsichtigkeit und Übertragbarkeit. A. Ries kritisiert anlässlich dieser Aufgabe die Nürnberger Münzprüfer Conrad und Scheuerlein, die nicht imstande wären, cossistisch zu rechnen und deshalb die obige Aufgabe nicht lösen könnten ([2], a.a.O., S. 13).

Tatsächlich kann die Aufgabe auch „ohne x" gelöst werden, etwa durch einen Regulafalsi-Ansatz (Probieren mit konkreten Werten, etwa mit 2 Mark Silber A und 1 Mark Silber B, das eine Mischung von 3 Mark $8\frac{2}{3}$-lötigem Silber ergäbe und systematischem Korrigieren, bis sich 10-lötiges Silber ergibt) oder – besser – durch eine inhaltliche Zerlegung und bildliche Vergegenständlichung der Situation in folgender Art:

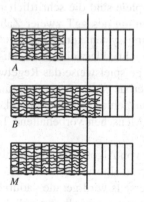

Abb. 4.1

Der Unterschied im Reinsilbergewicht von A zu M ist 3 Lot pro 1 Mark (Fehlbetrag). Der Unterschied im Reinsilbergewicht von B zu M ist 2 Lot pro 1 Mark (Überschuss). Ausgleich zwischen Fehlbetrag und Überschuss wird offenbar erreicht, wenn 2 Mark von A mit 3 Mark von B gemischt werden, denn dann sind Überschuss und Fehlbetrag gleich 6 Lot.

1 Mark der gewünschten Mischung M muss also aus $\frac{2}{3}$ Mark Silber A und $\frac{2}{5}$ Mark Silber B bestehen. Es gibt soviel Mark der Mischung M wie $\frac{3}{5}$ in 50 enthalten ist.

Diese situative Lösung ist zweifellos intellektuell hochkarätig und sie müsste im Unterricht entsprechend gewertet werden, wenn sie von Schülerinnen und Schülern gefunden würde.

Es ist allerdings gerade das Bestreben von A. Ries gewesen, eine allgemeine Methode, eben die algebraische, zu lehren, eine Methode, die feinsinnige und situative Überlegungen in einem gewissen Umfang überflüssig macht und als wirkungsvolles Instrument der großen Masse auch zugänglich ist. Das Letztere ist aber bis auf den heutigen Tag das nicht gelöste didaktische Problem: Wie kann die universellere algebraische Methode so von möglichst vielen Menschen gelernt werden, dass ihr Potential auch realisiert wird, dass sie auch wirklich als Problemlöseinstrument verfügbar wird? (Vgl. dazu auch Kapitel VI, 1).

Bisher stoßen wir dabei immer auf enge Grenzen, diese Art von Mathematik zu republikanisieren.

4.2 Der Algorithmus der schriftlichen Division – progressive Schematisierung

Algorithmen (abgeleitet aus dem latinisierten Namen des Arabers Al-Khwarizmi, 780? bis 850 n. Chr., durch den das indische Stellenwertsystem im Abendland Verbreitung fand) sind so etwas wie allgemeine Rechenverfahren, Kalküle, Systeme von Verfahrensregeln zur Lösung einer Aufgabe, Rezepte, Schematismen. Wer über einen Algorithmus zu einer Aufgabenstellung verfügt, braucht sich nur an das gelernte Verfahren zu erinnern und dieses abzuspulen. Standardbeispiele sind die schriftlichen Rechenverfahren, der Euklidische Algorithmus zur Bestimmung des ggT zweier Zahlen, der Gauss'sche Algorithmus zur Lösung linearer Gleichungssysteme und viele Prozeduren in der Analysis (die im englischsprachigen Bereich bezeichnenderweise „Calculus" heißt). Ein Algorithmus im außermathematischen Alltag ist beispielsweise das Regelwerk zur Vorgehensweise beim Benzintanken. Was algorithmisierbar ist, kann als Programm gefasst werden, das Computer „verstehen" und (rasant und fehlerfrei) abarbeiten können. Ganze Industriezweige leben heute davon, bisher dem Menschen vorbehaltene Tätigkeiten zu algorithmisieren und zu computerisieren.

Die didaktische Einschätzung von Algorithmen ist ambivalent: Einerseits ist man ständig bestrebt, eine Problemlösung zu algorithmisieren, also durch ein todsicheres Rechenverfahren zu „erledigen"; andererseits wird gerade dadurch das Problem trivialisiert und verliert seinen Reiz. Einerseits wirkt es geradezu peinlich, wenn jemand keine (starken) Algorithmen kennt, er offenbart sich damit als Nichtfachmann und er ist nicht imstande, Probleme hinreichender Komplexität zu lösen. Andererseits kann eine zu starke Fixierung auf gelernte Algorithmen unempfindlich machen gegenüber Problemen, für die (noch) keine Methode verfügbar ist („noch nicht gehabt") und blind machen gegenüber Nichtstandard-Lösungen, die im Einzelfall viel besser sein können. Einerseits verleiht das Verfügen über Algorithmen (durch Lernende und Lehrende!) Sicherheit und stärkt das Selbstkonzept; andererseits besteht die Gefahr, dass begriffliche oder interpretative Anstrengungen als puristisch („Haarspalterei") bzw. unmathematisch („Blabla") missachtet werden. Einerseits sind Algorithmen in ihrer Explizitheit und Unmissverständlichkeit darstellungs- und somit verbreitungsfreundlich; andererseits kann ihre Handhabung ohne inhaltliches Verständnis erfolgen, also zu einem, Können führen, das nicht durchschaut und bewertet werden kann, zu einem unmündigen Können oder Scheinkönnen.

Für unser Problem des entdeckenden Lernens ist insbesondere der Gedanke wichtig, dass die Aneignung von leistungsfähigen Algorithmen keineswegs eine Alternative oder eine eher lästige Nebensache darstellt, vielmehr wesentlicher Bestandteil ist. Entgegen einer verbreiteten Einschätzung, zu der auch Vertreter freierer Unterrichtsformen selbst beigetragen haben, ist es gerade nicht so, dass die Selbsttätigkeit der dort ihre Grenzen hat, wo die harten Prozeduren behandelt und eingeübt werden müssen. Algorithmen müssen gelernt werden und zwar mindestens aus zwei Gründen: Erstens werden sie als Instrumente, als Subroutinen, beim Lösen von Problemen gebraucht und Übung im Problemlösen hat als hauptsächliches Mittel zur Fähigkeitsschulung einen sehr hohen Stellenwert im Konzept des entdeckenden Lernens. Zweitens ist das Verfügen über Fertigkeiten eine unerlässliche Basis für das Entwickeln des Vertrauens in die eigene geistige Kraft. Etwas zu beherrschen, ist schon ein Lusterlebnis, wenn auch sofort hinzugefügt werden muss, dass dieses „etwas" etwas Sinnvolles und Bedeutsames sein sollte.

Der anspruchsvollste Algorithmus der Grundschule ist die *schriftliche Division*, zu der der große Mathemtikphilosoph A.N. Whitehead (allerdings in der Prä-Computerzeit) bemerkte: „Wahrscheinlich hätte nichts in der heutigen Welt einen griechischen Mathematiker mehr in Erstaunen versetzt, als zu vernehmen, dass unter dem Einfluss eines obligatorischen Unterrichts ein großer Teil der Bevölkerung des westlichen Europa die Operationen der Multiplikation und der Division selbst für die größten Zahlen durchführen kann. Diese Tatsache würde ihm als reine Unmöglichkeit erschienen sein" ([10], S. 34).

Wie anspruchsvoll die schriftliche Division ist, wird deutlich, wenn die ihr zu Grunde liegenden mentalen Prozesse zusammengestellt werden:

(1) verstehen, dass zu zwei gegebenen Zahlen zwei Zahlen gesucht werden, das Teilergebnis (Quotient) und der Rest (wobei der Quotient entweder die Frage beantwortet, wie oft die eine Zahl in der anderen enthalten ist oder den wievielten – ganzzahligen – Teil sie von ihr ausmacht; Aufteil- oder Verteilaspekt),

(2) wissen, dass man stückweise vorgehen kann (indem man den Dividenden in eine passende Summe zerlegt, jeden Summanden dividiert und die gewonnenen Teilquotienten aufaddiert) und dabei zweckmäßigerweise die Stellenwertdarstellung ausnutzt,

(3) fähig sein, von oben beginnend

a) Stelle für Stelle passende Teile (Teildividenden) zu sehen und auszugliedern,

b) durch Überschlag zugehörige Teilergebniszahlen (Teilquotienten) zu ermitteln (setzt sichere 1×1-Kenntnisse voraus!)

c) durch halbschriftliches Ausmultiplizieren (Teilergebnis mal Teiler) das gerade zu Verteilende (den Teildividenden) genau zu ermitteln (und nachzusehen, dass diese Zahl genügend groß aber nicht zu groß ist),

d) und schließlich dieses schon Verteilte schriftlich vom noch Vorhandenen abzuziehen,

(4) wissen, wie man die Rechnung durch Überschlag, Proben oder Gegenrechnung überprüfen kann.

Das ist der anspruchsvolle geistige, der semantische (griech.: semainein = bezeichnen) Hintergrund; der zugehörige syntaktische (griech.: syntassein = zusammenstellen) „Vordergrund" besteht im Manipulieren mit Symbolen: gegebene Zahlen geordnet nebeneinander schreiben, dazwischen Doppelpunkt, dahinter Gleichheitszeichen, Ergebnisziffern nacheinander rechts notieren, Teilprodukte (gemäß (3) c)) passend unter Dividenden schreiben, schriftlich subtrahieren,nächste Ziffer herunterholen usw.

Ein Algorithmus zur schriftlichen Division in reiner Form, wie er für maschinelle Benutzung beschaffen sein müsste, würde ausschließlich solche Prozeduren mit Ziffern und Zeichen in Vollständigkeit geordnet auflisten und dürfte keinen inhaltlichen Appell (Überlegen, Hinsehen usw.) enthalten. (Ein Computer arbeitet nur immer an der syntaktischen Oberfläche.)

So etwas kann natürlich nicht das Ziel im Unterricht sein, dort streben wir vielmehr eine Art „halbalgorithmischer" Handlungsweise an, eine Verbindung von algorithmischen mit inhaltlich-begrifflichen Elementen. Es ist freilich gerade ein didaktisches Problem – nicht nur in Bezug auf diesen speziellen Algorithmus –, die rechte Art der Verbindung zu definieren und anzustreben. Einerseits soll das Rechnen die Macht des Formalen, der Syntaxregeln nutzen, also teilweise gewohnheitsmäßig, routiniert und ohne bewusste Kontrolle („wie im Schlaf") verlaufen, andererseits soll aber auch Einsicht erhalten bleiben, um das Ergebnis zu prüfen eventuelle Fehler aufdecken, das Verfahren flexibel anwenden und es im „Notfall" wieder aus dem Gedächtnis rekonstruieren zu können.

Der hohe Komplexitätsgrad der schriftlichen Division schlägt sich (erwartungsgemäß) in den hohen Fehlerzahlen nieder. So machten in einer breit angelegten Untersuchungsserie 22% aller von 4. Klassen und 25% aller von 5. Klassen mindestens einen systematischen Fehler bei der schriftlichen Division durch einen 1-stelligen (4. Klasse) oder 2-stelligen (5. Klasse) Divisor. Interessant aber waren auch die starken Unterschiede zwischen den Klassen, was ihren Anteil an n mit systematischen Fehlern betraf, in den 4. Klassen zwischen 6% und 50%, in den 5. Klassen zwischen 10% und 44% (Padberg [5], S. 204) und dieses letztere Resultat könnte bedeuten, dass die didaktischen Interventionen eine entscheidende Rolle spielen.

Angesichts der trotz ausgedehnter Übungen mäßigen Erfolge, der geringen Bedeutung im praktischen Alltag und der Existenz billiger und leistungsfähiger Taschenrechner wäre es verständlich, wenn man darauf verzichtete, die schriftliche Division bis zur Geläufigkeit einüben zu wollen.

Andererseits gibt es gute Gründe für eine intensive und gründliche Aneignung dieses Algorithmus:

- Bisher erworbene arithmetische Kenntnisse und Fertigkeiten werden unter einer neuen Fragestellung wiederholt, vertieft, ergänzt.
- Der Kreis der Anwendungen wird erweitert, z. B. Berechnung des arithmetischen Mittels.
- Das Erlernen bietet besonders attraktive Möglichkeiten zum Erkunden und Entdecken.
- Der hohe aber doch erfüllbare Anspruch hinsichtlich Konzentration, Durchhaltevermögen, Erinnerungsfähigkeit und strikte Regeleinhaltung ist die Voraussetzung für das Erleben seiner selbst als Lerner: Angst vor der Hürde und vor dem Begehen von Fehlern, Anspannung beim Lösungsprozess, Wechsel zwischen halbbewusstem Nebenrechnen

und vollbewusstem distanzierten Schätzen, Gespanntheit vor der Überprüfung, Enttäuschung oder Freude nachher.

Der letzte Punkt erscheint mir besonders wichtig, er dürfte das stichhaltigste Argument gegen einen naiven vorzeitigen Gebrauch von Taschenrechnern anstelle schriftlicher Methoden darstellen.

Nach dem jetzigen Stand der didaktischen Diskussion ist es also legitim, die schriftliche Division nach wie vor gründlich einzuüben, jedoch nicht rechnerische „Höchstleistungen" bezüglich Schnelligkeit anzustreben, was ohnehin nur begrenzt und mit extrem hohem Übungsaufwand erreichbar wäre.

Entscheidend ist nun die Frage, wie der Algorithmus gelernt werden soll, d. h. welcher Zugang, welche Lernschritte und welche Angebote zum lernenden Handeln gerechtfertigt erscheinen.

Wie bei kaum einem anderen Inhalt werden hier in nahezu der gesamten tradierten Rechendidaktik die Prinzipien des kleinschrittigen Vorgehens und (in Verbindung damit) der Isolierung der Schwierigkeiten bemüht und in extenso durchexerziert. Schon A. Ries unterscheidet 3 Stufen: Division durch 1-, 2- und mehr (als 2)-stellige Divisoren. Er beschreibt die Prozedur sehr stark „oberflächennah", d. h. gibt Anweisungen zur Ziffernmanipulation, wobei der Anschrieb etwas anders ist als heute bei uns:

> „Hinden solt du anheben/schreib die zal für dich welche du teylen wilt/under die letzte figur (= iffer) den theyler/so du anderst in ein figur teylest unnd genemen magst. Ist aber der teyler grösser/so schreibe ihn under die letzte figur on eine/und besihe/wie offt du in genemen magst/als offt nun ihn und schreib das selbig wie offt/neben der zal/nach dem strichlin/multiplicir in teyler und nim von der gansen zal. Als dann ruck mit dem teyler fort under die nechste gegen der rechten hand und besihe aber wie offt du nemen magst/so offt nim unnd setz nach der vorigen figur. Also hinfürt biß under keyn figur mehr zu rucken ist ..." (Ries [7], S. 22 f.)

Der Anschrieb für die Aufgabe 40734 : 6 entwickelt sich bei Ries sukzessive so:

$$
\begin{array}{l}
\qquad\qquad\qquad 4 \\[2pt]
(1)\quad 4\ \ 0\ \ 7\ \ 3\ \ 4\ \ |\\[2pt]
\qquad\ \ 6
\end{array}
\qquad\qquad
\begin{array}{l}
(2)\quad \not4\ \ \not0\ \ 7\ \ 3\ \ 4\ \ |\ \ 6\\[2pt]
\qquad\ \ \ \not6\ \ 6
\end{array}
$$

$$
\begin{array}{l}
\qquad\ \ \ 4\ \ 5 \\[2pt]
(3)\quad \not4\ \ \not0\ \ \not7\ \ 3\ \ 4\ \ |\ \ 6\ \ 7\\[2pt]
\qquad\ \ \not6\ \ \not6\ \ 6
\end{array}
\qquad\qquad
\begin{array}{l}
\qquad\ \ \ 4\ \ 5\ \ 5 \\[2pt]
(4)\quad \not4\ \ \not0\ \ \not7\ \ \not3\ \ 4\ \ |\ \ 6\ \ 7\ \ 8\\[2pt]
\qquad\ \ \not6\ \ \not6\ \ \not6\ \ 6
\end{array}
$$

$$
\begin{array}{l}
\qquad\ \ \ 4\ \ 5\ \ 5 \\[2pt]
(5)\quad \not4\ \ \not0\ \ \not7\ \ \not3\ \ 4\ \ |\ \ 6\ \ 7\ \ 8\ \ 9\\[2pt]
\qquad\ \ \not6\ \ \not6\ \ \not6\ \ \not6
\end{array}
$$

Die Teildividenden (40, 47, 53, 54) stehen ab (2) schräg übereinander.

Dass unsere heutige Schreibweise nur eine unter vielen möglichen ist, sollten Lehrende schon im Hinblick auf Gastarbeiterkinder wissen (vgl. Radatz/Schipper [6], S. 224).

Üblicherweise wird in der Tradition des A. Ries zur Behandlung etwa folgende Stufenfolge vorgeschlagen (Oehl [4], S. 183 ff.), (Padberg [5], S. 189 ff.):

1. Divisor einstellig
   1.1 Dividend erfordert keine Verwandlung, ohne Rest (396 : 3)
   1.2 Dividend erfordert Verwandlung, ohne Rest
      1.2.1 Erste Stelle teilbar (972 : 4)
      1.2.2 Erste Stelle nicht teilbar (372 : 4)
      1.2.3 Mehrmalige Verwandlungen (5 214 : 6)
   1.3 Besonders zu beachtende Fälle (Nullen), ohne Test (2 · 715 : 3, 3 840 : 6)
   1.4 Teilen mit Rest

2. Divisor ist reine Zehnerzahl
   2.1 Teilen durch 10, ohne Rest, mit Rest
   2.2 Teilen durch höhere reine Zehnerzahl, ohne Rest, mit Rest

3. Divisor ist zweistellig, ohne Rest, mit Rest
   3.1 Divisor ist schwellennah (21, 29)
   3.2 Divisor ist nicht schwellennah (26, 27)

So beeindruckend ein solcher konsequent schwierigkeitsgradig gestufter Lehrgang ist (und als Paradebeispiel geglückter Didaktifizierung angesehen werden könnte), getragen von der Idee, den n von Anfang an Erfolge zu ermöglichen und so Vertrauen in ihr Können aufzubauen und Fehler möglichst zu vermeiden, so bedenklich muss er aus der Sicht des entdeckenden Lernens erscheinen: Schon der Einstieg mit Aufgaben der Art 396 : 3, die man leicht wie bisher im Kopf rechnen kann, ist unangemessen, fordert er doch gar nicht dazu heraus, etwas Neues zu lernen, nämlich darüber nachzuforschen, wie man (geschickterweise) große Zahlen dividieren könnte. Ferner fördert das kleinschrittige Vorgehen keineswegs das Verstehen der Grundidee, nämlich die Strategie des schrittweisen Rechnens unter Nutzung der dezimalen Darstellung. Gerade für schwächere und ängstlich am Formalen sich festhaltende besteht die Gefahr, vor lauter Bäumen den Wald nicht zu sehen, d. h. durch Beachten der zahlreichen lokalen Fallunterscheidungen mental absorbiert zu sein (z. B.: „Wenn ich die nächste Ziffer herunterhole, so kann die Zahl immer noch kleiner als der Teiler sein, dann muss ich im Ergebnis eine Null schreiben und noch eine Ziffer herunterholen."). Die vielen vom Lehrenden vorbedachten Einzelschritte sind daher eher dazu angetan, das Wesentliche zu verhüllen und das Formal-Algorithmische (Schreibweisen) zu überbetonen. Vor allem aber wird eine Möglichkeit verpasst, die selbst etwa erfinden zu lassen, ihrer Neugierde Nahrung zu geben, ihre Phantasie anzuregen, ihre Selbsttätigkeit und auch Selbstverantwortung zu fördern.

Die folgende Skizze soll einen möglichen Gang der Aneignung des Divisionsalgorithmus im Sinne des entdeckenden Lernens beschreiben. Grundgedanken sind dabei:
- Ausgangspunkt ist eine herausfordernde (also z. B. nicht zu „leichte") Situation.
- Durch Angebot von Material („Spielgeld") erhalten die Möglichkeiten, wesentliche Dinge selbst herauszufinden.

- Die werden nicht sofort auf eine genormte Denk-, Sprech- und Schreibweise verpflichtet; diese soll sich erst im Laufe des Lernens als zweckmäßig entwickeln (Prinzip der progressiven Schematisierung nach A. Treffers ([8] 1983)).
Die Unterscheidungen nach Schwierigkeit werden nicht vom Lehrenden vorweggenommen und entsprechend methodisch verplant, sondern bilden selbst auch einen Untersuchungsgegenstand für die .
- Das notwendige Üben wird nicht nur vollzogen, sondern auch als Üben thematisiert.

Der Ausgangspunkt sei der folgende Text: „Herr Albrecht hat einmal alles zusammen gezählt, was er im vergangenen Jahr verdient hat. Er kam auf 29 843 €." Der Betrag wird angeschrieben: „Jahreseinkommen: 29 843 €." Darüber sollte zunächst einmal *sachkundlich* diskutiert werden, möglicherweise angeregt durch die bewusst vage gehaltene Frage: „Ist das viel?" Ja, es scheint sehr viel Geld zu sein: fast 30 000 €, fast 300 Einhunderteuroscheine. – Was könnte man alles dafür kaufen, wenn man diese Preise hat:

1	großer Farbfernseher	2 000 €
1	Rennrad	1 000 €
1	Herrenhose	100 €
1	mal Haare schneiden	10 €
4	Brötchen	1 €

Und wie lange müsste man dafür arbeiten, wenn man pro Arbeitsstunde 10 €, 20 €, 50 €, 100 € bekäme? – In unserer Stadt (Aachen) wohnen 244 000 Menschen, Herr Albrecht könnte jedem 10 Cent geben und behielte noch Geld übrig. – Nein, so hoch ist das Jahreseinkommen doch nicht. Eine Eigentumswohnung kostet z. B. 100 000 €, ein Einfamilienhaus gar mehrere Hunderttausend Euro. – Oft beträgt die monatliche Wohnungsmiete schon 1 000 €, im Jahr wären das 12 000 €. – Was der Herr Albrecht wohl von Beruf ist? Wieviel Euro verdienen denn z. B. Briefträger, Lehrer, Professoren, Bauern, Bundesligafußballspieler, Zahnärzte, Maurer am Bau, Fabrikarbeiterinnen, Sekretärinnen, ...? Information: Im Jahre 1985 betrug das ausgabefähige Einkommen eines 4-Personen-Arbeitnehmerhaushaltes im Durchschnitt rund 43 000 €!

Es kommt also zunächst einmal darauf an, die gegebene Größe von 29 843 € lebendig werden zu lassen, ins Leben hineinzustellen. Einen realistischen Sinn für große Zahlen zu kultivieren, ist eine wichtige Aufgabe, man muss hierauf immer wieder eingehen. Ein Mittel ist dabei der Vergleich mit vertrauteren und übersichtlicheren Situationen. Dabei werden sachkundliche Tatbestände besprochen, man müsste hier z. B. auch die Unterscheidung Bruttoeinkommen / Nettoeinkommen abklären. Zeitungsanzeigen sollte man als Informationsquelle für die bereitstellen.

Im Laufe der Diskussion kann die Frage nach dem Monatseinkommen des Herrn Albrecht aufkommen, denn viele Leute bekommen ein Monatsgehalt (welche denn, welche nicht?) und viele Ausgaben werden monatlich abgerechnet: Wohnungsmiete, Telefonkosten, Zeitungsgeld, Stromgeld, ... Die Frage nach dem monatlichen Einkommen ist also von der Sache her sinnvoll.

Aber wissen wir denn, ob Herr Albrecht monatlich immer denselben Betrag verdient? Natürlich nicht, er könnte ja z. B. freier Schriftsteller sein und das ganze Jahreseinkommen durch 2 oder 3 Überweisungen vom Verlag erhalten haben. Trotzdem ist auch dann die Frage nach dem Monatsgehalt noch sinnvoll. Wir verbessern aber unsere Frage und schreiben sie auf: „Wieviel Euro verdiente Herr Albrecht *durchschnittlich* pro Monat, wenn sein Jahreseinkommen 29 843 € betrug?"

Die werden aufgefordert, die Situation in einem Bild darzustellen. Unter Mithilfe der Lehrerin oder des Lehrers mag eine Skizze der folgenden Art (Abb. 4.2) an der Tafel entstehen (Veranschaulichung als Heurismus):

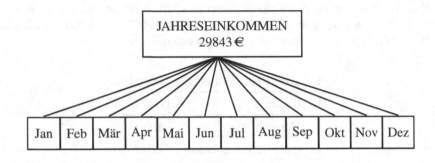

Abb. 4.2

Alle können jetzt das Problem mit Augen wahrnehmen: Der Betrag von 29 843 € ist auf die 12 Monate gleichmäßig zu verteilen, das Geld ist in 12 gleiche Teilbeträge, für jeden Monat einen, zu zerlegen.

An der Tafel steht als neue Herausforderung (die aber nicht vorgesetzt, sondern unter Mitarbeit der entwickelt wurde):

$$29843 € : 12$$

Kann man schon etwas über das Ergebnis sagen? Die werden – falls nötig – zum Überschlagen aufgefordert. Möglicherweise müssen Hilfen gegeben werden: Wenn es 24 000 €, 30 000 €, 36 000 € wären? Schließlich wird festgehalten: Der durchschnittliche Monatsverdienst ist größer als 2 000 €, aber kleiner als 3 000 €, er ist etwas kleiner als 2 500 €.

Die neue Frage ergibt sich jetzt fast von selbst: Wie groß ist der durchschnittliche Monatsverdienst genau?

Die Schülerinnen und Schüler werden um Vorschläge zum Rechnen gebeten, einzelnd oder in Kleingruppen wird – tappend vielleicht – ein Weg gesucht. Mögliche – und in meiner Praxis auch aufgetretene – Ideen sind:

(a) Die Schülerinnen und Schüler tasten sich durch systematisches Schätzen und ausmultiplizieren (das sie schriftlich beherrschen!) heran. Etwa:

$$2\,400\,€ \quad \text{zu wenig,} \quad \text{denn } 12 \cdot 2\,400\,€ = 28\,800\,€$$

$$2\,450\,€ \quad \text{zu wenig,} \quad \text{denn } 12 \cdot 2\,450\,€ = 29\,400\,€$$

$$2\,460\,€ \quad \text{zu wenig,} \quad \text{denn } 12 \cdot 2\,460\,€ = 29\,520\,€$$

$$2\,480\,€ \quad \text{zu wenig,} \quad \text{denn } 12 \cdot 2\,480\,€ = 29\,760\,€$$

$$2\,490\,€ \quad \text{zu viel,} \quad \text{denn } 12 \cdot 2\,490\,€ = 29\,880\,€$$

Das ist mühselig, aber man kommt (so genau wie man will) zum Ziel. Diesen Vorschlag sollte die Lehrerin bzw. der Lehrer sehr positiv bewerten; das Vorgehensmuster ist nämlich typisch mathematisch und wird später immer wieder auftreten (Näherungslösungen für Gleichungen). Es ist eine Art „Regula-falsi"-Vorgehensweise.

(b) Die Schülerinnen und Schüler spalten einen leicht teilbaren Teilbetrag ab, dividieren ihn durch 12 und notieren das Teilergebnis. Dann spalten sie vom Test einen weiteren Teilbetrag ab usw., d. h. sie wenden das Distributivgesetz (mehr oder weniger bewusst) an, eine bisher immer wieder genutzte Strategie beim Teilen. Etwa:

$$24\,000\,€ \quad : 12 = \quad 2\,000\,€$$

$$4\,800\,€ \quad : 12 = \quad 400\,€ \quad \text{usw.}$$

Bei entsprechender Vorschulung könnten sie schreiben:

$$29\,843\,€ \quad = \quad 24\,000\,€ \quad + \quad 4\,800\,€ \quad + \quad 960\,€ \quad + \quad 72\,€ \quad 11\,€$$

$$\downarrow : 12 \qquad\qquad \downarrow : 12 \qquad\quad \downarrow : 12 \qquad\quad \downarrow : 12$$

$$2\,486\,€ \quad = \quad 2\,000\,€ \quad + \quad 400\,€ \quad + \quad 80\,€ \quad + \quad 6\,€$$

Dieser Vorschlag stellt schon fast einen Algorithmus dar, aber es muss zu viel im Kopf gerechnet werden, oder es sind Nebenrechnungen erforderlich und man muss zu viel schreiben!

(c) Die Schülerinnen und Schüler versuchen, durch verkettetes Teilen und Kopfrechnen heranzukommen. Sie bestimmen zuerst den Halbjahresverdienst, also $29\,843\,€ : 2$. Das ergibt ohne Berücksichtigung des Restes $14\,921\,€$. Dann berechnen sie den Vierteljahresverdienst, rechnen also $14\,921\,€ : 2$. Das ergibt ohne Berücksichtigung des Restes $7\,460\,€$. Schließlich muss dieser Betrag noch durch 3 geteilt werden. Ohne Berücksichtigung des Restes ergibt sich schließlich $2\,486\,€$. Dies ist auch ein ziemlich mühsamer Weg; vor allem aber ist er selten gehbar. Was macht man bei : 13 z. B.?

(d) Die Schülerinnen und Schüler versuchen, die Multiplikation umzukehren, das Problem als „Sternchenaufgabe" zu verstehen:

$$**** \cdot 12 \qquad \text{oder} \qquad 12 \cdot ****$$

$$
\begin{array}{ccc}
\cdots\cdots & & \cdots\cdots \\
---- & & ---- \\
\cdots\cdots & & ---- \\
29\,843 & & ---- \\
& & \cdots\cdots \\
& & 29\,843
\end{array}
$$

Dies ist ein sehr interessanter Versuch. Die merken aber bald, dass dies höchstens gehen kann, wenn 29 843 ohne Rest teilbar durch 12 ist. Dann stellen sie fest, dass zu viel im Kopf gerechnet und probiert werden müsste, dass es „reine Puzzelei" wäre.

(e) Es können auch Fehlversuche auftreten, etwa: 29 800 € : 10, dann 43 € : 2.

Die Versuche werden im Plenum der Klasse verglichen, evtl. bewundert und kritisiert. Sie sind alle mehr oder weniger gut, aber auch mühsam. Der Letzte ist falsch, aber es genügt nicht, das festzustellen. Erstens liefert er einen Näherungswert (wenn es 10 Monate wären, ...), der zudem als zu hoch erkannt werden kann. Zweitens wäre bewusst zu machen, *wieso* zwar $\cdot 12 = \cdot 10 + \cdot 2$ richtig ist aber $: 12 = : 10 + : 2$ nicht.

Die Schülerinnen und Schüler erhalten nun den Betrag in *Rechengeld* (29 T, 8 H, 4 Z, 3 E) und werden gebeten, den Teilungsvorgang damit *praktisch auszuführen*. Schnell sind 12 Häufchen mit je 2 Tausendeuroscheinen gelegt. Aber dann geht es nicht weiter. Die verlangen Wechselgeld. Das wird ihnen mit der Auflage zur Verfügung gestellt, mit so wenig Wechselgeldstücken wie nur möglich auszukommen. Es werden auch nur T, H, Z, E zugelassen. Das Material zwingt zum stellengerechten Vorgehen und das ist der Kern der Sache. Es werden also die restlichen 5 T in 50 H gewechselt und von den dann 58 vorhandenen H werden 48 verteilt usw. Am Ende haben wir sichtbar und greifbar vor uns liegen 12 Haufen von je 2 486 € und einem Restbetrag von 11 €.

Nun werden die Schülerinnen und Schüler angehalten, das praktische Tun in Gedanken und Worten zu wiederholen: Zuerst verteilen wir die 29 T an 12, 24 T : 12 = 2 T, es bleiben 5 T übrig usw. – Wir wollen das auch aufschreiben, was wir tun.

Da sollten die Schülerinnen und Schüler Vorschläge machen können, aber vom praktischen Tun her ist es legitim und müsste auch für die Schülerinnen und Schüler plausibel sein, auf stellengerechtem Vorgehen zu bestehen. Der Aufschrieb könnte z. B. so oder so ähnlich aussehen:

$$29\,843\,€ : 12$$

$$\underline{24}\,000\,€ : 12 = \qquad \underline{2}\,000\,€ \qquad \text{(Tausender verteilen)}$$

$$5\,843\,€ \quad \text{noch zu verteilen}$$

$$\underline{48}\,00\,€ : 12 = \qquad \underline{4}00\,€ \qquad \text{(Hunderter verteilen)}$$

$$1\,043\,€ \quad \text{noch zu verteilen}$$

$$\underline{9}60\,€ : 12 = \qquad \underline{8}0\,€ \qquad \text{(Zehner verteilen)}$$

$$83\,€ \quad \text{noch zu verteilen}$$

$$\underline{72}\,€ : 12 = \qquad \underline{6}\,€ \qquad \text{(Einer verteilen)}$$

$$29\,832\,€ : 12 = \qquad 2\,486\,€$$

$$11\,€ \quad \text{Rest bleiben}$$

Jetzt haben wir eine Vorlage, die zu Verbesserungsvorschlägen anstiften soll: Wie können wir das noch vereinfachen? Es soll so wenig wie möglich und so viel wie nötig dastehen. Es steht aber allein fünfmal : 12 da! Die Schülerinnen und Schüler werden so am Vereinfachungsprozess beteiligt, so dass dann (Es muss ja nicht bei der ersten Aufgabe sein!) schließlich nur noch „unser" ökonomisches Geripppe da steht.

$$29\,843\,€ : 12 = 2\,486\,€ + (11\,€ : 12)$$
$$\underline{-24}$$
$$-\underline{4\,8}$$
$$1\,04$$
$$-\underline{96}$$
$$83$$
$$-\underline{72}$$
$$11$$

Die Antwort auf unsere Frage kann nun ausgesprochen werden, etwa: Wenn man das Jahreseinkommen von 29 843 € gleichmäßig auf die Monate verteilt, so kommen auf jeden Monat 2 486 € und 11 € bleiben übrig. Oder besser: Das durchschnittliche Monatseinkommen von Herrn Albrecht war im vergangenen Jahr fast 2 487 €.

Wie können wir unser Ergebnis kontrollieren? Wir vergleichen mit dem Überschlag, wir multiplizieren schriftlich und addieren dazu den Rest. Die Schülerinnen und Schüler werden dann aufgefordert, die einzelnen Bestandteile des Aufschriebs noch einmal handlungsnah zu erklären. Etwa: Was bedeutet die 24 unter der 29? – Warum steht davor ein Minuszeichen? – Wieviel € sind noch da, nachdem die H verteilt wurden? usw.

Durch Variation der Daten (anderes Jahreseinkommen, Fragen nach dem durchschnittlichen Halbjahres-, Vierteljahres-, Dritteljahres-, ..., Monatsverdienst) ergeben sich aus dem Sachgebiet heraus weitere Aufgabenstellungen, die auf ähnliche Art – also in enger Verzahnung von Handeln mit Rechengeld und symbolischer Notation – gelöst werden. Schließlich variieren wir das Sachgebiet.

Ich hebe hervor, dass der praktische Umgang mit dem Rechengeld, das hier Grundlage des Findens, Verstehens und Begründens ist, gänzlich unerlässlich ist. Sein Einsatz ist nur scheinbar ein Zeitverlust.

Nachdem die Schülerinnen und Schüler eine gewisse Vertrautheit mit dem Algorithmus gewonnen haben, sollte sich eine Phase der Systematisierung und Reflexion anschließen, indem das bisherige Tun stärker bewusst gemacht und begründet wird, indem also das Verfahren selbst thematisiert wird.

Es genügt keineswegs, nunmehr einfach darauf los zu üben, um die Geläufigkeit zu steigern. Das Üben, das natürlich nötig ist, muss mit Wissenszugewinn und Einsichtsvertiefung verbunden werden. Wichtig ist, dass auch in der Phase der Systematisierung und Reflexion die Eigeninitiative der Schülerinnen und Schüler so stark wie nur möglich berücksichtigt wird. Einige Möglichkeiten deute ich an.

a) Warum beginnen wir eigentlich mit den höchsten Stellen? Probiert es doch einmal anders! Wann wäre es gleichgültig, wo man anfängt? Sucht dazu Beispiele.

b) Es soll eine 5-stellige Zahl durch eine 2-stellige geteilt werden. Suche extreme Fälle, z.B. die kleinste 5-stellige Zahl durch die größte 2-stellige Zahl (also $1\,000 : 99$). Was beobachtest du? – Nenne leichte Aufgaben, wo man das Teilergebnis und den Rest „ohne den Schwanz nach unten" direkt hinschreiben kann.

c) Hier ist eine Aufgabe mit Lösung: $172\,608 : 86$

$$172\,608 : 86 = 2\,007 + (6 : 86)$$
$$\underline{172}$$
$$0\,\underline{608}$$
$$\underline{602}$$
$$6$$

Im Teilungsergebnis stehen zwei Nullen. Wie sind die zustande gekommen? Welchen Fehler könnte man hier machen? Wie kann man ihn vermeiden oder – wenn er gemacht wurde – aufdecken?

a) Du sollst irgendeine Zahl durch 38 teilen. Was ist für den Rest möglich? Mit welcher Zahl probierst du, wie oft 38 jeweils enthalten ist? Die Zahl, die du durch 38 teilen sollst, ist 6-stellig und die erste Ziffer ist 4. Was weißt du jetzt schon?

d) Jemand soll $3\,713 : 18$ ausrechnen. Er bekommt $3\,713 : 18 = 26 + (5 : 18)$ heraus. Wie kannst du mit einem Schlag sehen, dass das Teilungsergebnis falsch sein muss? Welcher Fehler wurde gemacht?

e) Warum ist es gut, vorher immer einen Überschlag zu machen?

f) Hier ist wieder eine gelöste Teilungsaufgabe:

$$2\,853\,340 : 47 = 60\,709 + (17 : 47)$$
$$\underline{2\,82}$$
$$\underline{33\,3}$$
$$\underline{32\,9}$$
$$\underline{440}$$
$$\underline{423}$$
$$17$$

Wie heißt die $2\,853\,340$ am nächsten gelegene Zahl, die ohne Rest durch 47 teilbar ist? Lies andere Teilungsaufgaben heraus. Wieviel ist z.B. $2\,820\,000 : 47$, $32\,900 : 47$, $423 : 47$? Was muss als Summe herauskommen: $2\,820\,000 + 32\,900 + 423 + 17$? Welche Probe kannst du jetzt auch immer machen?

g) Jemand soll viele Zahlen durch 56 teilen. Wie kann er sich die Sache erleichtern? (Vorher die Vielfachen $56 \cdot 1, 56 \cdot 2, \ldots, 56 \cdot 9$ aufschreiben!)

Die Phase der Systematisierung kann natürlich je nach den besonderen Schwierigkeiten sehr unterschiedlich aussehen. Hier ist es durchaus sinnvoll, Aufgabentypen nach Schwierigkeiten zu identifizieren, über sie zu sprechen und gegebenenfalls auch gesondert zu üben. Jetzt aber handelt es sich nicht um ein lehrergesteuertes Nacheinander, sondern um ein vom Lernenden eher durchschaubares Identifizieren von Schwierigkeiten und deren spezifische und möglicherweise individuelle Bekämpfung.

4.3 Entdeckungen am Rechenbrett

Der Abakus (lat.: abacus = Rechen- oder Spielbrett), der geschichtliche Urtyp des Computers, kann und soll zwar nicht mehr wie zu Ries' Zeiten (und heute noch in der Sowjetunion und in China und Japan!) als im praktischen Leben zu benutzende Rechenmaschine kennen und bedienen gelernt werden, wohl aber ist er im heutigen Mathematikunterricht der unteren Klassen ein nahezu unentbehrliches didaktisches Medium, eine der wichtigsten Erfahrungensquellen für das Verständnis des Stellenwertsystems. Der Aufbau ist denkbar einfach; die Stellenwertdarstellung von Zahlen wird in ihm geometrisiert und mechanisiert: Für die Anzahl der Einer, Zehner, Hunderter, ... legt man in dafür vorgesehene Felder entsprechend viele Steinchen (lat.: calculus = Steinchen, von lat. calx = Kalk, daher kalkulieren). Natürlich ist man nicht auf die Basis 10 angewiesen. Wie man damit die 4 Grundrechenarten ausführen und verständnisverstärkende Beziehungen zu den schriftlichen Rechenverfahren herausstellen kann, soll hier nicht weiter besprochen werden. Didaktisch lehrreich ist die Geschichte des Brettrechnens (Menninger [3]).

Weniger bekannt dürfte sein, wie der Abakus als Entdeckungshilfe für die üblichen Teilbarkeitsregeln verwendet werden kann.

Ein Ausgangsproblem, das z. B. beim Einüben der schriftlichen Division oder im Rahmen einer elementaren Teilbarkeitslehre oder in einem Sachrechentext, z. B. einer Kalenderaufgabe auftreten kann, wäre: Wie kann man einer großen Zahl auf leichte Weise ansehen, ob sie durch $2, 3, 4, 5, \ldots$ (ohne Rest) teilbar ist? Oder feiner: Wie kann man einer großen Zahl auf leichte Weise ansehen, welchen Rest sie hinterlässt, wenn man sie durch $2, 3, 4, 5, \ldots$ teilt?

Dass z. B. 29 nicht durch 8 teilbar ist (genauer: den Rest 5 bei Teilung durch 8 hinterlässt) sieht man ihr sofort an, d. h.: Es wird auf 1×1-Wissen rekurriert $29 = 3 \cdot 8 + 5$. Aber welchen Rest hinterlässt die große Zahle 513 829, wenn sie durch 8 geteilt wird? Man kann die (schriftliche) Division durchführen. Aber wenn man das nicht will, wie könnte man auf andere Art und möglichst rasch den Achter-Rest herauskriegen? Oder auch: Wie kann man nach ausgeführter Division auf einfache Art kontrollieren, ob der errechnete Rest richtig ist? Es ist ein echtes Problem und zwar eine Art Synthese-Problem im Sinne Dörners ([1], S. 12 f.); wir haben nämlich

- einen unerwünschten Anfangszustand: große Zahlen wie 513 829, von denen wir wissen möchten, welchen Rest sie bei Teilung durch 8 hinterlassen,
- einen unerwünschten Endzustand: eine einfache Methode, den Achter-Rest einer Zahl festzustellen,
- eine Barriere: die unüberschaubare Größe der Zahlen (der Dividenden).

Eine Lösungshilfe, also eine Hilfe zur Überwindung der Barriere, könnte demonstrative Kontrastbildung sein, etwa so:

Welcher Rest bleibt beim Teilen durch 8?

Kleine Zahlen; leicht! Kein Problem		Große Zahlen; schwierig! Ein Problem	
47	Achter-Rest 7	1 647	Achter-Rest ?
33	Achter-Rest 1	24 033	Achter-Rest ?
19	Achter-Rest 3	72 819	Achter-Rest ?
⋮		⋮	

Es ist dann schon eine echte Entdeckung, wenn (10-jährige) Lernende auf die Idee der resteerhaltenden Verkleinerung der großen Zahlen kommen, eine Verkleinerung, die darin besteht, möglichst geschickt Vielfache von 8 abzuspalten, etwa so:

1 647 hat denselben Achter-Rest wie 47, nämlich 7, weil 1 600 ja ein Vielfaches von 8 ist ($1\,600 = 8 \cdot 200$) und also in 1 600 kein Achter-Rest steckt. 1 600 kann man daher einfach weglassen, diese Zahl spielt keine Rolle für den Rest. Dass hierbei immanent multiplikatives und additives Kopfrechnen geübt wird, sei ausdrücklich vermerkt.

An dieser Stelle (oder natürlich auch schon früher) kann man den Abakus einsetzen, am besten so, dass jede Kleingruppe oder jeder einzelne Lernende ein Exemplar erhält (gut geeignet ist z. B. das Registerspiel des Schrödel-Verlages, wenn man käufliches Material haben will).

Wie kann man da eine Zahl verkleinern, ohne den Rest zu zerstören? Es ist wiederum ein Experimentierfeld mit der Möglichkeit praktischer Betätigungen und gedanklicher Entwürfe gegeben. Die einfachste Art, Zahlen am Abakus zu verkleinern, besteht natürlich darin, Steinchen wegzunehmen. Je nachdem, wo das Steinchen lag, bedeutet das -1 oder -10 oder -100 oder …. Die Schülerinnen und Schüler werden nun aufgefordert, zu untersuchen, was das für die Reste bedeutet, wenn man Steinchen entfernt. Wenn z. B. ein Steinchen aus der H-Spalte entfernt wird, dann ist die Zahl um

$$100 = 50 \cdot 2 = 25 \cdot 4 = 10 \cdot 10 = 5 \cdot 20 = 4 \cdot 25 = 2 \cdot 50 = 1 \cdot 100$$

verkleinert worden. Der in der Zahl steckende Zweier-Rest, Vierer-Rest, Fünfer-Rest, 10er-Rest, 20er-Rest, 50er-Rest und 100er-Rest ist damit nicht angerührt worden. Dieser entdeckende Schluss ist freilich keineswegs so selbstverständlich, er setzt implizit voraus, dass die Zahl als Vielfaches von 2 plus dem Zweier-Rest, als Vielfaches von 4 plus dem Vierer-Rest, also der Euklidizität im Sinne der Ringtheorie). Außerdem ist die Betrachtungsweise unüblich: Es geht nicht darum, einfach nur eine Rechenoperation auszuführen (etwa - 100 zu rechnen), sondern mögliche Auswirkungen dieser Handlung zu beobachten und wiederzugeben.

Ein noch wesentlich weiter gehender Schritt ist dann das Auffinden der *Endstellenregeln*, etwa zur 4: Der Vierer-Rest kann nur in den beiden letzten Spalten (Zehner u. Einer) liegen. Alle Steinchen ab der H-Spalte darf man rauswerfen, denn jedes dieser Steinchen enthält ein Vielfaches von 4. Will man also wissen, welchen Vierer-Rest eine Zahl hat, so braucht man nur die Zahl aus den beiden letzten Stellen zu untersuchen (und das ist leicht).

Beispiel: Was ist der 4er-Rest von 130 751 (Abb. 4.3)?

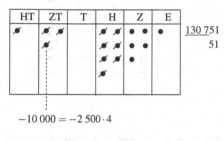

$$-10\,000 = -2\,500 \cdot 4$$

Abb. 4.3

130 700 wird insgesamt abgespalten, das ist ein Vielfaches von 4 („besteht nur aus Vieren"), es bleibt 51, das hat den 4er-Rest 3 ($51 = 12 \cdot 4 + 3$). Teilt man 130 751 durch 4, bleibt 3 als Rest. (Das mögen wir auch noch durch Ausdividieren bestätigen).

Was im Abakus steckt, wird erst so recht deutlich, wenn die *Quersummenregeln* gefunden werden sollen. Natürlich gibt es mehrere Möglichkeiten der Annäherung. Eine (sehr direkte) besteht darin, die Schülerinnen und Schüler aufzufordern, zu beobachten, was passiert, wenn ein Steinchen nach rechts in eine andere Spalte verschoben wird. Natürlich (?) wird dann auch die Zahl kleiner, aber wie? Seht z. B. nach, was passiert, wenn ihr ein Steinchen von der Z- in die E-Spalte legt. Was wird dann etwa aus 71 aus 85 aus 20 aus …? Für die Entdeckung, dass eine solche Prozedur die Verminderung um 9 bedeutet, sollte eine Begründung gefordert werden und es sollte die Aufmerksamkeit auf die Zahlen der Neuner-Reihe gelenkt werden: Ihr systematischer Aufbau 09, 18, 27, … („immer 1 Zehner mehr und 1 Einer weniger") wird jetzt deutlicher und verständlicher. Auf analoge Weise werden andere Verschiebeprozeduren untersucht, etwa 1 Steinchen von der T-Spalte in die Z-Spalte bedeutet -990, 1 Steinchen von der T-Spalte in die E-Spalte bedeutet -999 usw. Die Entdeckung, dass man nur immer Vielfache von 9 (und 3) subtrahiert, wenn man alle Steinchen in der E-Spalte versammelt, und dass man so eine kleine Zahl bekommt, die den Neuner-Rest der ursprünglichen Zahl beibehalten hat, stellt dann eine beachtliche Verallgemeinerungsleistung der Einzelbetrachtungen dar. Und zu erkennen, dass diese Versammlung aller Steinchen in der E-Spalte den (verkleinerten) Übergang von der Zahl zu ihrer Quersumme darstellt, wäre eine weitere nicht-triviale Entdeckung, wobei der Name „Quersumme" von der Lehrerin bzw. dem Lehrer gegeben und der Begriff „Anzahl aller Steinchen" gewonnen wird.

Das einmalige Aufleuchten dieser Teilbarkeitsregel (Jede Zahl hat denselben 9er-Rest (3er-Rest) wie ihre Quersumme) reicht natürlich zur geistigen Inbesitznahme nicht aus. Genaue Einzeluntersuchungen an verschiedenen Zahlen sind notwendig, auf dem wirklichen Abakus, auf dem gezeichneten und an der Zifferndarstellung (also enaktiv, ikonisch, symbolisch). Die zeichnerische Aktivität mag so aussehen:

Welchen 9er-Rest hat 123 154 (Abb. 4.4)

In der Einer-Spalte liegen am Ende alle $4 + 5 + 1 + 3 + 2 + 1 = 16$ Steinchen. Der 9er-Rest von 16 ist 7, also steckt auch in 123 154 der 9er-Rest 7.

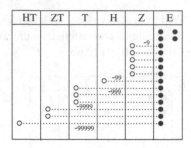

Abb. 4.4

Auf analoge Weise könnten andere Teilbarkeitsregeln abgeleitet werden, geleitet von der Frage: Welche (verkleinernden) Steinchenbewegungen erhaltenden Rest bezüglich dem in Frage stehenden Teiler? (Winter [13, 14] 1983 u. 1985.) Praktisch lohnenswert ist allerdings höchstens noch die Teilbarkeitsregel zur 11 (Wechselquersumme); die zur 7 ist zu aufwendig, es sei denn, man ist willens, tiefer in die Zahlentheorie einzusteigen. Man würde sich dann bald in der Nähe des großartigen „kleinen" Satzes von Fermat und bei der Frage der Länge der Periode von Dezimalbrüchen befinden.

Wenn Teilbarkeitsregeln gefunden und formuliert worden sind, so ist es natürlich notwendig, dieses neue Wissen auch anzuwenden. Eine mögliche Anwendung sind Rechenproben, am attraktivsten ist dabei die Neunerprobe. Allerdings wird die rechenpraktische Bedeutung gegenwärtig gering eingeschätzt und scheint im Zuge des Vormarsches elektronischer Medien noch weiter zu schwinden. Bei Adam Ries spielt die Neunerprobe jedenfalls eine hervorragende Rolle, er trug ihr Schema sogar im Wappen. Für die Multiplikation lautet sie bei ihm:

„Oder nim die prob von beyden zahlen / von jeder in sonderheyt / multiplicir miteinander / wirff 9 hinweg als offt du magst / das bleibende behalt für dein prob / kompt dann von der underen zah / die auß dem multiplicirn kommen ist / auch sovil hastu es recht gemacht." 	(Ries [7], S. 22)

Eher als für rechenpraktische Anwendungen wären die Aktivitäten am Abakus heutzutage für die Vertiefung innerarithmetischen Wissens legitimierbar. Einige Probleme seien nur noch aufgelistet:

- Welche und wieviele Zahlen (aus einem gegebenen Zahlenraum) kann man mit $2, 3, 4, \ldots, n$ Steinchen legen?
- Wieso sind alle Zahlen der Form abcabc durch 7, 11, 13 teilbar?
- Wie sieht man einer Zahl leicht an, ob sie durch 11 teilbar ist?
- Wie funktioniert das Zauberkunststück? Schreibe irgendeine 3-stellige Zahl auf und dazu ihre Spiegelzahl. Subtrahiere die kleinere von der größeren und nenne mir die letzte Ziffer des Ergebnisses. Ich nenne dir dann die beiden anderen Ziffern!

Literatur

[1] Dörner, D.: Problemlösen als Informationsverarbeitung, Kohlhammer 1979[2].

[2] Lehmann, J.: Rechnen und Raten, Aulis-Deubner 1987.

[3] Menninger, K.: Zahlwort und Ziffer. Eine Kulturgeschichte der Zahl, Vandenhoeck & Ruprecht 1958.

[4] Oehl, W.: Der Rechenunterricht in der Grundschule, Schroedel 1962.

[5] Padberg, F.: Didaktik der Arithmetik, Bibliographisches Institut 1986.

[6] Radatz/Schipper: Handbuch für den Mathematikunterricht an Grundschulen, Schroedel 1983.

[7] Ries, A.: Rechnung auff der Linien unnd Federn/ Auff allerley Handtierung (Gemacht durch Adam Rysen, Frankfurt 1525), Reprint Vincente 1978.

[8] Treffers, A.: Fortschreitende Schematisierung – ein natürlicher Weg zur schriftlichen Multiplikation und Division. In: Mathematik lehren, Heft 1 (1983), S. 16 - 20.

[9] Tropfke, J.: Geschichte der Elementarmathematik, de Gruyter, 1980[4].

[10] Whitehead, A. N.: Eine Einführung in die Mathematik, Francke 1958[2].

[11] Winter, H.: Die Rechenstunde, Henn 1965.

[12] Winter, H.: Rund um die Neunerprobe, in: Neue Wege, Heft 2 - 5 (1969), S. 82 - 90, 119 - 128, 171 - 178, 217 - 235.

[13] Winter, H.: Prämathematische Beweise der Teilbarkeitsregeln. In: mathematica didactica 6 (1983), S. 177 - 187.

[14] Winter, H.: Neunerregel und Abakus – schieben, denken, rechnen. In: Mathematik lehren, Heft 11 (1985), S. 22 - 26.

Auswahl jüngerer Literatur zum Thema

[15] Kittel, A.: Wir können alles – auch Teilen – Schwierigkeiten und Hilfen bezüglich der Division. In: Mathematik lehren 2012, Heft 171, S. 18-23.

[16] Kortenkamp, U.: Strukturieren mit Algorithmen. In: Kortenkamp et al. (Hrsg.): Informatische Ideen im Mathematikunterricht, Franzbecker 2008, S. 77-85.

[17] Lutz-Westphal, B.: Moderne angewandte Mathematik für alle Altersstufen – Schülerinnen und Schüler erfinden und erleben Algorithmen für Optimierungsprobleme. In: Hefendehl-Hebecker, L. / Leuders, T. / Weigand, H.-G. (Hrsg.): Mathemagische Momente, Cornelsen 2008.

[18] Oldenburg, R.: Mathematische Algorithmen im Unterricht – Mathematik aktiv erleben durch Programmieren, Vieweg+Teubner 2011.

[19] Padberg, F. / Benz, C.: Didaktik der Arithmetik für Lehrerausbildung und Lehrerfortbildung, 4. Aufl., Spektrum Akademischer Verlag 2011.

[20] Reiss, K. / Hammer, C.: Grundlagen der Mathematikdidaktik – Eine Einführung für den Unterricht in der Sekundarstufe, Springer 2013.

[21] Rödler, K.: Erbsen, Bohnen, Rechenbrett – Rechnen durch Handeln, Kallmeyer 2006.

[22] Weigand, H.-G.: Algorithmen und Computer im Mathematikunterricht. In: Beiträge zum Mathematikunterricht 1989, Franzbecker 1989, S. 386-389.

[23] Ziegenbalg, J. / Ziegenbalg, O. / Ziegenbalg, B.: Algorithmen von Hammurapi bis Gödel, Verlag Harri Deutsch 2010.

5 „Alle alles lehren" – Utopie und Wirklichkeit seit Comenius

5.1 Die Lehrkunst – algorithmisch oder einfühlend?

Johann Amos Comenius (eigentlich Komenzki, 1592 - 1670), Prediger und Bischof der böhmischen Brüdergemeinde, durch die Wirren des 30-jährigen Krieges und seiner Folgezeit in ganz Europa herumgetrieben, galt schon zu seiner Zeit und gilt bis heute als einer der weltgrößten Pädagogen und speziell als der Erzvater der Didaktik.

Sein Bildungsoptimismus mutet geradezu atemberaubend an: Alle Menschen – ohne Unterschied des Standes und des Geschlechtes – sollen alles lernen (und zwar Kinder im Alter von 6 bis 12 Jahren in öffentlichen Pflichtschulen). Durch Bildung soll das erbärmliche menschliche Dasein verbessert werden, Verbesserung der Welt durch Verbesserung der Schule.

Damit der Unterricht aber auch wirklich erfolgreich sein kann, muss er fachmännisch (als (lat.) ars = Fertigkeit, Handwerk, Wissenschaft, Kunst, auch Kunstgriff) durchgeführt werden und das heißt vor allem: das Unterrichten muss an mitteilbaren und begründbaren Prinzipien orientiert (und darf nicht ein theorieloses Herumtappen und Praktizieren nach überkommenen Faustregeln) sein. Fast marktschreierisch, aber es ist wohl mehr der Schrei der Hoffnung, aus den schrecklichen Nöten der Zeit zu einer wirksamen Änderung durch Bildungsreform zu gelangen, heißt es am Anfang seiner „Didactica Magna":

GROSSE DIDAKTIK
DIE VOLLSTÄNDIGE KUNST, ALLE MENSCHEN ALLES ZU LEHREN
oder

Sichere und vorzügliche Art und Weise, in allen Gemeinden, Städten und Dörfern eines jeden christlichen Standes Schulen zu errichten, in denen die gesamte Jugend beiderlei Geschlechts ohne jede Ausnahme

RASCH, ANGENEHM UND GRÜNDLICH

in den Wissenschaften gebildet, zu guten Sitten geführt, mit Frömmigkeit erfüllt und auf diese Weise in den Jugendjahren zu allem, was für dieses und das künftige Leben nötig ist, angeleitet werden kann; worin vor allem, wozu wir raten, die GRUNDLAGE in der Natur der Sache selbst gezeigt, die WAHRHEIT durch Vergleichsbeispiele aus den mechanischen Künsten dargetan, die REIHENFOLGE nach Jahren, Monaten, Tagen und Stunden festgelegt und schließlich der WEG gewiesen wird, auf dem sich alles leicht und mit Sicherheit erreichen lässt.

88

„ERSTES UND LETZTES ZIEL UNSERER DIDAKTIK SOLL ES SEIN,

die Unterrichtsweise aufzuspüren und zu erkunden, bei welcher die Lehrer weniger zu lehren brauchen, die Schüler dennoch mehr lernen; in den Schulen weniger Lärm, Überdruss und unnütze Mühe herrsche, dafür mehr Freiheit, Vergnügen und wahrhafter Fortschritt; in der Christenheit weniger Finsternis, Verwirrung und Streit, dafür mehr Licht, Ordnung, Frieden und Ruhe."

(Comenius [1], s. 9)

Leitprinzip Comenius'scher Didaktik ist die *Naturgemäßheit*, freilich weniger im heutigen psychologischen Sinne; vielmehr dienen ihm Vorgänge aus der beobachtbaren biologischen Umwelt als Gleichnisse, aus denen er Maximen für Schulorganisation und Unterricht gewinnt. Die Forderung, dass die Bildung im frühesten Alter beginnen müsse, begründet er u. a. so: „Ein Baum hält seine Zweige so, wie er sie im zarten Alter nach oben, nach unten oder zur Seite ausgestreckt hat, durch hunderte von Jahren, solange, bis er umgehauen wird" ([1], S. 51). Und zur Ableitung des 6. Grundsatzes zu „sicherem Lehren und Lernen" wonach zunächst das Ganze eines Gebietes im Überblick gelehrt werden müsse und später erst Einzelheiten und Besonderheiten, führt er aus: „Die Natur beginnt bei allem, was sie bildet, mit dem Allgemeinsten und hört mit dem Besondersten auf. Wenn sie z. B. aus einem Ei einen Vogel entstehen lassen will, so formt sie nicht erst den Kopf oder die Augen oder die Federn oder die Krallen, sondern wärmt das ganze Ei und führt in der durch die Wärme erzeugten Bewegung Adern durch die ganze Masse, so dass schon die Grundzüge des ganzen Vögelchens ... feststehen" (a. a. O., S. 93). Dieser Grundsatz vom zeitlichen Vorrang des Überblicks gegenüber den Details hat übrigens seitdem vielerlei Ausgestaltungen und Begründungen erfahren, eine für uns bedeutsame im „ganzheitlichen" Rechnen (z. B. durch Karaschewski [10] 1966), eine spezielle im Vorschlag Ausubels, sogen. „advance organizers" für das Lernen zu nutzen (Ausubel [2] 1974, S. 156 ff.).

Insgesamt mutet die „Große Didaktik" wie ein Kompendium von pädagogischem Ingenieurwissen an. Comenius wird nicht müde, zu beteuern, dass der Erfolg nicht ausbleiben kann, wenn man nur seine Grundsätze befolgt. Alles hält er für machbar, wenn man es nur richtig anfasst:

„Wir versprechen, die Schulen so einzurichten, dass

1. die *gesamte* Jugend,
2. *umfassend* („in allem, was den Menschen weise, gut und heilig machen kann"),
3. hinreichend *früh* (Abschluss vor dem Erwachsenenalter),
4. *ohne Gewaltanwendung* („ohne Schläge und Härte"),
5. *gründlich und gediegen*,
6. auf *unbescherliche und ökonomische Weise* (täglich 4 Stunden mit 1 Lehrer und 100 Schülern gleichzeitig) gebildet wird" (Comenius [1], S. 66 f.).

Es klingt so, als verfüge er über didaktische Algorithmen, deren Abarbeitung geradezu automatisch den Erfolg sichert. Zweiflern an seiner kopernikanischen Wende der Didaktik schleudert er das hochgemut-optimistische Diktum „Was einst schwierig erschien, wird zum Gespött der Nachwelt" (a. a. O., S. 68) entgegen und verweist auf die Naturnotwendigkeit des Erfolgs: „Für einen solchen Nachweis soll dies die alleinige, aber völlig ausreichende Grundlage sein: dass ein jedes Ding dahin, wohin es von Natur aus neigt, sich auch von Natur aus nicht nur leicht führen lässt, sondern von selbst – fast begierig – hineilt und sich nur mit Schmerzen fernhalten lässt" (a. a. O., S 68). Erfolg ist also im Kosmos eingebaut.

Unterrichten als Lehrkunst glaubt er so weit entwickelt zu haben, dass es mit maschinenhafter Sicherheit und Präzision von jedem Lehrer ausgeführt werden kann, der die Regeln dieser Kunstfertigkeit kennt und anwendet. So verwundert es nicht, wenn er gelegentlich sogar von einer „künstlich konstruierten Unterrichtsmaschine, die nicht länger auf demselben Punkt stehenbleiben lässt, sondern weiterführt", nämlich „aus dem Labyrinth der Schule" (Nohl [12] 160, S. 7) spricht.

Das wird verständlicher, wenn man beachtet, welche Faszination im Barock vom Begriff der Maschine als der Verkörperung des Rechnerischen und Berechenbaren ausgeht. Zwei der größten Geister – B. Pascal (1623 - 1662) und G.F. Leibniz (1646 - 1716) – tun sich hervor als Erfinder von Rechenmaschinen. An den Fürstenhöfen gehören Automaten verschiedenster Art zu den Hauptattraktionen. Der Maschinenbegriff wird weit gefasst: Alles, was mechanisch-schematische Benutzung zur Lösung einer Aufgabe erlaubt, heißt Maschine, z. B. auch eine Logarithmentafel. Der Grund für diese überschwängliche Hochschätzung alles Maschinenhaften, Algorithmischen ist klar: Probleme, die sich durch ein – prinzipiell jedem verständliches – rechenhaftes Verfahren lösen lassen, sind maximal objektiv und für alle Zeit gelöst, sind damit dem Streit von Meinungen und der Unsicherheit subjektiver Einschätzungen entzogen. Und nichts erscheint in jeder vor schrecklichen Zerwürfnissen erfüllten Zeit hoffnungsvoller, als der Nachweis, dass es intersubjektive Wahrheit und (im Gefolge davon) garantierte Machbarkeit gibt. Für Leibniz, der übrigens ein großer Comeniusleser und -verehrer war (Dolch [5], S. 297), ist gar das allumfassende Prinzip, das die Gegebenheiten auf Erden und im Himmel, bei Menschen und bei Gott beherrscht, eine mathematisch geprägte Vernunft. Die göttliche und die menschliche Rechenkunst (mathesis divina/humana) gehorchen denselben Gesetzen; die Welt ist entstanden durch göttliches Rechnen. „Genau so wie die Arithmetik und Geometrie Gottes dieselbe ist wie die der Menschen, nur ist die Gottes unendlich ausgedehnter – genau so ist die irdische Rechtswissenschaft und jede andere Wahrheit dieselbe im Himmel und auf Erden." (Zit. nach Heer [8], S. 25).

Heute wissen wir um die Grenzen der Berechenbarkeit, sogar in einem präzisen Sinne innerhalb der Mathematik. Ein genügend reichhaltiges Theoriegebiet lässt sich nachweislich nicht restlos auf formales Prozessieren, auf Algorithmen reduzieren. Es drückt umgekehrt gerade die hohe innere Komplexität und Vielschichtigkeit eines Gebietes aus, wenn man für die anstehenden Probleme nur eingeschränkt Möglichkeiten sieht, leistungsfähige Regelverfahren im strikten Sinne zu erfinden. Zweifellos gehört die Lehrkunst zu diesen „weichen" Disziplinen und sie muss damit leben, dass sie von denen gering geschätzt wird, die sich nur gesichert fühlen, wenn sie sich letztlich auf Algorithmisches stützen können (Althoff [1], u. a., 1987). Es muss im Hinblick auf fürchterlichen Missbrauch sogar als Glück angesehen werden, dass der Machbarkeit im Bereich der Pädagogik Grenzen gesetzt sind.

Die Einsicht, dass didaktisches Handeln nur begrenzt berechenbar und didaktisches Wissen kaum formal rekonstruierbar ist und somit die Visionen der Comenius, Ratichius u. a. Erfinder sicherer Systeme unrealisierbar sind, bedeutet indes keineswegs das Eingeständnis, die Bildung und Vermehrung didaktischen Wissens sei überhaupt nicht möglich. Sie bedeutet übrigens auch nicht, dass Versuche zu Formalisierungen in Teilbereichen von vorn herein aussichtslos oder abwegig sein müssten. Wohl aber gibt es heute einen breiten Konsens darüber, dass didaktische Prinzipien (also Komprimate didaktischen Wissens) nicht ausschließlich mechanisch-algorithmisch, sondern immer auch inhaltlich einfühlend verstanden werden müssen. Man könnte auch sagen: Didaktische Aussagen und Empfehlungen sind vorwiegend metaphorischer Natur und so wird man auch den weisen Comenius selbst verstehen müssen.

Beispielsweise ist das operative Prinzip, das sich bisher noch am stärksten formal fassen und auch psychologisch stützen ließ, immer wieder je nach Unterrichtssituation neu zu interpretieren (Wittmann [19] 1985).

Was nun das Konzept des entdeckenden Lernens angeht, so scheint es per definitionem lehralgorithmischen Zugriffen besonders fern zu stehen, da der Spontaneität und der persönlichen Anteilnahme ausdrücklich Raum gegeben werden soll und damit offene, ungesicherte, unplanbare Situationen entstehen. Brüche und Dissonanzen in Lehr/Lern-Prozessen werden nicht als möglichst zu vermeidende Betriebspannen betrachtet. Der Glaube an die Machbarkeit guten und erfolgreichen Unterrichts ist durch ehrliche Wahrnehmungen eingeschränkt.

Nur im scheinbaren Widerspruch steht dazu, dass die Verwirklichung des entdeckenden Lernens ein besonders ausgedehntes und gediegenes didaktisches Wissen und handwerkliches (schulmeisterliches) Können erfordert. Bei aller notwendigen Sensibilität für die Grenzen pädagogischen Einwirkens wird es als unverantwortlich angesehen, in Betroffenheit zu verharren und Unterrichtstechnologie grundsätzlich gering zu schätzen.

Das notwendige mathematikdidaktische Wissen ist natürlich interdisziplinär, wie das schon oft betont worden ist (Wissen aus Metamathematik, Philosophie, Pädagogik, Soziologie, Psychologie, Schulrecht usw.). Für das entdeckende Lernen ist zu spezifizieren, wie wertvoll bis unersetzlich ein jeweiliges Detailwissen über die historische Genese, über mögliche Verkörperungen und Anwendungen in der beobachtbaren Welt (Alltagswissen), über Sichtweisen und Darstellungsmodi, über Anknüpfungspunkte und Fortsetzungen, über Experimentier- und Übungsfelder, über Hürden des Verständnisses und vor allem über Heurismen (zum Finden und Lösen von Problemen, zum Organisieren und Behalten von Informationen) des fraglichen Unterrichtsgegenstandes ist (vgl. hierzu auch die 6 Wissensquellen, wie sie Millward schon für dialogische Tutortätigkeiten fordert, Neber [11] 1981, S. 69: Wissen über 1. Unterrichtsgegestand, 2. Alltagswelt, 3. Wissen und Fähigkeiten der Schülerinnen und Schüler, 4. Wissen der Lehrenden, 5. Lehren und Kommunizieren, 6. soziale Konventionen).

Das handwerkliche Können bezieht sich zu einem wesentlichen Teil auf die Beherrschung einer entdeckungsfördernden und maximale Verständigung anstrebenden Sprache, die einerseits genügend offen und bewusst unscharf sein muss, um Alltagserfahrungen zu reaktivieren, neue Einstiegsmöglichkeiten anzubieten und vorschnelle Kanalisierungen zu vermeiden, andererseits aber auch Brücken zu stoffspezifischen Bedeutungen zu schlagen verspricht. Sie muss einerseits ermutigend sein, andererseits (im besten Sinne des sokratischen Gesprächs) maximale Kritik und Selbstkritik intendieren. Die Kunst besteht vor allem darin, Anstöße zum Selberfinden zu geben. Katechetisch enges Fragen, das die erwarteten Antworten herauslockt, kann in aller Regel nicht als angemessen angesehen werden, da es das Sammeln eigener Erfahrungen eher behindert. Auf der anderen Seite sind gänzlich unspezifische Hinweise auch kaum förderlich; sie können z. B. eine wilde Raterei hervorrufen. Am hoffnungsvollsten müssen Anstöße angesehen werden, die erkennbar mit heuristischen Strategien in Verbindung stehen. Einige Beispiele sind:

- Was fällt auf? Siehst du ein Muster, eine Regelhaftigkeit? Kannst du Teile unterscheiden? Gibt es Gegensätzlichkeiten? Gibt es Abstufungen? (Aufforderung zum Beobachten)
- Woran erinnert dich das? Hast du schon einmal etwas Ähnliches gesehen? Womit könnte das zu tun haben? Womit hat das wahrscheinlich nichts zu tun? (Aufforderung zur Analogiebildung und zur Kontrastbildung, zum Vergleich)
- Was wäre, wenn wir das veränderten und jenes festhielten? Was wäre, wenn wir das hinzufügten, jenes wegnähmen? Wie sähe die Sache im Extrem aus? (Aufforderung zur Variation).
- Wie erklärst du dir das? Kannst du dir einen Reim darauf machen? Kannst du es begründen? Kannst du eine Voraussage machen, eine Vermutung aufstellen? (Aufforderung zur Hypothesenbildung; griech. hypo-títhénaí = unterstellen).

Unter Umständen ist gänzliches Schweigen in einer bestimmten Situation die beste Entdeckungshilfe, die der Lehrer geben kann. Man kann geradezu von einem Prinzip der minimalen, doch förderlichen Einwirkung sprechen: Als „Idealfall" muss es angesehen werden, wenn vom Lehrer nur die Initialzündung ausgeht, wenn also der Fortschritt der Erkundung nicht immer wieder neu auf ihn zurückgespielt, sondern wesentlich von der Lerngruppe getragen wird. Solches einzufädeln ist schwierig, aber nicht unmöglich, ist riskant, aber auf die Dauer am aussichtsreichsten. Förderliche Impulse sind nicht ohne inhaltliche Bezüge zu finden. Schon diese grobe Hierarchie sollte das klar machen.

- Aufgabendidaktik: Hier ist eine Aufgabe. Rechne das Ergebnis aus.

- Problemlösedidaktik: Hier ist ein Problem. Versuche, es zu lösen.

- Didaktik des entdeckenden Lernens: Hier ist eine Situation. Denke über sie nach.

Es ist kaum anzunehmen, dass sich didaktisches Wissen und Können beim Praktizieren im Lehrer von selbst bildet oder im Wesentlichen durch Nachahmen von Mentoren erworben wird. Ohne systematische Forschung mit theoretischen Verankerungen wird es keinen Fortschritt in der Lehrkunst geben. Wenn wir die Botschaft des Comenius so verstehen, dann ist sie überzeitlich aktuell, sagt er doch selbst über die Didaktik: „Diese Kunst aller Künste darzulegen ist eine schwierige Sache und verlangt das schärfste Urteil und zwar nicht nur das eines einzelnen, sondern das vieler Menschen" (a. a. O., S. 12).

5.2 Stufen im Lernprozess

Die lebendige Natur ist wie gesagt bei Comenius die Hauptquelle zum Schöpfen didaktischer Gedanken und ganz im Vordergrund steht dabei der „natürlichste" Begriff, der für ihn und Heerscharen seiner direkten und indirekten Lernenden Schlüsselbegriff ist: Entfaltung, Entwicklung, Wachstum, Genese (griech.: genesis = Zeugung, Schöpfung).

„Der Mensch besitzt von Natur aus die Anlage zu diesen drei Dingen: zu gelehrter Bildung, zur Sittlichkeit und zur Religiosität" (Comenius [1], S. 36).
„Offensichtlich ist jeder Mensch von Geburt aus fähig, das Wissen von den
Dingen zu erwerben. Das geht … daraus hervor, dass er Abbild (imago) Gottes ist."   (a. a. O., S. 37)

„Es ist also nicht nötig, in den Menschen etwas von außen hineinzutragen.
Man muss nur das, was in ihm beschlossen liegt, herausschälen, entfalten und
im einzelnen aufzeigen."   (a. a. O., S. 38)

Comenius weiß freilich auch, dass die Entfaltung des Geistigen nicht gänzlich spontan
und wie ein abgeschlossenes System nur nach internen Reifegesetzen verläuft, sondern auf
die Einwirkung von außen angewiesen ist, wie ja auch die Lebewesen der umweltlichen
Einflüsse bedürfen und Pflege brauchen:

„Der Mensch muss zum Menschen erst gebildet werden" (a. a. O., S. 45). „Der
Mensch ist seinem Körper nach zur Arbeit bestimmt. Wir sehen jedoch, dass
nur die nackte Fähigkeit dazu ihm angeboren ist; schrittweise muss er *gelehrt*
werden zu sitzen, zu stehen, zu gehen und die Hände zum Schaffen zu rühren.
Warum sollte denn gerade unser Geist so bevorzugt sein, dass er ohne voran-
gehende Vorbereitung durch sich und aus sich selbst vollendet wäre?"
                                                                   (a. a. O., S. 46)

Konsequenterweise besteht einer der wichtigsten Teile des didaktischen Lehrgebäudes
des Comenius darin, Grundsätze zur rechten Stufung des Lehrens zu formulieren und zu
erläutern, damit Entwicklung angestoßen und in rechter Weise gefördert werde. Der bri-
santeste ist vielleicht der 7. Grundsatz zum „sicheren Lehren und Lernen" „Die Natur
macht keinen Sprung, sie geht schrittweise vor." (Natura non facit saltum, gradatim proce-
dit. Nach Dolch [5], S. 297, nicht erst von Leibniz ausgesprochen!). „Auch die Bildung des
Vögelchens hat ihre Stufen, die weder übersprungen noch untereinander vertauscht werden können, bis das Junge aus dem zerbrochenen Ei ausschlüpft" (a. a. O., S. 94). „Deshalb
soll künftig I. der gesamte Unterrichtsstoff genau auf Klassen verteilt werden, so dass das
Vergangene überall dem Nachfolgenden den Weg bereitet und das Licht anzündet; II. soll
die Zeit sorgfältig eingeteilt werden, so dass jedes Jahr, jeder Monat, jeder Tag und jede
Stunde ein eigenes Pensum hat; III. muss die Zeit- und Arbeitseinteilung strikt eingehalten
werden, damit nichts übergangen und nichts verkehrt wird" (a. a. O., S. 95).

„Keine Sprünge zu machen" versteht Comenius offensichtlich nicht als gleichbedeutend
mit „stetig" im Sinne der heutigen Mathematik, sondern als „in der richtigen Reihe aufeinander (in kleinen Schritten) folgend". „Kontinuierlich wachsen" und „kleinstufig wachsen" ist für ihn (wie übrigens auch zumindestens gelegentlich für Leibniz) dasselbe, man
braucht sich ja „nur"(!) die aufeinander folgenden Stufen und ihre Zeitschritte als „indivi-
sibel" vorzustellen. (Da passt auch hin: 1635 veröffentlichte Cavalieri seine „Geometrica
indivisibilibus continuorum".)

Der Stufengedanke hat seit Comenius mancherlei Fassungen mit unterschiedlichen Reich-
weiten und Begründungen erfahren und ist auch heute noch ein eher ungelöstes und wahrscheinlich im strikten Sinnen unlösbares Problem.

Die Frage nach der rechten Reihenfolge angemessen großer Schritte kann im Hinblick auf die Zeitspannen grob gesehen dreifach sein:

Global: Wie soll der Stoff eines Faches über die gesamte Schulzeit verteilt (mit welchen Akzenten versehen und zu welcher Endqualifikation führend betrachtet) werden?

Regional: Wie soll der Stoff eines Gebietes (Bruchrechnung, Lineare Gleichungssysteme, ...) in Lern-Etappen strukturiert, zeitlich angeordnet und dabei im Hinblick auf die verschiedenen Determinanten des Unterrichts möglichst sinnvoll organisiert werden?

Lokal: Welche Lernstufen sind bei thematischen Einheiten (schriftlicher Division, Satz des Pythagoras, Ableitung der sin-Funktion, ...) begründeterweise zu unterscheiden und wie sind diese aufeinander zu beziehen?

Im Mathematikunterricht hat es immer eine mehr oder weniger kritische Auseinandersetzung mit *dem* Stufenkonzept gegeben, das auf den ersten Blick so einleuchtend erscheint und auch immer wieder durchschlägt: die Systematik des (in Lehrbüchern komprimierten) Fachwissens für die globale und regionale und die deduktive Hierarchie mathematischer Inhalte für die lokale Stofforganisation. Dem zu Grunde liegt die Auffassung, die Mathematik als Theoriegebäude könne und müsse die Grundsätze für ihre Lehre aus ihrem eigenen Schoß hervorbringen. Meist unausgesprochen wird dabei wie selbstverständlich das Lehr-Lernkonzept vertreten, das Ausubel „didaktische Exposition" oder „bedeutungsvoll rezeptives Lernen" nennt (und ausdrücklich dem entdeckenden Lernen, wie er es bei Bruner wahrnimmt, entgegen stellt): Im Wesentlichen trägt der Lehrer den Stoff nach bewährten didaktischen Grundsätzen (zuerst den Überblick, dann die Details; zuerst anschauliche Beispiele, dann begriffliche Verallgemeinerung; schrittweise Entwicklung, Wichtiges herausstellend; übersichtliche Gliederung, die sich im Tafelanschrieb niederschlägt usw.) vor, die Schülerinnen und Schüler „verifizieren" die mathematischen Sachverhalte durch Mit- und (Lektüre)nacharbeit und durch Lösen zugehöriger Aufgaben. Dieses Lehr-Lern-Konzept, das insbesondere an Hochschulen verbreitet ist, wird auch damit verteidigt, dass in relativ kurzer Zeit eine große Menge Stoff behandelt (geschafft) werden kann. Es wird darauf vertraut, dass zumindest die Begabten schon zur rechten Zeit auch zu Einsicht und Durchblick kommen und einige von ihnen es schaffen, zur Forschungsfront (?) vorzustoßen. Ganz grob, aber doch hinreichend deutlich, gibt es die drei Ebenen:

1) Forschung mit dem Ziel originärer Wissenserweiterung durch eine Spitzengruppe,
2) Systematisierung und „Summenbildung" (à la Euklid) durch wissenschaftlich Versierte zum Zwecke der dokumentarischen Sicherstellung des Wissens,
3) didaktische Aufbereitung von Teilen des systematisch geordneten Stoffes durch Didaktiker/Lehrer zum Zwecke der Verbreitung an eine größere Masse.

Man könnte von 1) Entdeckungs-, 2) Darstellungs- und 3) Verbreitungsleistung sprechen. Ist das nicht eine überzeugende Hierarchie?

Die Orientierung der Lehr-Lern-Organisation an der systematisch geordneten Lehrbuchstruktur mathematischen Wissens hat in unserer Zeit besonders heftig Freudenthal kritisiert, nachdem schon seit Jahrhunderten die Forderung nach einem *genetischen* Lernen als Alternative zum Systemvermittlungslernen erhoben worden ist. Nach Schubring (1978) geht das genetische Prinzip übrigens auf F. Bacon zurück, auf den sich ja bezeichnenderweise Comenius enthusiastisch beruft, und es ist dort durchaus ein „Ausdruck einer Orientierung an der Wissenschaft" (Schubring [15], S. 19), aber an den „Entstehungsbedingungen des Wissens" (a. a. O., S. 22), wobei damals deduktives Ordnen und Gewinnen neuen Wissens gar nicht als so konträr angesehen werden wie später. Später degeneriert das genetische Prinzip teilweise zu einer methodischen Empfehlung, ohne Verbindung zur Heuristik der mathematischen Forschung und auch ohne Einordnung in allgemein-pädagogische Zusammenhänge. Beliebt ist (z. B. bei F. Klein) der (fragwürdige) Verweis auf den biogenetischen Grundsatz.

Freudenthal spricht ausdrücklich von Lernstufen, wobei er sich an die Van Hielschen Vorstellungen hält und diese Stufen entspringen dem Konzept des entdeckenden Lernens, das Freudenthal „(gelenkte) Nacherfindung" nennt. „Die Nacherfindung, die didaktisches Prinzip auf Forschungsniveau ist, soll Prinzip des ganzen mathematischen Unterrichts sein …" (Freudenthal [7], S. 124). Die Lernstufung wird in etwa rekursiv definiert: Auf der Stufe $n + 1$ werden die Handlungen, mit denen auf der Stufe n gearbeitet wurde, selbst zu Gegenständen eines höheren Handelns; die Handlungen der Anfangsstufe (bei Freudenthal „nullte Stufe" genannt), sind auf die gegeständliche Welt gerichtet, also Handlungen im wörtlichen Sinne, Hantierungen mit Material etwa. Und Handeln ist für Freudenthal das „Ordnen von Erfahrungsfeldern". An Beispielen verdeutlicht Freudenthal sein Stufenkonzept, etwa am Gegenstand Parallelogramm so:

Stufe 0: praktisches Hantieren, Zeichnen, Ausschneiden, Zusammensetzen usw. (Sammeln praktischer Erfahrungen)

Stufe 1: Eigenschaften an Parallelogrammen entdecken: Gegenseiten parallel, Gegenseiten gleich lang, Gegenwinkel gleich groß, Diagonalen halbieren sich, usw. (Ordnen der praktischen Erfahrungen, erstes theoretisches Wissen)

Stufe 2: Zusammenhänge zwischen Eigenschaften entdecken: Wenn man schon weiß, dass die Gegenseiten parallel sind, dann weiß man auch, dass sie gleich lang sind und umgekehrt (Ordnen des theoretischen Wissens)

Stufe 3: Entdecken, dass eine Eigenschaft zur Charakterisierung ausreicht, um aus ihr alle anderen ableiten zu können (Formalisieren und Systematisieren der Ordnung des theoretischen Wissens, formale Definition)

Stufe 4: Entdecken, was Definieren ist (Ordnen der log. Ordnung).

Freudenthal hebt hervor, dass man diese Stufen nicht pädagogisch ungestraft übergehen kann. Insbesondere wendet er sich dagegen, schon formale Definitionen und elaborierte Beweise einzuführen, wenn dafür überhaupt noch kein Bedürfnis – weil keine Erfahrungsgrundlage – vorhanden sein kann. Andererseits warnt er vor einer Mystifizierung der Stufe 0: Wenn der Lernende auf ihr verharre und nicht veranlasst werde, über sein praktisches Tun systematisch nachzudenken, könne sich keine spezifisch mathematische Erfahrung entwickeln: „Man muss aber auch klar sagen, dass das die nullte, die prämathematische Stufe ist …" (Freudenthal [7], S. 122).

Dieses Stufenkonzept hebt sich von solchen ab, die das stufenweise Vorgehen dem Aufbau der kodifizierten Mathematik entnehmen wollen, weil es das Handeln des Lernenden und seinen Erfahrungszugewinn in den Mittelpunkt stellt; man kann hier wirklich eher von Lern- als von Lehrstufen sprechen. Außerdem würde bei Fixierung auf den mathematischen Kanon die Anwendung nahezu auf der Strecke bleiben müssen, was überhaupt nicht verantwortet werden kann.

Das Freudenthalsche Stufenkonzept ist spezifisch für Mathematiklernen (und wahrscheinlich untauglich z. B: für Geographie- oder Orthographielernen) insofern, als es für den Fortschritt im Erwerb mathematischer Fähigkeiten typisch ist, das Gelernte immer wieder erneuten Bearbeitungen zu unterwerfen (und nicht etwa, Wissenselemente assoziativ aneinander zu reihen). Jedoch haben wir mit diesem Konzept nur ein Prinzip und noch keineswegs ein allgemeines Regelverfahren, um Lernprozesse in der rechten Weise zu organisieren. So ist völlig offen, welche Phasen innerhalb einer Stufe unterschieden werden sollen oder können, wie sich die Übergänge von einer Stufe zur nächsten vollziehen sollen, wie das ganze Konzept in die vorgegebenen Rahmenbedingungen hinein passt und – ganz besonders – wie eine Mathematikstunde aufgebaut sein soll. Was das Letztere angeht, so sind im vorigen Jahrhundert verschiedene Konzepte von *Formalstufen* erfunden und empfohlen worden, um das Unterrichten als „Abhalten" von Unterrichtsstunden in einem bestimmten Sinne zu professionalisieren. Das bekannteste dürfte das System des Herbartschülers Tuiskon Ziller (1817 - 1882) sein, der 5 Stufen bei einer Unterrichtseinheit (nicht notwendig Unterrichtsstunde!) unterscheidet:

- Analyse: Reaktivierung und Zurichtung von Vorwissen im Angesicht des gesteckten Unterrichtszieles, Vorbereitung des neuen Wissens.

- Synthese: „Apperzeption und Bearbeitung des Neuen", dabei zunehmende Klärung und Wechsel zwischen Vertiefung und Besinnung,

- Assoziation: Herausarbeiten des Allgemeingültigen, Verbindung mit anderen zugehörigen Wissenselementen, Wiederholung des Neuen,

- System: Fachwissenschaftlich orientierte Einordnung des Neuen (auf schulwissenschaftlichem Niveau),

- Methode: Gebrauch des Neuen, Folgerungen aus dem Neuen, Übungen und Wiederholungen (Ziller [20] 1875).

Diese Formalstufen sind von der Reformpädagogik heftig kritisiert worden, vor allem – zu Recht – ihre mechanische Handhabung; dabei ist aber oft ignoriert worden, aus welchem Geist das System stammt und welche Strukturierungshilfen es dem planenden Lehrer gab. Jedenfalls ist der schmale Band von Ziller auch heute noch überaus lesenswert.

In unserem Jahrhundert sind weitere Stufenkonzepte formuliert worden; weithin akzeptiert war (und ist) das „Artikulationsschema" von Heinrich Roth (Stufe der Motivation – Stufe der Schwierigkeiten – Stufe der Lösung – Stufe des Tuns und Ausführens – Stufe des Behaltens und Einübens – Stufe des Bereitstellens, der Übertragung, der Integration) (Heimann/Otto/Schulz [9], S. 32).

Wenngleich nicht ausdrücklich als Stufenkonzept ausgewiesen, so darf man doch die besonders auf der sowjetischen Lern- und Erkenntnispsychologie beruhenden didaktischen Implikationen auch (einfühlsam) mit unterrichtsgenetischen Vorstellungen verknüpfen. So erscheint es z. B. zweckdienlich, die „Mittel der Verallgemeinerung", wie sie Dörfler zusammenfasst (Dörfler [4] 1987, S. 36), als Anhaltspunkte für Lehr-Lern-Etappen zu deuten:

- Handlungen ausüben
- geeignete Symbolisationen treffen
- Symbolsystem vervollständigen
- symbolisierte Handlungen prototypisch auszeichnen
- abstrakte Gebilde als kognitive Konstrukte gewinnen
- Variablen einführen und mit ihnen rechnen

Die Frage nach einer anzustrebenden begründbaren Stufenfolge im Lernprozess ist für das entdeckende Lernen besonders heikel, da jedes vom Lehrenden ins Auge gefasste Schrittfolgekonzept grundsätzlich im Widerstreit stehen muss mit der Forderung nach einem Höchstmaß an Eigentätigkeit durch die Schülerinnen und Schüler. Andererseits ist die Empfehlung, das Geschehen den Zufälligkeiten der jeweils sich entwickelnden Situation zu überlassen und auf die didaktischen Eingebungen ad hoc zu setzen, weder theoretisch befriedigend noch verantwortbar (im Hinblick auf das Recht der Schülerinnen und Schüler, Fortschritte zu machen) noch – auch nur in der Vorstellung – realisierbar. Es ist in der Regel der Lehrende, der zumindest zuerst einmal die Angebote zum Erkunden machen muss und in diesen Angeboten müssen die Quellen für die Erarbeitung des neuen Wissens liegen. Also muss es doch eine Stufenplanung geben, wenn diese auch Variationen systematisch ins Auge fassen und wahrnehmungsoffen sein muss.

Diskutabel erscheinen mir als Anhaltspunkte für den lokalen Bereich (Unterrichtseinheiten) die folgenden formalen Stufen:

- Phänomenstufe: Angebot von herausforderndem Material mit Bekanntheitsqualität, aber auch fragwürdigen Elementen; Eröffnung von Möglichkeiten zum Beobachten, Experimentieren, Fragen; dabei Wiederholung bekannten Wissens,

- Problemstufe: Herausarbeiten von Fragen, Ansätze zum selbständigen Lösen, Erarbeitung von Lösungsplänen, Durchführen der Lösungspläne, Vergleichen,

- Systemstufe: Einordnen der Lösung in das System des vorhandenen fachlichen Wissens, Variationen, operatives Durcharbeiten und spezifisches Üben,

- Reflexionsstufe: Bewertung des Neuen auch in lebensweltlicher Sicht, Rückblick auf das Lösungsverfahren, Bewusstmachen von Heurismen, Transferversuche.

Diese Stufen stehen den Zillerschen nicht allzu fern, sind jedoch mehr inspiriert durch die Heuristik von Polya, über die noch zu sprechen sein wird. Dieses lokale Stufenkonzept soll – in Abweichung vom Zillerschen – dem Umstand Rechnung tragen, dass im Mathematikunterricht so genannte „höhere" Lernformen, nämlich der Erwerb von kognitiven Strukturen des begrifflichen Ordnens, des Verallgemeinerns, des Problemlösens, des planvollen Handelns, weitaus im Vordergrund stehen und nicht etwa assoziatives Reiz-Reaktions-Lernen oder instrumentelles Lernen von Verhaltensmodifikationen (Edelmann [6] 1986). Insofern ist dieses Stufenkonzept fachspezifisch ausgelegt. Hervorzuheben ist noch einmal, dass in der praktischen Realisierung ein hohes Maß an Variabilität einzuräumen ist. So können z. B. bereits in der Phänomenstufe unvermittelt Bewertungsfragen auftauchen. Oder es kann sich in der Systemstufe als notwendig erweisen, noch einmal die Phänomene der Ausgangssituation genauer zu beobachten.

5.3 Dauerhaftes Lernen, Probleme des Übens

„Viele klagen darüber und der Sachverhalt bestätigt es, dass nur wenige aus
der Schule eine dauerhafte gelehrte Bildung (solida eruditio) mitbringen, die
meisten aber kaum eine oberflächliche oder auch nur einen Schatten davon."
(Comenius [1], S. 107)

Diese traurige Feststellung (die auch später bis in unsere Tage hinein in schöner Regelmäßigkeit von Fachleuten und Nichtfachleuten getroffen wird) ist die Einleitung zum 18. Kapitel der Großen Didaktik: „Grundsätze zu dauerhaftem Lehren und Lernen". Zwei Gründe für den kärglichen Erfolg der Schulen benennt der große Pädagoge: die Schulen gäben sich zu sehr mit „Nebensächlichem und Wertlosem ab" und der Unterricht trüge nicht der Tatsache Rechnung, dass die Menschen vergesslich sind, vielmehr beim Lesen und Hören „Wasser mit einem Siebe" schöpften.

Als Heilmittel gegen dieses Übel stellt er 10 Grundsätze auf, die er – wie immer – hauptsächlich durch Verweise auf die Natur plausibel zu machen sucht: „I. Nicht Unnützes unternehmen, II. Nichts Nützliches auslassen, III. Alles auf festem Grunde aufführen, IV. Den Grund tief legen, V. Alles nur aus den Wurzeln hervortreiben, VI. Alles klar unterteilen, VII. Stetig voran schreiten, VIII. Alles miteinander verknüpfen, IX. Immer das rechte Verhältnis von Innerem und Äußerem wahren, X. Alles ständig üben durch Fragen, Einprägen und Lehren" (a. a. O., S. 107).

Außerordentlich beachtenswert und bis heute aktuell ist, wie umfassend Comenius das Problem der Dauerhaftigkeit (also des Erfolges im eigentlichen Sinne) sieht, er verkürzt es nicht auf die Dimension der Übungsmethodik und empfiehlt keineswegs „richtiges Pauken" als das Heilmittel. Insbesondere sieht er sehr deutlich, dass es für die Dauerhaftigkeit auch auf die Inhalte ankommt. So führt er zum V. Grundsatz aus:

„Der Jugend eine gelehrte Bildung geben heißt folglich nicht: ein aus Schrift-
stellern zusammengetragenes Gemenge von Wörtern, Sätzen, Aussprüchen
und Meinungen in ihren Geist hineinzustopfen, sondern ihr das Verständnis
der Dinge erschließen ..."
(a. a. O., S. 111)

Aber natürlich weiß Comenius, „dass auch die gelehrte Bildung, ohne häufiges und geschickt angelegtes Wiederholen und Üben zu keiner Dauerhaftigkeit gelangen kann" (a. a. O., S. 116). Wesentlich für die Didaktik des Übens hält er drei Dinge, die er dem Ernährungsvorgang abschaut: I. Suchen und Aufnehmen, II. Kauen und Verdauen, III. Verteilen („der geistigen Nahrung"). Wenn man will, kann man in II. so etwas wie operatives Durcharbeiten erkennen und mit III. meint er (ausdrücklich) Üben durch Belehren, und zwar sollen Lernende die anderen Lernenden wiederholend belehren und sie befragen, denn:

„'Wer andere lehrt, der bildet sich selbst' und zwar nicht bloß, weil der durch Wiederholung das aufgenommene Wissen in sich befestigt, sondern auch weil er Gelegenheit findet, tiefer in die Dinge einzudringen." (a. a. O., S. 117)

Aus den weiteren Ausführungen geht allerdings hervor, dass Comenius im Wesentlichen Sprachbildung im Auge hat und das verbale Wiederholen immer wieder des Gleichen als die Übungsform ansieht: „Wird das Gleiche so oft wiederholt, werden es schließlich auch die Langsamsten begreifen ..." (a. a. O., S. 118).

Üben und Entdecken haben auf den ersten Blick und nach landläufiger Meinung nicht viel miteinander zu tun. Üben ist vorwiegend negativ belegt: es ist mühselig; man muss sich dazu durchringen; es ist langweilig, immer wieder dasselbe; es ist enttäuschend, wenn die Fortschritte trotzdem so unansehnlich klein sind; man braucht vor allem Durchhaltevermögen bis Sturheit; wer viel üben muss, zeigt dadurch, dass er nicht begabt ist; durch vieles Üben erreichen auch die Dümmsten noch etwas; usw. Und Entdecken wird entsprechend hoch positiv bewertet: es fällt einem etwas ohne Anstrengung zu; es ist interessant, weil Neues und Anderes auftaucht; man sieht geistigen Fortschritt, man zeigt hohe Intelligenz gar Kreativität; wer entdeckt, gehört zu den Begabten, Herausragenden, Bewunderten; Entdecken ist nicht befehlsmäßig herbeiführbar, ist etwas Autonomes; usw. Abgesehen von diesen emotionalen, eher untergründigen und auf jeden Fall fragwürdigen Bewertungen, die Üben bestenfalls mit Durchschnittlichkeit und Entdecken am liebsten mit Genialem verbinden, ist in der Schulpraxis auf allen Klassenstufen eine deutliche Zweiphasigkeit in der Organisation von Unterricht verbreitet, die vergröbert als 1. einführen, 2. einüben bezeichnet werden mag; und nur der 1. Phase gesteht man bestenfalls Elemente des entdeckenden Lernens zu. Wenn auch das Üben – wie immer im Einzelnen gestaltet – den größten Teil der Lernzeit beansprucht (und dadurch uns Lehrern die Berufsbezeichnung „Pauker" eingebracht hat; „pauken", vielleicht vom lautmalenden „pochen" herkommend, wird in der Bedeutung von „schlagen" seit dem 18. Jahrhundert auch im Sinne von „unterrichten" benutzt) und allgemein für notwendig gehalten wird, so gilt es doch als weitaus uninteressanter als die Einführung in etwas Neues. Vorführ- und Examenslehrproben sind in der Regel „Einführungen in ..." und die Hauptmasse der didaktischen Literatur befasst sich liebevoll und immer wieder von neuem mit der Frage, wie dieses oder jenes Thema am besten einzuführen sei. Es gibt sonst hochzuschätzende didaktische Lehrwerke, in denen das Üben nahezu unerwähnt bleibt oder allenfalls mit einigen lieblosen Bemerkungen abgefertigt wird. Die (gelegentlich auch von Mathematikern geäußerte) Einschätzung, zum Lernen von Mathematik brauche man viel Verstand und kaum Gedächtnis, ist ebenso kokett wie unrealistisch wie pädagogisch verantwortungslos.

Wenn es auch wahr zu sein scheint, dass das, was mit hoher Eigenbeteiligung gelernt worden ist, besser behalten wird als rezeptiv Aufgenommenes, so ist doch aber auch unbestreibar, dass einsichtig und selbsttätig erworbenes Wissen ebenfalls dem Vergessen anheimfallen kann (wenn auch nicht der Auslöschung), wenn es gar nicht mehr oder zu selten reaktiviert wird. Man kann auch selbst gefundene Ideen wieder vergessen.

Die Hauptthese, die ich in diesem Abschnitt erläutern will, besagt, dass Entdecken und Üben nicht nur nicht natürliche Gegensätze sein müssen, dass vielmehr 1. das Üben im entdeckenden Lernen besonders gut aufgehoben ist und dass 2. das Üben entdeckungshaltig ausgestaltet werden kann und soll. Dabei soll aber nicht einer unredlichen Harmonisierung das Wort geredet werden; vor allem kann nicht bestritten werden, dass Üben, wenn es effektiv sein soll, unvermeidlich asketische (griech.: askein = sorgfältig tun, verehren, üben) Züge im Sinne von Hingabe an die Sache, um eine möglichst vollendete Leistung anzustreben, trägt. Wie dies ohne Zwang und ohne übermäßige externe Verstärkungen (z. B. die Aussicht auf Glänzen vor der Klasse oder auf bessere Noten) zu bewerkstelligen ist, ist wieder eine von den vertrakten Fragen der Motivationsproblematik, die kaum generell zu beantworten sind. Wieder bewegt man sich in der Nähe eines pädagogischen Paradoxons: Oft üben die am liebsten und intensivsten, die bereits leistungsstark sind. (Die Violinvirtuosin S. Mutter behauptet, sie habe immer sehr gern geübt). Wahrscheinlich sind die Motivationsprobleme des Übens nicht lokal zu lösen, sie hängen mit der Gesamtproblematik des Lehrens und Lernens zusammen.

Üben ist in zweierlei Hinsicht dem entdeckenden Unterricht sogar inhärent: Einmal stellen das Erkunden eines Feldes und das Suchen einer Lösung Formen der intensiven immanenten Wiederholung, der Reaktivierung, der Durchmusterung von Wissen dar. Umgekehrt haben Entdeckungen verfügbares Wissen und abrufbare Fertigkeiten zur Voraussetzung, Lernen ist immer nur Weiterlernen; Entdeckungen sind umso wahrscheinlicher, je größer und besser organisiert das fachliche Vorwissen ist. Zum anderen ist eine durch Üben stabilisierte Leistungsfähigkeit in emotionaler Hinsicht notwendig. Theoretische Neugier und der Mut zu Vermutungen lassen sich wohl nur erhalten und befördern, wenn auch Lernzuwächse für die Schülerinnen und Schüler sichtbar werden, wenn er das Gefühl hat, etwas zu können, und zwar sicher, geläufig und willentlich herbeiführbar.

Entscheidend ist aber nun, wie die Übungspraxis gestaltet wird. Da es sich beim Mathematiklernen im Wesentlichen um die Ausbildung kognitiver Wissens- und Handlungsstrukturen handelt, erscheint von vornherein aus theoretischer Sicht ein Üben, das eher dem klassischen oder instrumentellen Konditionieren verpflichtet ist, nämlich ständiges verbales Wiederholen des Gleichen unter Einsatz primärer oder sekundärer Verstärker, prinzipiell unangemessen, zumindest aber viel zu kurz greifend.

Wie eine kreative Übungspraxis zu gestalten wäre, hat H. Roth so formuliert: „Übungen unter immer wieder *neuen Gesichtspunkten*, an immer wieder *anderem Material*, in immer wieder *neuen Zusammenhängen*, anderen Anwendungen, unter immer wieder neuen *größeren Aufgaben* – darin steckt das Geheimnis des Übens" (Roth [14], S. 275).

Implizit geht daraus hervor, dass Üben ein Wiederaufnehmen von Lernprozessen ist und Wissensvermehrung und tiefere Einsicht intendieren muss.

Für das Üben im Mathematikunterricht erscheint wichtig, dass es zumindest 4 Anforderungen gerecht zu werden versuchen müsste (Winter [17] 1984, S. 10 ff.):

- problemorientiert: Üben im Umkreis übergeordneter Fragestellungen
- operativ: Üben als systematisches Variieren von Daten, dabei Offenlegung von Gesetzmäßigkeiten
- produktiv: Üben als Herstellen von Gegenständen (Zahlen, Figuren, ...) und Selbstherstellen von Übungsmaterialien und -aufgaben
- anwendungsorientiert: Üben im Verbund mit der Bereicherung sachkundlichen Wissens und als Trainieren lebensweltlich wichtiger Techniken.

Mit diesen 4 Grundsätzen ist weder in theoretischer noch in praktischer Hinsicht das riesige Problemfeld Üben abgedeckt. Vor allem fehlen metakognitive Aspekte, z. B. die

Forderung, dass das Üben selbst mit Schülerinnen und Schülern zu thematisieren ist und dass es u. U. sinnvoll und zweckmäßig ist, Heurismen des Einprägens, Behaltens und Erinnerns bewusst zu machen.

Drei skizzenhaft vorgestellte Beispiele mögen das erläutern, was mit kreativer Übungspraxis gemeint sein soll.

(1) Eine 1×1-Übung mit Rechtecken (2./5. Klasse)

Die Schülerinnen und Schüler erhalten als Experimentiermaterial Rechtecke aus steifem Karton, auf der einen Seite mit Quadratraster (etwa 5 cm Seitenlänge), auf der anderen ohne. Jedes Rechteck repräsentiert einen der 1×1-Sätze von 1×1 bis z. B. 10×10 (Abb. 5.1).

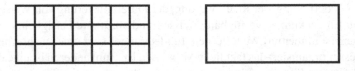

Abb. 5.1

Dieses Material kann bei entsprechender Vorbereitung von den Schülerinnen und Schülern mit hergestellt werden. Dabei entsteht schon das Problem, wieviele Rechtecke (Felder) man braucht, wenn jeder 1×1-Satz einmal dargestellt sein soll. Auf jeden Fall erfüllt dieses Material die Forderung nach Anwendungsorientiertheit, denn es wird die wichtigste Interpretation (Grundvorstellung) der Multiplikation, nämlich $m \cdot n = m$ Streifen von n Einheiten und damit implizit die Flächenberechnung als Standardanwendung realisiert. Aber der lebensweltliche Bezug ist noch in anderer Weise leibhaftig erfüllt: Produkte von Zahlen oder Zahlen als Produkte sind im wörtlichen Sinne begreifbar, abtastbar, überstreichbar, umfahrbar. Eine der wichtigsten Übungen besteht darin, mit verbundenen Augen aus dem Haufen aller (vieler) Felder ein bestimmtes (z. B. das 7×8-Feld) durch Befühlen herauszufinden oder ein in die Hand gegebenes, blind zu identifizieren. Ganz zu Anfang wird man allerdings mit dem Material frei spielen lassen („schöne Figuren legen") und sehr einfache Aufgaben stellen, etwa: Hole uns das 5×4-Rechteck. Wie Schätzungen aussehen können – u. U. in Partnerarbeit – ist klar: es wird die unstrukturierte Seite gezeigt, es muss der zugehörige 1×1-Satz geschätzt werden, Kontrolle erfolgt durch Umwenden. Das operative Prinzip wird berücksichtigt, wenn z. B. 1×1-Sätze und -Reihen planmäßig verglichen werden, z. B. das Rechteck 8×7 ist so groß und sieht genau so aus (ist deckungsgleich mit) wie die beiden Rechtecke 5×7 und 3×7 zusammen, wie 6×7 und 2×7, wie zweimal 4×7 usw. Man kann Reihen planmäßig wachsen und schrumpfen lassen, z. B. aus 5×9 erst 6×9 (ein 9er-Streifen mehr), dann 7×9 (noch ein 9er-Streifen mehr) entstehen lassen, oder auch aus 5×9, 5×10 (eine 5er-Spalte mehr) sich entwickeln sehen. Eine offenere Aufgabe mit Problemcharakter: Wie kann man 24 (30, 46, 47, ...) mit unseren Rechtecken als Rechtecke legen? Es wird wiederholend entdeckt, dass es Zahlen gibt, die sich auf mehrere, viele Arten als (richtiges) Rechteck darstellen lassen (24), andere auf weniger Arten (46), wieder andere nur als Streifen (47). Da ist z. T. Puzzle-Arbeit zu leisten, etwas

$46 = 2 \cdot 23$ kann mit unserem Material aus $2 \cdot 9 + 2 \cdot 8 + 2 \cdot 6$ entstehen (Wie noch?) und beim Streifen $1 \cdot 47$ wird Addition wiederholt, er kann aus $10 + 9 + 8 + 7 + 6 + 5 + 2$ entstehen. Die Begriffe Primzahl (nur Streifen) und Quadratzahl (sogar regelmäßige Rechtecke) drängen sich nachgerade auf. Wir können die Quadrate der Größe nach so aufeinanderlegen, dass entdeckt werden kann: Von einer Quadratzahl zur nächsten kommt immer die nächste ungerade Zahl dazu. $1 + 3 = 4, 4 + 5 = 9$, usw. Manche Rechtecke sehen fast wie Quadrate aus, z. B. $7 \cdot 5$ oder $6 \cdot 8$ oder $4 \cdot 6$ usw. Beobachtet das genauer: Es ist immer nur 1 weniger als die „Zwischenquadratzahl" $7 \cdot 5 = 6 \cdot 6 - 1, 6 \cdot 8 = 7 \cdot 7 - 1$. Und warum ist das so? Übereinanderlegen kann ein Aha-Erlebnis induzieren.

Eine anspruchsvolle Untersuchung mit Quadraten, wobei von jeder Sorte mehrere Exemplare vorhanden sein müssen: Zahlen legen, nur mit Quadraten, aber mit möglichst wenigen; die Figur muss kein Rechteck sein. Das sieht (bei kleinen Zahlen) langweilig und primitiv aus, bei größeren wird's spannend, z. B. 43 als $16 + 16 + 9 + 1 + 1$ oder $36 + 4 + 1 + 1 + 1$ oder (viel besser!) $25 + 16 + 1 + 1$ oder (noch viel besser!) $25 + 9 + 9$. Geht es vielleicht mit noch weniger Quadraten? Dass man für alle Zahlen bis 100 immer mit höchstens 4 Quadraten auskommt, wäre ein interessantes empirisch gewonnenes Endergebnis, wobei immens viel Rechnen wiederholt wird. (Der Satz: Jede natürliche Zahl lässt sich als Summe von höchstens 4 Quadratzahlen schreiben, ist richtig, lässt sich jedoch keinesfalls mit Mitteln der Schulmathematik beweisen).

Es können andere Reduktionen des Materials vorgenommen werden, etwa nur Rechtecke der 5er- und der 7er-Reihe dürfen mitspielen: Welche Zahlen kann man damit legen, wobei nicht notwendig ein Rechteck entstehen muss? Dass es möglich ist, ab 24 jede Zahl so legen zu können, ist wieder eine nicht-triviale Entdeckung, die erst durch allerlei Rechnerei gesichert wird (Für weitere Übungsmöglichkeiten zum 1×1 vgl. Winter [18] 1987).

(2) „Pythagoras auf der Straße" (9./10. Klasse)

Der Satz des Pythagoras (und seine Umgebung) ist neben dem Strahlensatz der wichtigste in der allgemeinbildenden Schule, was durch seinen Beziehungsreichtum belegt wird (Abb. 5.2).

Was hier zu üben ist, ist natürlich nicht das verbale Einprägen des Satztextes, sondern das Auffinden in immer neuen Situationen, das Anwenden. Die wichtigste Anwendung dürfte darin liegen, dass er das theoretische Instrument ist, Längen (und im Gefolge davon Flächeninhalte, Volumina) zu messen, wenn eine Rechte-Winkel-Situation vorliegt. Und genau dies ist übungsbedürftig und übenswert.

Das „bekannteste" rechtwinklige Dreieck ist das Steigungsdreieck für Straßen und Bahnen (Abb. 5.3).

Im Straßenverkehr wird das Verhältnis $h : e$ als Steigung definiert und meist als %-Satz angegeben.

Ausgangspunkt einer Übungsserie könnte dieses Straßenschild sein (Abb. 5.4). Daraus sollten zunächst Problemstellungen erarbeitet werden, etwa: Was bedeutet 10% Steigung/ Gefälle? Welche Höhe hat der Kraftfahrer nach 13 km Abfahrt verloren? Wie lang ist bei 13 km Straßenstrecke die Horizontalentfernung (der Wurf, die Entfernung gem. Landkarte o. Ä.)? Wie groß ist der Steigungs-/Gefälle-Winkel?

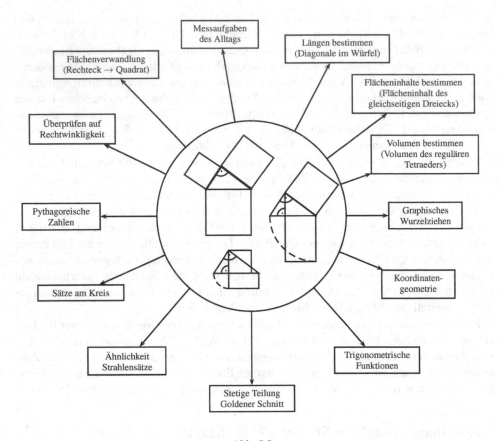

Abb. 5.2

Aus dem Straßenschild und dem Wissen über die Festlegung der Steigung im Straßenverkehr das Schema der Abb. 5.3 zu gewinnen, ist schon ein Stückchen Mathematisierung,
die Angabe „10%" muss ja doch immerhin in eine Dreieckskonfiguration ($e = 10h$) transformiert werden, wobei auch der Ähnlichkeitsbegriff ins Spiel kommt. Die Höhe h und die
Horizontalentfernung $10h$ können nun „über Pythagoras" (und numerisch mittels Taschenrechner) berechnet werden. Der Ansatz $h^2 + (10h)^2 = 13^2$ liefert nun $h = 1,2935483$, wobei das $=$ zu diskutieren wäre. Dass der Höhenunterschied bei 13 km Straßenstrecke und
10% immerhin fast $1,3$ km beträgt, die Horizontalentfernung allerdings nur rd. 65 m kürzer
ist als die Straßenstrecke, stößt immer wieder auf Erstaunen. Daher ist es im Sinne des operativen Übens notwendig, systematische Variationen durchzuspielen, also etwa bei festem
s (etwa $s = 100\%, \dots$) und h (und e) zu beobachten; Listen (Wertetafeln) und Zeichnungen, speziell Funktionsschaubilder, wären anzufertigen. Die Größe des Steigungswinkels
muss aus Zeichnungen approximativ-empirisch entnommen werden. Aber es kann auch
entdeckt werden, dass in Sonderfällen der Steigungswinkel berechenbar ist, was aber Wissen über „Winkel in Dreiecken" voraussetzt und zu reaktivieren nötigt und die Umkehrung

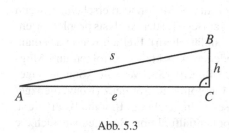

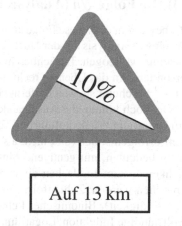

Abb. 5.3

Abb. 5.4

der Fragestellung voraussetzt: Im gleichschenklig-rechtwinkligen Steigungsdreieck (also bei $h = e$, Steigung 100%) ist der Steigungswinkel 45°, das ist der einfachste Sonderfall. Weitere sind das „halbe" gleichschenklige Dreieck (30° − 60° − 90° oder 60° − 30° − 90°) und das „halbe harmonische" Dreieck (18° − 72° − 90° oder 72° − 18° − 90°). Auf jeden Fall wäre hier einguter didaktischer Ort, zum Tangens-Begriff zu kommen, das ist nämlich die Steigung $h : e$ und entdecken zu lassen, dass allein durch dieses Verhältnis der Steigungswinkel festliegt (und damit eine Klasse zueinander ähnlicher rechtwinkliger Dreiecke). Der Bezug zur Realität wird verstärkt, wenn Beispiele von Steigungen aus der Welt betrachtet werden, z. B. Rhein bei Basel 0,08%, Gotthardstraße 13%, Turracher Höhe 33%, Sprungschanze in Oberstdorf 53%.

Eine Aspekterweiterung, die neue sachkundliche und innermathematische Elemente enthält, entsteht durch die Frage, wie man es schaffen kann, einen Verkehrsweg zwischen zwei vorgegebenen Punkten mit gegebener (u. U. beträchtlicher) Höhendifferenz so anzulegen, dass eine vorgegebene und technisch bedingte Höchststeigung (von z. B. 4%) nicht überschritten wird. Der Ausweg, s (und damit auch e) durch Opferung der Geradlinigkeit zu verlängern, führt zu Themen wie Bau von Straßen mit Serpentinen im Gebirge und von Wendelstrecken zum Parkplatz von Kaufhäusern (Winter [17]1984, S. 47) mit einer Fülle von Einzelfragen (produktives Üben!). So erlaubt es der Satz des Pythagoras sogar, die Länge der gekrümmten Schraubenlinie (bei gegebenem Radius des Zylinders und gegebener Ganghöhe) zu berechnen.

Ein gänzlich anderes Teilthema des „Pythagoras auf der Straße" sind Kurven- und Parkprobleme. Zu letzterem die konkrete Frage: Wie breit darf eine (Tunnel-)Straße sein, damit man (ohne anzustoßen) darauf mit einem Audi 100 wenden kann? (a. a. O. [17], S. 47 f.).

(3) Die Folge $\sqrt[n]{n}$ (Analysis in der SII)

Zu beweisen, dass diese Folge konvergent ist, ist eine der Standard-Übungsaufgaben in der Anfänger-Analysis auf der Hochschule. Meist wird der Beweis über eine trickreiche Umformung vollzogen. Tatsächlich macht die Folge einen künstlichen Eindruck, anscheinend ersonnen, um das Üben so recht mit Stolpersteinen zu versehen. Im Gegensatz zur Folge $(1 + \frac{1}{n})^n$ scheint sie weit entfernt von Anwendungsfragen.

Dennoch könnte die Auseinandersetzung mit $\sqrt[n]{n}$ in der SII lohnend erscheinen, wenn im Unterricht Wiederholung und Vertiefung wichtiger Begriffe der Analysis problemorientiert erfolgen sollen (und nicht als assoziatives Nachplätschern). Freilich würde das dann auch bedeuten, mit genügend Muße die verschiedenen Aspekte zu verfolgen und Möglichkeiten zum Entdecken einzuräumen. Folgende Begriffe/Sachverhalte könnten angesprochen werden: Zahlenfolge, Beschränktheit, Monotonie, Konvergenz (Konvergenzgeschwindigkeit), Binomischer Lehrsatz, Bernoullische Ungleichung, Binomialkoeffizient, Vollständige Induktion, Logarithmusfunktion, Exponentialfunktion. Bezöge man auch die Funktion $\sqrt[x]{x}$, $x \in \mathbb{R}^+$ (als Erweiterung von $\sqrt[n]{n}$, $n \in \mathbb{N}^+$ ein, so würden noch Stetigkeit, Differenzierbarkeit und andere Grundfragen bei Kurvendiskussionen zur Sprache kommen können. Eine ausführliche Darstellung dieser Übungssequenz mit vielen Aufgaben stammt von Marie-Theres Roeckerath (in Winter [17]).

Als Einstieg könnte man – vielleicht von der allgemeinen Thematik „Wachstumsfunktion" ausgehend – das zunächst künstlich erscheinende Problem stellen:
Bei welchem Jahreszinssatz p ver-n-facht sich ein auf Zins und Zinseszins stehendes Kapital (k) in n Jahren? Das führt auf

$$k \cdot \left(1 + \frac{p}{100}\right)^n = n \cdot k, \qquad \left(1 + \frac{p}{100}\right)^n = n, \qquad p = (\sqrt[n]{n} - 1) : 100$$

Für $n = 5$ ergibt sich (mittels Taschenrechner) ein (heute sehr unrealistischer) Zinssatz von $37,9\%$, d. h.: Soll sich ein Kapital in 5 Jahren ver-5-fachen, muss der Jahreszins $37,9\%$ betragen. Für $n = 10$ ist $p = 25,8\%$ und für $n = 50$ ergibt sich schon ein recht realistischer Wert: $8,1\%$. Und wie geht es weiter? Vielleicht erscheint schon ein paradoxes Monster am Horizont. Was passiert bei sehr großen n? Etwa mit 0% p. a. in unendlicher Zeit auf unendlich großes Kapital?
Jedenfalls könnte der Ausdruck $\sqrt[n]{n}$ nun interessant genug erscheinen, um genauer betrachtet zu werden. Die Folge $a_n = \sqrt[n]{n}$ wird zur Exploration aufgegeben.

Die mittels Taschenrechner angefertigte Wertetabelle

n	1	2	3	4	5	10	100	1 000	10 000
$\sqrt[n]{n}$	1	1,414	1,442	1,414	1,379	1,258	1,047	1,0069	1,0009

liefert genügend empirischen Rückhalt für gut gestützte Vermutungen: streng monotones Fallen ab $n = 4$, Grenzwert offenbar 1, sehr langsame Konvergenz, wahrscheinlich schwieriger Konvergenzbeweis.

Die Schülerinnen und Schüler werden gebeten, konvergente Folgen (am einfachsten Nullfolgen) zu konstruieren, die besonders schnell (z. B. $\frac{1}{n^{n!}}$) und die

besonders träge konvergieren (z. B. $\frac{1}{\sqrt[100]{n}}$) (produktives Üben!).

Das Problem, wieso unsere Folge so langsam konvergiert, weil die „beiden n gegeneinander arbeiten", kann zur Problemspaltung führen, ein wichtiger Heurismus, angestachelt etwa durch die Frage: Welche verwandt aussehenden Folgen lassen sich wahrscheinlich leichter durchschauen?

Es werden zwei Folgenscharen betrachtet, nämlich

- der Form $\sqrt[n]{a}$, $a > 0$, also $\sqrt[n]{2}, \sqrt[n]{3}, \ldots, \sqrt[n]{100}, \ldots$

und

- der Form $\sqrt[a]{n}$, $a > 0$, also $\sqrt[2]{n}, \sqrt[3]{n}, \ldots, \sqrt[100]{n}, \ldots$

Zum „Betrachten" (evtl. Gruppenarbeit) gehört vor allem: die beiden Scharen in Schaubildern skizzieren und $\sqrt[n]{n}$ darin einordnen.

Es können Konvergenzbeweise zu einzelnen Folgen geführt werden, z. B. dass $\sqrt[n]{1\,000}$ gegen 1 konvergiert, oder zur ganzen Klasse der ersten Schar $\sqrt[n]{a}$, $a > 0$, wie groß auch a gewählt wird. Hier müsste die Verträglichkeit von Limes- und Potenzbildung thematisiert werden.

$$\lim_{n \to \infty} a^{\frac{1}{n}} = a^{\lim_{n \to \infty} \frac{1}{n}} = a^0 = 1$$

Beim Beweis, dass alle Folgen der zweiten Schar $\sqrt[a]{n}$, $a > 0$ divergieren, wird Potenzrechnung wiederholt.

Dass die beiden Scharen für hohe a mit wachsenden n unserer Folge $\sqrt[n]{n}$ von oben und unten anschmiegen, wird zur arithmetischen Erhärtung aufgegeben:
Die Ungleichungskette

$$\sqrt[n]{b} < \sqrt[n]{a} < \sqrt[n]{n} < \sqrt[a]{n} < \sqrt[b]{n}$$

mit $b < a < n$ wäre zu beweisen.

Bisher ist es mehr ein intuitiver Umgang mit der Folge $\sqrt[n]{n}$, der aber schon einen Wert in sich hat und hier auch notfalls abgebrochen werden könnte. Wenn man Konvergenzbeweise nach dem üblichen Standard anstrebt, so werden weitere Mittel benötigt, freilich auch wiederholt.

Diese 3 Beispiele sollten vor allem andeuten, wie Üben und Entdecken einander nicht ausschließen müssen, dass die Übungspraxis kreativ gestaltet werden kann. Freilich erfordert dieses höheren didaktischen Einsatz und eine Garantie auf Erfolg kann – anders als bei Comenius – hier trotzdem nicht in so pauschaler Form gegeben werden.

Literatur

[1] Althoff, u.a.: Lehrerhandeln im Schulalltag, IDM Occasional Paper 91, Bielefeld 1987.

[2] Ausubel, D.P.: Psychologie des Unterrichts, 2 Bd., Beltz 1974.

[3] Comenius, J.A.: Große Didaktik, herausgegeben von A. Flitner, Pädagogische Texte, Klett-Cotta 1982[2].

[4] Dörfler, W.: Formen und Mittel des Verallgemeinerns in der Mathematik. In: Beiträge zum Mathematikunterricht, Franzbecker 1987, S. 30 - 37.

[5] Dolch, A.: Lehrplan des Abendlandes, Henn 1971.

[6] Edelmann, H.: Lernpsychologie, Urban & Schwarzenberg 1986.

[7] Freudenthal, H.: Mathematik als pädagogische Aufgabe, Band I, Klett 1973.

[8] Heer, F.: Gottfried Wilhelm Leibniz, Fischer 1958.

[9] Heimann/Otto/Schulz: Unterricht Analyse und Planung, Schroedel 1970[5].

[10] Karaschewski, H.: Wesen und Weg des ganzheitlichen Rechnens, Klett 1966.

[11] Neber, H. (Hrsg.): Entdeckendes Lernen, Beltz 1981.

[12] Nohl, H.: Erziehergestalten, Vandenhoeck & Ruprecht, Klett 1960.

[13] Roeckerath, M.T.: Die Folge $\sqrt[n]{n}$. In: Winter 1984 b, S. 58 - 63.

[14] Roth, H.: Pädagogische Psychologie des Lehrens und Lernens, Schroedel 1970[12].

[15] Schubring, G.: Das genetische Prinzip in der Mathematikdidaktik, Hochschulschriftenreihe Bielefeld 1978.

[16] Winter, H.: Didaktische und methodische Prinzipien. In: Heymann, H.W. (Hrsg.): Mathematikunterricht zwischen Tradition und neuen Impulsen, Aulis 1984a.

[17] Winter, H. (Hrsg.): Üben, Mathematik lehren, Heft 2, 1984b.

[18] Winter, H.: Mathematik entdecken – Neue Ansätze für den Unterricht in der Grundschule, Scriptor 1987.

[19] Wittmann, E.: Objekte – Operationen – Wirkungen: Das operative Prinzip in der Mathematikdidaktik. In: Mathematik lehren, Heft 11, 1985, S. 7 - 11, dort auch weitere Beiträge zum operativen Prinzip.

[20] Ziller, T.: Die Theorie der formalen Stufen des Unterrichts, Quelle & Meyer 1965 (Nachdruck von 1875).

Auswahl jüngerer Literatur zum Thema

[21] Bruder, R.: Üben mit Konzept. In: Mathematik lehren 2008, Heft 147, S. 4-11.

[22] Colin, P. / Redouté, C.: Spannende Mathematik – Bausteine zum Entdecken, Verstehen und Üben, Persen 2006.

[23] Helmerich, M. / Lengnink, K. / Nickel, G. / Rathgeb, M.: Mathematik verstehen – Philosophische und Didaktische Perpektiven, Vieweg+Teubner 2012.

[24] Knud, I.: Lernen verstehen – Bedingungen erfolgreichen Lernens, Klinkhardt 2010.

[25] Krampe, J.: Spielen und Üben im Mathematikunterricht, Dieck 1999.

[26] Sandfuchs, U. / Menzel, W. / Rampillon, U. / Meier, R. / Renkl, A.: Jahresheft 2000 – Üben und Wieder-holen, Friedrich 2000.

[27] Schipper, W.: Üben im Mathematikunterricht der Grundschule, Niedersächsisches Landesinstitut für Leh-rerfortbildung, Lehrerweiterbildung und Unterrichtsforschung 1995.

[28] Schmidt, A.: Verständnis lehren – Handbuch Mathematik der gymnasialen Oberstufe, Klett 2005.

[29] Wagner, A. / Wörn, C.: Erklären lernen – Mathematik verstehen – Ein Praxisbuch mit Lernangeboten, Kallmeyer 2011.

[30] Zech, F.: Mathematik erklären und verstehen – Eine Methodik des Mathematikunterrichts unter besonderer Berücksichtigung von lernschwachen Schülern und Alltagsnähe, Cornelsen 1995.

6 Erfinden und Problemlösen mit barocken Methoden

6.1 Die analytische Kunst des Vieta

Francois Viète (latinisiert Vieta, 1540 - 1603), u. a. Rechtsgelehrter, Advokat, Erzieher, Astronom, Berater des frz. Königs, königlicher Dechiffrierer – ein typisch barocker gelehrter Weltmann – ist als Mathematiker vor allem durch seine neue Algebra hervorgetreten (wenngleich er auch bedeutende Leistungen in der Geometrie und Trigonometrie vollbrachte).

In seiner Schrift „In artem analyticem Isagoge" (1591, etwa: Einführung in die analytische Kunst) behauptet er, im Besitz einer Methode zu sein, die die Lösung aller mathematischen Probleme mit Sicherheit zu finden gestatte. „Nullum non problema solvere" (Es gibt kein Problem, das nicht zu lösen wäre), heißt der überschwängliche Schlusssatz der „Isagoge" (Schneider [25], S.79), den er zwar nicht einlösen kann, der aber in Anbetracht der tatsächlichen Effektivität seiner Methode doch auch verständlich ist.

Unter der *Analysis* (griech.: analysein = zergliedern, auflösen) in seiner analytischen Kunst versteht er (im Anschluss an die Alten, besonders an Pappos von Alexandria, um 300 v. Chr.) eine Problemlösestrategie (in unserer Sprache), nämlich diejenige, die das Gesuchte als bekannt annimmt und von diesem aus auf etwas Bekanntes zurückschreitet, um dann in umgekehrter Richtung den Weg vom Bekannten zum Unbekannten zu gehen, was die Synthesis (griech.: syntithenai = zusammensetzen) darstellt (Schneider [25], S. 68 f.).

Was nicht sehr bekannt zu sein scheint: Die Begriffe Analysis und Synthesis werden schon bei Euklid im Vietaschen Sinne recht bündig definiert (und zwar zu Beginn des XIII. Buches):

> „Eine Analysis ist die Zugrundelegung des Gefragten als anerkannt um seiner
> auf anerkannt Wahres führenden Folgerungen willen.
> Eine Synthesis ist die Zugrundelegung des Anerkannten um seiner auf Vollendung oder Ergreifung des Gefragten führenden Folgerungen willen."
>
> (Euklid [9], S. 386 f.)

Die Analysis als Problemlösestrategie (Heurismus) ist von enormer allgemeinerer Bedeutung – Polya nennt sie meist die Strategie des „Rückwärtsarbeitens" (Polya [23], S. 163 ff. und S. 199 ff.). Man kann sie schematisch etwa so fassen.

(1) Zielzustand als gegeben annehmen.

(2) Vorausgehenden Zustand suchen. (x geht y voraus, wenn eine Transformation bekannt ist, die x in y überführt). Analysis.

(3) Erfolg?

    (3a) Ja. Mit (4) fortsetzen.

    (3b) Nein. Mit (5) fortsetzen.

(4) Ist es gegebener Anfangszustand?

    (4a) Ja. Von hier aus zum Zielzustand vorwärts gehen.
         Ende. Erfolg.

    (4b) Nein. Fortfahren mit (2).

(5) Alle Möglichkeiten des Rückwärtsschreitens erschöpft?

    (5a) Ja. Mit (6) fortsetzen.

    (5b) Nein. Mit (2) fortsetzen.

(6) Alle früheren Möglichkeiten ausgeschöpft?

    (6a) Ja. Ende. (Misserfolg.)

    (6b) Nein. Mit (2) fortsetzen.

Unverkennbar ist der rekursive (zurücklaufende) Charakter dieser Strategie und der Zusammenhang mit indirektem Beweis und reductio ad absurdum (Rückführung bis zu einem unsinnigen Ergebnis).

Es ist beachtenswert, dass in dieser Pappos-Vietaschen Sicht die Analysis die eigentlich wissensvermehrende Tätigkeit ist, kreativer als die Synthese.

Für Vieta – und das ist das Neue – ist nun diese Analysis geradezu identisch mit seiner von ihm geschaffenen Algebra. Er bringt nämlich den symbolischen Apparat um ein beträchtliches Stück weiter als seine zeitgenössischen (Bombelli, Cardano, Stifel u. a.) und alten Vorgänger (Diophant vor allem), indem er Buchstaben verwendet und zwar groß geschriebene Vokale A, E, I, O, U, Y für Unbekannte und – viel wichtiger – Konsonanten für die bekannten Größen. Durch das Letztere ist es ihm möglich, Gleichungen beliebigen Grades allgemein (d. h. mit Formvariablen, mit Parametern) anzuschreiben und Lösungsformeln (nicht mehr wie bisher an numerisch vorgerechneten Beispielen, sondern) in genereller Form zu symbolisieren. Für alle Zeit ist ja sein Name mit dem Satz verbunden, der die Beziehungen zwischen Wurzeln und Koeffizienten einer Polynom-Gleichung ausdrückt. Außerdem verwendet er konsequenter als andere Zeichen für Operationen: + für Addition, − für Subtraktion (falls Differenz positiv ist!), „in" für Multiplikation, den Bruchstrich für Division. Jedoch benutzt er inkonsequenterweise auch Wörter in seinen Gleichungen und für Gleichheit schreibt er „aequibitur" oder „aequale". Das Zeichen = stammt übrigens vom Engländer R. Recorde (1510 - 1558), der es damit begründet, dass nichts gleicher sein kann als zwei zueinander parallele Strecken derselben Länge; es setzt sich erst im Laufe des 17. Jahrhunderts durch (Tropfke [9], S. 171 f.).

Die Algebraisierung der Analysis (als Problemlösestrategie) durch Vieta sieht zunächst wie eine Einschränkung aus, er will aber die Buchstaben seiner „Logistica speciosa" (prächtige Rechenkunst oder Rechenkunst der Species?) sowohl als Variable für Zahlen wie als Variable für geometrische Größen verstanden wissen. In diesem Sinne hält er seine Methode für universell und man darf ihn tatsächlich als einen Vorläufer von Descartes ansehen, der ja die Geometrie systematisch algebraisierte. Dabei hält Vieta es in seiner ausschließlichen Bewunderung der antiken Mathematik für wesentlich, dass in der Geometrie Proportionen untersucht werden und in der Algebra passende Gleichungen. Für quadratische Gleichungen zeigt Abb. 6.1 geometrische Lösungen (Sekanten-Tangentensatz) und gleichzeitig die nach ihm benannte Beziehung zwischen Wurzeln (hier E und A) und den Koeffizienten der Gleichung (B, Z^2).

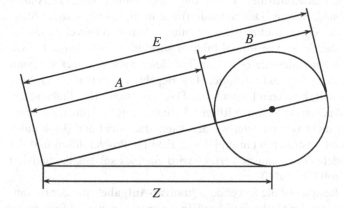

(1) $\quad A^2 + BA = Z^2$

$$\frac{A}{Z} = \frac{Z}{A+B}$$

(2) $\quad E^2 - BE = Z^2$

$$\frac{E}{Z} = \frac{Z}{E-B}$$

Abb. 6.1: Wurzelsatz: $B = E - A$, $Z^2 = E \cdot A$

Vieta unterscheidet in seiner Analysis drei Bereiche:

(1) Aufsuchende Analysis: Benennen der unbekannten Größe durch ein Symbol, Aufstellen einer Gleichung mit bekannten und unbekannten Größen (Analysis zetetike)

(2) Beschaffende Analysis: Einbeziehen von Beweisen für Hilfssätze, die benötigt werden (Analysis poristike)

(3) Ausführende Analysis: Umformen und Auflösen von Gleichungen (Analysis exegetike)

(1) erscheint ihm als die wichtigste Bestätigung der Analysis, da nur durch den Gebrauch von Buchstabensymbolen in Gleichungen (2) und (3) überhaupt durchgeführt werden könnten.

Die didaktische Bedeutung des Gebrauchs von Buchstabenvariablen kann gar nicht überschätzt werden. Sie stellt das wohl wichtigste Instrument der Verallgemeinerung dar, und so ist die Begeisterung des Vieta verständlich. Jedoch ist die Sprache der Algebra nur dem von Nutzen, der sie sich bis zu einem bestimmten Grade angeeignet hat, auf Außenstehende kann sie entmutigend wirken. „Es gibt natürlich nicht Unfassbareres, als eine Zeichensprache, die wir nicht verstehen" (Whitehead [10], S. 35).

6.2 Analyse und Synthese im Unterricht

Die Pappos-Vietasche Analysis hat sich in der Schulmathematik bis heute erhalten, allerdings in expliziter Form nur an einer speziellen Stelle, nämlich als Teilschritt beim Lösen von *Konstruktionsaufgaben*. Da wird eine Planskizze angefertigt, in der das Gesuchte (oft ein Dreieck!) bereits als gefunden eingetragen wird, und es werden – angeregt durch die Skizze – Beziehungen zwischen Gegebenem und Gesuchtem aufgespürt und so geordnet, dass danach die Konstruktion verbal zu beschreiben, ein Beweis für ihre Richtigkeit zu führen und mit einer Determination (Erörterung der Lösungsvielfalt, lat.: determinatio = Abgrenzung) abzuschließen. Das Konstruieren nach diesem Schema (Planfigur, Analysis, Konstruktion, Beschreibung, Beweis, Determination) war in früherer Zeit sogar Standardstoff in der Mittelstufe des Gymnasiums, wurde weithin neben dem Beweisen als die Tätigkeit angesehen, durch die Geometrie formal bildend wirksam werden kann. Es war allerdings auch früher schon umstritten, da es sich in Tüfteleien verlieren oder als (vom Lehrenden aus gesehen bequemes) Selektionsmittel (Die Begabten kommen in der Analysis auf einen richtigen Einfall!) benutzen lassen kann. Dass eine starre Handhabung des Schemas und ein endloses Aneinanderreihen kniffliger Aufgaben mit trickreichen Lösungen quälend sein und daher nicht verantwortet werden kann, darf nicht den Blick dafür trüben, dass das planmäßige Konstruieren ein ergiebiges Feld für Problemlösen und die Kultivierung kreativen Handelns ist, vorausgesetzt, es wird auch als solches thematisiert (Becker [1] 1980, S. 111, Kroll [18] 1986).

Ein geradezu klassisches Beispiel ist die folgende „**Quadrat-Aufgabe**", mit der im Jahre 1946 die Zeitschrift „Elemente der Mathematik" eröffnet wurde: Gegeben: 4 Punkte der Ebene in beliebiger Lage. Gesucht: Ein Quadrat, von dem jede Seite oder ihre Verlängerung durch einen der Punkte geht.

Die Betrachtung von 4 gezeichneten Punkten dürfte kaum irgendwelche passenden Gedanken befördern. Es liegt nachgerade ein Zwang vor, die Sache zunächst umzudrehen, also ein Quadrat zu zeichnen und 4 Punkte auf den Seiten zu verteilen. Die Planskizze der Abb. 6.2 wo *ABCD* das gesuchte Quadrat und *P, Q, R, S* die gegebenen Punkte sind, soll Wissen über das Quadrat reaktivieren und insbesondere Figurtransformationen nahelegen, die zwischen Gegebenem und Gesuchtem oder passenden Zuständen dazwischen irgendwie vermitteln.

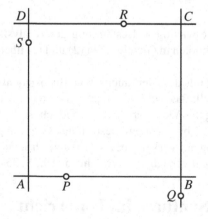

Abb. 6.2

Wenn man das Quadrat schon hätte, dann könnte man es z. B. um 45° um seinen Mittelpunkt drehen (Abb. 6.3a), also seine Symmetrie ausnutzen. Die gegebene Strecke $\overline{PQ}$ hätte als Bild die Strecke $\overline{P'Q'}$ und es wäre $\overline{PQ} = \overline{P'Q'}$ und $PQ \perp P'Q'$. Hätte man P', Q', dann könnte man QP' und SR' und also das ganze Quadrat zeichnen. Man kann aber $P'Q'$ nicht zeichnen, weil man ja den Drehpunkt M nicht hat. Ein möglicher weiterer Schritt des Rückwärtsarbeitens könnte durch die Parallelität der Gegenseiten nahegelegt werden. Eine Parallele zu $P'R'$ durch Q liefert $\overline{R}$ (Abb. 6.3b) und $\overline{R}$ liegt ja auf derselben Quadratseite wie S. Bringt uns dieser Schritt auf die Ausgangssituation der gegebenen 4 Punkte? Tatsächlich! $\overline{R}$ lässt sich aus dem Gegebenen konstruieren: Fälle von Q auf PR das Lot und trage darauf von Q aus eine Strecke der Länge $\overline{PR}$ ab, das liefert $\overline{R}$. $\overline{R}S$ ist die Gerade, auf der A liegen muss. Usw.

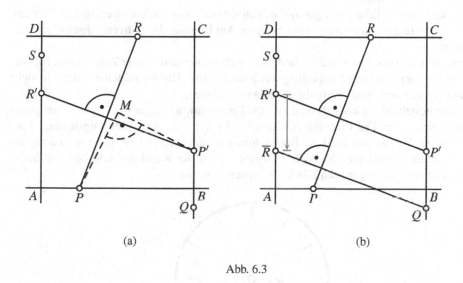

(a)   (b)

Abb. 6.3

Im Allgemeinen hat die Aufgabe 6 Lösungen und sie lässt sich auch ganz anders (ohne Abbildungsgeometrie) bearbeiten. Hier kam es nur darauf an zu illustrieren, wie der Heurismus des Rückwärtsschreitens konkret ausgeübt werden kann. Deutlich dürfte dabei auch geworden sein, wo die kritische Stelle ist: auf den Einfall von Umstrukturierungen der vorgenommenen Lösungsfigur zu kommen, die schließlich Verbindungen zum Gegebenen so herstellen, dass eine Synthesis möglich wird. Solche Einfälle sind nicht willkürlich produzierbar, können aber wahrscheinlich durch Anstöße wahrscheinlicher gemacht werden.

Die bunte Vielfalt der synthetischen Geometrie mit ihrem Universum an Figuren und ihrer unerschöpflichen Fülle von Problemen, Theoremen und auch Anwendungsbezügen erscheint gerade wegen des Fehlens einer universellen Methodik einerseits wie geschaffen für problemorientiertes, entdeckendes Lernen. Jedoch besteht andererseits dabei die dringende Gefahr, sich im Lösen kniffliger und inhaltlich belangloser (wenn auch in den Augen erfolgreicher Schülerinnen und Schüler schöner) Probleme zu verlieren. Der Unterricht kann dann zum Rätsellösen geraten. Die Betonung allgemeiner heuristischer Strategien, wie z. B. die Analysis im Sinne von Pappos-Vieta, kann dieser Gefahr entgegenwirken, sofern diese Strategien als Schemata herausgearbeitet und bewusst gemacht werden. In jedem Fall sollte die didaktische Kultur des planvollen Konstruierens mit der Analysis als entscheidender Lösungsstrategie nur dann in Vergessenheit geraten, wenn sie durch etwas nachweislich Besseres ersetzt werden kann.

Ein zweiter wichtiger Lernbereich, in dem die Analysis als Lösungsstrategie bedeutsam war und ist, ist das *Sachrechnen*, unter dem hier ganz grob elementare angewandte Mathematik verstanden werde. Dieses Sachrechnen ist zwar bei weitem nicht so reich an innermathematischen Problemen und Theoremen wie die synthetische Geometrie, jedoch vergleichbar anspruchsvoll. Da es auch hier keinen Algorithmus zum Lösen der einschlägigen Probleme gibt, sind didaktische Chancen und Risiken mit denen der synthetischen Geometrie vergleichbar.

Dem kunstvollen Lösen von geometrischen Konstruktionsaufgaben entspricht hier das Knacken von Textaufgaben durch Gleichungen. Am Beispiel der „**Uhrenaufgabe**" sei dies illustriert:

Um wieviel Uhr zwischen 8 und 9 Uhr decken sich großer und kleiner Zeiger einer (old fashion) Zeigeruhr? (In einer Fortbildungsveranstaltung mit Hauptschullehrern mochte nicht ein einziger sich mit dieser Aufgabe auseinander setzen!).

Wieder besteht hier die Analysis darin, die Endsituation (Zeiger decken sich) als gegeben vorauszusetzen: Die Planfigur 6.4 liefert auf jeden Fall eine Näherungslösung: kurz vor 8:45 Uhr. Von der aus (und der Beobachtung an einer realen Uhr) kann man übrigens im Zuge einer Regula-falsi-Strategie (Vorgehen nach der Regel des falschen Ansatzes) sogar zu einer beliebig genauen Lösung kommen, etwa so:

Abb. 6.4

8:45 Uhr? Da steht der kleine $\frac{1}{4}$ (des Bogens zwischen 8 und 9) vor der 9, der große schon auf der 9, also zu spät.

8:40 Uhr? Da steht der kleine $\frac{1}{3}$ vor der 9, der große auf 8, also zu früh.

8:43 Uhr? Da steht der kleine $\frac{17}{60}$ vor der 9, der große $\frac{2}{5}$ vor der 9, also zu früh. Usw.

Diese planmäßige Annäherung an die Lösung ist mathematisch völlig legitim, viele Gleichungen lassen sich überhaupt nur approximativ (lat.: approximare = sich nähern, proximus = der, die das Nächste) lösen. Aber Regula-falsi-Strategien sind heuristische Notnägel, man kommt auf sie zurück, wenn nichts Besseres da ist (oder erwiesenermaßen nicht da sein kann). Also für unseren Fall: Gibt es nicht eine Möglichkeit der direkten Berechnung des gesuchten Uhrzeitpunktes durch eine Gleichung?

Die Frage als Lernhilfe, was denn eigentlich gleich ist im fraglichen Zeitpunkt, kann zu einer Neudeutung mit Rückwärtsschreiten (hier sogar im wörtlichen Sinne!) führen, nämlich:

Wieviel Minuten nach 8 Uhr bilden beide Zeiger denselben Winkel gemessen von der 12-Uhr-Richtung?

Und jetzt zeigt sich die Macht der algebraischen Kunst, der aufsuchenden Analysis: Wir nennen die gesuchte Minutenzahl x (als hätten wir sie schon!) und rechnen mit ihr zweimal den fraglichen Winkel aus:

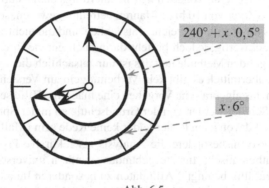

$240° + x \cdot 0{,}5°$

$x \cdot 6°$

Abb. 6.5

Der große Zeiger legt pro Minute $360° : 60 = 6°$ zurück, in x Minuten also $x \cdot 6°$. Der kleine Zeiger legt pro Minute nur $30° : 60 = 0{,}5°$ zurück, in x Minuten also $x \cdot 0{,}5°$. Um 8 Uhr hat er aber gegenüber dem großen Zeiger $240°$ Vorsprung.

Der allgemeine Ansatz: Winkel des großen Zeigers = Winkel des kleinen Zeigers führt mithin zur Gleichung

$$x \cdot 6° = 240° + x \cdot 0{,}5°$$

Für das Weitere muss die „ausführende" Analysis sorgen.

Es ergibt sich, wenn man glücklich rechnet, $x = 43 \frac{7}{11}$ (Minuten) $\approx 43 \, \text{min} \, 38 \, \text{sec}$, wobei das Auftreten der 11 im Nenner eine Herausforderung zu neuen Überlegungen sein sollte.

Gegen solcherart Textaufgaben kann man dieselben Einwände erheben wie gegen tüftelige Konstruktionsaufgaben: isolierte, abseits großer Ideen gelegene Rätselprobleme, ohne richtigen Anwendungsbezug, künstlich-konstruierte Stolpersteine für mittlere bis schwächere Schülerinnen und Schüler, Selektionsmittel für ehrgeizige, elitäre Lehrende, Einkleidung zum (kaschierenden) Üben algebraischer Fertigkeiten, u. Ä. m.

Auf der anderen Seite kann die Lösung von Aufgaben dieser Art dann sinnvoll sein, wenn hierbei die Vorgehensweise im Wesentlichen selbständig gefunden und generalisiert wird. Hier müsste insbesondere hervorgehoben werden, dass es in solchen Situationen generell erfolgversprechend ist, zu fragen:

(1) Welcher gesetzmäßige Zusammenhang besteht zwischen den Größen, um die es hier geht? Wie kann ich den in einer allgemeinen Wort-Gleichung ausdrücken?

(2) Wie kann ich diese allgemeine Wort-Gleichung durch den Gebrauch von Zahlen/Variablen genauer anschreiben, so dass gerechnet werden kann?

Viele Schülerinnen und Schüler scheitern, weil sie es versäumen, (1) zu realisieren. Freilich kann man die obige Textaufgabe auch unalgebraisch lösen, etwa so: Der kleine Zeiger legt pro Minute $0,5°$, der große $6°$ zurück. Nach einer Minute verkürzt sich der Vorsprung des kleinen vor dem großen also um $5,5°$ (wenn der kleine voraus ist). Dann braucht der große Zeiger so viel Minuten zum Aufholen des $240°$-Vorsprungs, wie $5,5°$ in $240°$ enthalten ist:

$$240° : 5,5° = 43\frac{7}{11}.$$

Es ist der Stolz in der früheren Volksschule (die allerdings damals über 80% der Schülerinnen und Schüler im Alter von 10 bis 14 Jahren betreute) gewesen, solche Knacknüsse „ohne x" zu lösen, was ihr zur Ehre gereicht. Tatsächlich sind die nicht-algebraischen Lösungen intellektuell hochwertig, jedoch besteht darin auch gerade ihre Problematik: das Fehlen einer weiter tragenden Methode und das ist nun tatsächlich die algebraische. Allerdings ist diese kein Zaubermittel, es gibt kein Vorbeimogeln am Verstehen der jeweiligen Situation; jedoch kann das algebraische Vorgehen eine mächtige Hilfe sein, vorausgesetzt, die Schülerinnen und Schüler werden von der Grundschule an in der Sprache der Algebra erfolgreich geschult und davon kann bisher leider keine Rede sein (Malle [20] 1986).

Analyse und Synthese, insbesondere die Analysis als rekursive Problemstrategie, ist nicht an spezielle mathematische Inhalte gebunden, sondern universell, wenn es auch vielleicht (historisch zufällig bedingt?) Affinitäten zu besonderen Inhaltsbereichen geben kann. Polya erläutert die Strategie auf brilliante Weise am Problem, wie man mittels eines 4-l-Eimers und eines 9-l-Eimers genau 6 l Wasser abmessen kann und macht ihren besonderen Anspruch an einem Tierexperiment plausibel (Polya [23], S. 199 ff.).

Auch Descartes ([8] 1979, S. 78 f.) spricht in seiner 17. Regel zur Ausrichtung der Verstandeskraft davon, dass man bei verzwickten Problemen den Kunstgriff anwenden könne, das Unbekannte als bekannt vorauszusetzen, um so einen „bequemen und direkten Weg der Untersuchung bahnen" zu können. Es seien einige weitere Schulbeispiele erwähnt:

Arithmetik in der Grundschule

Aufgaben der Art

$$26 + ? = 41 \quad \text{oder} \quad 6 \cdot ? = 54$$

sind (im Gegensatz zu $36 + 47$ oder $7 \cdot 9$) in einer bestimmten Lernentwicklungsphase richtige Probleme: Der Lernende kann hier nicht einfach aus zwei gegebenen Zahlen stracks vorwärtsgehend die gesuchte Lösungszahl ausrechnen (viele Schülerinnen und Schüler rechnen – verführt durch den überwiegenden Drill der Vorwärtsaufgaben – tatsächlich auch hier etwa $(26 + 41 =)$ 67 aus. Ein Keim der Analysis wird gepflegt, wenn Lernende dazu angehalten werden, Variable (Kästchen oder – besser – Buchstaben) zu benutzen, diese als noch unbekannte aber als bekannt angenommene Lösung zu deuten $(26 + x = 41)$ und – mit Hilfe passender Veranschaulichungen und analoger Zahlgleichungspaare wie

$17 + 15 = 32 \leftrightarrow 15 = 32 - 17$ – darauf kommen, dass x um 26 kleiner sein muss als $41(x = 41 - 26)$.

In einem Versuch hat Davydov geradezu sensationelle Erfolge durch frühe Gewöhnung an Algebra erzielt (Freudenthal [10] 1978, S. 211 ff.).

Erwartungswert einer Zufallsgröße

Wie lange muss man im Mittel würfeln, bis „zweimal 6 hintereinander" kommt?
Die möglichen Erfolgsserien haben die Länge (N = Nicht 6) 2 (66), 3 (N66), 4 (NN66 oder 6N66), 5 (NNN66, 6NN66, N6N66), …, so dass der Erwartungswert der Zufallsgröße „Serienlänge mit 66-Ende" durch die unendliche Reihe

$$2p^2 + 3qp^2 + 4q^2p^2 + 4qp^3 + 5q^3p^2 + 5q^2p^3 + 5q^2p^3 + \dots$$

gegeben ist, eine kompliziert aussehende Sache, wobei die Wahrscheinlichkeit für eine „6" bei einem Wurf p, für „keine 6", also für N, $q = 1 - p$ ist.

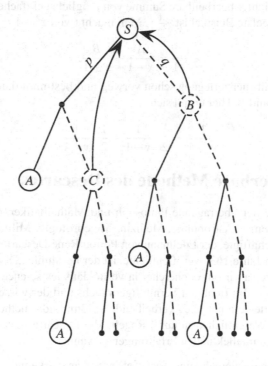

Abb. 6.6

x sei der gesuchte Erwartungswert. An einem Baumdiagramm (Abb. 6.6), an dem die fraglichen Wurfserien als gewichtete Wege von S nach A abgebildet sind, kann über das gesuchte x diese Aussage

$$x = 2p^2 + (x + 1)q + (x + 2)pq$$

gemacht werden, insofern man die Wiederholungsstruktur entdeckt und realisiert, dass die als bekannt angenommene mittlere Weglänge x zu den A aus 3 Teilstücken zusammengesetzt ist:

Dem Weg von der Länge 2 zum ersten A mit dem Gewicht p^2, dem Weg über B von der Länge $x+1$ mit dem Gewicht q und dem Weg über C von der Länge $x+2$ mit dem Gewicht pq. Aus der obigen Gleichung folgt (Analysis exegetike)

$$x = \frac{1}{p^2} + \frac{1}{p},$$

so dass man für „2 Sechsen hintereinander" also ($p = \frac{1}{6}$) im Mittel 42 Würfe braucht (und nicht 36, wie man zunächst annehmen könnte).

Partialbruchzerlegung

Besonders zum Zwecke der Integration ist es bekanntlich von großem Nutzen, rationale Funktionen in eine leichter bearbeitbare Summe von möglichst einfachen Bruchtermen zu verwandeln. Das simpelste Beispiel ist $\frac{1}{x^2-1}$. Man macht (weil $x^2 - 1 = (x-1)(x+1)$ den Ansatz

$$\frac{1}{x^2 - 1} = \frac{A}{x-1} + \frac{B}{x+1},$$

nimmt also die Partialbruchzerlegung schon vorweg und bestimmt dann durch Einsetzen geschickter Werte A und B. Hier ergibt sich

$$\frac{1}{x^2 - 1} = \frac{1}{2} \cdot \frac{1}{x-1} - \frac{1}{2} \cdot \frac{1}{x+1}$$

6.3 Die wunderbare Methode des Descartes

Die erste Schrift, die der überragende Philosoph und Mathematiker, der sich aber auch u. A. mit Physik, Chemie, Astronomie, Medizin, Meteorologie, Militärwesen und (ohne Zuneigung) Jura beschäftigte, der Edelmann von Poitou René Descartes (latinisiert Cartesius, 1596 - 1650) im Jahre 1637 veröffentlichte, ist der berühmte „Discours de la méthode pour bien conduire sa raison, et chercher la verité dans les sciences" (meist übersetzt mit: „Von der Methode des richtigen Vernunftgebrauchs und der wissenschaftlichen Forschung"). Diese wieder einmal alles verheißende („admiranda methodus") wunderbare Methode besteht im Wesentlichen in nur 4 Regeln, die Descartes aus der Reflexion über seine eigenen privaten intellektuellen Erfahrungen gewann:

> „Die erste besagt, niemals eine Sache als wahr anzuerkennen, von der ich nicht evidentermaßen erkenne, dass sie wahr ist: d. h. Übereilung und Vorurteile sorgfältig zu vermeiden und über nichts zu urteilen, was sich meinem Denken nicht so klar und deutlich darstelle, dass ich keinen Anlass hätte, daran zu zweifeln.

> Die zweite, jedes Problem, das ich untersuchen würde, in so viele Teile zu teilen, wie es angeht und wie es nötig ist, um es leichter zu lösen.

Die dritte, in der gehörigen Ordnung zu denken, d. h. mit den einfachsten und am leichtesten zu durchschauenden Dingen zu beginnen, um so nach und nach, gleichsam über Stufen, bis zur Erkenntnis der zusammengesetztesten aufzusteigen, ja selbst Dinge in Ordnung zu bringen, die natürlicherweise nicht aufeinander folgen.

Die letzte, überall so vollständige Aufzählungen und so allgemeine Übersichten aufzustellen, daß ich versichert wäre, nichts zu vergessen."

(Descartes [6] 1960, S. 15 f.)

Auf den ersten Blick mag dieses methodische Regelwerk enttäuschen, da es zu allgemein erscheint, um Widerspruch erregen oder gar Handlungsweisen in konkreten Situationen generieren zu können. Leibniz hat denn auch diese Methode des Descartes für unfruchtbar gehalten.

In didaktischer Hinsicht könnten die Regeln als Prinzipien für das belehrende Lernen in Anspruch genommen werden, etwa: zuerst die Grundbegriffe klären, in kleinen Schritten vorgehen, vom Einfachen zum Zusammengesetzten fortschreiten, am Ende alles übersichtlich darstellen, o. Ä. Das wäre indes eine völlige Verkennung der Persönlichkeit des Philosophen und des Geistes dieser Schrift. Descartes vertritt vielmehr – geradezu schon in schul- und geschichtsfreundlicher Zuspitzung – die Autonomie (griech.: autonomos = selbständig) des menschlichen Erkenntnisfortschrittes. So berichtet er in der „Methode", die ja auch eine Art intellektueller Biographie ist, kritisch über Erfahrungen in seiner Ausbildung, wobei es z. B. über den Mathematikunterricht heißt, dass ihm die mathematischen Disziplinen zwar „wegen der Sicherheit und Evidenz ihrer Beweisgründe" besonders gut gefallen hätten, ihm aber ihr „wahrer Nutzen" (a. a. O., S. 6) verborgen geblieben sei. Enttäuscht über den Wissenschaftsbetrieb, will er sich nunmehr radikal nur noch auf das eigene Denken und Beobachten verlassen:

„Daher gab ich die wissenschaftlichen Studien ganz auf, sobald es das Alter mir erlaubte, mich der Abhängigkeit von meinen Lehrern zu entziehen und entschlossen, kein anderes Wissen zu suchen, als was ich in mir selbst oder im großen Buche der Welt würde finden können, ..." (a. a. O., S. 8)

Im Grunde kann man den „Discours" nicht ohne Kenntnis der Descartesschen Methaphysik verstehen: Das, was nicht bezweifelbar ist, was als erste Realität feststeht, ist das eigene Denken („Cogito, ergo sum!"). Selbständiges Denken zu lernen, traut er (siehe Comenius!) *jedem* Menschen zu

„... denn was die Vernunft betrifft – oder den Verstand – so möchte ich, zumal sie ja das einzige ist, was uns zu Menschen macht und von den Tieren unterscheidet, glauben, dass jeder sie ganz besitzt ..." (a. a. O., S. 2)

Über den Nutzen seiner o. g. 4 methodischen Regeln für ihn selbst schrieb er mit beachtlichem Optimismus:

„In der Tat wage ich zu behaupten, dass die genaue Befolgung dieser kleinen Auswahl von Vorschriften mir eine solche Gewandtheit verschaffte, alle Probleme zu lösen, auf die sich diese zwei Wissenschaften (Geometrie, Algebra)

erstrecken, dass ich in zwei oder drei Monaten, die ich auf ihre Untersuchung verwandte – wobei ich mit den einfachsten und allgemeinsten begann und jeden wahren Satz, den ich fand, als Regel zur Auffindung weiterer Sätze benutzte – nicht nur mit mehreren Problemen zum Ziel kam, sondern es mir gegen Ende sogar schien, als könne ich selbst für die noch ungelösten bestimmen, mit welchen Mitteln und inwieweit es möglich wäre, sie zu lösen."

(a. a. O., S. 17)

Er fügt hinzu, dass man über eine Sache nur so viel wissen kann, wie man an ihr selbst findet.

Man muss also die Regeln der „wunderbaren Methode" als eine Heuristik, als Maximen autonomen Lernens, betrachten. Descartes sagt selbst, dass er versucht habe, die Vorteile von Logik, geometrischer Analysis (im Sinne Pappos) und Algebra (im Gefolge von Diophant, aber auch der „Neueren") in seiner Methodik zu vereinen, wobei er für sie freilich universellen Anspruch erhebt, also nicht auf das Gewinnen mathematischer Erkenntnis eingeschränkt wissen will.

Gehen wir kurz aus unserer Sicht auf die 4 Regeln im Einzelnen ein. Das Schlüsselwort in der 1. ist sicher *Evidenz* (lat.: evideri = herausscheinend); es soll nur das als wahr gelten, was unbezweifelbar ist, was klar und deutlich im Denken ist. Unproblematisch (wenn auch zu Descartes' Zeiten im Hinblick auf religiöse Wahrheit brisant) ist die darin liegende Absage an tradierte Autorenweisheit, an magisches Denken usw., und die Mahnung, Urteile anderer als Vor-Urteile zu prüfen. Problematisch allerdings ist, was Evidenz überhaupt ist und wie sie als intersubjektives Datum zu verstehen ist. Für Descartes ist Evidenz die Frucht des intuitiven Erfassens eines Zusammenhanges und intuitives Erfassen ist ein „müheloses und deutlich bestimmtes Begreifen des reinen und aufmerksamen Geistes" (Descartes [8] 1979, S. 10). Was aber heißt das genau? Wenn ich das als evident betrachte, was in meine gegenwärtige Vorstellungswelt harmonisch hineinpasst, was mir sogar notwendig so und nicht anders in gleicher Weise zutrifft und für mich selbst später auch noch. Erst wenn ich mich im Gespräch mit anderen verständige und auf gemeinsame Erfahrungen rekurrieren kann, besteht die Chance, so etwas wie intersubjektive Evidenz herbeizuführen. Aber dann ist sie ja sozial vermittelt, hängt vom Geisteszustand der Kommunizierenden ab. Müsste sie nicht aus der Sache selbst herausscheinen und zwar jedem gleich, wie es der wörtliche Sinn von „Evidenz" besagt und woran Descartes fest geglaubt hat und wodurch dann erst Objektivität garantiert würde? Da sind wir heute eher skeptisch. Wir glauben zu wissen, dass auch das scheinbar Evidente theoriegeprägt ist, also im Lichte unserer bisherigen Erfahrungen gesehen wird. (vgl. Kapitel 9.2 über Intuition).

In der Mathematik hat man versucht, das Problem der Evidenz hinweg zu axiomatisieren. Die Grundsätze, aus denen alle weiteren Sätze deduziert werden sollen, also die Axiome, sollen nicht als evidente, unbezweifelbare Wahrheiten, sondern als passende Annahmen, Verabredungen verstanden werden. Dieser radikale Ausweg überzeugt aber höchstens in logischen Rekonstruktionen der Mathematik, der praktizierende Mathematiker jedenfalls denkt in erster Linie inhaltlich; er sieht sich z. B. Beweise an und prüft, ob sie ihm einleuchten. Ohne intuitives Arbeiten mit evidenten Vorstellungen ist ein Wissensfortschritt völlig undenkbar. Deshalb kann in der Mathematikdidaktik die Problematik der Evidenz gar nicht umgangen werden, wenn an dem Ziel, ein Maximum an Einsicht anzustreben, festgehalten werden soll. Wenn es auch vielleicht nicht (Bedeutendes) gibt, was im absoluten Sinn (also für jeden aus sich heraus) evident ist, so gibt es doch eine Skala relativer Evidenzgrade (von „völlig einleuchtend" bis „unklar") und es ist Aufgabe der Schule, günstige Voraussetzungen dafür zu schaffen, dass möglichst viele Schülerinnen und Schüler möglichst hohe Evidenzgrade erreichen können. Das aber heißt, dass die Begriffsbildungen möglichst tief in die Alltagserfahrungen mit ihren Urbildern, Überzeugungen, Vor-Urteilen und Unbefragtheiten hinabreichen, um diese zu sublimieren. Aus der 1. Regel der Descartesschen Methode könnte man bei dieser Interpretation von Evidenz den Heurismus „ableiten": Versuche, einen gegebenen mathematischen Inhalt mit deinen bisherigen Erfahrungen, möglichst sogar mit alltäglichen Erfahrungen, bewusst in Verbindung zu bringen (Wozu passt er? Womit erscheint er unverträglich? Womit erscheint er verwandt? . . .), um auf diese Weise mehr Einsicht zu erlangen.

Die zweite Regel ist ein bekannter (und fast schon evidenter) Heurismus, der für den Mathemtikunterricht bedeutet: eine Rechnung in geschickt gewählte Teilrechnungen aufspalten, eine komplizierte Konstruktionsaufgabe in Teilaufgaben gliedern, einen Beweis in Teilbeweise aufteilen usw. Entscheidend ist aber nun, wie diese Zerlegung von Problemen in (leichter zu lösende) Teilprobleme vorgenommen wird. Es ist ein gewaltiger Unterschied, ob der Lehrende eine solche im Voraus unternimmt, oder ob die Lernenden in einem nennenswerten Ausmaß daran beteiligt werden, so dass ihnen der Sinn des Aufgliederns in dem besonderen Fall und die Fruchtbarkeit dieser Regel vernünftigen Problemlöseverhaltens im Allgemeinen bewusst werden kann.

So natürlich diese Descartes'sche Teilungs-Regel erscheinen mag und so ausgedehnt sie überall im Leben benutzt wird, so ist sie doch auch nichts weniger als ein Algorithmus. In jedem Einzelfall eines Problems ist prinzipiell offen, was hier eine zweckdienliche Aufteilung in Teilprobleme sein könnte und wie man sie herausfinden kann, ganz abgesehen davon, dass die evtl. unterschiedenen Teilprobleme ihrerseits auch nicht automatisch schon leichter sein müssen als das Gesamtproblem. Es gibt auch oft das Dilemma, dass eine wie immer gefundene Aufteilung in viele Teilprobleme zwar deren jeweilige Lösung erleichtert, jedoch den Überblick über das Ganze erschwert, so dass der Gegenheurismus ebenso berechtigt erscheint: Versuche, mehrere Probleme als Teile eines Gesamtproblems zu sehen.

Die dritte Regel, die in vielerlei Fassungen als didaktisches Gemeingut erscheint (vom Leichten zum Schweren, vom Einfachen zum Zusammengesetzten, vom Nahen zum Fernen, von der Anschauung zum Begriff, vom Konkreten zum Abstrakten, usw.) ist gerade deshalb missverständlich, zumindest insoweit fraglich, insoweit nicht feststeht, was im Einzelfall die „einfachsten und am leichtesten zu durchschauenden" Dinge sind. Im Mathematikunterricht besteht die Versuchung – und die Philosophie des Descartes hat dazu, wenn auch vielleicht indirekt, beigetragen – systematisch vorzugehen, also z. B. im elementaren Geometrieunterricht zuerst die „einfachsten" Dinge wie Punkt, Strecke, Strahl usw., dann die zusammengesetzten wie Quadrat, Würfel usw. oder im fortgeschrittenen Geometrieunterricht zuerst die Affingeometrie mit nur drei Axiomen, dann die Euklidische mit reicherer Axiomatik usw. Was in didaktischer Hinsicht als einfach zu bewerten ist, ist alles andere als klar und selbstverständlich. Wir wissen heute zwar, dass Lehr-/Lern-Bemühungen auf Sand gebaut sind, wenn die Lernenden keinen Zugang von ihren Erfahrungen zu dem Lerninhalt finden können, wenn wir einmal „Einfachheit" als „Zugänglichkeit" deuten. Wir glauben aber ebenso zu wissen, dass ohne herausfordernde Situationen, die begriffliche Vor-Griffe nötig machen, gleichfalls keine Lernfortschritte möglich sind. So stellt uns auch die 3. Descartessche Regel mehr offene Probleme als sie eine erfolgssichernde Anleitung in die Hand gibt. (Zur Problematik des „Vereinfachens" siehe Kirsch [16] 1977).

Was schließlich die 4. Regel betrifft, so könnte sie für unser Anliegen etwa so ins Didaktische fortgesetzt werden: Wenn ein Lern-/Erkenntnisprozess vorläufig abgeschlossen erscheint, so blicke rückwärts und verschaffe dir einen Überblick über das Gelernte/Erkannte und prüfe insbesondere, inwieweit eine gewisse Vollständigkeit erreicht worden ist. Dies erscheint buchhalterisch, ist aber ein wichtiger Heurismus des entdeckenden Erkennens, denn Rückblicke und rückwärts gewandte Überblicke lassen oft Lücken erkennen (die dann herausfordernd wirken mögen) und das Gelernte kann im neuen Lichte erscheinen. Gerade die Reflexion auf die eigenen Lernwege wird ja als ein wichtiges Anliegen selbständigen Lernens angesehen.

6.4 Analytische Geometrie

R. Descartes gilt weithin als der Erschaffer der Analytischen Geometrie, wenn sie auch keineswegs von ihm allein in einem einsamen kreativen Akt als funkelnagelneues Gebilde in die Welt gesetzt wurde. Immerhin: Am 10. November 1619 hatte er angeblich die „Erleuchtung von Ulm" (er war damals Soldat in der Armee des bayerischen Herzogs Maximilian) und dies kann der Geburtstag der Analytischen Geometrie gewesen sein. Jedenfalls schrieb er in sein Tagebuch: „10. November 1619. Ich bin ganz begeistert, habe die Grundlagen einer wunderbaren Wissenschaft entdeckt" (zit. nach Nikiforowski [22], S. 56).

Das Kernstück dieser „wunderbaren Wissenschaft" besteht kurz gesagt in einer heuristisch fruchtbaren und systematischen Verbindung von Algebra (i. S. einer Gleichungslehre mit Buchstabenvariablen) und Geometrie.

Zwar ist ein Zusammenspielen zwischen arithmetischen und geometrischen Gedanken seit der klassischen griechischen Mathematik bekannt, man denke etwa an die figurierte Arithmetik der Pythagoräer, an die geometrische Fassung zahlentheoretischer Sätze bei Euklid oder gar an die Kegelschnittlehre des Apollonius, aber Descartes systematisiert diesen Zusammenhang dadurch, dass er mit Variablengleichungen arbeitet.

> „Soll nun irgendein Problem gelöst werden, so betrachtet man es zuvörderst als bereits vollendet und führt für alle Linien die für die Konstruktion nötig erscheinen, sowohl für die unbekannten als auch für die anderen Bezeichnungen ein. Dann hat man, ohne zwischen bekannten und unbekannten Linien irgendeinen Unterschied zu machen, in der Reihenfolge, die die Art der gegenseitigen Abhängigkeit dieser Linien am natürlichsten hervortreten lässt, die Schwierigkeiten der Aufgabe zu durchforschen, bis man ein Mittel gefunden, um eine und dieselbe Größe auf zwei verschiedene Arten darzustellen; dies gibt dann eine Gleichung, weil die den beiden Darstellungsarten entsprechenden Ausdrücke einander gleich sind." (Descartes [7] 1969, S.4)

Die Gleichung (oder das Gleichungssystem) ist dann zu lösen, indem auf geometrische Grundkonstruktionen rekurriert wird, bei einfachen Problemen der Ebene auf geometrisches Addieren, Subtrahieren, Multiplizieren, Dividieren und Radizieren. Multiplikation und Division werden mit Hilfe des Strahlensatzes, Radizieren wird mit Hilfe des Satzes von Pythagoras konstruktiv gelöst (Abb. 6.7a, b).

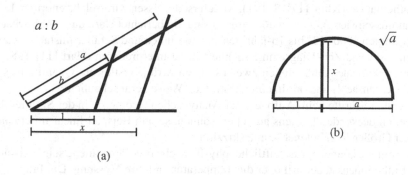

Abb. 6.7

Descartes bricht mit dem Homogenitätsprinzip, wonach nur gleichartige Größen addiert und verglichen werden dürfen, bei ihm sind alle Größen (gerade) Linien, heute würden wir sagen:
Die Größen werden repräsentiert als Längen von Strecken. Diese Loslösung von den Dimensionen, die Zumutung also, z. B. a, a^2, a^3 usw. sämtlich als Streckenlängen anzusehen, erscheint uns zunächst von beiläufiger Bedeutung, ist aber in der Tat ein gewaltiger Schritt vorwärts und im heutigen Schulunterricht eine brisante Stelle. Den vollen Schritt vorwärts, nämlich für ebene Probleme ein Koordinatensystem zugrunde zu legen und geometrische Problemkonfigurationen mit Hilfe der variierenden Abstände x, y von den zwei festen Koordinatenachsen des die Figur durchlaufenden Punktes zu beschreiben, hat Descartes nicht oder nur verdeckt und indirekt vollzogen. Er ist also nicht eigentlich der Schöpfer der Koordinatengeometrie (das ist erst Leibniz), wohl aber der Analytischen Geometrie, wobei unter Analysis noch nicht – wie uns jetzt hinlänglich bekannt – Infinitesimalrechnung verstanden wird, sondern das Problemlösen durch Rückwärtsschreiten, hier in der besonderen Form durch Auffinden von Gleichungen zu einem geometrischen Problem und deren Lösung durch geometrische Grundkonstruktionen. Sein unsterbliches mathematisches Verdienst ist es, mit Hilfe seiner analytischen Methode den Kreis der algebraischen Kurven immens erweitert und die Theorie dieser Kurven systematisiert zu haben (Mainzer [19], S. 98).

Diese algebraisierte Analysis des Descartes ist in seinen Augen für geometrisches Problemlösen ein überaus leistungsfähiger und jedem zugänglicher Heurismus.

> „Ich finde auch nichts darin, was so schwierig wäre, dass diejenigen, die in der gemeinen Geometrie und in der Algebra ein wenig bewandert sind, und auf das, was in diesem Buche enthalten ist, genau achten, es nicht finden könnten."
>
> (Descartes [7] 1969, S. 5)

Damit kommen wir zur didaktischen Diskussion. Die Frage ist, inwieweit Elemente der Analytischen Geometrie – natürlich unter Einschluss der „Koordinatensprache" – heute als zur Allgemeinbildung gehörig angesehen werden müssen. Das wichtigste Argument gestattet es, außermathematische Probleme (hauptsächlich – aber nicht nur – naturwissenschaftlicher Art) quantitativ zu behandeln und – oft im Gefolge davon – technisch anzuwenden. „This creation, now known as co-ordinate geometry, is the basis of all modern applied mathematics" (Kline [17], S. 191). Andererseits wissen wir, welche enormen Lern- und Verständnisschwierigkeiten zu überwinden sind. So berichtet Hart, dass nur höchstens 25% der befragten 1800 (13- bis 15-jährigen) Schülerinnen und Schüler imstande waren, vorgegebene Abstand-Zeit-Diagramme sachgemäß zu interpretieren (Hart [11] 1981, S. 128 f.). Die funktionale Abhängigkeit zweier Größen wird ja restlos auf Quantitatives reduziert („res extensae"!) und nur in einer abstrakten Weise veranschaulicht.

Wie die ersten Schritte beim Aufbau einer Analytischen Geometrie in der SI unter dem Blickwinkel entdeckenden Lernens aussehen können, sei am Beispiel linear miteinander verbundener Größen in gebotener Kürze skizziert.

Ausgangspunkte können wirtschaftliche, physikalische o. a. Phänomene sein, beispielsweise der Einkommenssteuertarif oder die Temperatur und ihre Messung. Die Frage nach dem Zusammenhang zwischen der Messung nach Fahrenheit (in den USA gebräuchlich) und Celsius (bei uns) mag zu Umrechnungstabellen und Parallelskalen (in den Wintersportorten der Schweiz häufig auf Thermometern anzutreffen) führen, dann aber auch zur algebraischen Verallgemeinerung drängen: x sei die Temperaturzahl nach Celsius, y die Temperaturzahl (derselben Temperatur) nach Fahrenheit; welcher Zusammenhang besteht zwischen x und y? es gibt keinen Grund, dieses Problem für banal zu halten. Die Denkleistung umfasst im Einzelnen, wenn sie auch so nicht artikuliert wird, folgende Schritte:

(1) Bei derselben Temperatur ist die Maßzahl x immer kleiner als die Maßzahl y, denn erstens ist im Gefrierpunkt $x = 0$ und $y = 32$ und zweitens ist der (selbe) Abstand (zwischen Gefrier- und Siedepunkt) nach Celsius in 100 Teile, nach Fahrenheit in 180 Teile gleichabständig zerlegt. (Die Grade/Stufen nach Celsius sind größer als die nach Fahrenheit).

(2) Wenn die Temperatur um $1°C$ steigt, steigt sie um $1,8°F$. Wenn sie um $x°C$ steigt, so steigt sie um $1,8x°F$.

(3) Zahl Fahrenheitgrad $= 32 + 1,8 \cdot$ Anzahl Celsiusgrad
$$y = 32 + 1,8x$$

Wird zu dieser Gleichung ein Schaubild angefertigt (Abb. 6.8), so befinden wir uns in der Analytischen Geometrie.

Die Schwierigkeit, ein solches zu verstehen, darf nicht unterschätzt werden. Da ist einmal das Zusammenspiel der Koordinaten: Auf jedem Punkt A der x-Achse (Celsius-Achse) ist senkrecht eine Strecke errichtet, deren Länge das $1,8$-fache von $\overline{0A}$ plus 32 ist, also

$$\overline{AP} = \overline{AB} + 1,8 \cdot \overline{0A}$$

$\overline{0A} = x$ und $\overline{AP} = y$ als zugeordnete Werte bei derselben Temperatur dürfen nicht in naiver Weise als Strecken der Quecksilbersäule missverstanden werden, sie stellen nur die Zahl der Grade dar, $\overline{0A}$ in langen Celsiusgraden, $\overline{AP}$ in kurzen Fahrenheitsgraden. Und dies ist eine zweite Schwierigkeit für das Verstehen des Schaubildes.

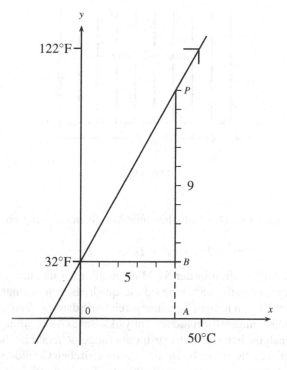

Abb. 6.8

Auch, dass die durch die Gleichung $y = 32 + 1,8x$ je zusammengehörende Werte (x, y) auf einer Geraden liegen, ist nicht selbstverständlich und erheischt gesonderte bewusstmachende Bemühungen: Das überall gleichmäßige Steigen – wenn der x-Wert um h steigt, dann immer der y-Wert um $1,8h$ – drückt sich geometrisch in der Geradlinigkeit aus.

Zur Geschichte der Koordinatensprache ist übrigens anzuführen, dass Leibniz (1692) die noch heute gebräuchlichen Wörter Abszisse für den x-Wert (linea abscissa = abgeschnittene Linie); Ordinate für den y-Wert (linea ordinate = geordnete Linie) und Koordinaten für beide zusammen einführte. „Lineae ordinatae" waren seit alters als zueinander parallele Linien angesehen worden. Die Grundvorstellung von Leibniz lässt sich also so (Abb. 6.9) darstellen (Brieskorn [4], S. 106):

Die Cartesische Idee, Geraden der Ebene durch eine Gleichung

$$ax + by + c = 0 \quad (a \neq 0 \text{ oder } b \neq 0)$$

darzustellen und damit indirekt lineare Zusammenhänge irgendwelcher Art more geometrico studierfähiger zu machen, erweist sich geradezu als Forschungsprogramm für die S I, das (spätestens) in der S II durch weitere Instrumente (Vektorrechnung, Matrizenrechnung, Methoden der Infinitesimalrechnung), durch den Übergang zu höheren Dimensionen (insbesondere zum dreidimensionalen Raum) und durch die Ausdehnung auf nicht-lineare Ge-

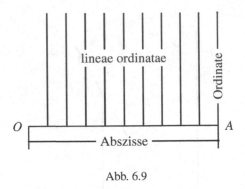

Abb. 6.9

bilde ausgebaut werden kann. Die nächstliegende Verallgemeinerung von $ax + by + c = 0$ ist

$$ax^2 + bxy + cy^2 + dx + ey + f = 0,$$

von der einige Sonderfälle schon in der S I-Mathematik relevant sind (etwa die Parabelgleichung im Kontext der Fallgesetze), und diese quadratischen Formen der Ebene stellen bereits eine Thematik von hohem Beziehungsreichtum dar: quadratische Gleichungen, Kegelschnitte, Koordinatentransformationen, (physikalische) Anwendungen usw. Die heuristische Kraft der analytischen Geometrie tritt umso augenscheinlicher hervor, je „höher" die Kurven, je komplexer die zu analysierenden geometrischen Gebilde sind. Daher muss eine Reduktion auf Lineares oder eine weitgehende „Entgeometrisierung" der Linearen Algebra in der S II als Missachtung eines Entdeckungspotentials angesehen werden.

6.5 „Characteristica universalis" – die umfassende Zeichenkunst des Leibniz

Gottfried Wilhelm Leibniz (1646 - 1716), dieses überragende Universalgenie (Jurist, Theologe, Philosoph, Mathematiker, Rechenmaschinenkonstrukteur, Historiker, Diplomat u. a.), der als einer der letzten das gesamte Wissen seiner Zeit im Kopf hatte und auf verschiedenen Gebieten Neues schöpfte, ist in mehrfacher Hinsicht für die Didaktik interessant. Dass er sich von Kindheit an fast alles selbständig aneignete (So lernte er mit 8 Jahren autodidaktisch Latein und konnte schon mit 12 Jahren lateinische Verse schmieden.) und zwar so gut, dass bereits dem 20-Jährigen einen Professur des Rechts angetragen wurde, sollten wir indes nicht als verallgemeinerungsfähiges Argument für die Überlegenheit autonomen Lernens beanspruchen, denn Leibniz war von einer geradezu beängstigenden produktiven Geistigkeit, dass er als Ausnahmeerscheinung gelten muss.

Was ihn für die Mathemtikdidaktik vor allem faszinierend macht, ist seine systematische Auseinandersetzung mit den metawissenschaftlichen Fragen: Wie kann Wissen methodisch vermehrt werden, wie ist also eine ars inveniendi (eine Erfindungslehre) möglich? Wie kann (Vermutungs)Wissen regelrecht bewiesen werden, wie ist also eine ars judicandi (eine Entscheidungslehre) möglich? Zeit seines Lebens war er auf der Suche nach einer universellen Methode, Wissenschaft – und beileibe nicht nur Mathematik – planmäßig, von Regeln geleitet, zu betreiben. Die ihm dabei vorschwebende „Characteristica universalis", die das Statium des Entwurfs und der Fragmente allerdings nicht überschritt, sollte eine Art allgemeiner Rechenkunst der Gedanken, ein „calculus ratiocinator" sein. Denken sollte als Rechnen ausführbar und Denkfehler sollten wie Rechenfehler erkenn- und korrigierbar sein.

> „Diese Schrift (der Charakterstica universalis) wäre eine allgemeine Algebra;
> sie gäbe die Möglichkeit, dass man denkt, indem man rechnet, und zwar in der
> Art, dass man anstatt zu diskutieren sagen könnte: Lasst uns rechnen! Und es
> ergäbe sich, dass Denkfehler reine Rechenfehler wären, die man wie in der
> Arithmetik durch Proben entdeckte."
>
> (Leibniz, zit. nach Heinekamp [13], S. 314)

In einem Brief von 1671 preist er sich bereits als Erfinder dieser Erfindungskunst an:

> „In Philosophia habe ich ein Mittel gefunden, dasjenige was Cartesius und
> andere per Algebram et Analysin in Arithmetica et Geometria getan, in al-
> len Scientien zuwege zu bringen per Artem Combinatoriam, welche Lullius
> und P. Kircher zwar exkoliert, bei weitem aber in solche deren intima nicht
> gesehen. Dadurch alle Notiones compositae der ganzen Welt in wenig sim-
> plices als deren Alphabet reduziert und aus solches Alphates Kombination
> wiederumb alle Dinge, samt ihren theorematibus, und was nur von ihnen zu
> inventieren müglich, ordinata methodo mit der Zeit zu finden ein Weg geba-
> net wird. Welche Invention, dafern sie will's Gott zu Werk gerichtet, als mater
> aller Inventionen von mir vor das Importanteste gehalten wird, ob sie gleich
> das Ansehen noch zur Zeit nicht haben mag: Ich habe dadurch alles, was er-
> zehlet werden soll, gefunden und hoffe noch ein mehrers zuwege zu bringen."
>
> (Leibniz, zit. nach Heer [12], S. 65)

Leibniz denkt sich also das Finden und Begründen durchaus als etwas Algorithmisches, Kalkülhaftes. Es soll dabei nicht mit den Gedanken selbst gearbeitet werden, sondern mit Symbolen, Zeichen, Charakteren an ihrer Stelle, so wie bei langen Multiplikationen nicht mit den Zahlen selbst operiert, sondern mit Ziffern rechnen und so wie wir beim Integrieren nicht immer die ganze Begrifflichkeit von Limesbildungen erörtern, sondern uns an formale Regeln und passende gespeicherte Wissenselemente halten.

Die Repräsentation von Wissen in Zeichen (Worten usw.) ist für Leibniz von zentraler Bedeutung, hierdurch wird für ihn Wissen überhaupt erst fassbar:

> „Denn die Schrift und das Nachdenken laufen parallel; besser gesagt, die
> Schrift ist der Leitfaden des Nachdenkens ... Leitfaden des Nachdenkens nen-
> ne ich einen fühlbaren und gewissermaßen mechanischen Führer des Geistes,
> den auch der Dümmste erkennt."
>
> (Leibniz, zit. nach Heinekamp [13], S. 313)

Im Einzelnen schwebte Leibniz eine Art Begriffsschrift vor: Grundbegriffe sollten durch Elementarzeichen (eines Alphabets) ausgedrückt werden, alle übrigen Begriffe durch Kombinationen dieser Elementarzeichen, wobei er von der Annahme ausging, dass sich das

Erkennen der Wirklichkeit (von Fällen der cognitio intuitiva, der unmittelbaren Erfassung von Sachverhalten, abgesehen) über den Umgang mit Begriffen vollzieht. Vemittels der Begriffe ist es möglich, zu überprüfen, inwieweit das Denken die Wirklichkeit abbildet. Bevor er nun die Kunstsprache, die die Begriffswelt widerspiegeln sollte, kreieren konnte, musste er Begriffsanalyse betreiben, um zu Grundbegriffen vorzustoßen. Offenbar hat er das an keiner Stelle vollkommen erreicht. Dennoch erschien ihm die Forderung nach möglichst restloser Zergliederung eines Begriffs in Teilbegriffe nützlich, um dadurch zwischen widersprüchlichen („falschen", „unmöglichen") und nicht widerprüchlichen („wahren", „möglichen") Begriffen unterscheiden zu können. Liegen alle Teilbegriffe eines Begriffs offen zu Tage, so spricht Leibniz von „adäquater Erkenntnis". Beim Vergleichen und logischen Ordnen von Begriffen arbeitet er mit den (expliziten) Definitionen der Begriffe, also am sprachlichen Material, jedoch sind die Namen der Begriffe (im Gegensatz zur Auffassung Descartes') nicht etwas Willkürliches, Zufälliges und vom Begriffsinhalt Getrenntes, vielmehr gibt es eine Entsprechung zwischen Zeichen und Bezeichnetem; die Überzeugung von der Existenz einer solchen Entsprechung gewinnt Leibniz letztlich aus seinem religiösen Glauben an eine prästabilierte Harmonie des Universums. Auch der Bezug auf die Ars magna des Alchimisten (Doctor illuminatus) R. Lullus (1235 - 1316) muss als Ausdruck dafür verstanden werden, dass Leibniz offen war für viele intellektuelle Versuche, wenn auch nur ein Hauch von geistigem Fortschritt erkennbar war.

Das Projekt der „Characteristica universalis" ist natürlich gescheitert, obwohl sich Leibniz bis an sein Lebensende immer wieder damit befasst hat. Abgesehen von der Hauptschwierigkeit, dem Auffinden der Grundbegriffe, erscheint es in sich widersprüchlich: Insofern eine Characteristica als Spiegel allen Wissens in fertiger Form vorliegt, macht sie sich selbst als ars inveniendi überflüssig; es ist dann nichts mehr zu erfinden, alles ist schon explizit ausgedrückt. Soll aber eine Characteristica dazu dienen, neue Kenntnisse zu gewinnen, dann kann sie folglich nicht abgeschlossen sein, kann also nicht Universalität beanspruchen.

Diese Widersprüchlichkeit ist in direkter Linie verwandt mit der der Heuristik: Je mehr jemand über ein Gebiet weiß, umso mehr ist er imstande, auftretende Probleme als Routineaufgaben zu indentifizieren und kraft erworbenen Wissens und Könnens zu erledigen. Im Extremfall – als Leibnizischer Dämon des Alleswissers – benötigt er überhaupt kein heuristisches Wissen mehr, dann ist er aber bereits den geistigen Kältetod gestorben.

Man hat immer wieder darauf hingewiesen, dass die Leibnizsche Characteristica universalis zwar ein undurchführbares Programm gewesen sei, aber Grundzüge der modernen (mathematisierten) Logik vorweggenommen habe. Wenn dies auch nur in einem metaphorischen Sinne stimmen sollte (vgl. Heinekamp [13], S. 315, der eher eine Verwandtschaft mit der Formelsprache der Chemie sieht), so gibt es jedenfalls seit den Arbeiten von Gödel, Turing, Church u. a. Präzisierungen des Algorithmus-Begriffs und in deren Rahmen Aussagen über die Möglichkeit einer Charakteristica universalis: In der formalen Logik ist eine ars inveniendi ein Verfahren, das es gestattet, aus einer gegebenen Menge von Prämissen alle Folgerungen zu ziehen; eine solche ist möglich in der Prädikatenlogik erster Stufe, aber schon nicht mehr in der der zweiten Stufe. Und eine ars iudicandi ist ein Verfahren, das es gestattet zu entscheiden, ob eine gegebene Aussage eine Folgerung aus einer gegebenen Menge von Prämissen ist; ein solches Entscheidungsverfahren gibt es schon in der Prädikatenlogik erster Stufe nicht.

Grob gesagt, gilt die ernüchternde Feststellung: Je reichhaltiger ein Wissensgebiet ist, umso schwieriger ist es, es formal (als Zeichenspiel) zu rekonstruieren, also alle möglichen Aussagen über geregelten Umgang mit Grundzeichen zu gewinnen und von vorgelegten Aussagen mittels Regeln des Zeichensystems zu entscheiden, inwieweit sie Folgerungen darstellen.

Muss auch der universelle Anspruch fallen gelassen werden, so bleibt doch die Aufgabe, zu Teilbereichen ein im Sinne der *Characteristica universalis* günstiges Zeichensystem zu erschaffen, wobei günstig heißen soll

(1) verständigungsfreundlich: Das Zeichensystem (die Sprache) ist leicht zu lernen, die Gefahr der Missverständnisse ist minimalisiert, Erfahrungen des Alltags sind in ihr aufgehoben.

(2) entdeckungsfreundlich: Der Gebrauch der Zeichen führt weiter als das inhaltliche Denken.

> „Bei den Bezeichnungen ist darauf zu achten, dass sie für das Erfinden bequem sind. Das ist am meisten der Fall, so oft sie die innerste Natur der Sache mit Wenigem ausdrücken und gleichsam abbilden."
>
> (Leibniz, zit. nach Wußing [30], S. 182)

(3) beweisfreundlich: Der Gebrauch der Zeichen verleiht Sicherheit beim Argumentieren.

Bekanntlich hat Leibniz für die *Infinitesimalrechnung* ein leistungsfähiges Zeichensystem geschaffen, das wir i. W. bis heute benutzen. Wenn er auch im Begrifflichen unentschieden blieb und speziell letztlich offen ließ, was „unendlich klein" heißen soll, so hat er doch nicht nur die Kenntnisse seiner Zeit auf dem Gebiet, das heute Analysis heißt, bündig zusammengefasst, sondern dieser den Status eines Calculus, einer Rechnung, gegeben, indem er Symbole und allgemeine Regeln für den Umgang mit ihnen einführte, die die dahinterstehenden Begriffe und geistigen Prozesse wiedergeben.

Vom Tangentenproblem herkommend, legte Leibniz (und zwar in den Acta Eruditorum von 1684, Becker, O. [2], S. 158 ff.: „Neue Methode der Maxima, Minima sowie der Tangenten ... und eine darauf bezügliche Rechnungsart", Abb. 6.10) das Differential dy im Punkte (P) der (stillschweigend als differenzierbar vorausgesetzten) Funktion $y(x)$ so fest: Er nimmt an (Analysis als Rückwärtsschreiten!), die Tangente PT sei bereits bestimmt und er schiebt dann eine Strecke $\overline{CD}$ von der fest vorgegebenen Länge dx so in das Dreieck TBP ein, dass „Ähnlichkeitslage" entsteht.

$\overline{PD}$ heißt nun Differential dy und es ist $dy = \frac{y}{t} dx$ (Abb. 6.11).
(Eigentlich müsste es ja heißen: $|dy| = \frac{y}{t} dx$).

Nach dieser „Definition" des Differentials (wörtlich bei Leibniz als „Differenz", daher das „d") werden allgemeine Rechenregeln genannt:

- Wenn a konstant, dann $da = 0$
- $d(mx + n) = m$
- Wenn $y = z$, dann $dy = dz$
- $d(z - y + x) = dz - dy + dx$ (Summen/Differenz-Regel)
- $d(yz) = z dy + y dz$ (Produktregel)

130

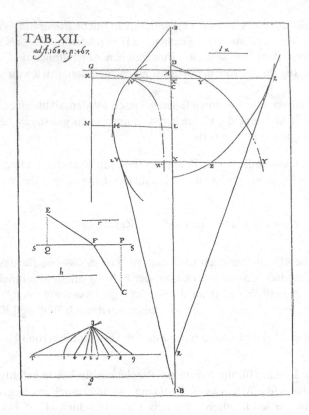

Abb. 6.10: (Original von Leibniz)

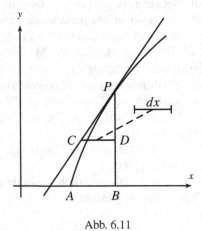

Abb. 6.11

- $d\left(\dfrac{z}{y}\right) = \dfrac{\pm z\,dy \pm y\,dz}{y\cdot y}$ (Quotientenregel)

(Die Quotientenregel ist falsch, wie Leibniz selbst später erkannte). Leibniz beweist diese Regeln nicht, sondern weist nur darauf hin, dass sie jeder bequem aus der Definition von *dy* folgern könne. Später heißt es stolz:

„Kennt man, wenn ich so sagen soll, den obigen Algorithmus dieses Kalküls, den ich Differentialrechnung nenne, so lassen sich alle anderen Differential-gleichungen durch ein gemeinsames Rechnungsverfahren finden …"

(Leibniz, zit. nach Becker, O., a. a. O., S. 161 f.)

Eingehende Kritik findet man in Heinekamp [13] 1982.

Es ist hier natürlich nicht möglich, auf die weitgespannte didaktische Diskussion über die Infinitesimalrechnung einzugehen. Nur eines sei – von Leibniz kommend – angemerkt: Der Infinitesimalkalkül sollte zunächst einmal dazu dienen, Eigenschaften von Erschei-nungen und Bewegungen in einer Weise beschreibbar zu machen, wie es der Umgangs-sprache entweder gar nicht oder doch nicht in der Weise möglich ist, dass Probleme (etwa die Frage nach Bestwerten) gestellt und gelöst werden könnten. Die Sprache des Infinitesi-malkalküls gräbt tiefer in die Realität hinein, man denke etwa an die Begriffe momentane Änderungsrate, Höchstwerte, Wendestelle usw. am Beispiel des Verlaufs von Aktienkur-sen. Bekanntlich ist die Gefahr groß, dass in Schule und Hochschule der „reine" Kalkül (mechanistisch betriebene Kurvendiskussionen) dominiert und die deskriptive und gene-rative Funktion der Infinitesimalsprache zu kurz kommen oder doch zu wenig bewusst werden.

Für das Lernen von Mathematik ist allgemein das Problem der Sprache (der Zeichen, Symbole, Termini, Redensarten, …) von entscheidender Bedeutung. Wer ein Zeichensys-tem beherrscht, kann sich daran halten und erlebt so Sicherheit und Erfolg. Wer es nicht (genügend) beherrscht, aber sich gezwungen sieht, es dennoch zu verwenden, erlebt allen-falls zufällige und ihm unverständliche Erfolge.

Hier interessiert speziell die mögliche *kreative* Bedeutung von Symbolen und Symbol-systemen.

Das fängt mit dem Erstrechnen an. Werden Zahlen als *Strichlisten* dargestellt, wie sie ja auch in praktischen Lebenssituationen vorkommen (Verkehrszählung z. B.), so haben wir in dieser anschaulichen Symbolik ein vorwärtsgreifendes Instrument für die Begriffsbil-dungen des Rechnens mit natürlichen Zahlen: Kleiner-Relation über Listenvergleich, Ad-dition als Zusammensetzen von Listen usw. In gewisser Weise kreiert das Darstellungs-mittel neue Begriffe und dient nicht nur zur Beschreibung des bereits Bekannten.

Noch eindrucksvoller ist das an *der Stellenwertdarstellung von Zahlen* zu beobachten und beim Schullernen ausnutzbar: Ohne Stellenwertdarstellung wären so einfache Re-chenalgorithmen wie unsere schriftlichen Verfahren nicht denkbar. Eine Ziffernkette als Zahlzeichen ist eben nicht nur irgendein Name für die Zahl, sondern ein begrifflich durch-strukturiertes Symbol, das in einem maximalen Umfang das Operieren mit Zahlen als ein Manipulieren mit Zeichen gestattet. Das wird erst so recht deutlich, wenn man die Stel-lenwertdarstellung z. B. mit der reihenden der röm. Zahlschrift vergleicht. Darüber hinaus hat unsere Stellenwertdarstellung außer der Beschreibungsfunktion (für natürliche Zahlen und Bruchzahlen) auch eine erzeugende: Indem man beliebige unendliche Dezimalbrüche als Rechensymbole zulässt, erschafft man sich gewissermaßen über diese Symbole neue Gegenstände, nämlich die (irrationalen) reellen Zahlen. Und auf noch höherer Lernstufe sind Dezimalbrüche das spezielle Urmuster für Polynome und für Potenzreihen und letztere sind so etwas wie universelle Symbole für Funktionen. Kein Wunder, dass sich Leibniz und andere Mathematiker seiner Zeit intensiv und erfolgreich mit unendlichen Reihen befassten.

Ein drittes Beispiel: Man kann Matrizen als Darstellungsmittel einführen, zunächst als Tabellen mit doppeltem Zugang, später zur Beschreibung von linearen Funktionen (zwischen Vektorräumen) und sie leisten dort vielerlei gute Dienste. Man kann sie aber auch völlig losgelöst davon als Gegenstände, als Rechenobjekte, betrachten und dies würde dann geradezu unvermeidbar z. B. zur Entdeckung von nichtkommutativen und nicht nullteilerfreien Ringen, also von neuen Objekten führen.

Allgemein: Zeichensysteme, die begrifflich strukturiert sind und nicht einfach aus willkürlichen Symbolen bestehen, können während ihres Gebrauchs ihre Funktion wechseln, von der Beschreibung bekannter zur Erschaffung neuer Dinge. Das einem Zeichensystem innewohnende Entdeckungspotential ist umso größer, je variabler und je mehr es begrifflich geordnet ist. Umgekehrt zwingt begriffliches Fortschreiten zur Verbesserung der Sprache.

In allen drei genannten Funktionen sprachlicher Mittel stecken didaktische Möglichkeiten im Sinne des entdeckenden Lernens, allerdings auch schwierige Lernprobleme:

Funktionen des Zeichensystems	kreative didaktische Möglichkeiten
Beschreibungsinstrument bekannter Objekte (deskriptive Funktion)	Erfindung sprachlicher Formen und Darstellungsmittel für Beobachtetes
Rechenobjekt (Kalkülfunktion)	Entdeckung von Rechengesetzen; Aufdeckung der Grammatik der Darstellungsmittel
Instrument zur Definition neuer Objekte (generative Funktion)	Erschaffung neuer Dinge durch formale Definitionen; ideative Antizipation (lat. anticipatio = Vorwegnahme)

Literatur

[1] Becker, G.: Geometrieunterricht, Klinkhardt 1980.

[2] Becker, O.: Die Grundlagen der Mathematik in geschichtlicher Entwicklung, Alber 1964.

[3] Bell, E.T.: Die großen Mathematiker, Econ 1967.

[4] Brieskorn, E.: Lineare Algebra und analytische Geometrie, Band 1, Vieweg 1983.

[5] Cantor, M.: Vorlesungen über Geschichte der Mathematik, 2. Band, Teubner 1965 (Nachdruck von 1900).

[6] Descartes, R.: Von der Methode des richtigen Vernunftgebrauchs und der Wissenschaftlichen Forschung, Hrsg. L. Gäbe, Meiner 1960.

[7] Descartes, R.: Geometrie, Hrsg. L. Schlesinger, Wissenschaftliche Buchgesellschaft 1969.

[8] Descartes, R.: Regeln zur Ausrichtung der Erkenntniskraft, Hrsg. L. Gäbe, Meiner 1979.

[9] Euklid: Die Elemente, Hrsg. v. C. Thaer, Nachdruck Wissenschaftliche Buchgesellschaft 1980.

[10] Freudenthal, H.: Vorrede zu einer Wissenschaft vom Mathematikunterricht, Oldenbourg 1978.

[11] Hart, K.: Children's Understanding of Mathematics, Murray 1981.

[12] Heer, F.: (Auswahl und Einleitung) Gottfried Wilhelm Leibniz, Fischer 1958.

[13] Heinekamp, A.: Gottfried Wilhelm Leibniz. In: Hoerster, N. (Hrsg.): Klassiker des philosophischen Denkens, Band 1, S. 274 - 320, Deutscher Taschenbuch-Verlag 1982.

[14] Hinneberg, P. (Hrsg.): Allgemeine Geschichte der Philosophie, Teubner 1913.

[15] Hofmann, J.E.: Zur Erinnerung an F. Viète. In: Archimedes 5 (1953), S. 113 - 116.

[16] Kirsch, A.: Aspekte des Vereinfachens im Mathematikunterricht. In: Didaktik der Mathematik 5 (1977), S. 87 - 101.

[17] Kline, M.: Mathematics in Western Culture, Oxford University Press 1953.

[18] Kroll, W.: Zeichnen I, Zeichnen II, Mathematik lehren, H. 14 und H. 17 (1986).

[19] Mainzer, K.: Geschichte der Geometrie, Bibl. Inst. 1980.

[20] Malle, G.: Buchstabenrechnen, Mathematik lehren, H. 16, 1986.

[21] Meschkowski, H.: Denkweisen großer Mathematiker, Vieweg 1967.

[22] Nikiforowski/Freiman: Wegbereiter der neuen Mathematik, Deutsch 1978.

[23] Polya, G.: Schule des Denkens Francke 1967[2].

[24] Röd, W.: René Descartes, in: Exempla historica, Band 28, S 147 - 168, Fischer 1984.

[25] Schneider, J.: Francoise Viète, in: Exempla historica, Band 27, S. 57 - 84, Fischer 1984.

[26] Specht, R.: Descartes, Rowohlt 1984.

[27] Tropfke, J.: Geschichte der Elementarmathematik, de Gruyter 1980[4].

[28] Whitehead, A.N.: Eine Einführung in die Mathematik, Dalp 1958[2].

[29] Wußing/Arnold: Biographie bedeutender Mathematiker, Aulis 1978

[30] Wußing, H.: Vorlesungen zur Geschichte der Mathematik, Deutscher Verlag der Wissenschaften 1979.

Auswahl jüngerer Literatur zum Thema

[31] Bruder R. (Hrsg.): Mathematik lehren – Heuristik – Problemlösen lernen, 2002, Heft 115.

[32] Brückner, A. / Bieber, G. / Müller, H. / Bruder, R. / Reuter, F.: Mathematik lehren - Problemlösen lernen, 1992, Heft 52.

[33] Fritzlar, T.: Problem Solving in Mathematics Education, Franzbecker 2008.

[34] Gerten, M.: Wahrheit und Methode bei Descartes, Felix Meiner 2001.

[35] Grieser, D.: Mathematisches Problemlösen und Beweisen – Eine Entdeckungsreise in die Mathematik, Springer Fachmedien 2013.

134

[36] Schmidt, G.: Analytische Geometrie unter Betonung der Leitidee Raum und Form mithilfe von Objekt-studien. In: Der Mathematikunterricht 55 (2009), Heft 3, S. 5-16.

[37] Tietze, U.-P. / Klika, M. / Wolpers, H: Mathematikunterricht in der Sekundarstufe 2 – Didaktik der Analytischen Geometrie und Lineare Algebra, Friedrich Vieweg & Sohn 2000.

[38] Weigand et al.: Didaktik der Geometrie für die Sekundarstufe 1, Spektrum Akademischer Verlag 2009.

[39] Zimmermann, B. (Hrsg.): Problemorientierter Mathematikunterricht, Franzbecker 1991.

7 Induktion und vollständige Induktion

7.1 Pascals arithmetisches Dreieck

Blaise Pascal (1623 - 1662) – oft eingeschätzt als mathematisches Wunderkind, das religiösem Extremismus zuliebe sein Talent vergrub (Bell) – hat wie viele seiner großen Zeitgenossen (Descartes, Fermat, Leibniz, Newton, ...) auf mehreren Gebieten Schöpferisches geleistet: Physik, Mathematik, Rechenmaschinenbau, Philosophie, Theologie, Literatur. In der Mathematik gilt er im Verein mit Fermat (mit dem er darüber korrespondierte) als Begründer der Wahrscheinlichkeitslehre. Allerdings ist sein Name auch ruhmvoll mit der (projektiven) Geometrie verbunden. (Als 16-jähriger fand er den nach ihm benannten „wundervollen" Satz: „Im Sehnensechseck eines Kegelschnitts liegen die Schnittpunkte je zweier Geraden auf einer Geraden.").

Bekanntlich bildete eine ziemlich zweitrangig klingende Frage des Spielers und Lebemannes Chevalier de Méré den Anstoß zur Ingangsetzung von Pascals systematischer Beschäftigung mit dem Zufall, nämlich die nach der gerechten Punkteverteilung, wenn ein bestimmtes Glücksspiel vorzeitig abgebrochen wird. Genau: A spielt gegen B; das Spiel besteht aus mehreren Zügen. Jeder Spielzug wird von A oder B je mit derselben Wahrscheinlichkeit (also je $1/2$) gewonnen. Wer zuerst 3 Gewinnzüge erreicht hat, erhält den ganzen Einsatz. Nun muss das Spiel wegen übergeordneter Umstände beim Spielstand $1:0$ für A abgebrochen werden. Wie ist jetzt der Einsatz gerechterweise zu verteilen? (Diese Frage war übrigens keineswegs neu und es waren unterschiedliche Antworten in der Diskussion, worauf hier nicht eingegangen wird (Borovcnik [2] 1986)).

Pascal löste 1654 das Problem durch folgende Überlegungen:

Nach $2+3-1=4$ weiteren Zügen wäre das Spiel auf jeden Fall entschieden. Der Einsatz ist nach dem Abbruch so zu verteilen, dass die Gewinnerwartung von A und B angemessen (proportional) berücksichtigt wird.

Die Gewinnerwartung rechnet er aus und dabei „entsteht" das nach ihm benannte arithmetische Dreieck, das aber älter ist (Abb. 7.1).

In heutiger Darstellungsweise sieht es so aus:

Gewinnausgänge für A kann man deuten als diejenigen Zickzackwege von der Spitze des Dreiecks nach unten, die mindestens zwei Linksschritte enthalten, Gewinnzüge für B sind entsprechend solche, die mindestens 3 Rechtsschritte enthalten. Die Anzahl dieser Wege lässt sich auf sehr suggestive Weise bestimmen und darin liegt ja die Fruchtbarkeit dieses dreieckigen Schemas. Die Anzahl der Gewinnausgänge für A (unter der Annahme 4 weiterer Spielzüge) ist $1+4+6=11$, für B nur $4+1=5$, also ist (nach Pascal) der Einsatz im Verhältnis $11:5$ zugunsten von A zu teilen. Ein spezieller Gewinnausgang für A ist z. B. durch *lrrl* gegeben, das ist einer der 6 Wege von der Spitze des Dreiecks zum Mittelpunkt der Linie für 4 Spielzüge.

136

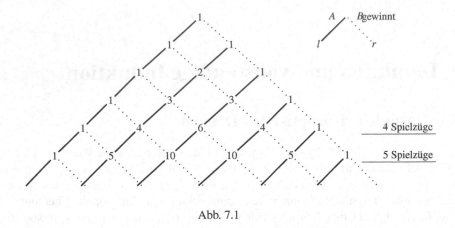

Abb. 7.1

Fermat kam übrigens mit etwas anderer (und in gewisser Hinsicht „besserer" Methode) zur selben Lösung, die seither als kanonisch gilt.

Unabhängig von der speziellen Punkte-Verteilungs-Problematik (und überhaupt von Fragen der Wahrscheinlichkeitsrechnung) ist das Pascalsche Dreieck von größerem Interesse. An ihm ist nämlich nach allgemeiner Einschätzung geschichtlich zum ersten Mal in expliziter Form die „Beweismethode" der vollständigen Induktion ausgeübt worden; deshalb könnte diese „Methode" „Pascalsche Induktion" heißen (und nicht wie früher z. T. nach Bernoulli oder gar Kästner, vgl. Feudenthal [10] 1953). Implizit und mehr oder weniger verhüllt ist schon im klassischen Altertum vollständig induziert worden; ein besonders erhellendes Beispiel sind die Folgen der Seiten- und Diagonalzahlen des Quadrats und die damit verbundene Lösungsvielfalt der Diophantischen Gleichung

$$x^2 - 2y^2 = \pm 1$$

in der Pythagoreischen Mathematik. „Wir sehen daraus, dass die Pythagoreer im Prinzip mit der vollständigen Induktion bekannt waren . . ." (Van der Waerden [28], S. 208).

Die Zahlen des Pascal-Dreiecks sind – vom Punkte-Verteilungsproblem oder (gleichwertig) vom Problem der Anzahl der Zickzackwege von der Spitze zu irgendeinem Punkt weiter unten herkommend – *rekursiv* definiert und zwar so:

1) Wenn Randzahl, dann 1

2) Wenn nicht Randzahl, dann Summe der beiden (links oben und rechts oben) darüber stehenden Zahlen.

Formal und im Schema von Abb. 7.1 in unserer heutigen Sprache:

1) $\binom{n}{0} = 1,$ $\qquad \binom{n}{n} = 1$

2) $\binom{n}{k} = \binom{n-1}{k-1} + \binom{n-1}{k}$

wobei n die Nummer der waagerechten Zeile mit 0 beginnend und k die Nummer der Diagonale (von links oben nach rechts unten) ebenfalls mit 0 beginnend des Schemas der Abb. 7.1 ist und $\binom{n}{k}$ zunächst nur bedeutet: Zahl in der n-ten Reihe und k-ten Diagonale. (Die Schreibweise $\binom{n}{k}$ „n über k" stammt übrigens von Euler).

Das Problem, das sich Pascal stellt und das er löst, ist: Durch welche *explizite* Formel lassen sich (wenn es überhaupt eine gibt) die Zahlen des Dreiecksschemas berechnen? Die rekursiven Formeln sagen ja nur, wie man erstens die Zahlen von oben beginnend Zeile für Zeile ausrechnet und hinschreibt. Das ist die iterative Sicht: Man wiederholt immer wieder dieselbe Rechenprozedur: 1 schreiben oder die beiden darüber stehenden Zahlen addieren. Zweitens sagen sie, was man zu tun hat, wenn man eine Zahl an einer bestimmten Stelle ausrechnen soll. Z. B. würde man $\binom{5}{3}$ so bestimmen müssen, wenn das Dreiecksschema sonst noch leer ist:

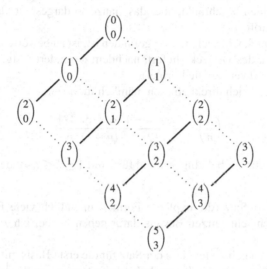

Abb. 7.2

$$
\begin{aligned}
\binom{5}{3} &= \overbrace{\binom{4}{2}}\quad\quad\quad + \quad\quad\quad \overbrace{\binom{4}{3}}\\
&= \overbrace{\binom{3}{1}} \quad + \quad \overbrace{\binom{3}{2}} \quad + \quad \overbrace{\binom{3}{2} + \binom{3}{3}}\\
&= \overbrace{\binom{2}{0} + \binom{2}{1}} \quad + \quad \overbrace{\binom{2}{1} + \binom{2}{2}} + \overbrace{\binom{2}{1} + \binom{2}{2}} + \binom{3}{3}\\
&= \binom{2}{0} + \overbrace{\binom{1}{0} + \binom{1}{1}} + \overbrace{\binom{1}{0} + \binom{1}{1}} + \binom{2}{2} + \overbrace{\binom{1}{0} + \binom{1}{1}} + \binom{2}{2} + \binom{3}{3}\\
&= \ 1 \ + \ 1 \ + \ 1 \ + \ 1 \ + \ 1 \ + \ 1 \ + \ 1 \ + \ 1 \ + \ 1 \ + \ 1
\end{aligned}
$$

Das ist die rekursive Sicht: Zunächst rückwärts schreiten (im Pascal-Dreieck nach oben gehen!) und zwar zwangsweise unter Aussetzung des Rechnens solange, bis man auf Ausdrücke der Form $\binom{n}{0}$ oder $\binom{n}{n}$ stößt, die ja gleich 1 sind. Am Schluss sind dann alle Einsen auf zu summieren. Man könnte von Analysis (fortlaufendes Rückwärtsgehen) und Synthesis (Aufrechnen der Einsen) sprechen.

Dieses rekursive Ausrechnen ist natürlich mühselig, so dass das Motiv für die Suche nach einer expliziten Formel (die das Ausrechnen in einem direkten Zugriff gestattet) wohl begründet ist.

Wie Pascal nun auf die explizite Formel

$$\binom{n}{k} = \frac{n \cdot (n-1) \cdot \ldots \cdot (n-k+1)}{1 \cdot 2 \cdot \ldots \cdot k}$$

gekommen ist, wissen wir nicht; vielleicht hat er sie geraten (Polya [20], S. 117). Übrigens hat er das explizite Rechenverfahren gar nicht mit Variablen aufgeschrieben, sondern sich auf konkrete Zahlen beschränkt, aber das Ganze so dargestellt, dass der allgemeine Gedanke klar zutage tritt.

Nachdem eine Formel, wie auch immer, gefunden ist, ist zu beweisen, dass diese Formel tatsächlich die Zahlen des Dreiecks liefert, nachdem gesondert festgesetzt wird $\binom{n}{0} = 1$ (denn für den Fall $k = 0$ versagt die Formel).

Ein Teilergebnis lässt sich direkt ablesen, nämlich für $n = k$:

$$\binom{n}{n} = \frac{n \cdot n(n-1) \cdot \ldots \cdot 3 \cdot 2 \cdot 1}{1 \cdot 2 \cdot \ldots \cdot (n-1) \cdot n}$$

Es bleibt, die Formel für ein beliebiges n und für k mit $1 \le k \le n$ zu beweisen.
Pascal schreibt dazu:

> „Obgleich dieser Satz (die explizite Formel) unendlich viele Fälle enthält, werde ich einen sehr kurzen Beweis dafür geben, wobei ich zwei Lemmas voraussetze.
> Das erste Lemma behauptet, dass der Satz für die erste Basis gilt, was auf der Hand liegt. (Für $n = 1$ ist ja $\binom{1}{0}$ nach Sonderfestsetzung und $(\binom{1}{1} = \frac{1}{1} = 1)$.
> Das zweite Lemma behauptet dies: Tritt es ein, dass der Satz für eine bestimmte Basis gilt (für einen bestimmten Wert von n), so gilt er notwendigerweise auch für die nächste Basis (für $n + 1$).
> Wir sehen also, dass der Satz notwendigerweise für alle Werte von n gilt. Denn er gilt für $n = 1$ aufgrund des ersten Lemmas, darum für $n = 2$ aufgrund des zweiten Lemmas; darum für $n = 3$ aufgrund des selben und weiter ad infinitum.
> Und so bleibt nur der Beweis des zweiten Lemmas zu erbringen."
> (Pascal, zit. nach Polya [20], S. 117 f., geringfügig von mir geändert)

In der heutigen Sprache beweist man das zweite Lemma (griech.: lèmma = alles, was man nimmt, Hilfssatz), das ist ja der Induktionsschritt, der „Schluss von n auf $n + 1$", in etwa so:

Für ein beliebiges $n = m > 1$ sei die Formel richtig, d. h. es gelte

$$\binom{m}{1} = \frac{m}{1} = m,$$

$$\binom{m}{2} = \frac{m \cdot (m-1)}{1 \cdot 2}, \dots, \binom{m}{k-1} = \frac{m \cdot (m-1) \cdot \dots \cdot (m-k)}{1 \cdot 2 \cdot \dots \cdot (k-1)},$$

$$\binom{m}{k} = \frac{m \cdot (m-1) \cdot \dots \cdot (m-k+1)}{1 \cdot 2 \cdot \dots \cdot k}, \dots, \binom{m}{m} = 1.$$

Das ist die Induktionsvoraussetzung.

Jetzt erfolgt der Übergang zu $n = m + 1$. Aus der Voraussetzung ergibt sich:

$$\binom{m}{k} + \binom{m}{k-1} = \frac{m \cdot (m-1) \cdot \dots \cdot (m-k+1) + m \cdot (m-1) \cdot \dots \cdot (m-k+2) \cdot k}{1 \cdot 2 \cdot \dots \cdot k}$$

$$= \frac{[m \cdot (m-1) \cdot \dots \cdot (m-k+2)] \cdot (m-k+1+k)}{1 \cdot 2 \cdot \dots \cdot k}$$

$$= \frac{(m+1) \cdot m \cdot (m-1) \cdot \dots \cdot (m-k+2)}{1 \cdot 2 \cdot \dots \cdot k}$$

$$= \binom{m+1}{k}$$

Gilt also die Formel $\binom{n}{k}$ zur Berechnung der Zahlen des Dreiecks für $n = m$, so auch für $n = m + 1$. Die Richtigkeit der Formel vererbt sich im Pascalschen Dreieck von Zeile zu Zeile.

Auf diese „mathematische Schlussweise in ihrer reinsten Form" (Poincaré [19], S. 10) ist noch einzugehen (7.2). Zunächst einige Bemerkungen zum

Pascal-Dreieck im Schulunterricht.

Das Pascalsche Dreieck ist eins von jenen einfachen und zunächst völlig harmlos aussehenden Zahlfeldern, die die Grundlage ergiebiger Erkundungszüge darstellen können. Unterschiedliche Fragestellungen können zu ihm führen, etwa (die „klassische"): Wieviele Möglichkeiten gibt es, k Dinge aus n (gegebenen und wohl unterschiedenen) Dingen auszuwählen? Präziser: Wieviele k-elementige Teilmengen sind in einer n-elementigen Menge enthalten? Kurz: Wieviele k-Teilmengen besitzt eine n-Menge? Von selbst muss hier natürlich $k \le n$ sein. Diese Frage ist die formalere Fassung der Frage nach der Anzahl von Auswahlen in verschiedenen konkreten Situationen: Abordnungen aus einer Menschenpopulation auswählen, Stichproben aus einer Sammlung von Produkten erheben usw.

Nach (unverzichtbaren!) empirischen Auszählungen von Teilmengen aus Mengen mit wenigen Elementen kann bereits eine übersichtliche Darstellung, etwa in Form einer Tabelle mit doppeltem Zugang, Beobachtungen anregen und Vermutungen darüber, wie es wohl weiter geht, erzeugen.

Die erste Spalte, die lauter Einsen enthält und zum Ausdruck bringt, dass *die* leere Menge Teilmenge jeder Menge ist, wird in der Regel erst später einzufügen sein, da dieser

$n\backslash k$	0	1	2	3	4	5	6
1	1	1	/	/	/	/	/
2	1	2	1	/	/	/	/
3	1	3	3	1	/	/	/
4	1	4	6	4	1	/	/
5	1	5	10	10	5	1	/

Abb. 7.3

Sonderfall – von realen Situationen herkommend – sicher keine Aufmerksamkeit erregt. Fast Entsprechendes gilt für den „entgegengesetzten" Sonderfall, der sich in den Einsen der Diagonalen spiegelt.

Dass die zweite Spalte die natürlichen Zahlen in ihrer Ordnung enthält, dürfte noch nicht aufregend und überraschend sein: Jede Menge hat soviele 1-Teilmengen wie sie Elemente hat. Interessanter wird es ab der 2. Spalte. Wieso hat eine 4-Menge genau 6 2-Teilmengen? Kann man das irgendwie ausrechnen? Kann man einsehen, wieso es sein muss? 6 ist $3+3$ und $3,3$ stehen links darüber. Ist das Zufall? Was fällt auf, wenn man die Zeilen betrachtet? Aufdringlich ist die Symmetrie und (etwas weniger) die Tatsache, dass die Summe einer Zeile immer eine Zweierpotenz ist.

Die Beobachtungen können vordergründig sein, sozusagen Ziffernwahrnehmungen. Ein anderes und Anspruchsvolleres ist es, die Beobachtungen zu begründen, z. B. die Symmetrie so: Aus einer 5-Menge muss es genau so viele 2-Teilmengen wie 3-Teilmengen geben, weil es zu jeder 2-Menge genau eine 3-Teilmenge gibt (nämlich die jeweilige Restmenge) und umgekehrt.

Zum Entdecken des rekursiven Aufbaus und der expliziten Formel dürfte es zweckmäßig erscheinen, den Schülerinnen und Schülern vorzuschlagen, das Auswählen der Teilmengen und ihr Auszählen nach folgendem Spielplan zu betreiben (und das wäre eine weitgehende Vorgabe): Wird ein Element aus einer vorgegebenen Menge ausgewählt, so

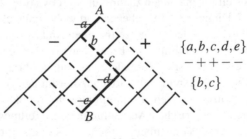

Abb. 7.4

wird ein Schritt nach rechts gemacht (positiv); wird das Element nicht ausgewählt, so wird ein Schritt nach links gemacht (negativ). So entspricht der Auswahl einer bestimmten Teilmenge aus einer n-Menge der Gang auf einem n-gliedrigen Zickzackweg, der in A beginnt (Abb. 7.4). Im Beispiel entspricht der fett dargestellte Weg von A nach B der Teilmenge $\{b,c\}$ aus der Menge $\{a,b,c,d,e\}$. Dabei wird vorübergehend die gegebene Menge als geordnet betrachtet, so dass ein Auswahlvorgang immer durch ein Entlanggehen an derselben Elemente-Anordnung geschieht.

Soweit die Entsprechung (Analogie-Bildung!)

$$\boxed{k\text{-Teilmenge aus } n\text{-Menge}}$$

$$\updownarrow$$

$$\boxed{n\text{-gliedriger Weg mit } k \text{ Linksschritten (und } n-k \text{ Rechtsschritten)}}$$

erkannt worden ist, was durch wechselseitiges Übersetzen verifiziert werden kann, kann die Frage nach der Anzahl der k-Teilmengen aus einer n-Menge die Umdeutung erhalten: Wieviel n-gliedrige Zickzackwege (von A aus) gibt es, die k Rechtsschritte enthalten?

Inwieweit diese Umdeutung des Problems eine Erleichterung bringt, wäre zu thematisieren. Hier nun kann die entsprechende rekursive Entdeckung gemacht werden: Zu irgendeinem inneren Punkt kann man nur geraten, wenn man vorher auf dem Punkt links darüber oder auf dem Punkt rechts darüber war. Führen auf den einen dieser Punkte x Wege und auf den anderen y Wege, so gibt es $x+y$ Wege zum fraglichen Punkt. Damit kann man die Weg-Zahlen leicht systematisch finden. Was diese rekursive Aktivität für die ursprüngliche Frage nach der Anzahl von Teilmengen bedeutet, verdient gesonderte Überlegung und es ist keine triviale Entdeckung, wenn festgestellt wird: Anzahl der k-Teilmengen einer n-Menge = Anzahl der $(k-1)$-Mengen (rechts oben). Die Begründung dafür kann aus dem Handlungsvollzug am Auswahlplan erfolgen, indem das Schicksal des „letzten" Elementes der n-Menge fallunterscheidend beobachtet wird.

Zum Entdecken der expliziten Formel kann die Anregung dienen, das Auswahlschema mit $+$ und $-$ zu untersuchen.

Am Beispiel einer 7-Menge

$$\left\{ \begin{matrix} a, & b, & c, & d, & e, & f, & g \\ -, & +, & +, & -, & -, & +, & - \end{matrix} \right\}$$

aus der alle möglichen 3-Teilmengen auszuwählen sind, kann diese Umdeutung (Umstrukturierung, Transformation) des Problems gefunden werden: Es gibt genau so viele 3-Mengen wie es Anordnungen von 3 mal $+$ und 4 mal $-$ gibt. Damit haben wir ein Anordnungsproblem und die Frage, wieviele Anordnungen es von n verschiedenen Dingen gibt, ist aller Erfahrung nach vergleichsweise leichter zu beantworten; in Zahlenbeispielen schon Grundschülern zugänglich: m Dinge lassen sich auf m Fakultät verschiedene Arten anordnen.

$$m! = 1 \cdot 2 \cdot \ldots \cdot (m-1) \cdot m.$$

Zur Lösung des obigen umgeformten Problems muss dann freilich immer noch vieles an Gedanken zusammengefügt werden. Betrachten wir alle 7 Zeichen zunächst einmal als verschieden voneinander (z. B. so: $-_1 +_2 +_3 -_4 -_5 +_6 -_7$), dann gibt es 7! Anordnungen. Wischen wir in jeder der 7! Anordnungen die Unterscheidungsziffern wieder weg, so werden alle die Anordnungen ununterscheidbar gleich, bei denen an derselben Stelle igendwelche (+)-Zeichen oder (−)-Zeichen stehen. Durch das Wegwischen erhalten wir Sorten (Klassen) von Anordnungen und das ist eine viel kleinere Zahl als 7!. In jeder dieser Sorte von Anordnungen darf man die (+)-Zeichen und die (−)-Zeichen je untereinander beliebig vertauschen, ohne diese dabei zu ändern. Das geht auf $3! \cdot 4!$ Arten. Das gibt so viele unterscheidbare Sorten von Anordnungen, wie $3! \cdot 4!$ in 7! enthalten ist, also die gesuchte Zahl $\frac{7!}{3! \cdot 4!}$.

Es empfiehlt sich, diese Überlegungen an einem noch „kleineren" Beispiel experimentell wirklich durchzuführen, etwa am Beispiel, alle 2-Mengen aus einer 4-Menge zu berechnen: Wie viele Anordnungen aus 2 (+)-Zeichen und 2 (−)-Zeichen gibt es? Bei Unterscheidung der 4 Zeichen gibt es $4! = 24$ Anordnungen, die in Sorten von je $2! \cdot 2! = 4$ gleichartige zerfallen.

Eine Sorte ist z. B. diese in Abb. 7.5. Die 4! Anordnungen zerfallen also in $\frac{4!}{2!2!} = 6$ Sorten; jede Sorte entspricht einer Anordnung der 4 Zeichen, wenn je die (+)-Zeichen und die (−)-Zeichen nicht untereinander unterschieden werden und dadurch ist genau eine Teilmenge bestimmt.

$$+_1 +_2 -_3 -_4 \qquad \left\{ \begin{array}{c} a,b,c,d \\ + + - - \end{array} \right\}$$
$$+_1 +_2 -_4 -_3$$
$$+_2 +_1 -_3 -_4$$
$$+_2 +_1 -_4 -_3 \qquad + + - - \qquad \{a,b\}$$

Abb. 7.5

Dieses Spiel zwischen Unterscheidungen einführen und diese dann wieder rückgängig machen, allgemeiner zwischen Differenzieren und Identifizieren, noch allgemeiner zwischen Verfeinern und Vergröbern, erscheint hier als Kunstgriff und ist zweifellos subtil (lat.: subtilis = fein gewebt). Es handelt sich aber um eine allgemeine Idee und eine recht verbreitete, wenn auch oft unbewusst angewandte und auf jeden Fall einfühlsam zu handhabende Problemlösestrategie. Zur Illustration zunächst noch ein anderes Beispiel aus der Kombinatorik, eine scheinbar sehr einfache Aufgabe, die aber erfahrungsgemäß nicht nur für weniger Geübte ein Stolperstein ist: Wie viele Möglichkeiten gibt es, 3 Ehepaare auf die 6 Betten von 3 2-Bett-Zimmern zu verteilen, wobei (natürlich) Ehepartner nicht in verschiedene Zimmer gelangen sollen? (Freudenthal [10], S. 540)

Denken wir uns zuerst die 6 Personen nicht zu Paaren gruppiert, so gibt es $6! = 720$ Verteilungsmöglichkeiten. Davon ist aber nur der $5 \cdot 3 \cdot 1 = 15$-te Teil zulässig, wenn nach Ehepaaren getrennt auf 3 Zimmer verteilt wird (Vergröberung). Es gibt mithin $720 : 15 = 48$ Möglichkeiten, die 3 Ehepaare auf die 3 mal 2 Betten „ehefreundlich" zu verteilen.

Eine zweite („umgekehrte") Lösung: Wir verteilen zunächst die 3 Paare auf die 3 Zimmer, das ergibt $3! = 6$ Möglichkeiten. In jedem der 3 Zimmer kann dann (Verfeinerung!) auf $2! = 2$-fache Weise eine Verteilung auf die 2 Betten erfolgen, also gibt es $3! \cdot 2! \cdot 2! \cdot 2! = 48$ Möglichkeiten im Sinne der Aufgabe. (Häufige Fehllösung: $3! + 2 + 2 + 2 = 12$)

Eine dritte (direkte) Lösung: Es gibt 6 Möglichkeiten für das 1. Bett des 1. Zimmers, (das 2. Bett ist dann automatisch für den Ehepartner), dann 4 Möglichkeiten für das 1. Bett des 2. Zimmers und schließlich 2 Möglichkeiten für das 1. Bett des 3. Zimmers, also $6 \cdot 4 \cdot 2 = 48$ Verteilungsmöglichkeiten.

Jetzt noch ein völlig anderer, sogar viel zentralerer Bereich zum Wechselspiel Differenzieren/Identifizieren, um die Allgemeinheit dieser Idee anzudeuten: die Darstellung von Zahlen und Zahlgleichungen. Einerseits ist z. B. $17 + 4$ verschieden von 21 (hier Summenterm, dort Zahlname, hier Aufforderung zum Handeln, dort Ergebnisniederschrift), andererseits werden die Ausdrücke auch identifiziert (im wörtlichen Sinne $17 + 4 = 21$) und dann ist gemeint, dass ihr Wert übereinstimmt. Ähnliches gilt etwa für $\frac{3}{4}$, $\frac{6}{8}$, 0, 75, 75 % usw. und es ist eine Irreführung, wenn den Kindern weisgemacht wird, das seien einfach nur verschiedene Namen desselben Objektes; je nach Kontext handelt es sich tatsächlich um verschiedene Objekte. Auch die Frage, wann und wieso begrifflich verschiedene Zahlen doch auch als gleich angesehen werden dürfen (wie $\frac{10}{2} = 5$, $1.0 = 1$, $0.\overline{3} = \frac{1}{3}$, $-(-5) = 5$, $(\sqrt{2})^2 = 2$ usw.) ist nicht trivial.

Zurück zum Pascaldreieck

Es gibt andere Zugänge zur expliziten Formel der Pascalzahlen. Es kann – in unserem Beispiel der Auswahl der 3-Teilmengen aus einer 7-Menge – auch etwa so überlegt werden: Wir fragen zunächst, wieviele geordnete 3-Teilmengen, also 3-Teilketten, ausgewählt werden können. Die Anzahl dieser Ketten ist nämlich leichter zu bestimmen. Es gibt deren $7 \cdot 6 \cdot 5$, denn an erster Stelle kann jedes der 7 Elemente stehen, an zweiter Stelle jedes der jeweils 6 restlichen, das gibt schon $7 \cdot 6$ Paare usw. Ein Baumdiagramm empfiehlt sich. Dann bilden wir Sorten von Ketten: Jede Sorte soll aus denjenigen Ketten bestehen, die dieselben Elemente haben, Eine solche Sorte ist z. B.

$$\left.\begin{array}{l} a - c - e \\ a - e - c \\ c - a - e \\ c - e - a \\ e - a - c \\ e - c - a \end{array}\right\} \quad \{a, e, c\}$$

Jede Kettensorte besteht aus $3! = 1 \cdot 2 \cdot 3$ Ketten und jeder Sorte von 3-Ketten entspricht eine 3-Menge. Also gibt es $\frac{7 \cdot 6 \cdot 5}{1 \cdot 2 \cdot 3}$ 3-Teilmengen aus der 7-Menge. Wieder haben wir zuerst eine Verfeinerung eingeführt und diese dann wieder rückgängig gemacht.

Bis jetzt haben wir nur Zahlenbeispiele und noch nicht die Formel in Variablen. Wie ist der Übergang von $\frac{7!}{3! \cdot 4!}$ zu $\frac{n!}{k! \cdot (n-k)!}$ bzw. (was als gleichwertig nachzurechnen wäre!) von $\frac{7 \cdot 6 \cdot 5}{1 \cdot 2 \cdot 3}$ zu $\frac{n \cdot (n-1) \cdot (n-2)}{1 \cdot 2 \cdot 3}$ zu bewerkstelligen?

Manchmal spricht man hier von (unvollständiger) Induktion (lat.: iductio = Hineinführung) als einem Schritt vom Besonderen zum Allgemeinen, von Beispielen zum allgemeinen Gesetz o. Ä. Zutreffender erscheint es jedoch, hier von einer quasi-allgemeinen Überlegung oder von einer paradigmatischen Erörterung zu sprechen, wie sie Freudenthal

(1953) in geschichtlichen Beispielen in der Mathematik der Vor-Pascal-Zeit nachgewiesen hat. In Beispielen das Allgemeine zu sehen und dann auch noch in Variablen aufzuschreiben, ist indes keineswegs ein natürlicher Schritt. Es erscheint dabei zweckdienlicher, *ein* (nicht zu „kleines") Beispiel sorgfältig und prägnant (lat.: praegnans = schwanger, strotzend) zu analysieren, als mehrere Beispiele durchzugehen in der Hoffnung, es werde sich eine Verallgemeinerung durch Abstrahieren von den Besonderheiten der Zahlen ereignen. Die Prägnanz eines Beispiels, damit es als Stellvertreter für den ganzen Typ angesehen werden kann, wird angezeigt durch die unausgeführte Rechnung, also durch $\frac{7!}{3!\cdot 4!}$ bzw. $\frac{7\cdot 6\cdot 5}{1\cdot 2\cdot 3}$ und gerade nicht angezeigt durch das Ergebnis (hier 35). In dieser formelhaften Darstellung wird nämlich die allgemeine Überlegung abgebildet, die in der Ergebniszahl erloschen ist. Letztlich ist es aber eine nur empirisch zu untersuchende Frage, inwieweit allgemein und für alle Schülerinnen und Schüler durch *ein* prägnantes Beispiel ein ganzer Typ (ein Begriff) erfasst werden kann.

Der Weg vom rekursiven Aufbaugesetz der Zahlen des Pascal-Dreiecks zur expliziten Formel für die Berechnung dieser Zahlen darf nicht als Bagatelle eingestuft werden, wenn er von Lernenden möglichst selbständig vollzogen werden soll. Es ist ja eine echte Wissenserweiterung. Man dämpfe seine Erwartungen durch Beachtung der Tatsache, dass es z. B. über 600 Jahre dauerte, bis man von der rekursiven Fassung der Fibonacci-Folge (etwa: $a_1 = a_2 = 1$, $a_n = a_{n-1} + a_{n-2}$ für $n \geq 2$) zur expliziten gelangte (Stowasser/Mohry [27], S. 52 ff.), was man heute systematisch – über Vektorraumtheorie – ausrechnen kann.

Was sonst noch alles an den Pascal-Zahlen untersucht werden kann, muss hier unerwähnt bleiben bis auf eines, den binomischen Satz ($a, b \in \mathbb{R}$, $n \in \mathbb{N}$)

$$(a+b)^n = (a+b) \cdot (a+b) \cdot \ldots \cdot (a+b)$$

$$= \binom{n}{0} a^n b^0 + \binom{n}{1} a^{n-1} b^1 + \ldots + \binom{n}{k} a^{n-k} b^k + \ldots + \binom{n}{n} a^0 b^n$$

der die zum Standard der S I gehörenden binomischen Formel $(a+b)^2 = a^2 + 2ab + b^2$ (stark) verallgemeinert und in der Analysis und Stochastik wichtig ist.

Die Zahlen $\binom{n}{k}$ des Pascaldreiecks, die hier auftreten und die ja deswegen Binominalkoeffizienten heißen (lat.: bi = zwei, nomen = Namen; con = mit, efficens = bewirkend), geben an, dass das Produkt $a^{n-k} \cdot b^k$ durch Auswahl von a aus $n-k$ Klammern und durch Auswahl von b aus k Klammern entsteht und es $\binom{n}{k}$-mal dieses Produkt $a^{n-k} \cdot b^k$ gibt. Bei der Entwicklung von $(a+b)^7$ z. B. entsteht das Produkt $a^3 \cdot b^4$ so oft, so oft aus 3 der 7 Klammern $(a+b)$ der Faktor a und aus 4 der 7 Klammern der Faktor b genommen wird und das ist $\binom{7}{3}$-mal der Fall. *Dass* dies so ist, kann wieder am Spielplan von Abb. 7.4 gefunden werden, insofern diese neue Deutung erarbeitet wird:

1 Schritt nach links unten	$\longleftrightarrow$	Auswahl von a aus einer der n Klammern $(a+b)$
1 Schritt nach rechts unten	$\longleftrightarrow$	Auswahl von b aus einer der n Klammern $(a+b)$
n gliedriger Weg von A aus mit $n-k$ Schritten nach links unten und k Schritten nach rechts unten	$\longleftrightarrow$	Zusammenstellung von Faktoren a aus $n-k$ Klammern und Faktoren b aus k Klammern zu $a^{n-k} \cdot b^k$

Anzahl aller n-gliedrigen Wege $\longleftrightarrow$ Anzahl aller Faktoren $a^{n-k} \cdot b^k$
mit $n - k$ Schritten nach links unten bei der Entwicklung von $(a + b)^k$,
und k Schritten nach rechts unten: $\binom{n}{k}$ Anzahl ist $\binom{n}{k}$

Wie reichhaltig das Thema Pascal-Dreieck ist, ersehe man z. B. bei Stowasser/Mohry [27] und [20]. „Diese Zahlentafel hat bedeutsame und wunderbare Eigenschaften", schreibt Jakob Bernoulli begeistert (zit. nach Polya [20], S. 119), aber die Begeisterung sollte nicht den Blick dafür trüben, dass bei „normalen" Schulbedinungen gerade kombinatorische Probleme auf spezifische Lernschwierigkeiten treffen, was bei der Deutungsvielfalt und den kunstvollen gedanklichen Zusammenhängen nicht verwunderlich ist.

7.2 Bemerkungen zur vollständigen Induktion

Sie ist bekanntlich eine deduktive Beweisform und kann überall da nützlich werden, wo natürliche Zahlen im Spiel sind.
In der Regel wird das Beweisschema so dargestellt:

(1) Induktionsbasis: Die (zu beweisende) Aussage A trifft auf die natürliche Zahl 0 (oder 1 oder $n_0 > 1$) zu.
(2) Induktionsschritt: Das Zutreffen der Aussage A ist nachfolgererblich:
  Wenn A auf $n = k \in \mathbb{N}$ zutrifft, dann auch auf $n = k + 1$
(3) Induktionsschluss (Conclusio): A trifft auf alle $n \in \mathbb{N}$ zu (jedenfalls ab Basis n_0).

Kurzform mit logischen Zeichen: Für beliebige Aussage $A(n)$

$$[A(0) \wedge \forall k \in \mathbb{N} : (A(k) \Rightarrow A(k+1))] \Rightarrow \forall n \in \mathbb{N} : (A(n))$$

Dass die vollständige Induktion erst explizit seit Pascal in Gebrauch ist und sich erst im 19. Jahrhundert stärker verbreitete, dürfte damit zusammenhängen, dass die Arithmetik eigentlich bis ins 19. Jahrhundert hinein im Gegensatz zur Geometrie nicht als axiomatische (sondern als „analytische") Wissenschaft angesehen wurde.

Seit Dedekind (und Peano) gilt diese Beweisform als „geklärt". Einer der Hauptpunkte seiner Schrift sei es, zu beweisen, „dass die unter dem Namen der vollständigen Induktion (oder des Schlusses von n auf $n + 1$) bekannte Beweisart wirklich beweiskräftig ist ..., und dass auch die Definition durch Induktion (oder Rekursion) bestimmt und widerspruchsfrei ist", schreibt Dedekind (S. IV) im Vorwort seiner berühmten Schrift von 1887. Die übliche (innermathematische) Darstellung ist seitdem: Die natürlichen Zahlen werden (etwa in Anlehnung an Peano) axiomatisch definiert und eines der Axiome wird als „Prinzip der vollständigen Induktion" deklariert und lautet meist: Gehört zu irgendeiner Menge natürlicher Zahlen 1. die 0 (oder 1 oder $a_0 > 1$), 2. mit jeder Zahl k auch ihr Nachfolger $k + 1$, so ist diese Menge gleich der Menge aller natürlichen Zahlen (ab a_0). Lapidar heißt es daher bei Mainzer (in Ebbinghaus [7], S. 14)

> „Das Induktionsprinzip ist keine neue Schlussweise der Mathematik neben den üblichen Schlussregeln der Logik, sondern nichts anderes als die Anwendung des (obigen) Axioms, um zu beweisen, dass gewisse Aussagen für alle natürlichen Zahlen gelten."

Dies mag als Hintergrund ausreichen, wenn man so arbeitet, dass man die natürlichen Zahlen als fertig vorliegende (induktive) Menge betrachtet, die durch ein Axiomensystem definitorisch charakterisiert ist und wenn man im Führen induktiver Beweise geübt ist.

Für das Schullernen können wir schon deshalb nicht von einem solchen Standpunkt ausgehen, weil vor einer axiomatischen Einordnung im Großen zunächst einmal lokale Erfahrungen zur vollständigen Induktion auf mehr intuitiver und naiver Basis unabdingbar sind und allein dies ist schon ein höchst anspruchsvolles Unternehmen. Wie wäre bei dieser Absicht die vollständige Induktion einzuordnen? Für entscheidend halte ich, dass der Zählprozess als Konstruktionsprozess analysiert wird und von dort aus die „Methode" der vollständigen Induktion anschaulich nachvollzogen werden kann (Schreiber [23], S. 21).

Zum Verständnis des Zählens als dem Aufbauen der Folge der natürlichen Zahlen gehört nun nicht nur die Einsicht, dass es einen Anfang gibt, dass jede Zahl immer genau einen (von ihr verschiedenen) Nachfolger und (außer dem Anfangsglied) genau einen Vorgänger hat, sondern auch die, dass, wenn man einmal (bei 0 oder 1 oder irgendwo sonst) begonnen hat und dann immer nur von einer Zahl zu ihrem Nachfolger übergeht, man damit bereits alle natürlichen Zahlen aufzählt. Es werden durch letzteres – anschaulich gesehen – „Monster" ausgeschlossen wie diese:

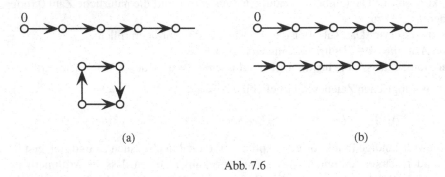

(a)   (b)

Abb. 7.6

Tatsächlich treffen auf die Gebilde in Abb. 7.6a und 7.6b alle erstgenannten Zähleigenschaften (die ersten 4 Peano-Axiome bei üblicher Nennung) zu, nicht aber könnte man hierüber einen Beweis durch vollständige Induktion führen, da die Kette mit dem Anfang 0 nicht alle Zahlen umfasst, im „Beweis" also – u. U. unendlich viele – Fälle unberücksichtigt blieben.

Insofern ist der Übergang von $A(0) \wedge \forall (k : (A(k) \Rightarrow A(k+1))$ nach $\forall n \in \mathbb{N} : (A(n)))$ offenbar nicht rein logisch, im Gegensatz z. B. zum Übergang von $A \wedge A \Rightarrow B$ nach B (Deduktionsregel der Abtrennung, modus ponens), weil das konstruktive nicht-logische Zählmoment unvermeidlich hineinspielt. Beim üblichen axiomatischen Aufbau (etwa nach Peano) muss man die Existenz (mindestens) einer unendlichen Menge fordern (was Dedekind – auf bemerkenswerte Weise – auch tut), sonst ist überhaupt alles auf Sand gebaut und man kann mit Poincaré nun mit Recht fragen, ob bei der Forderung nach einer unendlichen Menge nicht (wenn auch versteckt) bereits auf *die* durch Zählen erzeugte Menge zurückgegriffen wird. Dedekind selbst beweist die Existenz „unendlicher Systeme" so: Die Gesamtheit der Dinge meines Denkens S ist unendlich, denn: ein Gegenstand meines Denkens sei s. (Dieser existiert offenbar). Der Gedanke an s sei $s' = f(s)$ und s' ist wieder-

(1) **Aussage trifft auf 1 zu**

Wenn die Aussage auf 1 zutrifft, dann auch auf 2.

Aussage trifft auf 2 zu.

Wenn die Aussage auf 2 zutrifft, dann auch auf 3.

Aussage trifft auf 3 zu.

Wenn die Aussage auf 3 zutrifft, dann auch auf 4.

Aussage trifft auf 4 zu.

$\vdots$

Aussage trifft auf k zu.

(2) **Wenn die Aussage auf k zutrifft, dann auch auf k+1**

Aussage trifft auf k+1 zu.

$\vdots$

---

(3) **Aussage trifft auf alle n zu.**

Abb. 7.7

um ein Element meiner Gedankenwelt S, aber verschieden von s. Sind a, b verschiedene Elemente von S, so ist auch $f(a) \neq f(b)$. Damit ist f eine injektive (bei Dedekind „ähnliche") Abbildung von S auf sich und $f(S) = S'$ ist echter Teil von S, da es mindestens ein Element in S gibt („z. B. mein eigenes Ich"), das nicht zu S' gehört. Deshalb ist S unendlich (Dedekind [4], S. 14), wobei Dedekind ja eine Menge als unendlich bezeichnet, wenn sie injektiv auf eine echte Teilmenge von sich selbst abgebildet werden kann.

Dieser Begriff kollidiert mit dem mengentheoretisch widersprüchlichen Begriff der Menge aller Mengen. Man kann ihn wahrscheinlich nur „retten", wenn man ihn aufzählend fasst: Gedanke s, Gedanke an den Gedanken $s = s'$, Gedanke an $s' =$ Gedanke an den Gedanken des Gedankens $s = s''$ usw. und dieses „usw." läuft auf die Konstruktion von etwas hinaus, das bis auf die Namen mit $\mathbb{N}_0$ (oder $\mathbb{N}$) übereinstimmt. Wenn das aber so ist, dann deutet es darauf hin, dass der konstruktive Zählprozess unhintergehbar ist.

Um die großen Verständnisschwierigkeiten der Lernenden bei der vollständigen Induktion zu mildern, sind anschauliche Gedankenexperimente als didaktische Mittel empfohlen worden, etwa das Dominostein-Modell oder das Eigenschaftsvererbungs-Modell bei Lebewesen (Stowasser/Mohry [27], S. 21). Diese didaktischen Modelle können indes insofern nicht überzeugen, da sie nicht zwingend auf das Unendliche hinweisen.

Empfehlenswerter erscheint es mir, das „Kaskadenmodell" von Poincaré für das Lehren/Lernen aufzugreifen (siehe Abb. 7.7).

Hier gibt es das Bemühen, den Zählvorgang im Auge zu behalten und damit die Idee der Nachfolgererblichkeit prägnant anschaubar zu machen.

Mit Poincaré (S. 10) sieht man, dass es sich um eine nicht enden wollende Kaskade von Syllogismen (griech.: syllogismos = das Zusammenrechnen (von zwei Prämissen zu einer Conclusio)) handelt und zwar sind es Schlüsse nach der Abtrennungsregel (modus ponens). In Abb. 7.7 ist der Übergang zur Conclusio jeweils durch einen „Abtrennungsstrich" signiert, jeder dieser Striche bedeutet also „also".

Der für Lernende nachweislich schwierigste Punkt – auch meist in technischer Hinsicht – ist der verständige Vollzug des Induktionsschrittes (2), also der Nachweis der Erblichkeit des Aussagegehaltes von einer beliebigen Stelle k auf die Nachfolgestelle $k+1$. Einmal ist zu akzeptieren, dass keineswegs behauptet, sondern hypothetisch vorausgesetzt wird, dass die Aussage auf beliebiges k zutrifft („Wir tun einmal so, als ob der Satz für ein beliebiges k richtig wäre …"). Zweitens müssen in jedem Falle spezielle Überlegungen darüber angestellt werden, wie man den Schritt von k auf $k+1$ zuwege bringt; es gibt da keine Automatik. (Man könnte hier von „beschaffender Analysis" im Sinne Vietas sprechen). Drittens muss ein Gefühl für den Gehalt und die Gestalt der in Rede stehenden Aussage da sein, dass z. B. $\frac{n \cdot (n+1)}{2}$ für n dasselbe ist wie $\frac{(n+1) \cdot (n+2)}{2}$ für $n+1$; die Schülerinnen und Schüler müssen ein gewisses Maß algebraischer Kultur bereits aufgenommen haben.

Dass man mit nur zwei Schritten, nämlich (1) und (2), gewissermaßen unendlich viele Syllogismen erfasst, also mittels der vollständigen Induktion „vom Endlichen zum Unendlichen fortschreitet" (Poincaré [19], S. 12), macht nach Poincaré geradezu die Wissenschaftlichkeit der Mathematik aus, weil sie *allgemeine* Lehrsätze im Auge hat. Die arithmetischen Sätze „weisen, der Reihe der Zahlen entlang, ins Unendliche" (Waismann [29], S. 94), insofern ist der Unterschied zwischen den folgenden Sätzen (1) und (2) fundamental: (1) Alle geraden Zahlen ab 4 bis 10^6 lassen sich auf mindestens eine Art als Summe zweier Primzahlen darstellen. (2) Alle geraden Zahlen ab 4 lassen sich auf mindestens eine Art als Summe zweier Primzahlen darstellen. Verstehen kann man die vollständige Induktion gemäß Poincaré letztlich nur intuitiv: „Warum drängt sich uns dieses Urteil (dass die vollständige Induktion weder rein logisch noch durch empirische Erfahrung zugänglich ist, H. W.) mit so unwiderstehlicher Gewalt auf? Das kommt daher, weil es nur die Bestätigung der Geisteskraft ist, welche die Überzeugung hat, sich die unendliche Wiederholung eines und desselben Schrittes vorstellen zu können, sobald dieser Schritt einmal als möglich erkannt ist. Der Verstand hat von dieser Macht eine direkte Anschauung und die Erfahrung kann für ihn nur die Gelegenheit sein, sich derselben zu bedienen und dadurch derselben bewusst zu sein" (Poincaré [19], S. 13). Wenn das aber so ist, dann dürfen beim Lernen die intuitiven Momente nicht durch logische und axiomatische Regelungen erdrückt werden.

Auf jeden Fall ist die vollständige Induktion in der Schule ein außerordentlich anspruchsvolles Unternehmen. Es ist ersichtlich schwierig, in der Breite unterrichtliche Erfolge zu erzielen. So berichtet Leppig, dass nur 19% von 769 befragten Abiturienten (in den Jahren 1975 - 78) das Prinzip der vollständigen Induktion erklären und nur 15% ein Beispiel vorführen konnten. Im Zuge der strukturmathematisch akzentuierten Reformbemühungen der 60er Jahre wurde sie hoch geschätzt, in jüngster Zeit scheint sie sich entschieden auf dem Rückzug zu befinden, wenngleich andererseits durch den Einfluss von höheren Programmiersprachen (z. B. LOGO) vielleicht eine Gegenbewegung erfolgt.

Welche Bedeutung die mit der vollständigen Induktion zusammenhängende Denkweise für das Schullernen hat, werde ich im nächsten Kapitel versuchen zu skizzieren. Hier will ich nur noch eine (ziemlich willkürliche) Serie von Sätzen nennen, für deren Beweis sich die vollständige Induktion empfiehlt, nicht um (ohnehin vorhandenes) Übungsmaterial zu liefern, sondern um zu belegen, welches weit wirkende Instrument sie ist und so darauf hinzuweisen, dass die Frage, inwieweit sie zur gymnasialen Allgemeinbildung gehört, sehr gründlicher Überlegung bedarf.

1. Summe der geometrischen Reihe (und anderer Reihen)
2. Summe der ersten natürlichen Zahlen, Quadratzahlen, Kubikzahlen, usw.
3. Binomischer Lehrsatz
4. Bernoullische Ungleichung und andere Ungleichungen, z. B. $2^n > n^2$ für $n > 4$
5. Satz über arithmetische und geometrische Mittel
6. Satz über Darstellbarkeit von Zahlen im g-adischen Systeme
7. $x - y \mid x^n - y^n$
8. Kleiner Fermatscher Satz
9. $(\cos \alpha + i \sin \alpha)^n = \cos n\alpha + i \sin n\alpha$
10. Ableitungen der ln-Funktion
11. Eulerscher Polyedersatz
12. 5-Farben-Satz

Was hat die vollständige Induktion mit entdeckendem Lernen zu tun? Sind nicht Beweise nur wissenssichernd aber nicht wissensvermehrend?

Diese Dichotomie (griech.: dichótomos = zweigeteilt), bei Wissenschaftstheoretikern beliebt (siehe Stegmüller), ist didaktisch unfruchtbar. Sogar professionelle Logiker geben bereitwillig zu, dass Mathematiker zu Recht und zum Glück über keinen festen Beweisbegriff verfügen, vielmehr je nach Situation und Bedarf neue Varianten in den Grundtypen des Schließens erfinden und dass es ein Unterschied ist, ob man Schlussweisen kennt und sie nach Regeln aneinanderfügt oder ob man die Idee eines inhaltlich gebundenen Beweises versteht, gar selbst einen neuen Beweis findet und Schlussregeln geschickt (und unbewusst richtig) anwendet. Kurz: Beweisen in der mathematischen Praxis kann nicht auf das Anwenden von logischen Gesetzen, von Deduktionsregeln reduziert werden. Dass man einen durchgeführten und schriftlich vorliegenden Beweis logisch zergliedern und in einer logischen Sprache rekonstruieren kann, sagt nicht viel mehr als die Beobachtung, dass man die Züge eines Schachspielers als den Schachregeln genügend registrieren kann. Wirkliches Schachspielen ist etwa so viel mehr als Schachregeln einhalten wie wirkliches Beweisen mehr ist als Deduktionsregeln beachten. Alles in allem: Einen Beweis führen, bedeutet immer, ein Problem zu lösen. Der Beweis wird zu einer umso tieferen Einsicht in den Sachverhalt führen, je mehr der Lernende an der Beweisfindung beteiligt ist. Jedoch ist die Motivation zu dieser Selbstbeteiligung, d. h. die Weckung des Beweisbedürfnisses, eines der schwierigsten Probleme in der Unterrichtspraxis. Im Falle der vollständigen Induktion kommt einmal hinzu, dass der Beweisfindungsprozess offenbar besonders schwierig ist und dass zum andern vorher ja die zu beweisende Aussage fix und fertig vorliegt, auf irgendeine Weise – durch unvollständige Induktion? – entdeckt worden sein muss; ist sie aber entdeckt, so scheint sie vielfach so klar, dass ein Beweis als überflüssig empfunden wird.

7.3 Iteration und Rekursion

Der Prototyp (griech.: prótos = erster, wichtigster, griech.: typtein = schlagen) von mathematischer Iteration (lat.: iteratio = Wiederholung) ist das Zählen im Sinne des Aufzählens der Wortreihe für die natürlichen Zahlen; es wird da wiederholt dasselbe getan, nämlich der Nachfolger genannt bzw. $+1$ gerechnet bzw. ein weiterer Strich an eine Strichliste angefügt, o. Ä. Dass dies als ad infinitum (lat.: finis = Ende) gedacht werden kann, ist – wie Geschichte und Ethnologie zeigen – keine bare Selbstverständlichkeit und ist erst Ende des 19. Jahrhunderts durch den Begriff der vollständigen Induktion präzisiert worden. Beim Abzählen von (wirklichen oder gedachten) Gegenständen oder Möglichkeiten ist der Zählprozess endlich, im einfachsten Fall sagt das dabei zuletzt benutzte Zahlwort (wenn mit 1 begonnen wurde) die Anzahl der vorhandenen Gegenstände. Schematisch sieht dieses einfache, aber im praktischen Leben täglich benutzte Abzählen so aus:

(1) Ordne die Gegenstände in einer (linearen) Reihe an oder denke sie linear geordnet.

(2) Benenne den ersten Gegenstand mit 1.

(3) Ist noch ein weiterer Gegenstand da?

> (3a) Ja. dann gehe zum nächsten Gegenstand über und benenne ihn mit dem nächsten Zahlwort.
> Fahre fort mit (3). (Wiederholung!)

> (3b) Nein. Dann gib das zuletzt benutzte Zahlwort zu Protokoll. (Es ist die Anzahl der Gegenstände).

Ende.

Dieses Urzählen ist sicher einer der fundamentalen Schritte bei der Entwicklung mathematischen Denkens überhaupt, historisch und individualgenetisch. Es ist aber auch schon voraussetzungsvoll (und damit sicher nicht angeboren). Es setzt voraus:

- die Erfahrung, dass Dinge in einer Reihe aufgestellt werden können, was Ordnungsbegriffe benötigt (Anfang, und dann, danach, zwischen, Ende u. Ä.)

- die Idealisierungsleistung, die Gegenstände beim Zählvorgang als untereinander gleich anzusehen, als Zähleinheiten zu betrachten

- einen Vorrat an gedächtnismäßig verfügbaren Zahlwörtern (oder anderen Zeichen!), die (möglichst!) systematisch aufeinander folgen

- die Fähigkeit der Stück-zu-Stück-Zuordnung

- die Erkenntnis, dass Umstellen der Gegenstände oder Austauschen durch andere oder Verändern ihrer Abstände voneinander das Zählergebnis nicht beeinflussen (Invarianz gegenüber Lageveränderungen und Ersetzungen).

Wie das Zählen die weiteren Schritte beim Aufbau arithmetischer Fähigkeiten bestimmt oder begleitet, soll hier nicht weiter besprochen werden. Nur sei noch angefügt, dass auch in die Stellenwertdarstellung von Zahlen Iteration eingeht: iteriertes Bündeln zur selben Basis.

Der Begriff der Iteration ist eine universelle Idee. Iteration gibt es im zeitlichen Erleben (Wiederholung von Tagen, Monden, Jahren, Jahreszeiten, usw.), im musikalischen Erleben (Wiederholung bestimmter Teile, Refrains), im künstlerischen Erleben (Ornamente als Wiederholungen eines Elementarmusters), im räumliche Alltagserleben (Massenproduktion desselben Warentyps, Zäune, Mauern und dergleichen als Aneinanderreihung von immer wieder denselben Elementen), im sozialen Alltagserleben (Wiederholung von Handlungsfolgen), im wirtschaftlichen Alltagserleben (Wiederholung von Preisen in Zeit und Raum, wenigstens in etwa!), sogar im Rechtsleben (Gleichheit aller Menschen vor dem Gesetz, d. h. Wiederholung derselben gesetzlichen Bestimmungen von einem Mensch zum nächsten).

Deutlich ist die Nähe des Begriffs der Iteration zu dem der Symmetrie: Muster, die durch (gleichartige oder doch ähnliche) Wiederholung desselben Urmusters entstehen, weisen gerade dadurch Symmetrie auf (griech.: symmetros = gleichmäßig).

Das Verfahren der Iteration besteht allgemein darin, eine Handlung H (in der Mathematik eine Abbildung, ein Rechenprozess, eine Zeichnung o. Ä.) fortlaufend, d. h. auf den jeweils erreichten Zustand gerichtet zu wiederholen.

Ist der Anfangszustand X (eine Zahl, eine Figur, eine Menge, …), so soll also sein:

(1) $H_0(X) = X$ (Die Handlung H wird nicht ausgeführt, es bleibt die gegebene Situation)

(2) $H_n(X) = H(H_{n-1}(X))$ (Die n-te Handlung wird auf das Ergebnis der vorausgegangenen Handlung $n - 1$ ausgeübt). (Schreiber [24] 1984, S. 96).

Zur Illustration ein geometrisches Beispiel: X sei das Quadrat $ABCD$ und H die Handlung, jeweils die Seiten im Verhältnis $1 : 3$ zu teilen und die Teilpunkte fortlaufend zu einem Viereck zu verbinden.

Die Abb. 7.8 zeigt das Ergebnis der aufeinanderfolgenden Handlungen.

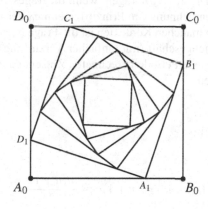

$$X = H_0(X) : ABCD$$
$$H(X) = H_1(X) : A_1B_1C_1D_1$$
$$H(H_1(X)) = H_2(X) : A_2B_2C_2D_2$$
$$H(H_2(X)) = H_3(X) : A_3B_3C_3D_3$$
$$H(H_3(X)) = H_4(X) : A_4B_4C_4D_4$$

Abb. 7.8

Dieses Beispiel deutet bereits an, welches heuristische Potential in der Idee der Iteration liegen kann. Allein durch fortlaufende Wiederholung entsteht etwas überraschend und herausfordernd Neues (Menninger nennt die Figur Quadratfächer). Ein Korb von Fragen lässt sich zusammenstellen, wenn über die (selbst geschaffene) Figur nach- und vorgedacht wird, wobei es natürlich aufs Vorwissen ankommt: Wieso entstehen immer wieder Quadrate? Welche Folge bilden die Seitenlängen der Quadrate ($\overline{AB} = 1$)? Welche Folge bilden die Flächeninhalte der Quadrate? Wie lässt sich die Beziehung von einem Quadrat zum nächsten durch eine geometrische Abbildung (Drehstreckung!) beschreiben, wie mit Hilfe von 2×2-Matrizen? Wird einmal, wenn wir fortsetzen, ein Quadrat parallel zum

Ausgangsquadrat liegen? Wächst die Länge des Streckenzuges $A\,A_1\,A_2\,A_3\,\ldots$ über alle Grenzen, wenn n über alle Grenzen wächst? Man kann das Teilungsverhältnis ändern, ein Sonderfall wäre $1:1$. Man kann anstatt eines Quadrates ein Dreieck oder Fünfeck nehmen und so weiter.

Nach Schreiber (a. a. O., S. 97) kann man *konstruktive* und *generative* Iteration (wenn auch nicht immer scharf) unterscheiden. Das obige Beispiel ist *generativ*: Man beginnt mit etwas Bekanntem und einer gegebenen (zu wiederholenden) Handlung und schafft so eine Folge von Objekten oder als Objektverband eine Konfiguration, von der man nicht von vornherein weiß, welche Eigenschaften sie haben wird. Man kann Glück haben und auf etwas Interessantes stoßen, das dann vielleicht besonders attraktiv wirkt, weil es selbst produziert worden ist.

Diskrete Wachstumsprozesse sind ein auch für Anwendungen wichtiger Themenkomplex für Iterationen:

- Wachstum um gleiche Beträge (lineares Wachstum) in gleichen Abständen: $x = a_0$ ist die Anfangsgröße, H die Handlung, die nach jeder Zeitspanne die Größe a zum jeweils vorhandenen hinzuschlägt. Man erhält die arithmetische Folge.

$$a_0,\ a_1 = a_0 + a,\ a_2 = a_1 + a = a_0 + 2a,\ \ldots,\ a_n = a_{n-1} + a = a_0 + na$$

So wächst z. B. unterjährig ein Kapital a_0 in $1, 2, \ldots, n$ Tagen, wenn die Tageszinsen a betragen, oder so wächst die Telefongebührenrechnung (im Prinzip), wenn a_0 der Pauschalbetrag und a die Gebühr pro Einheit ist. In manchen Kontexten ist die Frage nach der Folge der Teilsummen interessant, z. B. im Ratengeschäft (mit einfacher Verzinsung): a_0 ist die vorschüssig gezahlte Rate und a die für jede Periode berechneten Zinsen, dann ist die Gesamtzahlung nach $0, 1, 2, \ldots, n$ Perioden.

$$s_0 = a_0 \qquad \text{(heute)}$$
$$s_1 = s_0 + a_1 = a_0 + (a_0 + a_1) = 2a_0 + a_1$$
$$\vdots$$
$$s_n = s_{n-1} + a_n = a_0 + (a_0 + a_1) + \ldots + (a_0 + na) = (n+1)a_0 + \frac{n(n+1)}{2}\,a$$
$$= (n+1)(a_0 + \tfrac{n}{2}a)\ \left(= \sum_{i=0}^{n} a_i\right)$$

und damit ist man beim quadratischen Wachstum und durch weitere Iterationen ($S_n = \sum_{i=0}^{n} s_i$ wäre die nächste Stufe) kommt man zum kubischen, usw. allgemein polynomischen Wachstum und dies steckt übrigens alles in den Diagonalen des Pascal-Dreiecks

- Wachstum um den gleichen Faktor in gleichen Zeitabständen: Wieder ist $x = a_0$ die Anfangsgröße, H die Handlung, die nach jeder Zeitspanne die jeweils erreichte Größe mit derselben Zahl q vervielfacht. Man erhält die geometrische Folge

$$a_0,\ a_1 = a_0 q,\ a_2 = a_1 q = a_0 q^2,\ \ldots,\ a_n = q_{n-1} \cdot q = a_0 q^n,$$

die diskretes exponentielles Wachstum beschreibt, wozu es massenhaft Anwendungen und Auswertungen gibt.

- logistisches Wachstum: die Größe nach jeder Periode ist proportional sowohl zum vorherigen Bestand A als auch zum noch vorhandenen Freiraum $K - A$, wo K die maximal erreichbare Größe ist, also

$$a_1 = q \cdot a_0(K - a_0), \ a_2 = q \cdot a_1(K - a_1), \ \ldots, \ a_{n+1} = q \cdot a_n(K - a_n),$$

zu dieser Art Wachstum gibt es in der Biologie Beispiele.

Wird ein Iterationsprozess in Gang gesetzt, so können die a_n mit wachsendem n ins Uferlose wachsen oder auch nicht und im letzten Falle erhalten wir Zyklen, im Sonderfall dabei Attraktionspunkte (1-Zyklen). Das Letztere ist z. B. beim fortgesetzten Quersummebilden natürlicher Zahlen der Fall, etwas

$$94\,699 \to 37 \to 10 \to 1$$

Es gibt nun und das ist wieder eine schon jungen Lernenden mögliche Entdeckung, unendlich viele natürliche Zahlen, die sich auf diese Weise zu 1 zusammenschließen, nämlich alle, die den Neunerrest 1 haben. Diese unendliche Teilmenge von $\mathbb{N}_0$ heißt in der Iterationstheorie übrigens Orbit (lat,: orbita = Kreislaufbahn) und ganz $\mathbb{N}_0$ besteht bezüglich des iterativen Quersummebildens aus 9 Orbits.

Bei manchen harmlos aussehenden Iterationen mit natürlichen Zahlen kann man plötzlich vor schwierigen zahlentheoretischen Problemen stehen.
Ein hübsches Beispiel (zum Üben der schriftl. Addition) wird durch folgenden Palindromalgorithmus beschrieben

(1) Wähle ein (z. B. dreistellige) Zahl und schreibe sie auf.
(2) Ist es ein Palindrom (griech.: palindromos = rückwärtslaufend), eine IMI-Zahl, also eine Zahl, die gleich ihrer Spiegelzahl ist?
   (2a) Ja, dann fertig.
   (2b) Nein, dann spiegle sie, schreibe die gespiegelte Zahl unter die betrachtete, addiere beide und betrachte jetzt die Summe.
   Fahre fort mit (2).

Beispiele: a)   747   d)   391
                                         193
                                         584
            b)   103   485
                  301   1 069
                  404   9 601
                                      10 670
                                       7 601
            c)   718   18 271
                  817   17 281
                1 535   35 552
                5 351   25 553
                6 886   61 105
                                       50 116
                                      111 221
                                      122 111
                                      233 332

Bei 747 endet der Prozess nach 0 Schritten, weil es schon ein Palindrom ist, bei 103 nach 1 Schritt, bei 718 nach 2 Schritten, bei 391 nach 8 Schritten:

$$391 \rightarrow 584 \rightarrow 1\,069 \rightarrow 10\,670 \rightarrow 18\,271 \rightarrow 35\,552 \rightarrow 61\,105 \rightarrow 111\,221 \rightarrow 233\,332$$

98 führt erst nach 24 Schritten zum Palindrom 8 813 200 023 188. Und wenn man mit 897 startet? Da gibt es anscheinend kein Ende. Mit Hilfe des Computers hat man den Prozess über Tausend Schritte verfolgt und ist auf kein Palindrom gestoßen, aber man kennt bisher nicht den Schatten eines Beweises, ob der Prozess nun abbricht oder nicht und warum das so ist.

Auch der bekannte Syrakus-Algorithmus stellt noch ein ungelöstes Problem dar:

(1) Wähle eine natürliche Zahl und schreibe sie auf.
(2) Ist es eine gerade Zahl?
   (2a) Ja, dann teile sie durch 2, schreibe das Ergebnis auf und betrachte diese neue Zahl.
     Fahre fort mit (2).
   (2b) Nein, dann verdreifache die Zahl und addiere noch 1 dazu. Schreibe das Ergebnis auf und betrachte diese neue Zahl.
     Fahre fort mit (2).

Hier ist kein Stop einprogrammiert und so darf man gespannt sein, ob sich dieser Prozess immer von selbst totläuft.
Einige Beispiele sind:
$$8 \rightarrow 4 \rightarrow 2 \rightarrow 1$$
$$7 \rightarrow 22 \rightarrow 11 \rightarrow 34 \rightarrow 17 \rightarrow 52 \rightarrow 26 \rightarrow 13 \rightarrow 40 \rightarrow 20 \rightarrow 10 \rightarrow 5 \rightarrow 16 \rightarrow 8 \rightarrow 4 \rightarrow 2 \rightarrow 1$$
Das Problem ist also:
Endet jede Zahl im Zyklus 4, 2, 1? Keiner konnte es bisher beweisen, obwohl sich vie-

le Mathematiker, z. T. ausgerüstet mit hochleistungsfähigen Rechnern, damit beschäftigt haben.

Diese wenigen Beispiele – mehr findet man in Schreiber [24] 1984 – mögen als Beleg für diese These genügen, dass generative Iterationen von unschätzbarem heuristischem Wert sind, indem sie zu neuen Objekten, neuen Problemen und neuen Einsichten führen können und dabei – und das ist besonders wichtig – durch jedem verständliche, einfachste Handlungen in Gang gesetzt werden: Hier hast du irgendetwas; tue etwas damit; wenn dadurch etwas Neues entstanden ist, wiederhole die Handlung an dem neuen Gegenstand; fahre so fort. Was entsteht?

Bei *konstruktiven* Iterationen ist ein Ziel vorgegeben, das man durch Wiederholen einer Handlung sukzessive (lat.: successivus = nachfolgend) aus einer Anfangssituation erreichen will.

Ein klassisches Schulbeispiel ist das „babylonische" oder „Heronsche" Quadratwurzelziehen. Das Ziel sei etwa $\sqrt{7}$ und man deutet die Aufgabe geometrisch: Wie lang ist die Seite eines Quadrates, dessen Flächeninhalt 7 ist? Ein Rechteck mit diesem Flächeninhalt wäre sofort leicht anzugeben, etwa Länge $x_0 = 7$, Breite $y_0 = 1$. Da ist man allerdings noch weit von einem Quadrat entfernt. Jetzt setzt der iterative Prozess ein, indem die Länge systematisch verkleinert, die Breite vergrößert wird, bis man das Ziel hinreichend eng eingeschachtelt (oder gar erreicht) hat.

Als nächstes Länge-Breite-Paar nimmt man

$x_1 = \frac{7+1}{2} = 4$ (arithmetisches Mittel von 7 und 1) und

$y_1 = \frac{7 \cdot 1}{x_1} = \frac{2 \cdot 7 \cdot 1}{7+1} = 1,75$ (harmonisches Mittel von 7 und 1).

Auf das Paar x_1, y_1 wendet man dieselbe Handlung an und gewinnt

$$x_2 = \frac{4+1,75}{2} = 2,875 \quad \text{und} \quad y_2 = \frac{2 \cdot 4 \cdot 2,875}{4+2,875} = 3,3\overline{45}.$$

Beim dritten Schritt erreicht man schon die erste gültige Dezimale von $\sqrt{7}$: $x_3 = 2,65 \ldots$ $y_3 = 2,63 \ldots$

Dieser schnelle Iterationsalgorithmus funktioniert allgemein so:
Ziel $\sqrt{a}$, $a \in \mathbb{R}^+$

(1) Wähle Startwerte x_0, y_0 mit $x_0 \cdot y_0 = a$
(2) Stimmen die beiden Werte genügend überein?
(Ist ihre Differenz dem Betrag kleiner als eine vorgegebene Zahl?)
    (2a) Ja, dann fertig.
    (2b) Nein, dann gehe von x_i, y_i (mit $x_i \cdot y_i = a$) über zu $x_{i+1} = \frac{x_i + y_i}{2}$, $y_{i+1} = \frac{2 \cdot x_i \cdot y_i}{x_i + y_i}$
    $(= \frac{2a}{x_i + y_i})$
Setze fort mit (2).

Das wünschenswerte Maß des „Übereinstimmens der beiden Werte" wird (vorher) präziser vereinbart, z. B. „auf 3 Stellen" hinter dem Komma, oder „Fehler soll kleiner als 10^{-5} sein", o. Ä. Dieser Algorithmus ist wegen seines Beziehungsreichtums (Iterativer Algorithmus, Rechenprogramm, Wurzelfunktion, Irrationalität, Rechengenauigkeit, arithmetisches, harmonisches, geometrisches Mittel, ...) für das Schullernen höchst bedeutsam. Für unser Anliegen des entdeckenden Lernens ist es wichtig festzuhalten, dass dieser Wurzelalgorithmus in ein weites Erkundungs- und Beobachtungsfeld eingebettet werden kann. Es ist z. B. die (immer wieder Staunen erregende) Tatsache zu beobachten, dass es vollkommen gleichgültig ist, mit welchen Werten man startet (im Falle $\sqrt{7}$ hätte man verrückterweise mit $1\,000$ und $0,007$ oder braverweise mit $3,5$ und 2 beginnen können), immer wieder kommt man ans Ziel heran, was natürlich zu belegen ist. Die Güte dieses Algorithmus kann erkannt werden, wenn die Lernenden dazu angehalten werden, andere Schachtelungsprogramme zu erfinden, etwa ein dezimales oder binäres.

Das babylonische Beispiel ist repräsentativ für eine ganze Klasse von Algorithmen zum Bestimmen von „Wurzel". Das allgemeine Problem lautet: Gegeben ist eine Funktion f, Bestimmen einer Nullstelle, also eines Wertes x_0 mit $f(x_0) = 0$ (oder eines Wertes a, der $f(a) = b$, b gegeben, erfüllt). So technisch und innermathematisch dieses Problem klingt, es gehörte und gehört zum zentralen Bereich der Algebra und die Entwicklung solcher Verfahren ist auch eine Leitidee der Schulmathematik auf allen Stufen.

Man muss freilich einen weiten Begriff von dieser Problematik haben: Ein bestimmtes Ziel aus einer (u. U. unendlichen) Menge möglicher Ziele ist gegeben und es ist auch ein Verfahren bekannt, wie man – und zwar eindeutig – von Startwerten aus einer (u. U. ebenfalls unendlichen) Startmenge in die Zielmenge gelangt, wenn Startwerte gegeben sind. Wie aber findet man aus der Fülle möglicher Startwerte diejenigen oder denjenigen (wenn es überhaupt einen gibt), die (der) zu dem gegebenen Zielwert führt?

Formal sei : f sei eine bekannte Funktion von S nach Z. Welches $s \in S$ erfüllt $f(s) = z$, wo $z \in Z$ bekannt ist? Es ist $s = f^{-1}(z)$ zu lösen, also f umzukehren.

Zur Illustration ein drastisches nicht-mathematisches Beispiel. Ist S die Menge der alphabetisch in einem Lexikon aufgeschriebenen deutschen Wörter, Z die Menge der jeweils dabei stehenden französichen Übersetzungen und f die Zuordnung deutsches Wort - französiches Wort gleicher Bedeutung (wobei unrealistischerweise angenommen wird, dass es zu jedem deutschen genau ein französiches gleicher Bedeutung gibt), so ist es bei Kenntnis des Alphabets trivial, zu einem deutschen das französischen zu finden, also f zu realisieren, dagegen nahezu unmöglich, zumindest mühseligst, zu einem gegebenen französichen Wort das deutsche Wort (oder die deutschen Wörter) herauszusuchen, dessen (deren) Übersetzung ins Französische gerade das gegebene frz. Wort ist, also f^{-1} zu realisieren. Ähnlich schwierig ist es, wenn man zu einer bekannten Telefonnummer im Telefonbuch den Teilnehmer ermitteln will. Wenn es sehr schwierig, ja praktisch unmöglich ist, zu einem bekannten Zielpunkt den Startpunkt zu finden, spricht man auch von Falltürfunktionen und diese benutzt man für Geheimschriften. Die Verschlüsselung f ist da so verwickelt, dass sie ruhig bekannt gegeben werden darf, die Entschlüsselung f^{-1} lässt sich doch nicht in menschlicher Zeit bewerkstelligen.

In aller Regel ist es so, dass die Umkehrung einer Zuordnung erheblich mehr intellektuellen Aufwand erfordert, (wenn sie überhaupt möglich ist), auch wenn man die Zuordnung selbst fließend beherrscht. Hier sollte man Piaget nicht falsch verstehen.

Eine mögliche Strategie, solche Umkehrungsprobleme zu lösen, ist eben die konstruktive Iteration: Es wird ein Startwert gewählt (notfalls geraten oder ausgewürfelt) und der zugehörige Zielwert nach bekanntem Verfahren (f) bestimmt. Hat man dabei schon zufällig den gegebenen Zielwert getroffen, dann hat man Glück gehabt und ist fertig. Andernfalls wählt man einen „besseren" Startwert und wiederholt das Verfahren. Was „besser" ist, das eben wird im jeweiligen Iterationsalgorithmus (wie oben beim babylonischen) genau festgelegt, sofern es einen Algorithmus überhaupt gibt.

Fortgeschrittenere und klassische Schulbeispiele sind das Regula-falsi-Verfahren und das Newtonsche Verfahren zur iterativen Bestimmung der Nullstellen einer gegebenen reellen Funktion, die freilich nicht blind handhabbar sind, da zwischendurch Entscheidungen zu treffen sind. Beiden Verfahren liegt der Gedanke zu Grunde, die die Funktion darstellende Kurve durch immer „besser liegende Geradenstücke zu ersetzen, weil die Nullstellen von Geradengleichungen besonders leicht zu errechnen sind.

Die Funktionsweise der Regula falsi erkennt man in Abb. 7.9 und in diesem iterativen Programm:

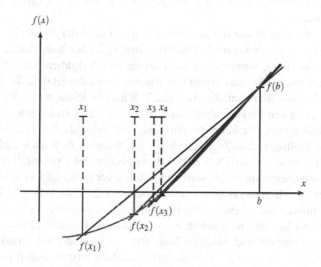

Abb. 7.9

(1) Wähle zwei Punkte $(x_1, f(x_1))$, $(b, f(b))$ so, dass $f(x_1) \cdot f(b) < 0$. Setze $n = 1$.
(2) Bilde Gleichung der Geraden g_n durch die beiden Punkte $(x_n, f(x_n))$ und $(b, f(b))$ mit der Steigung

$$m_n = \frac{f(x_n) - f(b)}{x_n - b}$$

Bestimme Nullstelle x_{n+1} dieser Geraden: $x_{n+1} = x_n - \frac{f(x_n)}{m_n}$.
Ist $f(x_{n+1}) = 0$ oder in der gewünschten Näherungsumgebung von 0?
(2a) Ja, dann fertig.
(2b) Nein, dann erhöhe n um 1 und wiederhole (2).

Im Grunde genommen sind wahrscheinlich alle Verfahren der konstruktiven Iteration Regula-falsi-Verfahren, nach der Regel „des falschen Ansatzes" konzipiert (besser müsste man sagen „Regel des nicht notwendig richtigen Ansatzes"): Man testet mit einem Wert, sieht was herauskommt und nimmt darauf (wenn nötig) einen neuen Wert usw.

Die Wahl der Werte geschieht im ungünstigsten Fall durch Probieren, im günstigsten Fall durch einen raschen und gut durchschaubaren Iterationsalgorithmus. Wie weittragend der Regula-falsi-Ansatz beim geometrischen Zeichnen ist, zeigt Wittmann in Anlehnung an Ideen von J. Hjelmslev (dän. Mathematiker 1873 - 1950). Die einfachste Aufgabe, den Mittelpunkt der Strecke $\overline{AB}$ mit Hilfe des Zirkels zu bestimmen, geht so: (1) Zeichne mit gleicher Zirkelöffnung Kreisbögen von A und von B aus, die die Strecke $\overline{AB}$ scheiden. (2) Falls sich die Bögen berühren, bist du fertig. Falls das nicht geschieht, wiederhole (1) mit vergrößerter oder verkleinerter Zirkelöffnung.

In jedem Falle ist der Regula-falsi-Ansatz eine grundlegende intellektuelle Vorgehensweise. Wie grundlegend sie ist, mag man auch daran erkennen, dass in der Kognitionspsychologie das von Miller/Galanter/Pribam (1973) definierte Konstrukt TOTE, der Zyklus von Test-Operation-Test-Exit, weithin sozusagen als psychologische Elementareinheit Anerkennung gefunden hat.

Ersichtlich ist der Begriff der Iteration verwandt mit dem der *Rekursion*, wir haben ja das Prinzip von Iterationen rekursiv formuliert. Jedoch gibt es Unterschiede, zumindest in der Sichtweise, vor allem, wenn es um die Lösung von Aufgaben oder Problemen geht (wobei das erstere nur die Reaktivierung von Routinen und das letztere Transformationen erfordert). Der Zweitklässler kann die Aufgabe $7 \cdot 8$ iterativ lösen, $8, 8 + 8 = 16, 16 + 8 = 24$, usw., wobei er an den Fingern abzählen kann, wann das fortlaufende Addieren von 8 abgebrochen werden muss. Er kann die Aufgabe auch rekursiv lösen, indem er auf $6 \cdot 8$ zurückgreift und realisiert, dass $7 \cdot 8 = 6 \cdot 8 + 8$ ist. Wenn er $6 \cdot 8$ auch nicht weiß, kann er auf $5 \cdot 8$ zurückgreifen, also $6 \cdot 8 = 5 \cdot 8 + 8$ realisieren. Im Extremfall muss er zurück bis auf $1 \cdot 8$ (das er bestimmt weiß, sonst wäre alles verloren) und von dort das Ganze aufbauen, wobei er sich gemerkt haben müsste, dass er $2 \cdot 8$ als $1 \cdot 8 + 8$, $3 \cdot 8$ als $2 \cdot 8 + 8$ usw. zu konstruieren hat. Diese Gegenüberstellung am primitiven (und psychologisch wenig realistischen) Beispiel mag schon zeigen, dass das iterative Lösen einer Aufgabe zwar wirkungsvoll einfach und handgreiflich, aber auch ohne intellektuellen Glanz ist, während das rekursive Lösen u. U. kompliziert, jedenfalls anspruchsvoll im Hinblick auf Gedächtnisleistungen, aber auch stärker theorieorientiert, begrifflich ist.

Turm von Hanoi

Besonders gut kann man den Unterschied zwischen iterativem und rekursivem Problemlösen am (zu oft zitierten, inhaltlich belanglosen, gleichwohl noch reizvollen) Beispiel des Turmes von Hanoi (oder Benares oder Lucas ...) ersehen: Beim iterativen Lösen braucht man „nur" abwechselnd diese beiden Züge zu machen: 1. Stecke die kleinste Scheibe auf die nächst Stange im Uhrzeigersinn. 2. Stecke eine von der kleinsten Scheibe verschiedene Scheibe woanders hin (Dewdney [5], S. 10). Bei 3 Scheiben muss man z. B. diese 7 Züge ausführen:

Diesen Algorithmus ausführen ist eines, ihn zu erfinden und zu begründen etwas völlig anderes, wie immer bei Algorithmen.

Die rekursive Lösung setzt völlig anders an: Man überlegt sich, wie man einen n-Turm umsetzen könnte, wenn man schon wüsste, wie man einen $n-1$-Turm umsetzt. Angenommen also, $n-1$ Scheiben seien bereits von der Stange A auf die Stange B unter Beachtung der Spielregeln umgesetzt. Dann bringt man die n-te Scheibe von A auf C und schließ-

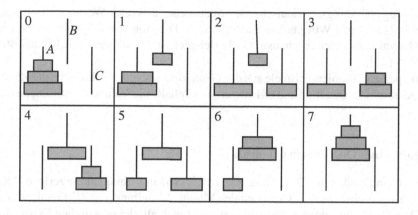

Abb. 7.10

lich die $n-1$ Scheiben (in derselben Weise wie vorher von A nach B) jetzt von B nach C. Benötigt man für die Umsetzung der $n-1$ Scheiben m_{n-1} Züge, dann für n Scheiben $m_n = 2m_{n-1} + 1$ Züge. Das ist die Rekursionsformel für die (minimale) Anzahl von Zügen, die verfolgen wir zurück bis $n = 1$ und eine Scheibe legt man natürlich in 1 Zug um, um $m_1 = 1$. Jetzt ist es leicht, die m_i für alle Scheibenzahlen sukzessive und rechnerisch iterativ (verdoppeln $+1$) zu bestimmen

Scheibenanzahl	1	2	3	4	5	6	7	$\cdots$
Anzahl Züge	1	3	7	15	31	63	127	$\cdots$

und eine explizite Formel zu erraten, nämlich $m_n = 2^n - 1$, deren Nachfolgerblichkeit aus der bereits bekannten Rekursionsgleichung fast direkt ablesbar ist:

$$m_{n+1} = 2m_n + 1 = 2 \cdot (2^n - 1) + 1 = 2^{n+1} - 2 + 1 = 2^{n+1} - 1$$

Die beiden Lösungen scheinen nichts miteinander zu tun zu haben. Dem ist aber nicht so (was Dewdney entgangen zu sein scheint): Schauen wir die letzten 3 Züge $(5 - 7)$ an, so fällt auf, dass sie eine Art Wiederholung der ersten 3 Züge $(1 - 3)$ sind, nur dass die beiden kleineren Scheiben in einem Falle von A nach C, im anderen von C nach B umgesetzt wurden. Die dritte (größere) Scheibe blieb dabei je unberührt, in einem Fall auf A im anderen auf B, der Zug 3 bestand in ihrer Umsetzung. Man kann also ablesen, dass man für 2 Scheiben 3 Züge und für 3 Scheiben $3 + 1 + 3 = 7$ Züge benötigt. Denkt man dann, dass bis dahin eine 4. Scheibe still auf A lag, so kann man sie nunmehr als Zug 8 auf C legen und in weiteren 7 Zügen die 3 kleinen Scheiben (wie vorher von A nach C) jetzt von B nach C umsetzen, also benötigt man für 4 Scheiben $7 + 1 + 7 = 15$ Züge usw.

In der iterativen Lösung ist also die rekursive Struktur der Problemsituation verborgen, wir haben sie herausgeholt.

Rekursive Strukturen, insbesondere rekursive Folgen treten nicht nur in amüsanten Spielchen, sondern auch in zahlreichen wichtigen schulmathematischen Lehrinhalten auf; einige seien benannt: Figurierte Arithmetik; Kombinatorische Formeln; Wechselwegname

(z. B. zur ggT-Bildung); periodische Dezimalbrüche; diskretes Wachstum (mit Anwendungen in Natur- und Wirtschaftswissenschaften); Division von Polynomen; Näherungsweises Lösen von Gleichungen; usw. (viele Beispiele in Dürr/Ziegenbalg [6] und Stowasser/Mohry [27]).

Zwei spezielle Problembeispiele aus der Geometrie seien noch skizziert: die Zerlegung eines Quadrates in Quadrate und (wichtiger vom Inhalt) die Volumenbestimmung des Tetraeders.

Zerlegung eines Quadrats in Quadrate

Kann man ein Quadrat in $6, 7, 8, \ldots$, in $100, 101, \ldots 167$ in n Teilquadrate zerlegen? Kinder einer 4. Klasse einer Pariser Grundschule (Mündl. Mitteilung von H. Freudenthal) fanden i. W. selbständig folgende rekursive Lösung (nach allerlei praktischen Experimenten, Entwürfen und Ansätzen): Wenn ein Quadrat in irgendeine Anzahl schon zerlegt ist, dann kann man durch „Einkreuzen" eines der Teilquadrate eine Zerlegung erhalten, in der es 3 Quadrate mehr gibt (Abb. 7.11).

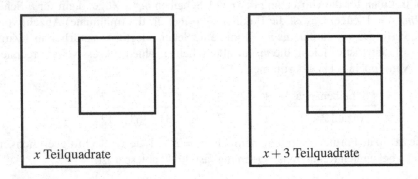

x Teilquadrate $x + 3$ Teilquadrate

Abb. 7.11

Kann man ein Quadrat in 6 Teilquadrate zerlegen und das geht leicht (nämlich durch Löschen aus der 9er-Zerlegung), dann auch in $9, 12, 15, \ldots$ Es geht also schon einmal mit der Dreier-Reihe (Abb. 7.12).

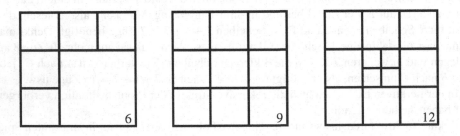

Abb. 7.12

Eine 7er-Zerlegung gelingt aber auch, nämlich von der 4er-Zerlegung, also gelingt es auch mit 10, 13, 16, ... (Abb. 7.12).

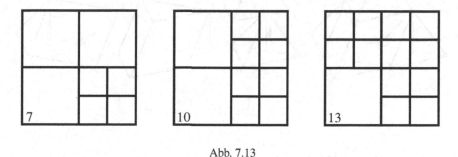

Abb. 7.13

Schließlich gerät auch eine 8er-Zerlegung (nämlich durch Löschen aus der einfachen 16er-Zerlegung) und damit gibt es auch zu 11, 14, 17, ... Zerlegungen (Abb. 7.13).

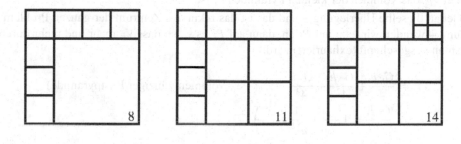

Abb. 7.14

Insgesamt: Man kann ein Quadrat in jede Zahl (ab 6) von Teilquadraten zerlegen (3 Orbits!). Wie zerlegt man z. B. in 157 Teilquadrate? Man geht gedanklich in 3er-Schritten zurück. 157, 154, 151, ... bis 7, zerlegt das Quadrat in 7 Teilquadrate und schreitet dann durch „Einkreuzen" zeichnerisch aufwärts bis zur 157er-Zerlegung.

Volumen der Pyramide

Die Volumenbestimmung des *Tetraeders* (= Vierflächners), also der 3-seitigen Pyramide, erfordert, wenn man über die notwendigen praktischen Vorerfahrungen hinausgehen und sie in direkter Weise anpacken will, an irgendeiner Stelle infinitesimale Gedankengänge.

Die folgende Entwicklung ist im Ansatz die Euklidische. Eine gegebene dreiseitige Pyramide wird gemäß Abb. 7.15 in 2 kleine Pyramiden, die zueinander kongruent sind (und damit erst recht volumengleich) und zwei Prismen, die, wie man nachrechnet, volumengleich zueinander sind, zerlegt. Jedes Prisma hat das Volumen $\frac{G \cdot h}{8}$, wobei G der Inhalt der Grundfläche und h die Pyramidenhöhe darstellt. Die Kenntnis der Prismen-Volumenformel wird als Vorwissen vorausgesetzt.

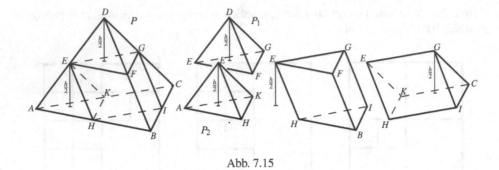

Abb. 7.15

Damit ist das Volumen der Pyramide

$$V_P = \frac{G \cdot h}{4} + 2 \cdot V_{P_1},$$

wobei V_{P_1} das Volumen der kleinen Pyramiden P_1 ist.

Genau dieselbe Überlegung – und das ist das rekursive Zentrum der ganzen Problemlösung – wenden wir jetzt auf P_1 an, dann auf P_2 usw., so dass V_P mehr und mehr durch Prismen ausgeschöpft (exhauriert) wird:

$$V_P = \frac{G \cdot h}{4} + \frac{G \cdot h}{4^2} + \frac{G \cdot h}{4^3} + \dots (+2 \cdot \text{Volumen winziger Restpyramide})$$

$$= \frac{G \cdot h}{4} \cdot \left(1 + \frac{1}{4} + \frac{1}{4^2} + \dots\right)$$

$$= \frac{G \cdot h}{4} \cdot 1, \overline{1}_4 \text{ (Vierersystem!)}$$

$$= \frac{G \cdot h}{4} \cdot \frac{4}{3}$$

$$= \frac{G \cdot h}{3}$$

Die Aufsummierung der unendlichen geometrischen Reihe kann natürlich auch anders erfolgen, der Weg über den periodischen Vierersystem-Bruch erscheint insofern besonders empfehlenswert, weil er an (evtl.) Vorwissen aus der Bruchrechnung anknüpft. Ohne Grenzwertbestimmung gelangt man übrigens zum Ziel, wenn man die Tatsache benutzen kann, dass die kleine Pyramide $EFGD$ durch zentrische Streckung in D mit dem Faktor $\frac{1}{2}$ aus der großen hervorgeht und ihr Volumen $\left(\frac{1}{2}\right)^3 = \frac{1}{8}$ des Volumens der großen beträgt. Dann wäre allerdings der Satz über das Volumenverhalten bei zentrischen Streckungen zu beweisen oder ausdrücklich vorauszusetzen.

M. E. sieht man an der obigen rekursiven Entwicklung besonders eindrucksvoll das selbstbezügliche Moment der Rekursivität: Ein Gedanke (Begriff, Verfahren, Figur, …) wird durch „eine einfachere Version seiner selbst" (Hofstadter [13], S. 164), durch einen ihm ähnlichen Gedanken (wie Dedekind vielleicht sagen würde) erklärt. Hier wird die Volumenberechnung einer Pyramide auf die Volumenberechnung einer noch kleineren Teilpyramide auf ... zurückgeführt.

Verwandt mit rekursivem Problemlösen und Beweisen ist *rekursives Definieren*. Da werden Begriffe in bestimmter Weise fast durch sich selbst erklärt. Der Begriff Potenz etwa wird auf den der „kleineren" Potenz zurückgeführt und zwar so:

(1) $a^0 = 1$

(2) $a^n = a^{n-1} \cdot a$

und aus (1) und (2) sind alle unendlich vielen möglichen Potenzen (mit reeller Basis a und natürlichem Exponenten entwickelbar: $a^0 = 1$, $a^1 = a^0 \cdot a = 1 \cdot a = a$, $a^2 = a^1 \cdot a = a \cdot a$, usw.) Entsprechend können die Begriffe Fakultät, Binomialkoeffizient u. a. erklärt werden. Ein besonders apartes Beispiel entdeckenden Lernens wäre es, wenn die Schülerinnen und Schüler damit befasst würden, selbst rekursive Begriffe zu bilden, mit Phantasienamen zu benennen und ihre Eigenschaften zu studieren; etwa „Hälfte - Addition" durch

(1) $a \oplus 0 = a$

(2) $a \oplus n = a \oplus (n-1) + 0,5$
$(a \oplus 0 = a, a \oplus 1 = a + 0,5, a \oplus 2 = a + 1, a \oplus 3 = a + 1,5, a \oplus 4 = a + 2, \ldots)$
oder „Explosion" durch

(1) $a \oplus 0 = a$

(2) $a \oplus n = (a \oplus (n-1))^n$
oder „Tanz" durch

(1) $a * 0 = a$

(2) $a * n = (*(n-1) + 1) \cdot (-1)^n$
$(a * 0 = a, a * 1 = -(a+1), a * 2 = -a, a * 3 = a - 1, a * 4 = a, a * 5 = -(a+1), \ldots)$

So bedeutungsvoll Rekursivität ist, man braucht ihr gegenüber jedoch nicht in eine mystische Verzückung zu geraten, wie es Leute im Bannkreis der Künstlichen Intelligenzforschung gern tun. Unser didaktisches Wissen über die mögliche Bedeutung und das Lehren und Lernen rekursiven Denkens in allgemein-bildenden Schulen ist m. E. noch zu spärlich.

7.4 Wissensvermehrung durch unvollständige Induktion?

In populären Darstellungen findet man oft die – allerdings auf Aristoteles zurückgehende – Unterscheidung

- deduktives Schließen: Schließen vom Allgemeinen auf das Besondere

- induktives Schließen: Schließen vom Besonderen auf das Allgemeine

In der Wissenschaftstheorie und Philosophie der Naturwissenschaften ist das Problem der Induktion oft und heiß diskutiert worden, wobei sehr unterschiedliche Begriffe von „Induktion" im Schwange waren und sind. Strittig ist z. B., ob man die Art und Weise, wie Kepler zur Aussage gekommen ist, dass der Planet Mars sich nicht (wie er anfänglich glaubte) auf einer Kreisbahn, sondern auf einer Ellipsenbahn bewegt, als typisch induktiv betrachten darf. Hat er die vorliegenden speziellen Daten (des Tycho Brahe u. a.) verallgemeinert? Fest steht nur, dass er jahrelang gerungen hat und diverse Hypothesen ausprobierte. Es war wohl mehr eine Antizipation (Vorwegnahme) als eine Induktion.

Spätestens mit Hume (David Hume, skeptischer und empiristischer englischer Philosoph, 1711 - 1776) ist bekannt, dass induktives Schließen als logische Prozedur unmöglich ist (höchstens in eingeschränkter Form als Bilden bedingter Wahrscheinlichkeitsaussagen in der Bayes-Konzeption). Wird in $1, 2, \ldots k$ Fällen die Beobachtung A gemacht, so gibt es keine logische Begründung für die Behauptung, dass A auch im Falle $k + 1$ zutrifft und erst recht nicht für die noch weitergehende, dass A in allen n möglichen Fällen beobachtet wird.

Die Figur

$$A_1 \wedge A : 2 \wedge \ldots A_k \;\Rightarrow\; \forall n : A_n$$

stellt keinen logischen Schluss dar.

Insbesondere ist es nicht möglich, von der Vergangenheit auf die Zukunft zu schließen. „Dass die Sonne morgen nicht aufgehen wird, ist ein nicht minder einsichtiger Satz und enthält keinen größeren Widerspruch als die Behauptung, dass sie aufgehen wird" (Hume [14], S. 42).

Nach Hume gibt es zwei Arten von Urteilen: (1) analytische, die erfahrungsunabhängig sind, auf reinem begrifflichen Denken beruhen und sich auf innere Vorstellungen beziehen (Relations of ideas), (2) synthetische, die auf Erfahrung beruhen und sich auf wahrgenommene Dinge beziehen (matters of fact). Es schließt rigoros aus, dass man durch reine Denkakte zu neuen Erkenntnissen über die Welt gelangen kann. Allerdings räumt er auch ein, dass uns Menschen gar nichts anderes übrig bleibe, als anzunehmen, dass bisherige Ereignisserien sich auch so fortsetzen werden. Obwohl er das so genannte induktive Schließen radikal kritisiert und verwirft, plädiert er entschieden dafür, an der Praxis des induktiven Kenntnisfortschritts in Alltag und Wissenschaft festzuhalten. Genauere Analysen des Induktionsproblems findet man bei Feyerabend [8], Kutschera [16], Schreiber [22, 23] (1977, 1979) und Stegmüller [25].

Bei der Entwicklung und beim Lernen von Mathematik wird auch oft von Induktion gesprochen, meist vage als von der Methode, aus Einzelbeispielen etwas Allgemeines abzuleiten, von Einzelfällen zum Allgemeinfall aufzusteigen, von Einzelbeobachtungen zur Regel vorzustoßen o. Ä.

Tatsächlich ist es für das entdeckende Lernen von zentraler Bedeutung zu wissen, inwieweit und ggf. nach welchem Mechanismus eine solche induktive Vermehrung von Wissen und sei es auch nur Vermutungswissen, funktioniert und eventuell positiv beeinflusst werden kann.

In diesem Kapitel sei das Problem reduziert auf „induktive (bzw. rekursive) Situationen", die darin bestehen, dass durch eine mathematische Fragestellung ein Satz von k Daten experimentell erarbeitet worden ist, für den eine Art Bildungsgesetz, eine Formel, ein allgemeiner Begriff gesucht wird.

Das folgende Beispiel[1] soll die These erläutern, dass eine solche „induktive Verallgemeinerung" nicht etwas ist, was gewissermaßen selbständig aus den Daten herausspringt (wenn wir auch davon sprechen, dass etwas „ins Auge springt") und vom Beobachter erlitten wird, dass vielmehr umgekehrt der Beobachter (Lernende) eine Verallgemeinerung aktiv als Erklärungsentwurf über die Daten legt, derart, dass die verschiedenen Einzelfälle nunmehr in spezifischer Weise untereinander äquivalent aussehen. Es ist also ein aktiver Prozess, der einschlägiges gedächtnismäßig verankertes Wissen voraussetzt und meist noch die Fähigkeiten, die Bestandteile dieses Vorwissens neu zu organisieren und Wissen aus anderen analogen Bereichen einzubeziehen.

Diagonalen in n-Ecken

Etwa in der 4. - 6. Klasse werde die Frage aufgeworfen, wieviele Diagonalen ein (ebenes) konvexes Vieleck hat. Diese Datenliste

n-Eck	Anzahl Diagonalen
Dreieck	0
Viereck	2
Fünfeck	5
Sechseck	9
Siebeneck	14
Achteck	20

können die Schülerinnen und Schüler experimentell-beobachtend herstellen und die Frage, wieviele Diagonalen Neunecke haben, wird vielleicht in der Form gestellt: Kannst du voraussagen (ohne zu zeichnen und abzuzählen), wie viele Diagonalen Neunecke haben? Jetzt haben wir eine typische „induktive Situation".

Die Beantwortung kann auf verschiedene Weisen versucht werden. Einmal kann Schülerinnen und Schülern an der Zahlenfolge auffallen, dass es (selbstverständlich) nicht immer nur mehr Diagonalen gibt (streng monotones Wachstum), sondern dass dieses „immer mehr" gesetzmäßig ist ($+2, +3, +4, +5, +6$). Diese Beobachtung setzt allerdings voraus, dass man auf die Idee kommt, überhaupt die Folgeglieder von Zahl zu Zahl zu vergleichen und zwar additiv und dabei die Differenzfolge als Muster identifiziert (was hier sicher unproblematisch ist). Wer diese Idee nicht hat, beobachtet eben nichts Derartiges. Die Vermutung, dass es wohl mit $+7$ weitergehen wird, Neunecke also $20 + 7 = 27$ Diagonalen haben werden, kann dann empirisch überprüft werden, was ein gewisses Spannungsmoment enthält. Dann aber müsste dazu angeregt werden, eine inhaltliche Begründung zu suchen: Wieso soll/wird ein Neuneck gerade 7 Diagonalen mehr haben als ein Achteck? Wenn dann argumentiert würde, dass dies deshalb so sein muss, weil beim Erweitern eines Achteckes zu einem Neuneck der neue (neunte) Eckpunkt mit 6 alten Ecken des Achtecks diagonal verbunden werden kann und außerdem 1 Seite des Achtecks zu einer Diagonalen

---

[1]Das hier besprochene Beispiel ist sehr viel ausführlicher und tiefgehender in Haas [34] ausgearbeitet.

wird, so wäre dies ein glänzendes Beispiel für rekursives Denken. Wahrscheinlicher ist hier der Versuch, die Frage in direktem Zugriff zu beantworten: Bei 9 Ecken gibt es von jeder Ecke aus 6 Diagonalen, also $9 \cdot 6 = 54$ Diagonalenanfangsstücke, also $54 : 2 = 27$ Diagonalen. Dieser Ansatz kann zu einer expliziten Formel führen.

Es erscheint pädagogisch höchst schätzenswert, die Lernenden immer wieder in solcherlei „induktive Situationen" zu verwickeln, um ihnen Möglichkeiten zum selbständigen Entdecken in der gerade beschriebenen Art zu geben. An Schulstandardstoffen wird das freilich nur in begrenztem Umfang möglich sein, weil viele Begriffsbildungen gar nicht rekursiver Art sind. Wenn etwa Schülerinnen und Schüler die Division von Brüchen an einem prägnanten Beispiel kennen lernen und das da Gelernte auf weitere Beispiele übertragen können, so handelt es sich ja nicht um induktives Verallgemeinern im hier gemeinten Sinne. Allerdings könnten die vorhandenen Möglichkeiten besser ausgenutzt werden. Dazu gehörte auch das Wissen, dass es äußerst kühne Vermutungen gegeben hat, die sich tatsächlich später beweisen ließen, z. B. die Behauptung von J. Wallis (1616 - 1703), dass

$$\int_0^1 x^m \, dx = \frac{1}{m+1} \qquad \text{gilt, weil}$$

$$\lim_{n \to \infty} \frac{1^m + 2^m + \ldots + m^m}{n^{m+1}} = \frac{1}{m+1}$$

und umgekehrt sei (Wußing [30], S. 173) und auch das Wissen, dass es Vermutungen gegeben hat, die sich später als falsch herausstellten, etwa die von Fermat, dass Zahlen der Form $2^{(2^n)} + 1$ prim seien. Das überzeugendste Beispiel für vorschnelles induktives Verallgemeinern, das ich kenne und das Schülerinnen und Schülern zugänglich ist, ist das Folgende, das allerdings leider inhaltlich kaum von Gewicht ist,

Aufteilung eines Kreises:

Auf der Peripherie eines Kreises markiert man $2, 3, 4, \ldots$ Punkte und verbindet jeweils jeden mit jedem. Wieviele Teilgebiete der Kreisfläche entstehen jeweils? Man suche ein Gesetz.

Die Gebietszahlen bilden bis dahin eine sehr einfach gebaute Folge, eine Verdoppelungsfolge, es treten der Reihe nach die Zweierpotenzen auf. Die Beobachtung wird noch unterstützt, wenn wir den Fall 1 Punkt hinzunehmen, dann haben wir 1 Gebiet. Nennen wir die Anzahl Punkte n, die der Gebiete g, dann gilt für die ersten 5 Beobachtungen $g = 2^{n-1}$.

Für $n = 6$ prognostizieren wir also $g = 2^{6-1} = 2^5 = 32$. Aber erfreulicherweise ist das falsch. Nachzählen (Beobachten!) liefert die Zahl 31. Wir müssen die Hypothese, die Anzahl der Gebiete sei für *alle* Eckenzahlen n gleich n^{2-1}, fallen lassen und nach einer neuen Formel suchen, wobei gar nicht feststeht, ob es überhaupt eine (hinreichend einfache) gibt und ebenfalls steht nicht fest, ob wir die Formel finden, wenn es eine gibt. Zunächst können wir weiter experimentieren und erhalten für 7 Ecken 57 und für 8 Ecken 99 Gebiete. Die Zahlen sind „krumm" und das reine Auszählen wird nun fast unmöglich. Wir müssten irgendwas Systematisches finden und zwar durch die Auseinandersetzung mit der Sache selbst. Wir gehen also noch einmal Stück für Stück vor und beobachten dabei, wie durch

Anzahl Gebiete	2	4	8	16	?
Punkte	2	3	4	5	6

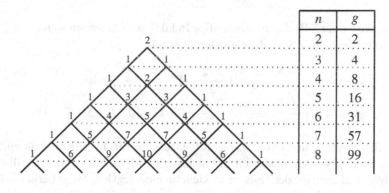

Abb. 7.16

Einzeichnen weiterer Sehnen neue Gebiete entstehen. Das ist die typisch rekursive (oder induktive) Vorgehensweise.

Wir könnten nach einigem Hin und Her zu folgender Tabelle gelangen:

n	g
2	2
3	4
4	8
5	16
6	31
7	57
8	99

Abb. 7.17

In den Zeilen des Schemas steht, wie viele Gebiete jeweils dazu kommen, wenn wir eine weitere Ecke hinzunehmen.

Abb. 7.18 zeigt den Übergang von $n = 4$ zu $n = 5$ (hinzukommende Sehnen gestrichelt). Wird Punkt 5 der Reihe nach mit den Punkten 4, 3, 2, 1 verbunden, so ergeben sich der Reihe nach 1, 3, 3, 1, also insgesamt $1 + 3 + 3 + 1 = 8$ neue Gebiete. Bei 4 Punkten waren es 8 Gebiete, bei 5 Punkten sind es also $8 + 8 = 16$ Gebiete. Fügen wir nun einen 6. Punkt ein, so liefern die Sehnen zu den Punkten 5, 4, 3, 2, 1 der Reihe nach 1, 4, 5, 4, 1 neue Gebiete. Man muss nur beachten, wie viele schon vorhandene Sehnen durch eine neue je geschnitten werden. Die Zahlen des Dreiecksschemas sind schön systematisch aufgebaut, wenn man die Diagonale sieht.

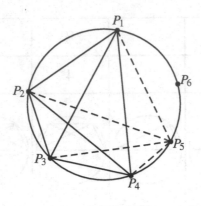

Abb. 7.18

Wir könnten aus ihnen die allgemeine, allerdings sehr schwerfällige Formel

$$g = n + \frac{(n-2)\cdot(n-1)}{2} + \frac{(n-3)\cdot(2n-6)}{2}$$
$$+ \ldots + \frac{(n-k)\cdot[(k-1)n - (k^2-3)]}{2} + \ldots + \frac{1\cdot 2}{2}$$

entwickeln, die (in der S II) durch vollständige Induktion zu beweisen wäre.

Sie liefert für $n = 2, 3, 4, 5, \ldots$ die Gebietszahlen z. B.

$$g(5) = 5 + \frac{3\cdot 4}{2} + \frac{2\cdot 4}{2} + \frac{1\cdot 2}{2} = 5 + 6 + 4 + 1 = 16$$
$$g(6) = 4 + \frac{4\cdot 5}{2} + \frac{3\cdot 6}{2} + \frac{2\cdot 5}{2} + 1 = 6 + 10 + 9 + 5 + 1 = 31$$

Bekanntlich spielen „induktive" Zahlenfolgenaufgaben in Intelligenztests eine große Rolle. Man möchte wissen, inwieweit der untersuchte Mensch in einer Datenliste „die" Regelhaftigkeit erkennt, die der Testkonstrukteur hineingelegt hat. Meist beruht das Regelhafte auf Anwendung der Grundrechenarten. Dass das Auffinden der Regel vom Vorwissen abhängt, das – falls vorhanden – zu reaktivieren ist, mögen diese 3 von mir konstruierten Beispiele zeigen:

a) 2, 3, 6, 7, 42, 43, 1806, ?

b) 2, 4, 8, 16, 32, 14, 28, 6, ?

c) 3, 5, 8, 11, 16, 19, 24, 27, 32, ?

Würden die Augaben b) und c) in einem Einstellungstest (für eine akademische Position) gestellt, so gäbe es vermutlich ein Fiasko; jedenfalls habe ich mit c) schon hochtrainierte Mathematiker (zunächst) zur Verzweiflung gebracht.

Literatur

[1] Bell, E.T.: Die großen Mathematiker, Econ 1967.

[2] Borovcnik, M.: Stochastik und ihre Didaktik, Habilitationsschrift der Universität Klagenfurt 1986.

[3] Coughlin/Kerwin: Mathematical Induction and Pascal's Problem of the Points. In: Mathematics Teacher, 1985, S. 376 - 380.

[4] Dedekind, R.: Was sind und was sollen die Zahlen (1888), Vieweg 1969[1].

[5] Dewdney, A.K.: Rekursion und Iteration. In: Spektrum der Wissenschaft, H. 1, 1985, S. 8 - 13.

[6] Dürr/Ziegenbalg: Dynamische Prozesse, Schöningh 1984.

[7] Ebbinghaus, H.D. u.a.: Zahlen, Wissenschaftliche Buchgesellschaft 1983.

[8] Feyerabend, P.: Wider den Methodenzwang, Suhrkamp 1977.

[9] Freudenthal, H.: Zur Geschichte der vollständigen Induktion. In: Archives Internationales d'histoire des Sciences, 22 (1953), s. 17 - 37.

[10] Freudenthal; H.: Mathematik als pädagogische Aufgabe, Band 2, Klett 1973.

[11] Haussmann, K.: Iteratives vs. rekursives Denken beim Problemlösen im Mathematikunterricht. In: Math. did. 9 (1986), S. 61 - 73.

[12] Hesse/Schrader: Testtraining für Ausbildungsplatzsucher, Fischer 1985.

[13] Hofstadter, D.R.: Gödel, Escher, Bach, Klett-Cotta 1985.

[14] Hume, D.: Eine Untersuchung über den menschlichen Verstand (1758), Reclam 1982.

[15] Kuczynski, J.: Francis Bacon. In: Exempla historica, Band 28, 1984, S. 37 - 50

[16] Kutschera, F.V.: Wissenschaftstheorie I, II, UTB, Fink 1972.

[17] Miller/Galanter/Pribam: Strategien des Handelns; Klett 1973.

[18] Leppig, M.: Anmerkungen zu Beweisfähigkeiten bei Abiturienten, Studienbewerbern. In: Dörfler/Fischer (Hrsg.): Beweisen im Mathematikunterricht, Teubner 1979, S. 297 - 306.

[19] Poincaré, H.: Wissenschaft und Hypothese (1904), Reprint 1979, Wissenschaftliche Buchgesellschaft.

[20] Polya, G.: Vom Lösen mathematischer Aufgaben, Band 1, Birkhäuser 1966.

[21] Schnorr, C.P.: Rekursive Funktionen und ihre Komplexität, Teubner 1974.

[22] Schreiber, A.: Das Induktionsproblem im Lichte der Approximationstheorie der Wahrheit. In: Zeitschrift für allgemeine Wissenschaftstheorie VIII (1977), S. 77 - 90.

[23] Schreiber, A.: Über die vollständige Induktion und das sogenannte induktive Schließen. In: Beiträge zum mathematisch-naturwissenschaftlichen Unterricht, 35, 1979, S. 30 - 30.

[24] Schreiber, A.: Iterative Prozesse. In: Math.-Phys. Semesterberichte XXXI (1984), S. 95 - 119.

[25] Stegmüller, W.: Das Problem der Induktion: Humes Herausforderung und moderne Antworten, Wissenschaftliche Buchgesellschaft 1975.

[26] Steiner, H.-G.: Historische Bemerkungen zur vollständigen Induktion und zur Charakterisierung des Systems der natürlichen Zahlen. In: Der Mathematikunterricht 13 (1967), S. 81 - 98.

[27] Stowasser/Mohry: Rekursive Verfahren, Schroedel 1978.

[28] van der Waerden, B.L.: Erwachende Wissenschaft, Birkhäuser 1966.

[29] Waismann, F.: Einführung in das Mathematische Denken, Gerold & Co 1970.

Auswahl jüngerer Literatur zum Thema

[30] Ableitinger, C.: Biomathematische Modelle im Unterricht, Springer 2011.

[31] Albers, R.: Iteration – Ein Orientierungsrahmen für die Oberstufenmathematik. In: Materialien Band 2, Lehrerakademie Bremen 1994.

[32] Albers, R.: Iterationen an linearen Funktionen. In: Beiträge zum Mathematikunterricht 2007, Franzbecker 2007.

[33] Grieser, D.: Mathematisches Problemlösen und Beweisen – Eine Entdeckungsreise in die Mathematik, Springer Fachmedien 2013.

[34] Haas, N.: Das Extremalprinzip als Element mathematischer Denk- und Problemlöseprozesse - Untersuchungen zur deskriptiven, konstruktiven und systematischen Heuristik. Hildesheim: Franzbecker 2000.

[35] Wagenknecht, C.: Rekursion – Ein didaktischer Zugang über Funktionen, Dümmler 1994.

[36] Weigand, H.-G.: Vom Verständnis von Iterationen im Mathematikunterricht, Franzbecker 1989.

[37] Weigand, H.-G.: Grundlagen des iterativen Denkens. In: Mathematica didactica 12 (1989), S. 205-224.

8 Anschauung als Quelle neuen Wissens

8.1 Anschauung und Begriff

Mit Volkert (1986, s. XVIII) kann man in der Mathematikdidaktik drei Funktionen der Anschauung unterscheiden:

1) erkenntnisbegründende Funktion: Begriffe sind legitimiert, insofern sie sich letztlich anschaulich repräsentieren lassen.

2) erkenntnisbegrenzende Funktion: Der Geltungsbereich von Begriffen wird durch ihre anschauliche Reichweite bestimmt (z. B. der Potenzbegriff höchstens auf Kuben in der griech. Mathematik).

3) erkenntnisfördernde Funktion: Begriffe werden aus anschaulichen Gegebenheiten heraus entwickelt.

In der mathematischen Forschungs-und Lehrpraxis lassen sich diese drei Funktionen freilich nicht immer scharf unterscheiden, vor allem ist mit der Bildung von neuen Begriffen auch immer ihre deduktive Einordnung in das vorhandene begriffliche System verbunden, also 3) mit 1).

Problematisch ist vielleicht die Funktion 2), die grob ausgedrückt besagt, dass die Anschauung ein Hemmschuh des Denkens sein kann, weil ihr Fassungsvermögen zu beschränkt (Reduktion auf Überschaubares), ihre Unterscheidungsfähigkeit nicht genügend fein (z. B. stetig vs. differenzierbar) und ihre Zuverlässigkeit zweifelhaft sei (opt. Täuschungen!). Volkerts zentrale These ist nun gerade die Behauptung, dass es nicht begründet werden kann, wenn pauschal vom „Versagen der Anschauung" (S. XXXI) gesprochen wird, dass es also die Funktion 2) eigentlich gar nicht gibt.

Allerdings kommt es für das Verständnis dieser These darauf an, zu akzeptieren, dass Anschauung sich nicht auf die optische Wahrnehmung physikalischer Gegenstände beschränkt und vor allem, dass das Anschauungsvermögen keine feste Größe, sondern entwicklungsfähig ist.

Für unsere Belange ist die Feststellung von Bedeutung, dass alle 3 Funktionen der Anschauung eine produktive Komponente enthalten:

1) Anschauliche Konfigurationen können Fingerzeige, Hilfestellungen und sogar substantielle Beiträge zur Begründung mathematischer Sachverhalte enthalten.

2) Paradox erscheinende, die Anschauung anscheinend übersteigende Situationen können den Anstoß zu vertiefteren Erkundungen bilden und zu subtileren Unterscheidungen führen.

3) Anschauliche Gegebenheiten können zu neuen Begriffsbildungen anregen und die Gedanken bei der Lösung von Problemen leiten.

Ein Paradebeispiel für die begründende Funktion der Anschauung sind die bekannten „Siehe "-Beweise in der Geometrie, wie sie uns etwa von Thales von Milet (624 - 546 v. Chr.) überliefert sind. Der nach ihm benannte berühmte Satz, wonach jedes Sehnendreieck eines Kreises mit dem Durchmesser als einer Dreiecksseite rechtwinklig ist, wird anschaulich bewiesen, indem man den Übergang von a) nach b) in Abb. 8.1 anschaut und durchdenkt:

Der Übergang vom Sehnendreieck zum Sehnenviereck ist ein Akt der Herstellung von Symmetrie: das Sehnenviereck passt schön in den Kreis hinein, es wird als Rechteck gesehen (Arnheim [2], S. 212). Wie kommt der Lernende aber, wenn a gegeben ist, ausgerechnet auf die Ergänzung gemäß b? Die Vertreter der Gestaltpsychologie behaupten, dass es ein allgemeines psychologisches Bestreben gebe, eine gegebene Konfiguration zu einer harmonischen, stimmigen, ganzheitlichen Gestalt zu machen.

„Vom Menschen her gesehen, steckt dahinter das Verlangen, die Begierde, den springenden Punkt, den strukturellen Kern, die Wurzel der Situation in den Blick zu bekommen (der Sache auf den Grund zu kommen); von einer unklaren, unangemessenen Beziehung zur Sache zu einer klaren, durchsichtigen, unmittelbaren Gegenüberstellung zu gelangen – geradewegs vom Herzen des Denkens zu dem Herzen seines Gegenstandes, seines Problems."

(Wertheimer [23], S. 221)

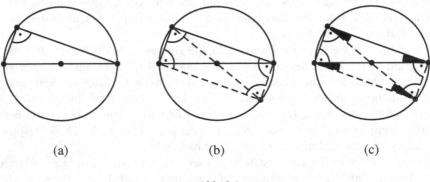

(a)   (b)   (c)

Abb. 8.1

Ob und inwieweit unter „normalen" schulischen Bedingungen der Übergang von a nach b von (vielen) Schülerinnen und Schülern tatsächlich spontan vollzogen wird, bleibt die Frage; die Gestaltpsychologen lassen jedenfalls die Möglichkeit der „Strukturblindheit" zu. Eine sachadäquate Lernhilfe bestünde in dem Hinweis, die Voraussetzung zu nutzen, dass die 3 Eckpunkte Punkte auf dem Kreis sind und der Mittelpunkt der einen Dreiecksseite gleichzeitig Mittelpunkt des Kreises ist: Was bedeutet es, dass Punkte auf einem Kreis liegen?

Jedenfalls ist dieser scheinbar so durchsichtige anschauliche Beweis alles andere als eine bare Selbstverständlichkeit. Selbst wenn man unterstellt, dass der Lernende überhaupt das Problem verstanden hat (Wieso ist der fragliche Winkel ein rechter?) und weiterhin unterstellt, dass die neue Figur (b) irgendwie schon entstanden ist, bleibt noch eine Fülle gedanklicher Zusammenfügungen zu vollziehen, wenn man sich nicht auf die nur vom Augenmaß gestützte Beobachtung, dass in (b) offensichtlich ein Rechteck vorliegt, beschränken will, etwa (Abb. 8.1 c): Sehen von 4 Radien und wissen, dass sie gleich lang sind; daraus Entdecken von zwei Paar gleichschenkligen Dreiecken; daraus (erinnerndes) Ersehen von Paaren gleich großer Winkel (Basiswinkelsatz!); damit Beobachten von 4 gleichgroßen Winkeln im Viereck; schließlich Verwerten des Wissens, dass gleichwinklige Vierecke Rechtecke sind. Wenn auch alle diese Gedanken nicht explizit ausgesprochen werden oder zu werden brauchen, so ist doch der anschauliche „Siehe"-Beweis nur insoweit ein Beweis, als das Sehen mit Denken (einschließlich des Erinnerns an Vorwissen) durchsetzt ist. Es muss zwar keine Deduktionskette (Berufung auf bewiesene Sätze/Axiome) bewusst ausgesprochen oder niedergeschrieben werden – und hierin könnte eventuell auch eine Entlastung für den Lernenden liegen –, jedoch handelt es sich gleichwohl um begründendes Denken. Freilich ist es ein *Denken beim Sehen* und man sollte ohne falsche Scham zugeben, dass es (auch) ein leibliches, physiologisch-psychologisches Wahrnehmen ist. Die Verachtung, die Plato und seine Anhänger bis heute den gezeichneten Figuren (als niedrigen Ersatzstücken der wahren Ideen), dem empirischen Messen und dem sinnlichen Wahrnehmen entgegenbringen, ist sachlich nicht zu rechtfertigen und pädagogisch geradezu destruktiv.

Die in vielen Varianten und ganz besonders im Umkreis abgehobener Bildungstheorien immer wieder vorgebrachte Behauptung, dass das Denken erst nach dem sinnlichen Wahrnehmen komme (und natürlich viel höher stehe), dass das Denken einsetze, wenn das Wahrnehmen am Ende sei, lässt sich von der Wahrnehmungspsychologie und -physiologie in keiner Weise belegen, wie vorläufig auch deren Befunde sind. Schon die bekannten Wahrnehmungskonstanten (Größenkonstanz, Formkonstanz, Helligkeitskonstanz, …) lassen sich – im Gegensatz zur Meinung der empiristischen Philosophen wie J. Locke und D. Hume und der Behavioristen unseres Jahrhunderts – nicht allein aus Reizkonstellationen und optischen Gesetzen erklären, vielmehr scheint so etwas wie eine Verrechnung der Sinneseindrücke stattzufinden, ein „unbewusstes Schließen", wie das Helmholtz schon im vorigen Jahrhundert annahm, d. h. vorliegende Erfahrungen und Wissenselemente des Langzeitgedächtnisses bestimmen das mit, was wir und als was wir etwas wahrnehmen. Gerade auch die Sinnestäuschungen, z. B. die berühmte Mondtäuschung, wonach „derselbe" Mond im Zenit kleiner erscheint als am Horizont, was aber schon mit Fotos widerlegt werden kann, sind vermutlich ein Beweis für die Intervention des Verstandes beim Sehen, nur dass sich hier eher wohl der Verstand verrechnet und die „Schuld" dem Auge zugeschoben wird (Rock [18], S. 20 ff.).

Die Diskreditierung der sinnlichen Wahrnehmung kann also nicht damit begründet werden, dass sie unterhalb und außerhalb intellektueller Tätigkeiten liegt. Speziell ist es ein problematisches Unterfangen, wenn man die Notwendigkeit richtiger strenger Beweise mit dem Hinweis darauf motivieren will, dass die Anschauung zu unsicher und ungenau sei.

Pädagogisch wesentlich fruchtbarer als Missachtung und Verdächtigung wäre es, wenn umgekehrt Bemühungen verstärkt würden, die Wahrnehmungstätigkeit, also die leibliche Anschauung, gerade auch im Mathematikunterricht zu fördern und zu kultivieren. Die Forderung nach Anschaulichkeit ist nun zwar immer wieder eindringlich erhoben worden – am bekanntesten ist das Diktum von Pestalozzi: „Ich habe den höchsten, obersten Grundsatz des Unterrichts in der Anerkennung der Anschauung als dem absoluten Fundament aller Erkenntnis festgesetzt ..." (Wie Gertrud ihre Kinder lehrt) – jedoch ist sie vielfach nur als methodische Empfehlung zur Veranschaulichung verstanden worden; durch Anschaulichkeit solle versucht werden, das Eigentliche, das Abstrakte, das Begriffliche auch theoretisch Uninteressierten oder Unbegabten zugänglich und schmackhaft zu machen.

Außer dieser Krückenfunktion gab und gibt es das Missverständnis der Einbahnstraße von der Anschauung zum Begriff, besonders ausgeprägt bei Diesterweg:

> „Alles klare und sichere Erkennen der Jugend geht aus Anschauungen und nur aus Anschauungen hervor, sowohl das Erkennen äußerer Dinge als das Erkennen innerer Zustände des Geistes selbst". „Gehe vom Anschaulichen aus und schreite von da aus zum Begrifflichen fort, vom Einzelnen zum Allgemeinen, vom Konkreten zum Abstrakten, nicht umgekehrt." (Diesterweg [6], S. 23)

Nach heutigem Erkenntnisstand kann diese Einseitigkeit der Richtung von der Anschauung zum Begriff weder vom psychologischen noch vom erkenntnistheoretischen Standpunkt aus vertreten werden, jedenfalls nicht in dem Sinne, dass die Anschauung in dem Maße zurücktritt und unbedeutend wird, je entwickelter ein von ihr ausgehendes Begriffsgebäude ist. Vielmehr wird der Gedanke betont, dass Erkenntnisfortschritt darin besteht, dass gleichzeitig zwei Prozesse sich gegenseitig ergänzen und begrenzen: begriffliches Erweitern, Verallgemeinern und Verfeinern einerseits und anschauliches Detaillieren, Konkretisieren, Spezifizieren in weitere und entferntere Phänomenbereiche hinein andererseits.

Noch metaphorischer ausgedrückt: Erkenntnisfortschritt und Produktion neuen Wissens ist charakterisiert durch *gleichzeitigen* Ausbau eines symbolisch gefassten Begriffssystems als strukturellem Kern und eines Kranzes zugehöriger anschaulicher (empirischer) Anwendungsfelder. Der Wissenschaftstheoretiker J.D. Sneed hat diese Sicht formal dargestellt und an der geschichtlichen Entwicklung naturwissenschaftlichen Wissens aufgewiesen (siehe Jahnke [13] 1979, S. 70 ff.).

Ein einfaches Beispiel dieses keineswegs einfachen Problemverhältnisses zwischen Anschauung und Begriff diene zur Erläuterung.

Der *Begriff der Teilbarkeit* im Bereich der natürlichen Zahlen wird zunächst mit der anschaulichen Vorstellung verknüpft, dass ein Gegenstand soundso oft in einen anderen Gegenstand hineinpasst oder dass mit dem Inhalt eines Gegenstandes der Inhalt eines anderen (größeren) Gegenstandes genau ausgeschöpft, abgemessen werden kann. In dem Maße, in dem dieser Begriff entfaltet wird, also Eigenschaften der Teilbarkeitsbeziehung gefunden werden (Transitivität, Reflexivität, Gesetze über das Verhältnis zu den Zahlenverknüpfungen usw.), in dem Maße kann auch der anschauliche Gehalt vermehrt werden. Die Transitivitätsaussage „Wenn $a|b$ und $b|c$ dann $a|c$" z. B. ist einmal für das praktische Rechnen von Bedeutung, etwa bei Rechenproben; und zum anderen verbessert sie die Anschauung und erweitert die Anwendungsmöglichkeit, man denke etwa an Situationen hierarchischen Verpackens oder Stapelns oder Ausschöpfens. Eine spezielle Ausformung ist die Bestimmung der ggT durch den Euklidischen Algorithmus, dem auf der praktischen Seite das Messen durch Wechselwegnahme (Antaneiresis) entspricht, die seinerseits wiederum für theoretische Probleme verwandt werden kann. Bei der Erweiterung oder besser Neudeutung des Teilbarkeitsbegriffes im Zuge der Erweiterung von den natürlichen auf die ganzen Zahlen haben wir zunächst einmal eine ganz deutliche Krise der Anschauung *und* des Begriffs: Wie soll z. B. 3 ein Teiler von 0 sein, wo doch 0 „nichts" ist und also schon gar nicht einen Teiler haben kann. Wie soll 2 ein Teiler von -4 sein, wo doch erklärtermaßen 2 größer ist als -4. Ein Ausweg aus diesen wirklich monsterhaften Situationen ist die gleichzeitig begriffliche wie anschauliche Weiterentwicklung des Teilbarkeitsgedankens, des Multiplikations- und des Zahlbegriffs: $a|b \Longleftrightarrow$ Es gibt ein c mit $a \cdot c = b$.

Und ein anschauliches Bild von diesem so gefassten erweiterten Begriff kann z. B. über den Umgang mit gerichteten Strecken oder gerichteten Geldbeträgen (Schulden/Guthaben) erarbeitet werden (vgl. 8.2).

An diesem Beispiel wird auch deutlich, dass die Fortentwicklung der anschaulichen Deutungsbereiche anspruchsvoll sein kann, u. U. anstrengender als eine Fortentwicklung in symbolisch-signitiver Hinsicht, so dass es schon von hier aus keinen Grund dafür gibt, anzunehmen, der Gebrauch von anschaulichen Mitteln führe zwangsläufig und durch sich selbst zum leichteren Verstehen von Begriffen, man könne Begriffe gewissermaßen einfach induktiv-abstrahierend aus anschaulichen Konfigurationen ablesen oder herauslesen.

Zutreffender ist eher die entgegengesetzte Sicht: Begriffe, jedenfalls viele mathematische Begriffe, werden in anschauliche Gegebenheiten hineingelesen, dadurch wird das Außenphänomen überhaupt erst (als Beispiel für einen Begriff) wahrgenommen. Niemand hat z. B. in unserer Umwelt je Beispiele von solchen Gebilden gesehen, aus denen man durch Absehen von unterscheidenden Merkmalen zum Begriff der Geraden abstraktiv aufsteigen könnte. Das ideale Geradesein als Begriff ist vielmehr eine Schöpfung des Geistes, aus der heraus Geradliniges in der Welt (straff gespannte Fäden, Fallwege von Steinen, Lichtstrahlen, Faltkanten usw.) gesehen, wahrgenommen wird. Das Geradlinige im Gegenstandsbereich erfüllt nur mehr oder weniger partiell die Idealvorstellung der Geraden. Mit Schreiber (1980) nennen wir die Beispiele von angenäherter Geradlinigkeit in der Realität Realisate der (idealen) geraden Linie. Woher aber kommt das Ideal als Schöpfung des Geistes? Oder: Wie erfolgt ein Idealisierungsprozess? Es klingt zunächst mysteriös, so als ob etwas aus dem berühmten Haupte der Minerva entspränge. Tatsächlich ist es aber so, dass empirischen Beobachtungssätzen (wie: Das Seil ist straff gespannt, es ist gerade. Die Nadel ist ganz gerade (nicht gebogen). Diese Eisenbahnlinie ist eine gerade Strecke. Dieser Mast steht kerzengerade. Usw.) eine Norm als realiter unerfüllbare Forderung auferlegt wird.

Diese Norm kann aus praktischen Zweckbestimmungen erwachsen, etwa hier aus einer Grenzziehungssituation heraus: Zwei Punkte der Grenze zwischen zwei ebenen Nachbargrundstücken liegen fest (Grenzsteine). Es soll durch sie eine Grenzlinie gezogen werden, die keinen der Nachbarn auch nur im geringsten gegenüber dem anderen bevorzugt. Dann ist es sinnvoll, sich die Grenzsteine als unendlich klein, also ohne Ausdehnung und die Grenzlinie als unendlich dünne Visierlinie zu denken, bei der kein Punkt vor einem anderen in irgendeiner Weise ausgezeichnet ist (Homogenität) und die nach beiden Seiten hin kein Ende hat. Es ist klar, dass keine reale Grenzlinie solcher Art exakt existiert bzw. als existierend feststellbar ist. Aber sie ist vorstellbar als ideales Gebilde in einem Gedankenexperiment und der Satz: „Durch zwei verschiedene Punkte gibt es genau eine Gerade" wird als sinnerfüllte Aussage über ideale Objekte verstanden. Von dieser Genese aus erscheint die Gerade als diejenige (einzige) Teilungslinie auf einer ebenen Fläche, die beide Flächeninhalte längs dieser Linie konvex erhält.

Ich behaupte nicht, dass genau so die Aktualgenese des Begriffes „Gerade" in Menschen verlaufen müsste, wohl aber, dass jeder Mensch nur auf irgendeine Art von Ideation zum Begriff „Gerade" gelangen kann. Didaktisch wichtig ist dabei: (1) das Wort „gerade" wird schon vorher in vielfältigen einschlägigen Alltagssituationen benutzt. Es bezeichnet empirische Gegebenheiten. (2) Motiviert durch einen praktischen Zweck wird eine ideale Forderung als Norm zusätzlich aufgestellt. (3) Von ihr aus gesehen werden nunmehr die bekannten empirischen Gegebenheiten als angenäherte Realisate betrachtet und verstanden und zwar besser verstanden. Z. B. wird jetzt verständlich, dass durch zwei Scharniere einer Drehtür die Drehachse festlegt und ein drittes Scharnier ganz genau eingepasst werden müsste, wenn die Drehung funktionieren soll. Für nahezu unverzichtbar halte ich an dieser Stelle das folgende Experiment: Male zwei Punkte auf ein ebenes Blatt Papier. Finde durch Visieren (Augen auf Papierhöhe bringen) weitere Punkte auf der durch die beiden Punkte gegebenen Visierlinie. Kontrolliere dann mit einem (möglichst guten) Lineal. Geradezu überraschend ist die Güte der Annäherung an das Ideal.

Schreiber (1984) hat Idealisierungsprozesse in einer präziseren allgemeineren und formaleren Art dargestellt, in Bender/Schreiber [4] sind ideative Begriffsbildungen für den Bereich der Geometrie in großer Fülle und sehr detailliert beschrieben.

Wenn es auch andere Formen der Begriffsbildung geben mag, etwa durch Abstraktion im Sinne von Klassenbildung, so scheint mir doch die ideative als die für die Mathematik typischste und bedeutendste. Und nicht nur für die Mathematik! Den Begriff „Gerechtigkeit" bilden wir ja sicher nicht abstraktiv, indem wir im Sinne einer Induktion von den unterscheidenden Merkmalen in einer Menge gerechter Menschen absehen, sondern ideativ, etwa als Forderung nach absoluter Gleichheit und Gleichbehandlung aller Menschen angesichts gegebener Gesetze, versinnbildlicht in der Justitia mit verbundenen Augen und einer Waage in der Hand. Um noch ein klassisches Beispiel aus der Physik zu nennen: Galilei konnte nirgendwo das Fallen im Vakuum beobachten, aber wie sehr ist unsere Anschauung durch seine idealen Annahmen verbessert worden!

Möglicherweise hat auch Aristoteles Begriffsbildung im Wesentlichen als Idealisierungsvorgang gesehen. Jedenfalls kann man die Aristotelische „Aphairesis" anstatt mit „Abstraktion" im üblichen Sinne auch mit „Absehen von Realisierungsmängeln" übersetzen (Volkert [21], S. 16) und im Aristotelischen Begriff der „entelécheia" ist womöglich der Gedanke aufgehoben, dass die Dinge dieser Welt auf eine ferne Idealgestalt hin geformt sind (Arnheim [2], S. 22).

Vielleicht sollte man auch die Theorie Piagets zur abstrakten Entwicklung des Zahlbegriffs beim Kinde stärker ideativ deuten: Wenn das Kind davon überzeugt ist (und sich dadurch in der operativen Phase befindlich ausweist), dass Lageänderungen, Formabwandlungen und Substitution der Gegenstände einer Menge nicht deren Anzahl verändern (Konstanz der Mächtigkeit), so mag das heißen, dass das Kind in solchen Situationen die vor dem Auge befindlichen Gegenstände als zufällige Realisate idealer (bei Piaget „homogener", [16], S. 204) Einheiten betrachtet. Teilweise (oder nur scheinbar) entgegen Piagets Ansicht entstünde der Zahlbegriff dann nicht in erster Linie durch die Fähigkeit der Klassenbildung (z. B. 3 als gemeinsames Merkmal aller Mengen gleichmächtig mit der Menge {Vater, Mutter, Sohn}), sondern eher durch die Befähigung zum Hineinprojezieren gedachter Einheiten in eine entsprechende anschauliche Situation („Das ist eins und das noch eins und das noch eins"). Manchmal erscheint es so, als ob Piaget meint, die Phase des operativen Denkens löse die anschauliche Phase ab. Das wäre eine Verkennung der Piagetschen Psychologie. Denken ist für ihn ein verbessertes, ein befreiteres Anschauen.

Für das entdeckende Lernen ist von größter Bedeutung, dass Begriffsbildung eine aktive, zugreifende, entwerfende, schöpferische Tätigkeit ist, die auch und keineswegs nachrangig zum Ziel hat, die Wirklichkeit der Welt besser (und in gewisserem Sinne auch demütiger) zu verstehen. Insofern ist die Förderung des Anschauungsvermögens, das Bestreben nach Verbesserung der Empfindlichkeit für immer differenziertere Wahrnehmungen, nicht nur für innermathematische Begriffsbildungen wichtig, sondern selbst ein hochrangiges Lernziel. Anschauen ist so nicht nur ein Ausgangspunkt, sondern auch ein Zielpunkt und die Forderung nach Pflege der Anschauung stimmt weithin überein mit der Forderung nach Anwendungsbezogenheit des Lernens. Dem komplizierten Verhältnis zwischen Anschauung und Begriff, das ich versucht habe zu skizzieren, wird man nicht gerecht, wenn man die Sinnestätigkeit als störend für die Begriffsbildung oder die Theoriebildung als weltferne Vernünftelei denunziert, beides hat es in der Geschichte der Pädagogik immer wieder gegeben. Dass „Theorie" eigentlich „das Angeschaute" bedeutet (griech.: theórein = zuschauen, Theater!), sollte ein Anstoß sein, das Spannungsverhältnis auf fruchtbare Weise versuchen zu nutzen, womit freilich nur ein Problem gestellt und noch nichts zu seiner Lösung in der täglichen Lehr/Lernpraxis beigetragen worden ist.

8.2 Die Multiplikation negativer Zahlen – anschaulich oder algebraisch?

Sehr wahrscheinlich ist der Umgang mit negativen Zahlen die erste wirklich große Herausforderung für ein anschaulich-einsichtiges Verständnis mathematischer Sachverhalte. Diese Herausforderung ist keineswegs nur von lokaler, psychologischer und methodischer Bedeutung, sondern betrifft auch die Frage nach den Zielen mathematischer Allgemeinbildung überhaupt: Welchen Sinn kann es haben, dass Lernende mit solch einem Lehrstoff vertraut gemacht werden sollen, der kaum Bezug zum Alltagsleben zu haben scheint und (weitgehend deshalb?) auf besondere Lern- und Verständnisschwierigkeiten stößt? Die traditionelle Volksschule hat keinen Sinn darin gesehen und negative Zahlen vollständig gemieden. Die Frage ist, ob diese Enthaltsamkeit gerechtfertigt werden kann. Man denke z. B. nur daran, dass ohne negative Zahlen und speziell ohne die Multiplikation negativer Zahlen die Standardabweichung als wichtigstes Streumaß der beschreibenden Statistik nicht verstanden werden kann. Im Gymnasium gehören negative Zahlen ungefragt zum Kanon, jedoch wäre es mindestens übertrieben, wenn man die damit zusammenhängenden curricularen und Lernprobleme als gelöst ansehen würde (Adelfinger [1]).

Tatsächlich darf man die Herausforderung nicht unterschätzen, das zeigt schon ein Blick auf die Geschichte des Zahlbegriffs. Erst ab dem 17. Jahrhundert gewöhnt man sich nach langen und mühseligen Diskussionen daran, mit negativen Zahlen ohne schlechtes Gewissen zu rechnen. Seit dem griechischen Altertum ist Zahl natürlich „natürliche" Zahl, bei Euklid eine Vielheit von Einheiten. Da ist konsequenterweise 1 schon eigentlich keine Zahl, denn sie ist ja eine Vielheit. „Die Eins ist keine Zahl", sagt ausdrücklich Aristoteles (zit. nach Gericke [11], S. 29) und das wird noch jahrhundertelang wiederholt. Und die Null ist ein noch größerer Stein des Anstoßes. 1657 beweist Wallis, dass zwar 1 eine Zahl sei, 0 aber nicht (Gericke [11], S. 30). Vieta vermeidet ängstlich das Auftreten negativer Zahlen und führt deshalb zwei Minuszeichen ein: $A - B$, wenn bekannt ist, dass A größer als B ist; $A = B$, wenn es unbekannt ist, welche der Zahlen die größere ist, das Zeichen $=$ bedeutet dann, dass die kleinere von der größeren zu subtrahieren ist. Descartes spricht von falschen Lösungen („racines fausses"), wenn eine Gleichung negative Wurzeln hat (Tropfke [19], S. 151).

Von C.F. Gauss endlich wird eine Deutung der negativen Zahlen als relative Zahlen ausgesprochen, in der sowohl der neue formal-algebraische Begriffskern als auch eine anschauliche Verwendung zum Ausdruck kommt:

> „Positive und negative Zahlen können nur da eine Verwendung finden, wo das gezählte ein Entgegengesetztes hat, was mit ihm vereinigt gedacht der Vernichtung gleichzustellen ist. Genau besehen findet diese Voraussetzung nur da statt, wo nicht Substanzen (für sich denkbare Gegenstände) sondern Relationen zwischen je zweien Gegenständen das gezählte sind."
>
> (zit. nach Tropfke [19], S. 149)

Dies scheint mir auch heute ein „natürlicher Zugang" zu den ganzen Zahlen zu sein: die Idee der Entgegensetzung von Größen bezüglich einer gewählten Vergleichsmarke. Da gibt es eine Fülle umweltlicher Situationen, die sich auch teilweise in der Umgangssprache widerspiegeln.

Beispiele, die von den Schülerinnen und Schülern zusammengetragen werden sollten, sind:

darunter (negativ)	Vergleichswert	darüber (positiv)
unterdurchschnittliches Einkommen	durchschnittliches Einkommen	überdurchschnittliches Einkommen
Untergewicht	Normalgewicht	Übergewicht
Schulden	ausgeglichenes Konto	Guthaben
Unterdruck	Solldruck (bei Reifen)	Überdruck
vor Christi Geburt	Christi Geburt	nach Christi Geburt
unter Gefrierpunkt	Gefrierpunkt	über Gefrierpunkt
unter Normalnull	Normalnull/Meereshöhe	über Normalnull
Niedrigwasser	normaler Pegelstand	Hochwasser
Unterproduktion	Produktionssoll	Überproduktion
westliche Länge	Nullmeridian	östliche Länge
Verbilligungsbetrag	Preis im Vergleichsjahr	Verteuerungsbetrag

Ein idealisierendes Moment kommt hinein, wenn die gerichtete Zahlengerade mit den Marken $\ldots, -3, -2, -1, \mathbf{0}, 1, 2, 3, \ldots$ (also 0 als Vergleichsmarke) zur systematischen Beantwortung der Frage, wie stark jeweils die Abweichungen nach oben und unten sind, herangezogen wird. Idealisierend ist diese Zahlengerade schon deshalb, weil die Beispiel-situationen endlich (Es gibt z. B. keine Temperatur von $-400°$) und oft auch nicht sym-metrisch bezüglich der Vergleichsmarke sind.

Im Sinne des vorwegnehmenden Lernens kann ab der 1. Klasse das Vergleichen von „schwankenden" Größen geübt werden. Z. B.: Vergleicht alle diese Zahlen 14, 9, 4, 11, 10, 20, 0, 3, ... mit 8. Welche liegen darüber, welche nicht? Schreibt den Unterschied auf, rot, wenn die Zahl unter 8 ist, grün, wenn die Zahl nicht unter 8 ist. Usw.

Einen echten Bruch mit der bisherigen Vorstellung stellt die Neufassung der Kleiner-Relation dar. Dass z. B. -10 kleiner als 1 sein soll, kann nicht schon dadurch verstanden werden, indem darauf verwiesen wird, dass auf der Zahlengeraden die Marke -10 links von der Marke $+1$ liegt. Vielmehr muss der Versuch unternommen werden, die bisherigen Vorstellungen mit ihren heimlichen Nebenbedeutungen bewusst zu machen und die neue Zahlengeradensituation in Verbindung mit den Anwendungen detailliert zu analysieren. Bisher war „kleiner als" z. B. verbunden mit: „weniger der Anzahl nach", „kam beim Zäh-len früher dran", „hatte höchstens so viele Stellen wie". Alle diese Vorstellungen müssen jetzt revidiert werden. Wenn z. B. vom Nullpunkt aus „nach links" gezählt wird, so kommt z. B. -2 vor -10, aber -10 soll kleiner sein als -2. Der Zählgedanke ist für das Verständ-nis der Kleiner-Relation dann zu retten, wenn ohne Rücksicht auf die Nullmarke diejenige Zahl von zwei Zahlen als die kleinere angesehen wird, die durch Rückwärtszählen von der anderen aus erreichbar ist. -10 ist dann auf dieselbe Art und um dasselbe Stück kleiner als $+1$ wie 4 kleiner ist als 15, da in beiden Fällen von der größeren zur kleineren um 11 Einheiten zurückgezählt wird. Auch das Einbeziehen von Anwendungssituationen erfor-dert begriffliche Durchdringung des Anschaulichen. Es genügt z. B. nicht, herauszuarbei-ten, dass -10 deshalb kleiner ist als $+1$, weil die Temperatur $10°C$ unter Null niedriger („kleiner als", „kälter als") ist als die Temperatur $1°C$ über Null, es muss darüber hinaus thematisiert werden, dass es nur auf den Abstand der Marken voneinander ankommt und die Nullmarke lediglich der Beschreibung der Marken dient. Wenn die Temperaturskala auf einem Thermometer verrutschen würde, was ja in der Realität durchaus vorkommt, etwa um $2°C$ nach unten gegenüber der ursprünglichen Lage, so würde aus $-10°$ alt $-8°$ neu und aus $+1°C$ alt $+3°C$ neu und die Aussage „-10 ist kleiner als $+1$" ginge über in die gleichwertige „-8 ist kleiner als $+3$". Diese Invarianz der gerichteten Zahlengeraden gegenüber Translationen ist von großer Bedeutung und die Lernenden können dadurch schöpferisch an ihrer Aufdeckung beteiligt werden, dass sie planmäßig neue verschobene Skalen erfinden:

Wir legen den Nullpunkt für Temperaturgrade neu fest. Was bisher $-10°C$ war, soll nun $0°C$ sein. Was wird dann aus $-11°C$, $-5°C$, $+14°C$ ...? Wir legen NN neu fest; Was bis-her -300 m war, soll nun NN sein. Usw. Durch solches Verschieben kann man übrigens immer das Vergleichen ins Positive verlagern, also in vertrautes Gebiet. Diese translati-onssymmetrische Sicht kollidiert durchaus mit der punktsymmetrischen Sicht, bei der der Nullpunkt als Symmetriezentrum im Vordergrund steht und es zu jeder Zahl einen entgegengesetzten Partner als Spielgelbild gibt. Im Gegensatz zum Verschieben, das die Kleiner-Beziehung erhält, wird beim Spiegeln diese Beziehung genau umgekehrt. Rechts haben wir z. B. $3 < 5$, spiegelbildlich links dagegen $-5 < -3$. Auch dies ist ausdrückli-cher Thematisierung bedürftig. Wenn die translative Symmetrie der Zahlengeraden nicht aufgearbeitet wird und ganze Zahlen hauptsächlich oder gar ausschließlich als Pfeile vom

Nullpunkt aus repräsentiert werden, dann darf man sich nicht wundern, wenn auch noch Abiturienten darauf bestehen, dass -10 größer ist als $+1$, dass $-b$ immer eine negative Zahl ist und dass $|x| = -x$ eine falsche Aussage ist. Schuld an Missverständnissen dieser Art ist aber nicht die Unanschaulichkeit der ganzen Zahlen, sondern die mangelhafte Ausleuchtung der anschaulichen Repräsentation.

Bei der Entwicklung des Rechnens mit ganzen Zahlen sind weitere vertraute Vorstellungen neu zu formen, etwa einzusehen, dass durch Addieren eine „Verkleinerung" und durch Subtrahieren eine „Vergrößerung" stattfinden kann, fürwahr ein wahrer Paradigmenwechsel, der Lernende schon entmutigen oder zu heimlichen Hilfsvorstellungen verleiten kann.

Die größte Herausforderung stellt aber sicher die Multiplikation negativer Zahlen dar, wenn man nicht vornherein didaktisch resigniert, die Vorzeichenregeln mehr oder weniger dogmatisch mitteilt und darauf vertraut, dass sich durch täglichen Gebrauch irgendwie ein Verständnis schon einstellen wird.

Wie herausfordernd die Multiplikation ganzer Zahlen ist, mag man allein daran ermessen, dass der geniale irische Mathematiker W.R. Hamilton (1805 - 1865) sich noch 1833 fragt, wie es erklärlich ist, dass zwei Zahlen, die weniger als nichts sind, ein Produkt haben können, das mehr als nichts sein soll (Tropfke [19], S. 149).

Da braucht man sich nicht über mäßige Schulerfolge zu erregen. Wagenschein stellt fest: „Fast kein Abiturient ... weiß (das heißt: versteht einem Anderen klarzumachen), warum zum Beispiel „Minus mal Minus Plus" gibt" (Wagenschein [22] 1962, S. 92). Andelfinger, der einschlägige empirische Untersuchungen auswertet, hebt hervor, dass nur einige der leistungsstärksten Schülerinnen und Schüler erfassen, dass es sich bei der Einführung negativer Zahlen um eine Zahlbereichserweiterung im systematischen Sinne handelt, und dass sich schwächere Schülerinnen und Schüler eine Art „Regel-Hilfs-Welt" für das Rechnen zulegen (S. 172). Speziell: „Bei der Multiplikation bleibt der Fall „Minus mal Minus" am unsichersten" (S. 170).

Freudenthal empfiehlt zur Einführung der ganzen Zahlen die Beherzigung des „algebraischen Prinzips" (S. 205 ff.). Dabei wird z. B. -3 als das Ding x angesehen, für das $x + 3 = 0$ ist, also wäre -3 bestimmt durch $(-3) + 3 = 0$. Und die Multiplikation $(-3) \cdot (-4)$ könnte dann etwa so abgeleitet werden (S. 209):

$$(-3) + 3 = 0 \qquad | \cdot 4 \qquad\qquad (-4) + 4 = 0 \qquad | \cdot (-3)$$
$$(-3) \cdot 4 + 3 \cdot 4 = 0 \qquad\qquad (-3) \cdot (-4) + (-3) \cdot 4 = 0$$

also
$$3 \cdot 4 = (-3) \cdot (-4)$$

Über diesen gewollt unanschaulichen Zugang kenne ich keine Unterrichtserfahrungen. M. E. erfordert er einen zu langen algebraischen und deduktiven Atem. Möglicherweise ist er auf späterer Stufe sinnvoll. Jedenfalls würden so negative Zahlen in reinrassiger Form als „ideale Gebilde" eingeführt, als Wesen, die bestimmte Rechennormen erfüllen sollen.

Gibt es einen anschaulichen Zugang zur Multiplikation, der auch im Sinne des entdeckenden Lernens gerechtfertigt werden kann, der stärker das Ideale mit dem Realen verschränkt?

Die überzeugendste Entwicklung, die mir bekannt ist, rekurriert auf das keineswegs aufregend neuartige, aber trotz aller Kritik doch leistungsfähige *Kontomodell*.

Werden regelmäßige Einzahlungen (Zugänge) (z. B. Raten für ausgeliehenes Geld) und Auszahlungen (Abgänge, z. B. Mieten oder Gebühren) als Zeitpunkt-Kontostand-Funktionen in Schaubildern dargestellt, so greifen wir einerseits auf bekannte Dinge des Sachrechnens zurück und verschaffen uns andererseits einen Untergrund für die neue Begrifflichkeit.

Im Zuge der Aufklärung des sachkundlichen geldwirtschaftlichen Hintergrundes (Daueraufträge, bargeldloser Verkehr, Kontoführung, usw.) wird eine vereinfachte Situation betrachtet: Auf ein Konto wurde bis jetzt zu jedem Monatsersten ein Betrag von 50 € eingezahlt und das soll auch weiter so geschehen. Heute ist ein Monatserster, es ist ein Eingang von 50 € gewesen und der Kontostand ist jetzt ausgeglichen, d. h. beträgt 0 €. Von hier aus sollte – möglichst in selbständiger Arbeit – die Abb. 8.2a entstehen.

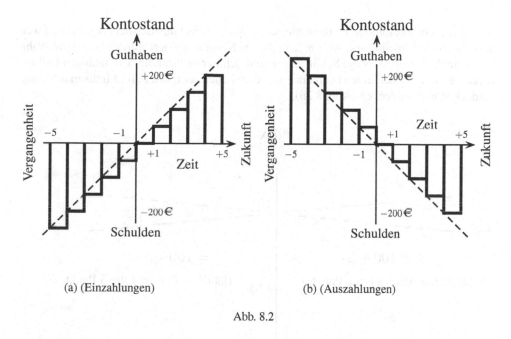

(a) (Einzahlungen)   (b) (Auszahlungen)

Abb. 8.2

Das Neue und keineswegs Selbstverständliche dabei ist natürlich das Zurückverfolgen des Kontostandes in die Vergangenheit hinein mit der Deutung von -2 als vor 2 Monaten (von heute aus) und -100 € als 100 € Schulden zu jenem Zeitpunkt. Die Übertragung der Aussage „In 3 Monaten wird der Kontostand $(+150 €) = (+3) \cdot (+50 €)$ betragen" auf die Aussage „Vor 3 Monaten betrug der Kontostand $(-150 €) = (-3) \cdot (+50 €)$" wäre – falls sie spontan erfolgte – eine beachtliche Analogieleistung, es werden hier Lern- und Sprachhilfen notwendig sein. Vor allem besteht ja ein nicht hinweg methodisierbarer Bruch zwischen dem bekannten Operator 3-mal und dem neuen Operator (-3)-mal. Dieser Bruch ist zu thematisieren und es wäre ans Licht zu bringen, dass diese neue Möglichkeit des Vervielfachens der Situation angepasst ist, also sinnvoll erscheint und neue Möglichkeiten eröffnet, z. B. im Schaubild unbegrenzte lineare Punktreihen beschreibbar macht.

Die bekannten „Permanenzreihen"

$$3 \cdot (+50\,€) \quad = \quad +150\,€$$
$$2 \cdot (+50\,€) \quad = \quad +100\,€$$
$$1 \cdot (+50\,€) \quad = \quad +50\,€$$
$$0 \cdot (+50\,€) \quad = \quad 0\,€$$
- - - - - - - - - - - - - - - -
$$(-1) \cdot (+50\,€) \quad = \quad -50\,€$$
$$(-2) \cdot (+50\,€) \quad = \quad -100\,€$$
$$\vdots$$

sind in diesem Kontomodell eingeschlossen, müssen nicht künstlich hervorgezaubert werden. Wenn die Situation von Abb. 8.2a in diesem Sinne analysiert worden ist, ist die Wahrscheinlichkeit groß, dass die Schülerinnen und Schüler selbständig den analogen Fall mit regelmäßigen Abbuchungen bearbeiten und dabei eben auch den Fall „Minus mal Minus" entdecken und aufdecken (Abb. 8.2b).

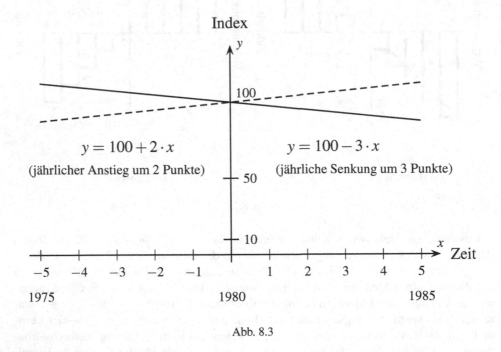

Abb. 8.3

Weitere lineare (speziell proportionale) Funktionen sollten untersucht werden, etwa die Celsius-Fahrenheit-Funktion, oder Zeit-Warenindex-Funktionen mit konstantem Anstieg oder konstanter Senkung (vgl. Abb. 8.3) oder – schwieriger – Hebel-Drehmoment-Funktion (vgl. Abb. 8.4).

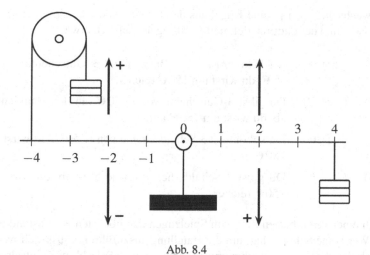

Abb. 8.4

Ein Gewicht vom Betrag 3 in $+4$ aufgehängt und nach unten ziehend $(+)$ bewirkt dasselbe wie ein Gewicht 3 nach oben ziehend $(-)$ und in -4 ansetzend, in beiden Fällen ist das Drehmoment („Kraft mal Kraftarm" bzw. „Last mal Lastarm") gleich, nämlich $+12$, „plus" deshalb, weil der Hebel nach rechts gedreht wird, also (!) $3 \cdot 4 = (-3) \cdot (-4) = +12$ (vgl. Freudenthal [10] 1973, S. 244). Diese Hebelsituation ist ausgesprochen subtil, die Vorzeichen $(-, +)$ werden ja auf 3 verschiedene Arten gedeutet: links/rechts am Hebelarm, Last zieht nach oben/unten, Hebel dreht nach links/rechts (vgl. auch Polya [17], S. 75).

In spielerischer Form kann unser ursprünglicher Guthaben/Schulden-Zugang zur Multiplikation in Fortführung einer Idee von Ursula Viet (1971) so gestaltet werden: Man braucht einen Bankhalter mit Gutscheinen und Schuldscheinen je von demselben Betrag, etwa von 50€ (Abb. 8.5), ferner eine erste Urne mit etwa 21 Kugeln (10 grüne mit $+1$

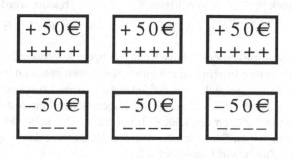

Abb. 8.5

bis $+10$, 10 rote mit -10 bis -1, 1 weiße mit 0) und eine zweite Urne mit 2 Kugeln (1 mit Aufschrift „50€ Gutschrift", 1 mit Aufschrift „50€ Lastschrift"). A spielt gegen B (oder eine Hälfte der Klasse gegen die andere). Beide gehen von ausgeglichenem Konto aus. Abwechselnd wird je eine Kugel aus der 1. und aus der 2. Urne gezogen, wieder zurückgemischt und der dadurch definierte Auftrag ausgeführt, etwa:

($+3$) ($+50€$) Du bekommst (vom Bankhalter) 3 Gutscheine von je 50€, du wirst um 150€ reicher.

(-3) ($+50€$) Du gibst 3 Gutscheine von je 50€ (an den Bankhalter) ab, du wirst um 150€ ärmer.

($+3$) ($-50€$) Du bekommst 3 Schuldscheine von je 50€, du wirst um 150€ ärmer.

(-3) ($-50€$) Du gibst 3 Schuldscheine von je 50€ ab, du wirst um 150€ reicher.

Wer nach einer vereinbarten Zahl von Spielzügen den höchsten Kontostand erzielt hat, ist Sieger. Wer keine Scheine hat, um die Handlung auszuführen, muss sich welche beim Bankhalter holen. Er bekommt dabei immer genau so viele Schuld- wie Gutscheine, damit sich sein Kontostand dadurch nicht ändert. Damit wird die „Entgegengesetztheit" gespielt, z. B. $3 \cdot (+50€) + 3 \cdot (-50€) = 0$.

Viet, die mit diesem Spiel einen kontrollierten Unterrichtsversuch mit Grund- und Hauptschülern (allerdings zur Addition und Subtraktion) unternahm, berichtet von durchschlagendem Erfolg.

Dieses Spiel – wohl nicht völlig realitätsfern, wenn man es als „mobile Kontoführung" ansieht – ist natürlich auf eine andere Weise anschaulich als die Schaubilder der Abb. 8.3. Die bisherige Vorstellung des Addierens als eines Nehmens und des Subtrahierens als eines Abgebens kann in gewisser Weise erhalten bleiben, die Ausdeutung einer Doppelziehung als ein Produkt könnte entdeckt werden, wobei wie bisher

(-3)	($-50€$)	$=$	($+150€$)
abgeben,	Schuldschein		Ergebnis:
3 Stück	von 50€		reicher werden
			um 150€

der erste Faktor als Multiplikator die aktive Rolle spielt, die Kontostandsänderungen handgreiflich vollzogen und ihre Ergebnisse mit leiblichen Augen geschaut werden.

Das Spiel soll nicht nur gespielt, (das auf jeden Fall zuerst,) sondern auch durchdacht werden: Wie kann es für A nach 1 Zug, nach 2 Zügen stehen? Findest du alle Möglichkeiten? – Kann man in 3 Zügen um 1 000€ ärmer werden? Wie? – Wie kann man nach 2 Zügen wieder beim selben Stand sein? – Welcher Zug macht den Zug (-9), ($+50€$) rückgängig, welcher Zug bewirkt dasselbe? – Usw.

Die Kontosituation kann auch zum Entwerfen und Ausfüllen einer 1×1-Tafel führen (Abb. 8.6),

die ihrerseits wiederum eine Quelle neuer Fragestellungen und Beobachtungen sein kann. Insbesondere können Vorzeichenregeln und Rechengesetze dadurch thematisiert werden, dass geometrische Muster identifiziert und arithmetisch gedeutet werden. Auch wie

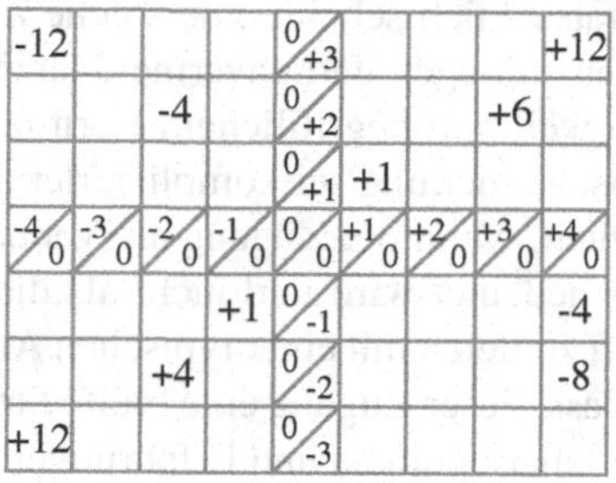

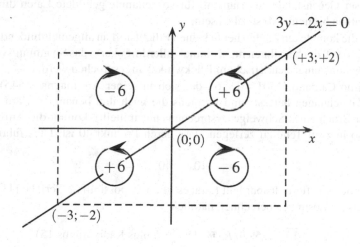

Abb. 8.6

dieses Schachbrett-1 × 1-Muster mit dem kartesischen Koordinatensystem und so mit unseren Kontostandsschaubildern zusammenhängt, kann untersucht werden (Abb. 8.7): Jedem Gitterpunkt des Koordinatensystems wird das „gerichtete Ursprungsrechteck" zugeordnet und das mag eine weitere anschauliche Unterstützung des Multiplizierens ganzer Zahlen liefern.

Abb. 8.7

Z. B. liegen die Gitterpunkte $(-9, -6)$, $(-6, -4)$, $(-3, -2)$, $(0, 0)$, $(+3, +2)$, $(+6, +4)$, ... alle auf einer Geraden, deren Gesetz $3y = 2x$, $y = \frac{2}{3}x$, $2x - 3y = 0$, $3y - 2x = 0$ o. Ä. lautet und die Symmetrie der Koordinatensituation lässt die negativen Zahlen (und das Multiplizieren mit ihnen) doch in sehr starker Weise als gleichberechtigt mit den positiven Zahlen erscheinen.

Der hier skizzierte Zugang zur Multiplikation ganzer Zahlen über das Kontomodell in Verbindung mit Schaubildern im Koordinatensystem (unter Einbeziehung spielerischer Aktivitäten und weiterer Anwendungssituationen) wirft sicher die Frage auf, ob hier nicht ein didaktischer Zirkel vorliegt: Die Multiplikation ganzer Zahlen soll mit etwas geklärt werden (Kontomodell), das selbst noch unklar ist und just mit Hilfe der Multiplikation ganzer Zahlen erklärt wird. Tatsächlich scheint eine solche Zirkelhaftigkeit in der Dynamik der Begriffsentwicklungen zu liegen und unvermeidbar zu sein, Sie ist ein Ausdruck für die gegenseitige Abhängigkeit von begrifflichem Kern und zugehörigen Anwendungen. Der Einwand, die Veranschaulichung sei komplizierter als das Veranschaulichte, ist allerdings nur dann von Gewicht, wenn der Zugang als Veranschaulichen im Sinne eines Illustrierens oder Verpackens gedeutet wird und nicht als die Anstrengung, einen neuen (formal-algebraischen) Begriff zugleich mit einer typischen Anwendung kennen zu lernen. Damit wird nicht behauptet, dass dieser Zugang eine breite Straße zum sicheren Erfolg ist. Es wird weiterer didaktischer Überlegungen und Erfahrungen bedürfen.

8.3 Komplexe Zahlen – Anerkennung durch die Anschauung

Noch weit mehr als die Frage, ob negativen Größen überhaupt der Status von wirklichen Zahlen zuerkannt werden kann, hat das Problem der imaginären Gebilde die Geister erregt. Die Mathematiker ringen bis zur Schwelle des 19. Jahrhunderts damit, Klarheit über die Natur dieser Gegenstände zu erlangen; für so genannte gebildete Laien dürften die imaginären Zahlen bis heute Mystisches sein.

Wenn auch die komplexen Zahlen heute keinen Pflichtstoff an allgemeinbildenden Schulen darstellen, so soll doch an ihnen noch einmal (allerdings kurz) das Spannungsverhältnis Begriff-Anschauung unter heuristischem Blickwinkel angesprochen werden.

Bei Geronimo Cardano (1501 - 1576), der sich in seiner Ars magna (1545) mit der Lösung von Gleichungen befasst (und übrigens die nach ihm benannten Cardanoschen Formeln unter Bruch eines Schweigeversprechens nur mitteilt), kommt die Aufgabe vor, die Zahl 10 so in zwei Teile zu zerlegen, dass deren Produkt 40 ist. Dies führt auf die Gleichung

$$x^2 - 10x = 40,$$

die Cardano einerseits für unlösbar hält („quaestio est impossibilis", Gericke [11], S. 57), dann aber doch die Lösungen berechnet, nämlich

$$5 + \sqrt{-15} \quad (\text{„}5 \cdot \overline{p} \cdot R \cdot \overline{m} \cdot 15\text{"} = 5 \text{ plus Radix minus } 15)$$
$$\text{und } 5 - \sqrt{-15} \quad (\text{„}5 \cdot \overline{m} \cdot R \cdot \overline{m} \cdot 15\text{"} = 5 \text{ minus Radix minus } 15)$$

Tatsächlich ist die Summe dieser beiden Rechengrößen 10 und ihr Produkt 40, wenn man einfach „formal durchrechnet" und speziell für $\sqrt{-15} \cdot \sqrt{-15}$ das Ergebnis -15 als richtig ansieht.

Cardano verwirft schließlich diese Lösungen als „arithmetische Spitzfindigkeiten" und bleibt dabei, dass quadratische Gleichungen eben nicht immer lösbar seien, ja dass allgemein folgende Regel zu beachten sei: Immer, wenn das, was vorgeschrieben ist, nicht ausgeführt werden kann, dann existiert das, was vorgelegt war, nicht ([11], S, 58).

Also, das obige Problem der Zerlegung von 10 in zwei Summanden, deren Produkt 40 ist, ist falsch gestellt; es gibt nicht zwei solcher Zahlen. Die Zahlen können gar nicht existieren, weil das Wurzelziehen aus einer negativen Zahl nicht ausgeführt werden kann.

Diese einleuchtend klingende Regel des Cardano, nur die Lösungen einer Gleichung anzuerkennen, deren Ausrechnung in allen Schritten ausgeführt werden kann, erweist sich indes schon bei der kubischen Gleichung

$$x^3 = 15x + 4$$

als Flop ([11], S. 59). Man bestätigt durch Einsetzen, dass 4 eine Lösung ist, jedoch führt die Cardanoische formelhafte Ausrechnung auf „unmögliche Ausdrücke":

$$x = \sqrt[3]{2 + \sqrt{-121}} + \sqrt[3]{2 - \sqrt{-121}}$$

Mit diesem Dilemma – die Gleichung ist lösbar, aber die i. Allg. leistungsfähige Lösungsformel führt auf einen unmöglichen Ausdruck – beschäftigt sich dann Rafael Bombelli (1526 - 1572), der als erster die Frage nach dem Wesen dieser unmöglichen Ausdrücke zunächst einmal beiseite schiebt, stattdessen 8 Rechenregeln für sie zusammenstellt und diese dann für das Gleichungslösen anwendet. Er sieht das, was wir heute die imaginäre Einheit i nennen, als eine Art Vorzeichen an und nennt $+i$ „piu de meno" und $-i$ „men di meno" ([11], S. 60). Die 8. Regel über i lautet z. B.:
„Meno di meno uia men di meno fa meno", was in unserer Sprache „Vorzeichen von $(-i) \cdot (-i)$ ist $-$" heißen würde ([11], S. 61). Er findet auch heraus, dass $\sqrt[3]{2 + \sqrt{-121}} = 2 + \sqrt{-1}$ ist und kann die obige Gleichung von Cardano mit $x = 2 + \sqrt{-1} + 2 - \sqrt{-1} = 4$ zu Ende rechnen.

Trotz Bombellis formal-algebraischer Sicht bleibt das tiefe Unbehagen gegenüber komplexen Ausdrücken bei den Mathematikern vorherrschend.

René Descartes (1596 - 1650) ist zwar schon vom Fundamentalsatz der Algebra überzeugt (Jede Polynomgleichung hat so viele Wurzeln wie ihr Grad angibt), aber man kann sich – wie er sich ausdrückt – diese Wurzeln oft nur einbilden (imaginer) und von da bleibt bis heute der Ausdruck „imaginäre Zahlen" für solche der Form ai, $a \in \mathbb{R}$, $i^2 = -1$ (Remmert in Ebbinghaus [8], S. 47 f.).

Gottfried W. Leibniz (1646 - 1716) spielt mit der Gleichung

$$\sqrt{1 + \sqrt{-3}} + \sqrt{1 - \sqrt{-3}} = \sqrt{6}$$

und ist davon fasziniert, dass man mit etwas an sich Unmöglichem etwas Reelles ausdrücken kann.

Er nennt die imaginären Wurzeln eine „feine und wunderbare Zuflucht des menschlichen Geistes, ein *Monstrum der idealen Welt*, fast ein Amphibium zwischen Sein und Nichtsein" (zit. nach Tropfke [19], S. 153). Und: „Den Wurzelgrößen entspringen die unmöglichen oder imaginären Größen, deren Eigenschaft wunderbar, deren Nutzen nicht zu verachten ist. Wenngleich sie an sich etwas Unmögliches bedeuten, zeigen sie nicht nur den Ursprung der Unmöglichkeit, sondern auch, wie die Aufgabe geändert werden kann, um nicht unmöglich zu sein; ja mit ihrer Hilfe können auch reelle Größen ausgedrückt werden "(zit. nach Tropfke [19], S. 153).

Leibniz bringt in unserer Sicht das Problem auf den Punkt: Imaginäre Zahlen entstehen durch Idealisierung. An das gewöhnliche Wurzelziehen wird als Norm die ideale Forderung gestellt, dass auch aus negativen Zahlen die (Quadrat)Wurzel zu ziehen möglich sei. Speziell: $\sqrt{-1}$ sei das Ding, das quadradiert -1 ergibt. Und dieses Ideal realisiert sich in den zahllosen Verbindungsmöglichkeiten mit reellen (also „wirklichen") Ausdrücken, z. B. in der obigen Gleichung von Leibniz oder in der kubischen Gleichung von Bombelli. Aber imaginäre Zahlen sind andererseits auch Monster (lat.: monstrum = Mahnzeichen; später Ungeheuer, Scheusal, Ungetüm, Fabelwesen von phantastischer Gestalt), d. h. Gebilde, die sich mit den Mitteln des bisherigen Anschauungsvermögens nicht sinnlich aufweisen lassen, die über die bis dahin entwickelten Wahrnehmungsrahmen hinausragen. Was soll man sich unter ihnen vorstellen? Den reellen („wirklichen") Zahlen entsprechen Punkte oder gerichtete Strecken auf der Zahlengeraden (die zwar auch ein ideales Gebilde ist, aber als real ansehbar empfunden wird). Es werden Versuche unternommen, imaginäre Zahlen, mit denen es sich so gut rechnen lässt, zu geometrisieren. Der robuste Deutungsversuch von $\sqrt{-1}$ als Seitenlänge eines Qaudrats mit dem Flächeninhalt -1 schlägt fehl, aber auch andere erweisen sich als undurchführbar, etwa $\sqrt{-1}$ als Zeichen für die Operation des Loterrichtens ([19], S. 55) zu erklären. Die imaginären Zahlen scheinen von Natur aus unanschaulich und das bedeutet im 18. Jahrhundert weithin gleichfalls unwirklich.

Das Problem der anschaulichen Repräsentanz und Verstehbarkeit der komplexen Zahlen bleibt auch noch bei dem immens produktiven und virtuosen Leonhard Euler (1707 - 1783) erhalten. Einerseits rechnet er zeitlebens meisterhaft mit ihnen: So verdanken wir ihm ja nicht nur die „Eulerschen Formeln"

$$\cos x = \frac{1}{2}\left(e^{ix} + e^{-ix}\right), \qquad \sin x = \frac{1}{2}\left(e^{ix} - e^{-ix}\right).$$

Gleichungen der Art $i \cdot \log i = -\frac{1}{2}$ und den Buchstaben i für die imaginäre Einheit $\sqrt{-1}$, sondern vor allem die Einsicht, dass die Menge der Zahlen der Form $a + bi$ (a, b reell, $i^2 = -1$) abgeschlossen ist gegenüber den 4 Grundrechenarten und gegenüber transzenden Operationen, wie Potenzieren, Logarithmieren, Sinus-Bildung usw. Er schreibt (1749): „Wir werden ohne zu schwanken behaupten, dass allgemein alle imaginären Größen, wie kompliziert sie auch sein mögen, stets auf die Form $M + N\sqrt{-1}$ gebracht werden können" (zit. nach Gericke [11], S. 66). Andererseits gerät der geniale Euler deutlich ins Schwimmen, wenn er den Bereich des formalen Operierens verlassen und sagen will, was denn imaginäre Zahlen nun eigentlich sind. Wenn er schreibt: „Eine Größe heißt imaginär, wenn sie weder größer als Null, noch kleiner als Null, noch gleich Null ist. Das ist etwas Unmögliches, wie z. B. $\sqrt{-1}$ oder allgemein $a + b\sqrt{-1}$" (zit. nach Gericke [11], S. 66), so ist das sicher keine Definition, zeigt aber deutlich das für Euler Monströse: Es sind Zahlen, die nicht den Ordnungsvorstellungen, wie sie sich durch jahrhundertelange Erfahrung gebildet haben, gehorchen. Da war von zwei verschiedenen Zahlen immer genau eine die größere und diese Vorstellung muss nun (zunächst einmal) geopfert werden.

Erst durch den Mathematikerfürsten (princeps mathematicorum) Carl Friedrich Gauss (1777 - 1855), der auf allen Gebieten der Mathematik höchstrangig schöpferisch tätig war, gelingt eine Klärung des Problems der Natur der komplexen Zahlen in der Weise, dass eine geometrische Interpretation als einleuchtend empfunden wird, Verbreitung findet und so eine allgemeine Anerkennung der „unmöglichen Größen" bewirkt. Er schreibt (1811 in einem Brief an Bessel):

„So wie man sich das ganze Reich aller reellen Grössen durch eine unendliche gerade Linie denken kann, so kann man das *ganze* Reich aller Grössen, reeller und imaginärer Grössen sich durch eine unendliche Ebene sinnlich machen, worin jeder Punct, durch Abscise = *a* Ordinate = *b* bestimmt, die Grösse *a* + *bi* gleichsam repräsentirt."   (zit. nach Remmert in Ebbinghaus [8], S. 49)

Die Idee, die Koordinatenebene zur Repräsentation komplexer Zahlen zu verwenden, stammt nicht von Gauss (allein), zumindest C. Wessel (1745 - 1818) und J. R. Argand (1768 - 1822) und auch L. Euler muss man als Vorläufer ansehen. Der norwegische Feldmesser Wessel hat auch schon einwandfrei das Rechnen mit komplexen Zahlen geometrisch gedeutet (Addition als Vektoraddition, Multiplikation als Drehstreckung am Ursprung). Jedoch erst die machtvolle Autorität eines Gauss verhalf der Koordinaten-Idee zum Durchbruch, wenngleich auch wiederum nicht schlagartig. Noch 1831 fühlt er sich (in einer Arbeit über biquadratische Reste) veranlasst, auf die Gleichberechtigung der imaginären mit den reellen Zahlen ausdrücklich und mahnend hinzuweisen. Er prägt den Ausdruck „komplexe Zahl" und, da er diese zahlentheoretische Arbeit im Komplexen ansiedelt, fügt er ein:

„Das könnte vielleicht manchen, der mit der Natur der imaginären Größen weniger vertraut und in falschen Vorstellungen daran befangen ist, anstößig und unnatürlich erscheinen und die Meinung veranlassen, dass die Untersuchung dadurch gleichsam in die Luft gestellt sei, eine schwankende Haltung bekomme und sich von der Anschaulichkeit ganz entferne. Nichts würde unbegründeter sein als eine solche Meinung: Im Gegenteil ist die Arithmetik der complexen Größen der anschaulichsten Versinnlichung fähig ..."
     (zit. nach Gericke [11], S. 78)

Höchst beachtenswert ist, wie stark Gauss (nicht nur in diesem Fall) davon überzeugt ist, dass man dadurch einem mathematischen Zeichen Bedeutung verleiht, indem man einen anschaulichen Gegenstand als Bezeichnetes aufweist. Zur Legitimation genügt es ihm offenbar nicht, die interne Widerspruchsfreiheit eines Zeichensystems zu beweisen (Volkert [21], S. 36 ff.).

Für unsere Problematik des entdeckenden Lernens ist an der Genesis der komplexen Zahlen interessant:

(1) Auch überdurchschnittlich geübte und begabte (was immer das ist) und (mehr oder weniger) professionelle Mathematiker können nicht einfach aus ihren Rahmungen heraustreten. Einen neuen Begriff zu bilden, bedeutet wohl meist auch, die bisherigen Anschauungen zu revidieren und das ist sehr mühsam und erfordert Zeit. So können wir aus dieser Geschichte zur Zahlenbegriffsentwicklung zumindest eine Lektion in Sachen Geduldausübung lernen.

(2) Der Gebrauch von Zeichen als Zeichen für etwas Anschaulich-Verständliches kann zu Kombinationen führen, die nicht mehr wie bisher deutbar sind. Wird der Gebrauch dennoch fortgesetzt und durch (ideative) Normen geregelt, so kommt es im Hinblick auf die gewohnten anschaulichen Vorstellungen zur Bildung von Monstern. Die „Entgeisterung" dieser Monster geschieht durch schmerzhafte Erweiterung des Anschau-

ungsbereichs (hier von der Zahlengeraden auf die Zahlenebene unter Einschluss der passenden Neudeutung der Rechenoperationen).

(3) Die neue Anschauung ist die Quelle neuer Theoriebildungen. Im Falle der komplexen Zahlenebene kam es im 19. Jahrhundert – vor allem durch den überragenden Bernhard Riemann (1826 - 1866) – zur Ausbildung der topologisch-orientierten Funktionentheorie, die – nach dem Urteil von H. Weyl ([24] 1932, S. 187) – nicht nur selbst Gipfelleistungen erzielte, sondern die mathematische Substanz für abstrakt-algebraische Verallgemeinerungen lieferte.

(4) Die Anerkennung der zunächst nur als „formal", „fiktiv", „imaginär", „unmöglich" angesehenen Zahlen als Zeichen für eine neue sinnlich wahrnehmbare Gegebenheit ist nicht nur von erkenntnistheoretischem Interesse, sondern bedeutet die Erschließung neuer Anwendungsmöglichkeiten: Seit dem Beginn des 19. Jahrhunderts werden die komplexen Zahlen in immer weiteren Bereichen der Natur- und Ingenieurwissenschaften verwendet. Das ursprünglich „Unmögliche", „Monströse" erweist sich als etwas enorm „Praktisches".

8.4 Veranschaulichung als Heurismus

So eingängig (und althergebracht) die Forderung nach Veranschaulichung, nach Sichtbarmachung (Visualisierung) des Unsichtbaren ist, so problematisch ist sie aber auch.

Es gibt zumindest zwei Missverständnisse bzw. Missdeutungen: Reduktion auf Impression und Unterstellung von Selbstevidenz.

Eine *Reduktion auf Impression* liegt vor, wenn die Veranschaulichung in ihrem zufälligen optischen Erscheinungsbild als das Gemeinte selbst verstanden und somit der Variablencharakter von Veranschaulichung verkannt wird. Dies kann dazu führen, dass Begriffsentwicklung nicht gefördert, sondern im Gegenteil blockiert wird, wobei aber der Lernende zunächst im Glauben lebt, er habe etwas verstanden. Hierhin gehört auch die bekannte Täuschung, der die Zuhörer (Laien) brillanter Redner (Geometer), die bunte Illustrationen (etwa Ornamente) benutzen, erliegen: Da die Bilder gefallen und eingängig erscheinen, glauben sie, auch die mathematischen Ideen (etwa die gruppentheoretische Analyse) verstanden zu haben.

Ein klassisches Schulbeispiel ist die Veranschaulichung von Brüchen durch Kreissektoren. Wenn es bei der bildlichen Vorführung von Halben, Dritteln usw. in (standardmäßigen) Bildern bleibt und nicht (genügend) herausgearbeitet wird, wie sich Zähler und Nenner und ihre Veränderungen bildlich niederschlagen und wie umgekehrt Manipulationen am Bild den gemeinten Zahlenwert und seine Ziffernnotation berühren, dann muss der didaktische Nutzen der Veranschaulichung fraglich bleiben. Dass z. B. $\frac{17}{33} > \frac{1}{2}$ ist, müsste nicht nur berechnet, sondern auch anschaulich ausgelotet werden, etwa so:

$\frac{17}{33}$ wäre genau $\frac{1}{2}$; da sind zwar 17 Teile, aber jedes Teilchen ist nur der 34. Teil von einem Ganzen, der 17. Teil von einem Halben. 33-stel sind größer als 34-stel, denn da wird das Ganze in nur 33 Teile zerlegt, also sind auch $\frac{17}{33}$ größer als $\frac{17}{34}$. An einer realen Scheibe (mit 60er-Unterteilung) sollten $\frac{17}{33}$ zunächst näherungsweise per Augenmaß, dann über Gradbestimmung genau festgehalten werden. Verbreiteterweise wird zwar die Bruchrechnung anschaulich begonnen, bald aber werden – im guten Glauben, die Schülerinnen und

Schüler hätten nun verstanden, was Brüche sind – Rechenregeln ohne tieferen Bezug zur Anschauung abgeleitet. Damit hat man zwar einige Impressionen vermittelt, aber den potentiellen Nutzen der Veranschaulichung für ein verständnisvolles Lernen mehr oder weniger verfehlt.

Unterstellung von Selbstevidenz besteht in dem Glauben, eine Veranschaulichung verweise sozusagen automatisch aus sich selbst heraus auf das Gemeinte. Es wird verkannt, dass das Verstehen eines Bildes immer auch ein Entschlüsselungsvorgang ist, der die Reaktivierung begrifflichen Wissens des Langzeitgedächtnisses und – u. U. mühevolle – Verständigungsgespräche erfordert. Anders ausgedrückt: Die Verwendung von Veranschaulichungen kann nicht als Denkersatz fungieren, sie ist selbst eine Form des Denkens (Arnheim). Veranschaulichungen sollen das Lernen verbessern, indem sie helfen sollen, mehr Kindern mehr und vertieftere Einsichten zu ermöglichen, aber sie können nicht das Lernen in dem Sinne „erleichtern", als sie gedankliche Bemühungen überflüssig zu machen suchen und als eine Art Königsweg zur Mathematik gelten möchten. Insofern ist es richtig, wenn Veranschaulichungen auch als Lernstoffe angesehen werden und nicht als Bildmaterial, das den Kindern gleichsam von Hause aus voll vertraut ist und dessen mathematische Bedeutung unmittelbar durchs Auge in den Geist springt.

Insbesondere darf man nicht schlichtweg annehmen, dass Veranschaulichungen ein erfolgsgarantierendes Mittel beim Lösen von Problemen sind, auch dann nicht, wenn die in Frage kommenden Veranschaulichungen bekannt sind und die Probleme in der Nähe von (Routine)Aufgaben liegen.

Als z. B. vor rund 20 Jahren die so genannten Simplex-Komplex-Diagramme (Rechenbilder) bekannt wurden, ist mancherorts der Glaube genährt worden, nun habe man ein Mittel in der Hand, das die Leistungen im Sachrechnen schlagartig zu steigern gestatte. Die Enttäuschung blieb nicht aus und es wurde wieder die schon erwähnte Zirkelhaftigkeit von Anschauung und Begriff offenbar: Grob gesagt, konnten genau die Schülerinnen und Schüler zu einer Aufgabe das passende Rechenbild malen, die die Aufgabe (auch ohne dies?) lösen konnten. Scharf pointiert: Die Veranschaulichung schien nur den erfolgreichen Schülerinnen und Schülern zu nützen, die sie aber vielleicht gar nicht brauchten.

Die kritische Auseinandersetzung mit dem Veranschaulichungsgebot wird positiv gewendet, wenn es als erstrebenswert angesehen wird, dass sich Lernende in einem bestimmten Umfang Veranschaulichungsformen als Bestandteil ihrer heuristischen Kognitionsstruktur aneignen.

Diese Veranschaulichungsformen lassen sich (wenn auch nicht scharf und nicht erschöpfend) in zwei Gruppen aufgliedern (in Anlehnung an Machs Unterscheidung von Ähnlichkeit und Analogie, Mach [15], S. 220 ff.).

(1) Homologe Veranschaulichungen: Von mathematischen Gegenständen werden Lage und Größe „maßstäblich" abgebildet. Beispiele sind:
  - Punktbilder zur Darstellung natürlicher Zahlen
  - Zahlenstrahl zur Darstellung reeller Zahlen
  - Zahlenebene zur Darstellung komplexer Zahlen (oder Paaren reeller Zahlen)
  - Nomogramme zum Näherungsrechnen
  - Schaubilder im Koordinatensystem zur Darstellung von Relationen und Funktionen
  - Streudiagramme zur Darstellung der Korrelation stochastischer Größen

- Graphiken (Blockdiagramme, Histogramme, Kreisdiagramme, ...) zur Darstellung von Größen in der Statistik
- Baumdiagramme zur Darstellung von Möglichkeiten
- Planskizzen beim Konstruieren
- Situationsskizzen beim Lösen von Sachaufgaben

(2) Analoge Veranschaulichungen: Von mathematischen Gegenständen werden formale, strukturelle Eigenschaften abgebildet. Beispiele sind:

- Venndiagramme zur Darstellung mengentheoretisch-logischer Relationen
- Pfeildiagramme und Netze zur Darstellung von Relationen
- Hasse-Diagramme zur Darstellung von Verbandsstrukturen (z. B. Teilverbände)
- Simplex-Komplex-Diagramme zur Darstellung von Verknüpfungen und Rechenabläufen
- Flussdiagramme zur Darstellung von Handlungsabläufen
- Zahlfelder (z. B. Pascalsches Dreieck)

Das ist schon ein beträchtliches Arsenal und die Sorge erscheint berechtigt, dass es eine Überbetonung des Veranschaulichungsangebots geben kann. Andererseits ist es unvorstellbar, wie ein auf Selbsttätigkeit und Einsichtgewinn orientiertes Lehren und Lernen erfolgreich sein kann, wenn die heuristische Kraft, die von Veranschaulichungen ausgehen kann, nicht oder nicht genügend genutzt wird.

Die folgenden *Beispiele* sollen belegen, wie durch Veranschaulichungen die Lösung von Problemen erbracht oder doch eingefädelt werden kann. Die Aufforderung an den Lerner (Problemlöser), für das Problem eine bildliche Repräsentation zu suchen, die ihrerseits lösungsverdächtig erscheint, ist ein allgemein gehaltener Heurismus, der je nach Situation zu spezifizieren ist und der – wie jeder Heurismus – keineswegs eine Lösung garantiert. Eine passende Veranschaulichung fällt dem Lernenden nicht einfach bei Bedarf in den Schoß hinein.

(1) Tischdeckenaufgabe (4. - 5. Klasse)

Auf einem rechteckigen Tisch liegt eine rechteckige Tischdecke, die an den Tischseiten überall um 20 cm überhängt. Der Tisch ist 1 m lang und 70 cm breit. Wie lang ist der Rand (Umfang) der Tischdecke?

Nur 54 von 1 120 Viertklässlern lösten in einem unvorbereiteten Test diese Textaufgabe richtig, wovon 29 (52%) eine Zeichnung machten, während von allen Kindern nur 128 (11%) eine Zeichnung anfertigten. Auf eine Analyse des Ergebnisses dieses Tests soll aber hier nicht weiter eingegangen werden, auch nicht auf die Sinnhaftigkeit dieser Aufgabe für Schülerinnen und Schüler dieses Alters (Bender [3] 1980).

Hier soll es nur darauf ankommen, das Veranschaulichen als Lösungsstrategie, als Heurismus, herauszustellen. Der Hinweis „Betrachte den Tisch von oben, von der Zimmerdecke aus und schau zu, wie gerade die Decke aufgelegt wird. Zeichne was du siehst" stellt natürlich eine (kräftige) Hilfe dar und sollte zum Anfertigen von Skizzen anregen. Entscheidend ist, inwieweit Lernende darin geübt sind, überhaupt Handskizzen zu machen. Es ist keineswegs zu erwarten, dass dies spontan erfolgt. Gegebenenfalls muss der Lehrende (frei Hand!) ein Rechteck auf die Tafel zeichnen: „So, das ist der Tisch von oben gesehen. Und jetzt wird von 2 Leuten das Tischtuch gespannt und langsam und vorsichtig aufgelegt. Wie sieht das gespannte Tischtuch von oben aus?" Wenn dann eine Zeichnung etwa der folgenden Art (Abb. 8.8 a) entstanden ist, muss ein Rückgriff auf die (schriftli-

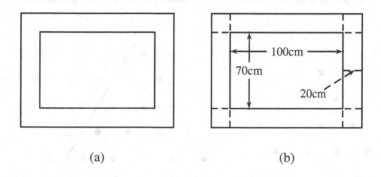

(a)   (b)

Abb. 8.8

che präsente) Aufgabe erfolgen, um den nächsten Schritt in Richtung Lösung anzustoßen. Dieser besteht ja darin, die Skizze im Lichte des Gegebenen und Gesuchten auszugestalten (bekannte Daten übersichtlich eintragen, Ziel fixieren) und – vor allem – auf das Ziel hin, neu zu sehen (Umstrukturierung). Das Letztere kann auf mehrere Arten geschehen: (a) „Anhängen" der überhängenden Deckenfläche an die Tischfläche und fortlaufendes Ablesen von Länge und Breite, (b) Entdecken des Tischrandes im Tischdeckenrand, der um 4 „Eckstücke" von je 20 cm + 20 cm = 40 cm größer ist als der Tischrand. In beiden Lösungen wird die Barriere dadurch überwunden, dass die Ausmaße der Tischfläche in die der Tischdeckenfläche hineingetragen werden. Die Lösung (b) ist deshalb wertvoller als die Lösung (a), weil sie zur Einsicht führen kann, dass der Tischdeckenumfang immer nur $8 \cdot 20$ cm länger ist als der Tischumfang, wenn nur der Überhang 20 cm beträgt und beides rechteckig ist, was durch naheliegende Variationen (der Tischmaße und des Überhanges) stärker bewusst gemacht werden kann.

Natürlich muss die Lösung nicht so und nicht über diese Veranschaulichung verlaufen. Die Schülerinnen und Schüler können den Tisch auch von der Längs- und der Breitseite sehen und daraus Länge und Breite des Tischtuches bestimmen.

Ein didaktisch sinnvolles Unternehmen wird die Lösung dieser Aufgabe erst, wenn systematische Variationen durchgespielt werden (auch Umkehraufgabe: Umfang der Tischdecke und Ausmaße des Tisches gegeben, Überhang gesucht) und vor allem, wenn (dabei) die Lösungsstrategie bewusst gemacht wird: Wie und warum hilft dir diese Zeichnung?

Übrigens entdeckte in einer Klasse ein Mädchen die 4 Eckquadrate der Abb. 8.8 b, zeigte deren Diagonale und sagte, jetzt wisse sie auch, warum an den Ecken die Tischdecke „länger herunterhänge" als 20 cm, nämlich so lang wie „das da" (die Diagonale).

(2) Satz von Sylvester (5. - 8. Klasse)

Natürliche Zahlen sollen als Summen aufeinander folgender (natürlicher) Zahlen dargestellt werden. Wie geht das? Geht das immer? Geht es auf mehrfache Weise? Das ist das bewusst vage gestellte Problem.

Vielleicht empfiehlt sich als erster Schritt in die Thematik die Umkehrung: Das Aufbauen von Zahlen als Summen aufeinander folgender Zahlen. Da sollte nicht versäumt werden, auf die kulturgeschichtlich bedeutsame, bei den Phytagoreern heilige Zehnzahl Tetraktys, „die Quelle und Wurzel der ewigen Natur", zu sprechen zu kommen (Abb. 8.9a).

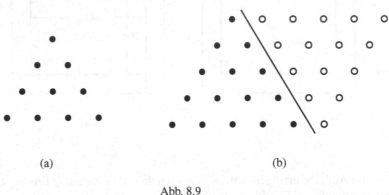

(a)   (b)

Abb. 8.9

10 ist die Summe der ersten 4 Zahlen, die sich nicht nur zu einem hochgradig symmetrischen Gebilde fügen lassen, sondern auch noch auf die Harmonielehre der Pythagoreer verweisen: Wird die Länge einer Saite im Verhältnis 2 : 1, 3 : 2 und 4 : 3 gekürzt, so erhält man zum Grundton der ganzen Saite die Oktave, Quinte und Quarte als die wichtigsten symphonen Intervalle.

Im Hinblick auf unser Problem liefern uns die Abbildung und ihre Fortsetzungen das (bescheidene) Teilergebnis: „Dreieckszahlen" (1), 3, 6, 10, 15, 21, 28, ... sind als Summe aufeinander folgender Zahlen (sogar bei 1 beginnend) darstellbar.

Mit Hilfe des Zahlendreiecks könnte auch die explizite Formel für die Summe der ersten n natürlichen Zahlen gefunden und bewiesen werden:

$$1 + 2 + 3 + \ldots + n = \frac{n(n+1)}{2}.$$

Ein anschaulicher Beweis besteht darin, das dreieckige Punktfeld zu einem Parallelogramm mit n Reihen und $n+1$ Querspalten zu verdoppeln, wie es Abb. 8.9b am Beispiel $n = 5$ zeigt:

$$1 + 2 + 3 + 4 + 5 = \frac{5 \cdot 6}{2}.$$

Die Dreiecksfelder können uns aber auch in unserer ursprünglichen Frage weiterhelfen. Es wird ja nicht gefordert, dass die gesuchte Summe mit 1 beginnt, man braucht also nicht unbedingt Dreiecke, es genügen schon Trapeze. Dies wäre ein Anstoß.

Die Lernenden werden zum Experimentieren aufgefordert: Wählt irgendeine Zahl und versucht, sie als Punkte-Trapez (oder gar als Punkt-Dreieck) darzustellen. Nach einiger Zeit werden Beobachtungsergebnisse gesammelt, etwa:

(1) Zu manchen Zahlen findet man keine Figur, z. B. zu 2, 4, 8, 16.

(2) Zu manchen Zahlen findet man mehrere Figuren, z. B. zu 15 diese drei:

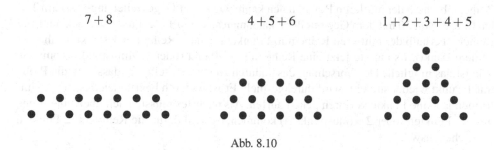

Abb. 8.10

(3) Zu manchen Zahlen findet man nur eine Figur, z. B. zu $7 = 3 + 4$, $11 = 5 + 6$.

Diese Ergebnisse können zu allgemeinen arithmetischen Aussagen führen, naheliegend sind z. B.: Jede ungerade Zahl lässt sich (mindestens auf eine Art) als Summe aufeinander folgender Zahlen darstellen ($2n + 1 = n + (n + 1)$). Jede durch 3 teilbare Zahl lässt sich (mindestens auf eine Art) als Summe dreier aufeinander folgender Zahlen darstellen ($3n = n + n + n = (n - 1) + n + (n + 1)$). So könnten wir uns der umfassenden Vermutung nähern, nämlich:

Jede (natürliche) Zahl (größer 2) lässt sich auf so viele Arten als Summe aufeinander folgender (natürlicher) Zahlen darstellen wie sie ungerade Teiler ungleich 1 hat (Satz von James J. Sylvester (1814 - 1897), eine erstaunlich späte Entdeckung.

Die Punktfiguren sind auch die Mittel des Beweises, der in paradigmatischer (d. h. an Beispielen, die die allgemeine Idee sichtbar werden lassen) Form etwa so verlaufen kann: Die Zahl, z. B. 30, habe einen ungeraden Teiler, z. B. 5. Das ermöglicht es, ein Punktrechteck aus 5 Reihen mit je 6 Punkten zu malen und daraus ein Trapez aus 5 Reihen mit *im Durchschnitt* 6 Punkten (Abb. 8.11).

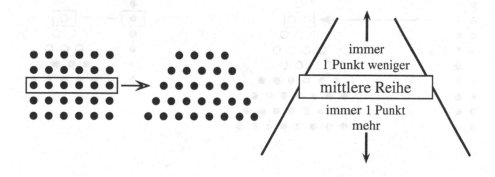

Abb. 8.11

Diese Prozedur ist mit einem ungeraden Teiler (und genügend großem Gegenteiler) immer möglich: Er gibt die Anzahl der Reihen an, während sein Gegenteiler (hier 6) die durchschnittliche Anzahl der Punkte pro Reihe ist. Ist der Teiler freilich größer als das

Doppelte seines Gegenteilers, dann kann die Transformation des Rechtecks in ein Dreieck/Trapez zunächst einmal nicht ausgeführt werden, weil man ja nur höchsten so viel Reihen oberhalb der mittleren Reihe malen kann, wie es der Gegenteiler angibt. Beim Teiler 15 z. B. von 30 mit dem Gegenteiler 2 kann man aus dem $15 \cdot 2$-Punktrechteck nur zwei Reihen oberhalb der mittleren Reihe mit 2 Punkten malen (Reihe mit 1 Punkt, Reihe mit keinem Punkt). Es müsste jetzt eine Reihe mit -1 Punkt (oder 1 Minuspunkt) kommen. Wie ist das möglich? Der Vorschlag, das dadurch zu bewerkstelligen, dass man die Reihe mit 1 Punkt wieder streicht, wird durchgespielt. Er ist dadurch begründet, dass beim Umformen ja keine Punkte verloren gehen dürfen. Als nächstes müsste nach oben eine Reihe mit -2 Punkten (oder 2 Minuspunkten) kommen, es wird dafür die Reihe mit 2 Punkten gestrichen, usw.

Abb. 8.12a zeigt das Ergebnis des ganzen Prozesses vom $15 \cdot 2$-Rechteck zu einem 4-reihigen punktgleichen Trapez. Nachträglich wäre noch zu erörtern, warum es genau 4 und eine gerade Anzahl von Reihen schließlich ergeben hat. Arithmetisch verläuft die Umwandlung so (wobei wieder der Nutzen negativer Zahlen sichtbar wird):

$$15 \cdot 2 = (-5) + (-4) + (-3) + (-2) + (-1) + 0 + 1 + 2 + 3 + 4 + 5 + 6 + 7 + 8 + 9$$
$$= 6 + 7 + 8 + 9$$

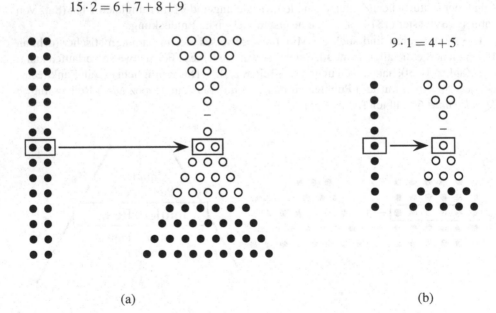

(a) (b)

Abb. 8.12

Und in Abb. 8.12b ist die Umwandlung des $9 \cdot 1$-Rechtecks in ein punktgleiches Trapez zu sehen.

Diese anschauliche Umwandlungsprozedur vom Rechteck in ein Dreieck/Trapez, die ja den Übergang vom Produkt Teiler · Gegenteiler in einer Summe aufeinander folgender Zahlen veranschaulicht, lässt auch deutlich werden, dass verschiedene ungerade Teiler derselben Zahl zu verschiedenen Dreiecken/Trapezen führen müssen.

Warum sich Zahlen, die ausschließlich gerade Teiler haben, und das sind genau die Zweierpotenzen, nicht als Summe von aufeinander folgenden Zahlen schreiben lassen, müsste in der Unmöglichkeit, zu solchen Zahlen ein Dreieck/Trapez zu zeichnen, erkannt werden. Die Lernenden werden aufgefordert, alle denkbaren Typen unserer Dreiecke/Trapeze daraufhin zu untersuchen, welches Rechteck sie beim Rückverwandeln ergeben. Das Ergebnis ist: Es gibt niemals ein Rechteck mit einer geraden Zahl von Reihen und zugleich einer geraden Zahl von Punkten in jeder Reihe.

Punktdiagramme der obigen Art können übrigens an verschiedenen Stellen des Mathematikunterrichts Verwendung finden und es lohnt sich, die phytagoräische Kultur der „figuralen Arithmetik" zu pflegen. Ein klassisches Beispiel sind Potenzsummen, etwa die Summe der ersten n Quadratzahlen: Wie groß ist

$$QS(n) = 1^2 + 2^2 + 3^2 + \ldots + n^2 \ ?$$

Dieses rechteckige Punktdiagramm, das zu finden wohl nicht ohne Anstöße möglich ist, stellt eine (brillante) anschauliche Lösung dar: Man sieht (in Abb. 8.13) – induktiv verallgemeinernd – die Gleichung

$$3 \cdot (1^2 + 2^2 + 3^2 + \ldots + n^2) = (1 + 2 + \ldots + n) \cdot (2n+1)$$

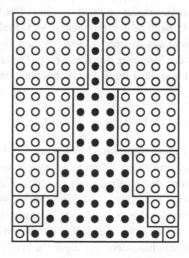

Abb. 8.13

Der heuristische Grundgedanke bei solchen Abzählaufgaben ist es, die möglichst einfach dargestellte Zahl auf zwei wesentlich verschiedene Arten abzuzählen und so zu einer Gleichung zu kommen (vgl. dazu S. 97, Descartes' analyt. Geometrie).

(3) Minimumeigenschaften des Medians (7. - 10. Klasse)

Sind $x_1, x_2, \ldots, x_n$ mit $x_1 \leq x_2 \leq \ldots \leq x_n$ die geordneten und nicht notwendig verschiedenen Werte einer Datenliste, einer Stichprobe (z. B. die Monatseinkommen von n Haushaltungen einer Siedlung oder Universitäts-Ausbildungszeiten von n gleichaltrigen Dipl.-Ingenieuren einer Branche), dann ist (in der Regel) der Median $\tilde{x}$ dieser Datenliste definiert als

$$\tilde{x} = \begin{cases} x_{m+1}, & \text{falls } n = 2m+1 \text{ ungerade ist,} \\ \frac{x_m + x_{m+1}}{2}, & \text{falls } n = 2m \text{ gerade ist.} \end{cases}$$

Er ist insofern ein typischer Wert für die Stichprobe, als 50 % der Werte nicht kleiner und 50 % nicht größer als $\tilde{x}$ sind.

Seine wichtigste Eigenschaft ist es eine Minimumseigenschaft: Die Summe der Abstände (=Abweichungen = Absolutbeträge der Differenzen) zwischen $\tilde{x}$ und allen x_i der Stichprobe ist kleiner oder gleich der Summe der Abstände zwischen irgendeinem Wert x (sei x aus der Stichprobe oder nicht) und allen x_i der Stichprobe; formelhaft: Für alle x gilt:

$$|\tilde{x} - x_1| + |\tilde{x} - x_2| + \ldots + |\tilde{x} - x_n| \leq |x - x_1| + |x - x_2| + \ldots + |x - x_n| \qquad (*)$$

Diese Ungleichung $(*)$ sieht einerseits vergleichsweise kompliziert und beeindruckend aus, lässt andererseits aber die Wichtigkeit kaum erkennen. Was ist daran wichtig?
Eines der hauptsächlichsten Interessen bei der Aufarbeitung und Bewertung von Datenlisten gilt der Frage, inwieweit die Werte streuen, ihre Abstände voneinander oder von einem bestimmten Wert nach oben oder unten abweichen. Starke Streuung bedeutet, dass die untersuchte Population bezüglich des erhobenen Merkmals (z. B. des Einkommens) uneinheitlich ist, sich vielleicht aus mehreren separierbaren Teilpopulationen zusammensetzt. Ein einfaches Maß für die Streuung der Werte einer Datenliste ist die linke Seite von $(*)$, wenn man sie noch, um von der Länge der Stichprobe unabhängig zu werden, durch n dividiert:

$$A = (|\tilde{x} - x_1| + \ldots + |\tilde{x} - x_n|) : n \qquad (**)$$

Dieses Streumaß A heißt „durchschnittliche Abweichung der Werte (x_i) vom Median $(\tilde{x})$".
Dass man gerade alle Werte mit dem Median vergleicht und aus den Abweichungen den Durchschnitt bildet, liegt an der Minimumseigenschaft. Würde man in $(**)$ $\tilde{x}$ durch irgendeinen anderen Wert ersetzen, so würde sich ein größerer Wert als A (oder mindestens A) ergeben. $\tilde{x}$ ist somit in gewisser Weise der fairste Wert als Vergleichswert für alle Werte x_i. Diese Minimumseigenschaft von $\tilde{x}$ bezüglich der Summe der Abweichungen (und damit auch ihres Durchschnitts) charakterisiert sogar (fast) den Median $\tilde{x}$, d. h. wenn man den Wert x sucht, für den die rechte Seite von $(*)$ den kleinstmöglichen Wert annimmt, so erhält man als Lösung $\tilde{x}$ im Sinne der obigen Definition, d. h. den in der Mitte liegenden Wert der nach der Größe geordneten Datenliste $x_1, \ldots, x_n$ (jedenfalls, wenn n ungerade ist; ist $n = 2m$ gerade, erhält man das Lösungsintervall $[x_m, x_{m+1}]$).

Es könnte also in der Schule aus dem zunächst mehr qualitativen Abschätzen der Streuung und nach einem mehr informellen Vergleichen der Werte das *Problem* entwickelt werden: Von welchem Wert weichen alle Werte durchschnittlich am wenigsten ab?

Für eine *anschauliche Lösung* des Problems bietet sich die Zahlengerade an, auf der die Werte der Datenliste aufgetragen werden, wobei allerdings mögliche Vielfachheit desselben Wertes nicht vergessen werden darf.

Diese (kurze) Datenliste („Monatseinkommen" 14-jähriger Schülerinnen und Schüler)

$$10\,€,\ 15\,€,\ 30\,€,\ 30\,€,\ 30\,€,\ 40\,€,\ 40\,€,\ 50\,€,\ 80\,€,$$

mit dem Median $\tilde{x} = 30\,€$ stellt sich dann so dar (Abb. 8.14), wobei die Abweichungen $|\tilde{x} - x_i|$ als Streckenlängen erscheinen.

(Ob man gleich mit Variablen arbeitet, hängt von den Voraussetzungen ab). Der eigentliche Witz dieser Veranschaulichung tritt erst zu Tage, wenn sie in der rechten Weise dynamisiert wird: Man setzt die Abweichungen von „außen nach innen" zu Paaren zusammen, die jeweils eine Strecke bilden, hier also

$$
\begin{aligned}
|\tilde{x} - x_1| \quad &+ \quad |\tilde{x} - x_9| \\
|\tilde{x} - x_2| \quad &+ \quad |\tilde{x} - x_8| \\
|\tilde{x} - x_3| \quad &+ \quad |\tilde{x} - x_7| \\
|\tilde{x} - x_4| \quad &+ \quad |\tilde{x} - x_6| \\
|\tilde{x} - x_5| \quad &= 0 \qquad (\text{weil } \tilde{x} = x_5).
\end{aligned}
$$

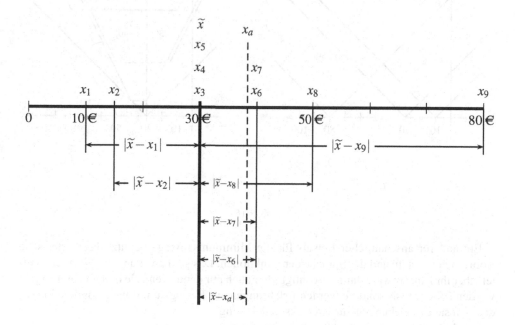

Abb. 8.14

200

Die Gesamtheit aller Streckenlängen ist natürlich die Summe aller Abweichungen vom Median.

Wird jetzt an Stelle von $\tilde{x}$ irgendein anderer Wert x_a (in Abb. 8.14 ist $x_a > \tilde{x}$ gewählt) genommen und wird von ihm die Summe aller Abweichungen gebildet, so entstehen genau dieselben Streckenpaare wie vorher und es gibt noch mindestens eine weitere Abweichungsstrecke.

Der geistige Gewinn wird für Lernende umso höher sein, je stärker sie an der Entwicklung dieser Veranschaulichung beteiligt werden (z. B. durch den Anstoß: Wie kann man die Abweichungen vom Median besonders übersichtlich einzeichnen?) und je mehr sie an der Darstellung selbsttätig experimentieren (z. B. der Reihe nach alle Abweichungssummen bilden, von x_1 bis x_n, um zu erkennen, dass diese Summen umso kleiner werden, je mehr man sich dem Median nähert).

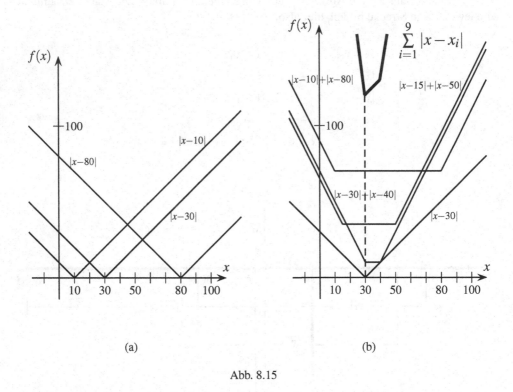

(a)   (b)

Abb. 8.15

Ein anderer anschaulicher Beweis für die Minimumsaussage benutzt das Cartesische Koordinatensystem und die Sprache der Funktionen. Das sind zwar anspruchsvollere Mittel, aber ihr Einsatz wäre dann berechtigt, aber auch nur dann, wenn sie ohnehin angeeignet werden sollen. Insbesondere werden Erfahrungen zur Betragsfunktion ermöglicht und es ergeben sich Beziehungen zur Dreiecksungleichung.

Die Abbildungen 8.15a und 8.15b dürften für sich sprechen.

Während des Beweises kann die Frage auftreten, ob man nicht einfach $|x - 10| + |x - 80| = |2x - 90|$ „rechnen" darf.

Das lieferte die Möglichkeit, einen Abstecher zur Dreiecksungleichung zu machen. In der Sprache der Funktionen könnte sie $|x + a| \leq |x| + |a|$ lauten und wie in Abb. 8.16 ihre Veranschaulichung finden, aus der nicht nur die Aussage $|x + a| \leq |x| + |a|$ selbst hervorgeht, sondern auch relevante Fallunterscheidungen sichtbar werden.

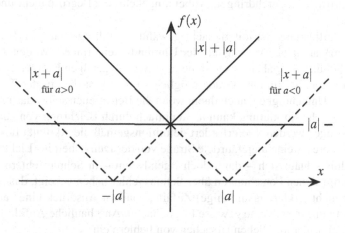

Abb. 8.16

8.5 Anschauliche Aufklärung von Paradoxien

Unter Paradoxien (griech.: pará = gegen, entgegen, doxa = Meinung, Lehre) sollen hier gemäß dem allgemeinen Sprachgebrauch subjektive Einschätzungen verstanden werden: Eine Situation wird als paradox empfunden, wenn sie unerwartet, befremdlich, verwirrend, absonderlich, abnorm, in sich widersprüchlich erscheint, auf jeden Fall Züge des Unerklärlichen aufweist.

Im Gegensatz zu den logischen Antinomien (beispielsweise der Russellschen Antinomie über Mengen, die sich nicht selbst als Element enthalten) sind also Paradoxien keine in der Sache (oder Sprache) liegenden Merkmale, vielmehr psychologische Befindlichkeiten des Betrachters einer Sache. Sie sind in der Regel – mehr oder weniger stark – mit Emotionen behaftet, oft mit Gefühlen der Unlust, Aversion bis Hass darüber besetzt, dass eine Sache sich nicht offenbart, jedenfalls nicht in der erwarteten Art. Konstruktiv kann diese Emotionsgeladenheit genutzt werden, wenn sie als Neugier oder Entdeckungsdrang erscheint oder dahin umgemünzt werden kann, wenn also die Lust entsteht, die Paradoxie aufzuklären.

Wenn Aufklärungsversuche fortgesetzt fehlschlagen („Ich verstehe das einfach nicht"), so besteht beim Lernenden die Gefahr, dass er sich selbst als mathematisch unbegabt einstuft oder die Mathematik für Zauberei hält und diese destruktiven Ursachenzuweisungen für Unverständnis können zur Problemunempfindlichkeit oder Mathephobie (Hass gegen Mathematik) führen.

Daher ist von erheblicher allgemeiner pädagogischer Bedeutung, ein Höchstmaß an Aufklärung anzustreben und zwar an anschaulicher Aufklärung, womit gemeint ist, dass die unverständlich oder widersprüchlich erscheinenende Situation nicht nur technisch, nicht nur fachbegrifflich durchgearbeitet wird, sondern dass vielmehr die anschaulichen Vorstellungen fortentwickelt oder Hilfen zur Bildung neuer Vorstellungen angeboten werden. Diese Verbesserung, Verschärfung der Anschauung läuft darauf hinaus, bildliche Vorstellungen begrifflich zu durchdringen, wobei umgekehrt die Begriffe mehr und mehr Gestalt erlangen.

Das Wort „Aufklärung" ist mit Bedacht gewählt, es soll durchaus an den Kantschen Begriff von Aufklärung als Ausweg aus der Unmündigkeit erinnert werden. Wenn Schülerinnen und Schüler Aufgaben lösen, ohne „die Sache" genügend verstanden zu haben, was ja bis zu einem bestimmten Grade möglich ist, dann ist dies in der Tat eine Form des Handelns in Unmündigkeit, auch dann, wenn die Betroffenen selbst das nicht so empfinden. Anschauliche Aufklärung kann nicht einfach durch Belehrung von außen bewirkt oder gar erzwungen werden. Sie erfordert definitionsgemäß die Aktivität des Lernenden und ist alles andere als eine ungefährdete Straße von der Dunkelheit ins Licht.

Unverständnis schlägt sich – dann doch irgendwann – in Schülerfehlern nieder. Die zahlreichen empirischen Forschungen über Schülerfehler haben gezeigt, dass die meisten Schülerfehler nicht (erklärungsunfähige) Zufälle, sondern Ausdruck eines anderen Verständnisses sind und in sich eine gewisse Logik haben. Anschauliche Aufklärung schließt die Thematisierung der möglichen Ursachen von Fehlern ein.

Vieles kann nämlich Schülerinnen und Schülern paradox vorkommen: dass es eine leere Menge geben soll, dass es (wie der Lehrende selbst zugibt) unechte Brüche geben soll, dass es weniger als nichts geben soll, dass beim Verteilen mehr herauskommen kann als man vorher hatte, dass beim Vervielfachen das Produkt kleiner sein kann als die beiden Faktoren, dass $-(-a) = +a$ sein soll, dass eine doppelt so große Quadratfläche nicht auch doppelt so lange Seiten hat, dass Rechtecke mit größerem Umfang als andere eine kleinere Fläche einschließen können, dass die Werte einer Folge immer größer werden und trotzdem dabei unterhalb einer Zahl bleiben können, dass eine unendliche Summe einen endlichen Wert haben soll, usw.

Es spricht manches für die Annahme, dass weit mehr Dinge des gewöhnlichen mathematischen Schulstoffs als man gemeinhin glaubt, vielen Schülerinnen und Schülern (lange Zeit oder gar für immer) paradox vorkommen, dies aber wegen des hohen Grades der Durchmethodisierung und Präsentation in Aufgabenblöcken nur zu einem Teil ans Tageslicht gelangt. Es soll indes hier genügen, an zwei singulären Beispielen zu illustrieren, wie die anschauliche Aufklärung von Paradoxien als Bestandteil entdeckenden Lernens gemeint ist.

(1) Das Seilproblem

Meist wird es in der folgenden Form gestellt: Um den Äquator wird (in Gedanken) konzentrisch ein Seil gespannt, das um 1 m länger ist als der Äquator. Welchen Abstand wird das Seil von der Erdoberfläche haben? Ob wohl eine Maus darunter durchkriechen kann?

In aller Regel ruft es schon ungläubige Verwunderung hervor, wenn ausgerechnet wird, dass der Abstand rd. 16 cm beträgt und das Erstaunen ist noch größer, wenn die Behauptung aufgestellt wird, dass der Äquatorumfang für den Abstand des Seiles überhaupt keine Rolle spielt; es wären auch rd. 16 cm Abstand, wenn ein Seil um ein kreisförmiges Blumenbeet oder um eine 1-Cent-Münze oder um einen Sonnenäquator gelegt würde, wenn es nur 1 m länger ist als der Umfang des vorgegebenen Kreises.

Eine rechnerische Auflösung ist in zwei Zeilen „erledigt": Der gegebene Kreis (Erdäquator usw.) habe den Radius r (in m), dann ist der Abstand d des um 1 m längeren Kreises (Abbildung 8.17a) durch

$$U \text{ (Seil)} = U \text{ (Kreis)} + 1 = 2\pi(r+d) = 2\pi r + 2\pi d = 2\pi r + 1$$

gegeben, woraus

$$d = 1 : 2\pi = 0,1591\ldots$$

folgt.

Diese rechnerische Lösung allein räumt aber nicht die ursprüngliche Verwunderung aus. Da 1 m fast nichts ist gegen die 40 Mill. m des Erdäquators, „schließt" man, dass ein nur um 1 m längeres Seil sich kaum vom Äquator abheben kann; man schätzt den gefragten Abstand zu niedrig ein. Andererseits ist 1 m groß gegenüber dem rund 52 mm großen Umfang der 1-Cent-Münze (Durchmesser: 16,5 mm), woraus die Neigung genährt wird, den Abstand zu überschätzen.

Eine produktive anschauliche Aufklärung besteht darin, die Kreissituation auf eine analoge Quadratsituation zu übertragen (Analogie als Heurismus!), da sieht man nicht nur deutlich, wie sich die Überhänge des Seilquadrates auf 8 gleichlange Stücke an den 4 Ecken verteilen und der fragliche Abstand also hier 1 m : 8 sein muss, es wird auch die Vorstellung begünstigt, dass dieser Abstand für alle denkbaren Quadratpaare derselbe ist, wenn nur das Seilquadrat im Umfang 1 m länger als das vorgegebene ist (Abb. 8.17b).

Was Quadraten recht ist, kann anderen Figuren billig sein. Es gibt einen Anknüpfungspunkt für die Besprechung von Parallelfiguren, wie sie z. B. im Sport (Laufbahnen im Stadion) oder beim Fischfang (Fangzonen längs Küstenlinien) eine Rolle spielen. Auch die Annäherung der Kreislinie durch reguläre Vielecke zunehmender Eckenzahl unter Einschuss des Seilproblems wäre ein Bezugsthema.

Eine zweite Art anschaulicher Aufklärung desselben Paradoxons besteht in der Bildung einer ferneren Analogie: Der Umfang eines Kreises ist in derselben Weise abhängig vom Radius (oder Durchmesser) – nämlich proportional – wie (erfahrungsgesättigter) der Preis einer Ware von der Warenmenge bei der verbreiteten Kaufgewohnheit, konkreter, wie der Benzinpreis vom getankten Benzinvolumen. In der Ware-Preis-Situation lautet dann das Seilproblem (und zu dieser Umdeutung wären die Lernenden anzuhalten): Wieviel Ware bekommt man *mehr*, wenn man 1 € *mehr* ausgibt (bei bekanntem Preis für Wareneinheit)? Dass man für 1 € (mehr) immer genau 1 € : Preis pro Einheit (mehr) bekommt (beim Benzin vielleicht 1 € : 1,60 $\frac{€}{l}$) und dass es für diese Fragestellung völlig gleichgültig ist, wieviel man eingekauft hat, das ist offensichtlicher als der analoge Sachverhalt beim ursprünglichen Seilproblem.

Für eine noch tiefer gehende Aufklärung erscheint es (außer Datenvariation) auch wünschenswert,

(a) die Analogiebildung zu detaillieren, etwa so:

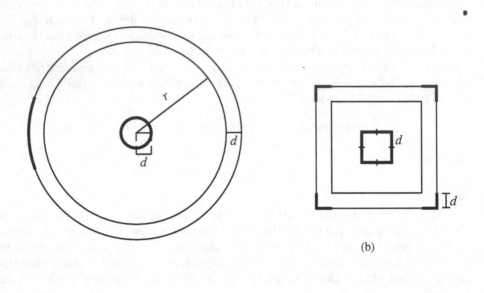

(a)

(b)

Abb. 8.17

Seilproblem

Kreise	Preise
Radius des gegebenen Kreises (x)	Warenmenge beim Einkauf (x)
doppelte Kreiszahl (2π) Proportionalitätsfaktor	Preis pro Wareneinheit (e) Proportionalitätsfaktor
Umfang des gegebenen Kreises $(U_K = 2\pi \cdot x)$	Preis der gekauften Warenmenge $(P = e \cdot x)$
Überlänge des Seilkreises $(1\,\text{m})$	Mehrausgabe $(1\,€)$
Abstand des Seilkreises vom gegeb. Kreis $(d = 1\,\text{m} : 2\pi)$	Mehr an Warenmenge bei Mehrausgabe von $1\,€$ $(d = 1\,€ : e)$

(b) die beiden Situationen in Schaubildern darzustellen und dabei auch die rechnerische Lösung einzubeziehen

(c) mögliche Missdeutungen oder Fehleinschätzungen zu besprechen (etwa: Verwechslung mit der Frage: In welchem Verhältnis stehen Seilkreisradius und Äquatorradius zueinander?).

(d) herausarbeiten, dass die ursprüngliche Frage gleichwertig ist mit der Frage: Welchen

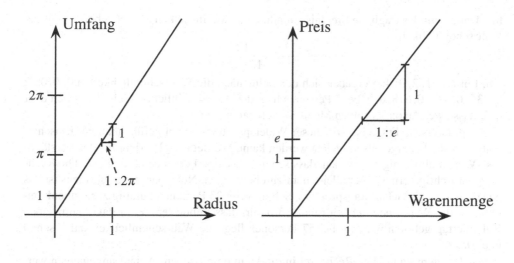

Abb. 8.18

Radius hat ein Kreis mit 1 m Umfang? Und: Was bekommt man für 1 € beim Einzelpreis e?

und

(e) die Schülerinnen und Schüler anzustiften, selbst verwandte bzw. analoge Fragen und scheinbar verwandte Probleme zu suchen.
Verwandt wäre z. B. (weil auch proportionale Abhängigkeit vorliegt): Ein Zug, der mit der konstanten Geschwindigkeit 80 km/h fährt, hat bis jetzt 600 km zurückgelegt. Nun fährt er noch mit derselben Geschwindigkeit 1 km weiter. Wieviel weitere Zeit vergeht dafür?

(2) Geburtsmonatsproblem

Wieviele Leute müssen zufällig zusammenkommen, damit mit einer Wahrscheinlichkeit von mehr als $0,5$ mindestens zwei von ihnen denselben Geburtsmonat haben? Dies ist ein Beispiel aus der elementaren Stochastik, in der Paradoxien besonders gehäuft aufzutreten scheinen.

Diese Zahl nun wird in aller Regel, auch von Leuten, die etwas Übung in der Stochastik haben, überschätzt; es wird auf 6 bis 7 „getippt".

Die fachbegriffliche Lösung sieht etwa so aus. Es wird zunächst unterstellt, dass jeder Monat für jede Person gleichwahrscheinlich als Geburtsmonat in Frage kommt (was natürlich kritisierbar ist). Für n Personen gibt es 12^n Verteilungsmöglichkeiten auf die 12 Monate, davon sind $12 \cdot 11 \cdot \ldots \cdot (12 - n + 1)$ günstig für das Gegenereignis „alle in verschiedenen Monaten geboren", das also die Wahrscheinlichkeit

$$\frac{12 \cdot 11 \cdot \ldots \cdot (12 - n + 1)}{12^n}$$

hat. Damit tritt das fragliche Ereignis „mindestens zwei im selben Monat geboren" mit der Wahrscheinlichkeit

$$1 - \frac{12 \cdot 11 \cdot \ldots \cdot (12 - n + 1)}{12^n}$$

ein. Für $n = 1; 2; 3; 4; 5$ ergeben sich der Reihe nach die Wahrscheinlichkeiten $0; 0,083;$ $0,236; 0,427; 0,618$, d. h. bei 5 Personen liegt die Wahrscheinlichkeit schon deutlich über $0,5$, dass zwei davon im selben Monat Geburtstag haben.

Die didaktische Frage ist, wie dieser Widerspruch zwischen gefühlsmäßiger Einschätzung und Rechenergebnis aufgelöst werden kann. Wo liegt die Barriere für das Verständnis? Wie ist einsichtig zu machen, dass schon so wenige Personen ausreichen? Die Rechnung ist richtig vermag aber allein nicht zu überzeugen. Noch paradoxer übrigens ist das gänzlich analoge Geburts**tags**problem: Schon wenn 23 Personen zufällig zusammenkommen, ist die Wahrscheinlichkeit rund $0,5$ dafür, dass mindestens zwei davon am selben Kalendertag geboren wurden; bei 57 Personen liegt die Wahrscheinlichkeit dafür schon über $0,99$.

Das Problem kann ohne Rechnerei in direktem empirischem Anlauf angegangen werden: Jeder Lernende überprüft an 5 Bekannten oder via Lexikon an 5 historischen Persönlichkeiten, ob mindestens 2 davon denselben Geburtsmonat haben. Aus dieser Datensammlung wird die relative Häufigkeit für das fragliche Ereignis bestimmt. Dieses empirische Arbeiten enthält eine gewisse Spannung und die Bestätigung des Rechenergebnisses ist eindrucksvoll, jedoch bleibt unklar, *wieso* die relative Häufigkeit bei 5 Personen schon so hoch ist.

Die Situation lässt sich als Urnenexperiment (evtl. unter Computereinsatz) simulieren, ein Experimentierfeld für die Schülerinnen und Schüler: wiederholtes 5-maliges Ziehen mit Zurückmischen aus einer Urne mit 12 von 1 bis 12 gekennzeichneten Kugeln und Ermitteln der relativen Häufigkeit des Ereignisses „mindestens eine Kugelwiederholung dabei". Es ist zwar eine wichtige Erfahrung, wenn ein „theoretisches" Ergebnis in einem praktischen Modell überprüft wird, jedoch enthält diese Praxis erst dann auch Erklärungswert, wenn nicht nur Versuchsergebnisse ausgezählt sondern beim Experimentieren erhellende Vorstellungen entwickelt werden. Dies kann evtl. dadurch angebahnt werden, dass die Ziehungsaktion in Zeitlupe und mit rechnerischer und zeichnerischer Begleitung durchgeführt wird:

Wahrscheinlichkeit für das Gegenereignis $\overline{E}$, dass die gezogenen Kugeln paarweise verschiedene Nummern haben (dass die befragten Personen paarweise verschiedene Geburtsmonate haben), vgl. Abb. 8.19.

Thematisiert werden müsste die Entdeckung, dass das Gegenereignis $\overline{E}$ bei fünf Kugeln dann eingetreten ist, wenn die zweite Kugel eine andere Nummer hat als die erste *und* wenn die dritte Kugel eine andere Nummer hat als die beiden ersten Kugeln *und* wenn die vierte Kugel eine andere Nummer hat als die ersten drei Kugeln *und* wenn schließlich die fünfte Kugel eine andere Nummer hat als die ersten vier Kugeln, dass das Gegenereignis $\overline{E}$ also eine Konjunktion (und – Verknüpfung) von Ereignissen ist. Dabei kann auf die (auch gefühlsmäßig eingängige) allgemeine Einschätzung zurückgegriffen werden, dass i. Allg. etwas umso unwahrscheinlicher ist, je mehr Bedingungen gleichzeitig erfüllt sein sollen, dass es z. B. sehr unwahrscheinlich ist, dass ein Mensch viele als positiv bewertete Merkmale zugleich auf sich vereint. Die genauere Beobachtung ist wichtig, dass von Kugel zu

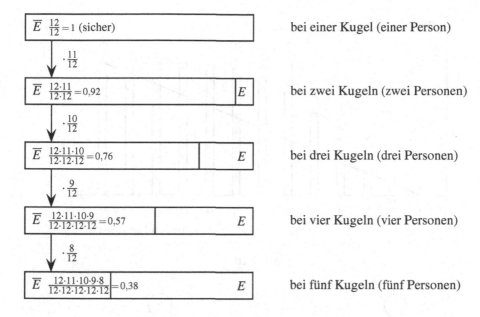

Abb. 8.19

Kugel die Wahrscheinlichkeit für $\overline{E}$ mit einem Faktor gestaucht wird und dieser Faktor zudem noch von Kugel zu Kugel um $\frac{1}{12}$ kleiner wird. Damit schrumpft die Wahrscheinlichkeit für $\overline{E}$ mit der Zahl der gezogenen Kugeln nicht gleichmäßig um denselben Betrag, sondern strebt viel rascher der Null zu. Entsprechend wächst die Wahrscheinlichkeit für E überproportional an. In einem Schaubild wird das noch deutlicher (Abb. 8.20), und insbesondere kann die die Überschätzung verursachende Unterstellung von Proportionalität (bei 13 Personen sind sicher mindestens zwei im selben Monat geboren, bei 6 bis 7 Personen also mit halber Sicherheit) bloßgestellt werden.

Die (unbewusste) Unterstellung von Proportionalität könnte auf der (ebenfalls heimlichen) Verwechslung unserer Fragestellung mit einer ganz anderen (egozentrischen) beruhen: Wieviele der 12 Monate müssen schon durch $(n-1)$ andere Personen als deren Geburtsmonate besetzt sein, damit ich (als n-te Person) mit mindestens 50%-iger Wahrscheinlichkeit einen dieser Monate treffe? Tatsächlich müssen dann 6 Monate besetzt sein und dafür bräuchte man mindestens 6 Personen.

Engel (1973, Bd. 1, S. 50 f) vermutet als Grund für die Geburtsmonatsparadoxie die (heimliche) Verwechslung mit einem verwandten und auch egozentrischen, aber doch gänzlich anderen Problem: Mit wieviel Personen müsste ich zusammentreffen, damit mit wenigstens 50%-iger Wahrscheinlichkeit noch jemand davon denselben Geburtsmonat hat wie ich? Das Gegenergebnis „Von n Personen hat jede einen anderen Geburtsmonat als ich" hat die Wahrscheinlichkeit $\left(\frac{11}{12}\right)^n$, das fragliche Ereignis also die Wahrscheinlichkeit $1 - \left(\frac{11}{12}\right)^n$. Damit diese Wahrscheinlichkeit über $0,5$ liegt, muss n schon 8 sein. Nach Engel gibt es von hier aus eine Möglichkeit der anschaulichen Aufklärung unserer Paradoxie und zwar durch die Vorstellung der Paarbildung (Abb. 8.21a und 8.21b).

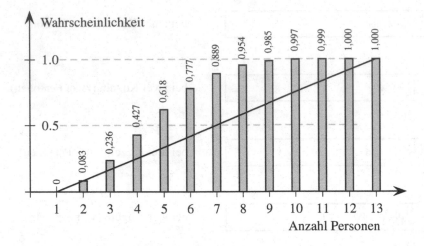

Abb. 8.20

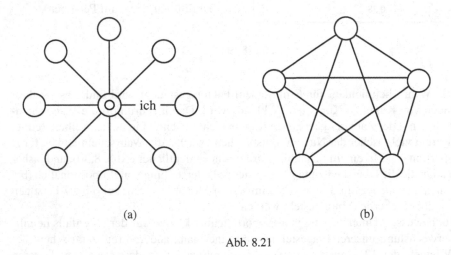

(a)   (b)

Abb. 8.21

Jeder Strich in den Graphen bedeutet eine Möglichkeit für die Relation „hat denselben Geburtsmonat wie". Beim egozentrischen Problem bedarf es (außer mir) 8 Personen, damit mit $0,501$ Wahrscheinlichkeit das Ergebnis „mindestens eine im selben Monat geboren wie ich" eintritt. Beim eigentlichen Geburtsmonatsproblem kann jede der Personen das „ich" sein, da gibt es bereits bei 5 Personen $\binom{5}{2} = 10$ (also auf jeden Fall schon mehr als 8) mögliche Paare, so dass so die niedrige Personenzahl für das Geburtsmonatsproblem eine plausible, anschauliche Stütze erhalten kann.

Kann man alle unanschaulichen Sachverhalte der Mathematik vors Auge bringen? Angesichts riesiger oder winziger Zahlen, tüfteliger Rechnungen, komplexer algebraischer Terme, bizarrer Funktionen, abstrakter Mengen und damit zusammenhängender formaler Theorien ist Skepsis angebracht. Fruchtbarer aber als die Erwägung, ob es für alles schließlich einen sichtbaren Abglanz gibt, ist es, den Handlungsbedarf der Didaktik zu akzeptieren, immer mehr und immer prägnantereanschauliche Repräsentationen zu entdecken und dies zunächst unabhängig von der Frage, inwieweit davon beim Schullernen Gebrauch gemacht werden sollte. Man darf es als eine didaktische Leistung ansehen, wenn eine (neue) anschauliche Aufhellung einer dunklen Situation gelingt. Ein bekanntes, klassisches Beispiel ist die Lösung der Bergsteiger-Frage durch Duncker ([7] 1966, S. 67): Wenn ich heute Vormittag auf einen Berg aufsteige und morgen Vormittag auf demselben Weg absteige, gibt es dann eine Stelle, die ich genau zur gleichen Uhrzeit passiere? Die Dunckersche Lösung durch „direkte Ablesbarkeit" mit „drastischer Einsichtigkeit" ist: Man denke, dass zwei Personen am selben Tag bergwandern, die eine macht den Aufstieg, die andere auf demselben Weg den Abstieg: die beiden müssen sich begegnen (selbst dann, wenn sich ihre Wanderzeiten nur geringfügig überlappen).

Nicht zuletzt das Beispiel der komplexen Zahlen hat gezeigt, wie stark schon innerhalb der Mathematik das Bestreben ist, Formales letztlich in irgendeiner Weise auch anschaulich zu interpretieren, schon allein um eine befriedigendere Überzeugung von der Existenz zu gewinnen. Die immer wieder zitierten Beispiele aus der Analysis, die die Begrenztheit und Verführbarkeit der Anschauung belegen sollen, sollten vielmehr dazu veranlassen, das Paradoxe auf für das Auge aufklärbar zu machen. So kann die berühmte Hankelsche Treppe (zugegebenermaßen ein „leichtes" Beispiel), aus der man angeblich $\sqrt{2} = 2$ entnimmt, wie folgt anschaulich zergliedert werden: Zunächst einmal lassen sich die n waagerechten (senkrechten) Stückchen der Treppe (je von der Länge $\frac{1}{n}$) auf die waagrechte (senkrechte) Quadratseite (der Länge 1) projizieren, das ist eine Umstrukturierung (Abb. 8.22a, $n = 8$). Für jedes n beträgt somit die Treppenlänge 2. Ferner kann die Überlegung, dass ja jede Treppenstufe nichts anderes als eine Verkleinerung des Quadrats im Maßstab $1 : n$ darstellt, den Glauben vermehren, die Länge der Treppe sei wirklich auch 2.

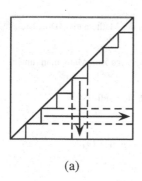   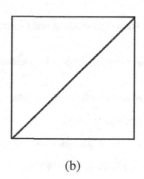   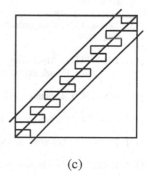

(a)   (b)   (c)

Abb. 8.22

Aber das überzeugt noch nicht restlos, denn es sieht eben doch so aus, als ob sich die Treppen mit wachsendem n der Diagonalen beliebig nähern. Die Abb. 8.22b ist ein Computerbild mit $n = 80$. Ein höchstes Maß von Aufklärung wird erzielt, wenn realisiert werden kann, dass in jeder Stufenumgebung der Diagonalen Kurven beliebiger Länge untergebracht werden können, die Mäanderkurve in Abb. 8.22c (mit $n = 8$) hat z. B. schon die Länge 4. Damit soll keinesfalls behauptet werden, es sei in der Regel einfach und ohne viel Anstrengung möglich, die Begriffsbildungen der Analysis, die am Abgrund des Unendlichen liegen, klar und deutlich wie eine sonnenbeschienene Landschaft vor das Auge zu stellen.

Literatur

[1] Andelfinger, B.: Didaktischer Informationsdienst Mathematik, Thema: Arithmetik, Algebra, Funktionen, Landesinstitut Soest 1985.

[2] Arnheim, R. : Anschauliches Denken, DuMont 1974.

[3] Bender, P.: Analyse der Ergebnisse eines Sachrechentests. In: Sachunterricht und Mathematik in der Primarstufe 8 (1980), S. 105 - 155, 191 - 198, 226 - 233.

[4] Bender/Schreiber: Operative Genese der Geometrie, Teubner 1985.

[5] Davis/Hersh: Erfahrung Mathematik, Birkhäuser 1985.

[6] Diesterweg, F.A.W.: Didaktische Regeln und Gesetze, Quelle & Meyer 1976.

[7] Duncker, K.: Zur Psychologie des produktiven Denkens, Springer 1966.

[8] Ebbinghaus, H.D. u.a.: Zahlen, Wissenschaftliche Buchgesellschaft 1983.

[9] Engel, A.: Wahrscheinlichkeitsrechnung und Statistik, Band 1, Klett 1973.

[10] Fuchs, M.: Untersuchungen zur Genese des mathematischen und naturwissenschaftlichen Denkens, Beltz 1984.

[11] Gericke, H.: Geschichte des Zahlbegriffs, Mannheim 1970.

[12] Hölder, O.: Anschauung und Denken in der Geometrie (1900), Reprint Wissenschaftliche Buchgesellschaft 1986.

[13] Jahnke, H.N.: Zum Verhältnis von Wissensentwicklung und Begründung in der Mathematik, IDM, Bielefeld 1979.

[14] Jahnke, H.N.: Anschauung und Begründung in der Schulmathematik. In: Beiträge zum Mathematikunterricht 1984, Franzbecker 1984.

[15] Mach, E.: Erkenntnis und Irrtum, Wissenschaftliche Buchgesellschaft 1986[6] (1. Aufl. 1905).

[16] Piaget, J.: Psychologie der Intelligenz, Rascher 1948.

[17] Polya, G.: Mathematical Methods in Science, Mathematical Association of America 1977.

[18] Rock, I.: Wahrnehmung, Spektrum der Wissenschaft 1985.

[19] Tropfke, J.: Geschichte der Elementarmathematik, Band 1, de Gruyter 1980[4].

[20] Viet, U.: Modelle zur Einführung der Addition und Subtraktion von ganzen Zahlen. In: Beiträge zum Mathematikunterricht 1969, Schroedel 1971, S. 58 - 64.

[21] Volkert, K.Th.: Die Krise der Anschauung, Vandenhoeck & Ruprecht 1986.

[22] Wagenschein, M.: Exemplarisches Lehren im Mathematikunterricht. In: Der Mathematikunterricht 8 (1962), Heft 4.

[23] Wertheimer, M.: Produktives Denken, Kramer 1964.

[24] Weyl, H.: Topologie und abstrakte Algebra als zwei Wege mathematischen Verständnisses. In: Unterrichtsblätter für Mathematik und Naturwissenschaften 38 (1932), S. 177 - 188.

Auswahl jüngerer Literatur zum Thema

[25] Kautschitsch, H. / Metzler, W.: Anschauliches Beweisen, Hölder-Pichler-Tempsky 1989.

[26] Lorenz, J. H.: Anschauung und Veranschaulichungsmittel im Mathematikunterricht – Mentales visuelles Operieren und Rechenleistung, Hogrefe 1992.

[27] Lorenz, J. H.: Mathematik und Anschauung, Aulis 1993.

9 Kreativität und Problemlösen

9.1 Kreativität als Prozess

Nach dem französischen Mathematiker Jacques Hadamard (1866 - 1963), der in seinem fast 100-jährigen Leben verschiedene mathematische Disziplinen durch wichtige Beiträge bereicherte, weltweites Ansehen genoss und mit besonderem Interesse neue Ideen verfolgte, kann man in Findungs- und Entdeckungsprozessen auf mathematischem Gebiet 4 Stadien unterscheiden:

(1) Präparation (Vorbereitung)
(2) Inkubation (Ausbrütung)
(3) Illumination (Erleuchtung, Inspiration)
(4) Verifikation (Überprüfung, Einordnung)

Sein Buch über diesen Gegenstand (Hadamard [16]), das er in der Emigration (1940 - 1947) in den USA schrieb, zählt bis heute zur psychologischen Standardliteratur über Kreativität. Wenn es auch kritische Einschätzungen, Vorschläge zu Modifikationen dieser Stadienfolge und unterschiedliche Interpretationen gibt (Ulmann [49], S. 20 ff.; Seiffge-Krenke [45], S. 16 ff.; Hussy [21], S. 70 ff.), so scheint Hadamard doch i. G. eine realitätsnahe Beschreibung kreativer Prozesse allgemein gegeben zu haben, jedenfalls im Rahmen denkpsychologischer Ansätze.

Vielleicht ist die beste Bestätigung für diese Behauptung die Tatsache, dass andere Autoren unabhängig von Hadamard zu ähnlichen Stadienmodellen gekommen sind, so der große amerikanische Philisoph und Pädagoge John Dewey (1859 - 1952), der 1910 („How we think") diese 5 Stadien zu unterscheiden vorschlug:

> „(1) Man begegnet einer Schwierigkeit, (2) sie wird lokalisiert und präzisiert, (3) Ansatz einer möglichen Lösung, (4) logische Entwicklung der Konsequenzen des Ansatzes, (5) weitere Beobachtung und experimentelles Vorgehen führen zur Annahme oder Ablehnung."
>
> (Dewey, zit. nach Ulmann [49], S. 21)

Hadamard stützt sich bei seinen Erörterungen über die mathematische Erfindung hauptsächlich auf Introspektion und auf Berichte anderer Forscher und Künstler über deren Selbstbeobachtung. Er schließt sich ausdrücklich den meisten Gedanken seines Landsmanns und Lehrstuhlvorgängers Henri Poincaré (1854 - 1912) an, dem der deutsche Mathematiker Felix Klein (1849 - 1925) „ganz außerordentliche Fruchtbarkeit und Vielseitigkeit" bescheinigte und der sich – ebenfalls i. W. intro/retrospektiv – mit dem Gang mathematischer Erfindungen beschäftigt und im Grunde bereits dieses Stufenmodell dargestellt hat (Poincaré [37] 1914, S. 35 ff.).

Am überraschendsten und am interessantesten für unsere Überlegungen ist es, wie hoch Poincaré und Hadamard die Rolle des Unbewussten im kreativen Prozess einschätzen.

Die Phase (1) (Präparation) ist gekennzeichnet durch die bewusste Auseinandersetzung mit einem Problem. Im Falle Poincarés, über den er selbst berichtet (S. 41 ff.), handelt es sich z. B. um das Problem, ob es (die später so genannten) Fuchsschen Funktionen (lineare Funktionen der Riemannschen Zahlenkugel in sich, die bestimmte Eigenschaften erfüllen, nach Lazarus Fuchs 1833 - 1902) gibt.

> „Seit vierzehn Tagen mühte ich mich ab, zu beweisen, dass es keine derartigen Funktionen gibt, ..., die ich später Fuchssche Funktionen genannt habe; ich war damals sehr unwissend, täglich setzte ich mich an meinen Schreibtisch, verbrachte dort ein oder zwei Stunden und versuchte eine große Anzahl von Kombinationen, ohne zu einem Resultat zu kommen." (Poincaré [37], S. 41 f.)

Das Ende der Phase (1) ist das Eingeständnis der Unwissenheit, die Erkenntnis keine Möglichkeit zu sehen, die Barriere des Problems zu überwinden. Das einschlägige Vorwissen ist reaktiviert worden und das Problem konnte nicht als Routinefall identifiziert werden. Ansätze zur Lösung (durch neue „Kombinationen" etwa) wurden versucht, aber sie brachten nichts.

Die Situation zu Ende der Phase (1) erinnert unweigerlich an die Krisis im Menon-Gespräch, wo der Sklave seine Unwissenheit eingesteht.

Vielleicht darf man auch die Piagetsche Äquilibrationstheorie (Gleichgewichtstheorie) mit ihrem Spiel von Assimilation („Ähnlichmachung" der Welt an die Bedingungen des Subjekts) und Adaption („Anpassung" der Bedingungen des Subjekts an die Welt) bemühen: Alle assimilativen Anstrengungen, also solche, die darauf gerichtet sind, das Problem, mit den verfügbaren geistigen Mitteln zu verstehen und seine Widerstände durch Umformung in bekannte und überwindbare Hürden zu brechen, sind gescheitert. Es muss jetzt (wenn es überhaupt mit eigener Kraft weitergehen soll) etwas Neues passieren; auf der Seite des erkennenden Subjekts, des Problemlösers, muss eine Umorganisation seiner kognitiven Struktur, eben eine Angleichung an die Problemlage (Adaption) erfolgen.

> „Die ganze Entwicklung des geistigen Lebens von der Wahrnehmung und der Gewohnheit bis zur Vorstellung, zum Gedächtnis und zu den höheren Formen des logischen Denkens ist also eine Funktion dieser allmählich wachsenden Ausweitung der Austauschprozesse, d. h. des Gleichgewichtes zwischen einer Assimilation von Elementen der Umwelt, welche von der eigenen Tätigkeit immer entfernter sind und einer Akkomodation dieser Tätigkeit an diese Umwelt."
> (Piaget [36] 1948, S. 17)

Die Umwelt ist hier natürlich die Welt der Mathematik. Wie allerdings eine solche Akkomodationsleistung zustande kommt, welcher „Mechanismus" also die erfolgreiche Anpassungsveränderung an die Widerstände der (äußeren) Welt bewirkt, einfacher ausgedrückt, woher der erhellende Einfall, der erlösend-befreiende Lösungsgedanke kommt, das eben ist bis heute (trotz aller Kreativitätsforschung) im Grunde noch unbekannt (Hussy [21], S. 72) und wird wohl prinzipiell unbekannt bleiben. Es ist noch nicht einmal unumstritten, ob allgemein der Lösung eines Problems unbedingt eine Phase intensiver, angestrengter aber letztendlich erfolgloser Tätigkeit vorausgehen muss, wenn dies auch im Bereich der Mathematik mit Wahrscheinlichkeit für selbstverständlich gehalten wird.

Van der Warden bemerkt dazu: „Die Hauptarbeit des bewussten Denkens findet vor dem Einfall statt. Der Einfall soll vorbereitet, soll provoziert werden" (S. 10).

Poincaré und Hadamard bieten für das Zustandekommen der Lösungsidee im Unbewussten eine Hypothese an. Zunächst stellen sie fest, dass die Lösungsidee nicht das direkte Resultat bewusster Geistestätigkeit ist, sondern plötzlich, unerwartet und ohne Anteilnahme des Bewusstseins aus dem Unterbewussten auftaucht. Zwischen der Vorbereitungsphase (1) und der sehr kurzen Erleuchtungsphase (3) muss die Inkubationsphase (2) (lat.: incubare = auf etwas liegen (um es auszubrüten)) notwendig durchschritten werden. In ihr beschäftigt sich der Problemlöser bewusst mit etwas völlig anderem, er hat vielleicht das Lösenwollen des ursprünglichen Problems (evtl. aus Resignation) aufgegeben. Aber „es" arbeitet – so die Hypothese Poincarés und Hadamards – unwillentlich in ihm weiter, im Unbewussten, wobei Hadamard Wert auf die Feststellung legt, dass das Unbewusste erstens aus mehreren Schichten besteht (vom tief Unterbewussten bis Halb- oder Randbewussten (Fringe- Consciusness, S. 24) und zweitens – viel wichtiger – im Gegensatz zum Bewusstsein zu simultanen Aktionen befähigt ist. In der Inkubationsphase werden nach Poincaré/Hadamard nicht nur unwillentlich irgendwelche Ideenkombinationen gewissermaßen als stochastisches Spielen ausgeführt, vielmehr werden diese Neukombinationen auch schon im Unterbewusstsein bewertet: Nur die verheißungsvollen werden weiter verwandt und tauchen auf, die unbrauchbaren werden (schon im Unterbewusstsein!) verworfen. Und das Kriterium für Brauchbarkeit/Fruchtbarkeit, nach dem das Unbewusste bewertet und sortiert, ist das in ihm liegende Gefühl für Schönheit.

> „Die nützlichen Kombinationen sind gerade die schönsten, ich meine diejenigen, welche unsere Sensibilität am besten erregen können, jene besondere Sensibilität, welche allen Mathematikern bekannt ist, …"
>
> (Poincaré [37], S. 48)

Wie diese Bewertungstätigkeit durch die angenommene Instanz für Schönheit, Harmonie, Eleganz im Einzelnen funktioniert, ist schwer vorstellbar. Möglicherweise wirkt so etwas Nüchternes wie ein Ökonomieprinzip, wonach die „schönen" und „nützlichen" Kombinationen gerade die sind, die mit einem Minimum an geistiger Energie ein Maximum an Gedächtniselementen reaktivieren und gesetzlich anordnen, die also eine Superierung herbeiführen, ähnlich wie in Wahrnehmungsfällen zunächst chaotisch verteilt erscheinende Elemente sich (plötzlich) zu einer Gestalt organisieren und gerade dadurch die Wahrnehmungsanstrengungen (schlagartig) minimal werden.

Wie dem auch sei, so ist jedenfalls nach Poincaré und Hadamard das Auftauchen der Lösungsidee durch „Ichferne" (Oerter [34], S. 286 ff.) ausgezeichnet. Wie aus heiterem Himmel (ohne Anstrengung des bewussten Ichs) kommt der Einfall. Poincaré fiel einmal die Lösung eines Problems urplötzlich ein, als er einen Bus bestieg und mit völlig anderen Gedanken (bewusst) beschäftigt war (Poincaré [37], S. 42) und Hadamard berichtet:

> „On being very abruptly awakened by an external noise, a solution long searched for appeared to me at once without the slightest instant of reflection on my part – the fact was remarkable enough to habe struck me unforgottably – and in a quite different direction from any of those which I had previously tried to follow."
>
> (Hadamard [16], S. 8)

Gauss, sonst durchgehend verschwiegen über die Wege seiner Forschung, schreibt (in einem Brief an Olbers) über das Finden des Beweises eines zahlentheoretischen Satzes:

„Endlich vor ein paar Tagen ist's gelungen – aber nicht meinem mühsamen Suchen, sondern bloß durch die Gnade Gottes, möchte ich sagen. Wie der Blitz einschlägt, hat sich das Rätsel gelöst; ich selbst wäre nicht imstande, den leitenden Faden zwischen dem, was ich vorher wusste, dem, womit ich die letzten Versuche gemacht hatte – und dem, wodurch es gelang, nachzuweisen." (zit. nach v.d. Waerden [51], S. 3)

Srinivasa Ramanujan (1887 - 1920), das indische Zahlengenie, behauptete, dass die Göttin Namagiri ihn in seinen Träumen inspirierte (Hofstadter [19], S. 509 ff.). Und die Heimsuchung des Descartes durch einen lichtbringenden Engel (wie er selbst sagt) habe ich schon erwähnt.

Außer der Ichferne zeichnet sich die Illumination durch das starke Gefühl aus, dass der Einfall richtig ist. Der Einfall besteht aber nicht in einer blitzartig verlaufenden richtigen Rechnung noch in der Mitteilung des Resultats einer im Unbewussten ausgeführten richtigen Rechnung ([37], S. 51), vielmehr ist er bildhafter, anschaulicher Natur und, dass es ein richtiger Einfall sein muss, erscheint als unmittelbar aus ihm heraus leuchtend, als evident. Diese Leistung des Unbewussten, unmittelbar einsichtige Lösungsideen zu produzieren, wird oft „*Intuition*" (lat.: intueri = ansehen, betrachten) genannt. Van der Waerden verdeutlicht das in der bekannten alltäglichen Tatsache, wie wir unmittelbar und ohne bewusste Vergleiche einen guten Bekannten (in einer Menschenmenge) erkennen und uns dabei ganz sicher sind, nicht fehl zu gehen (v.d. Waerden [51], S. 11). Wir gehen dabei nicht wie ein Computer vor, der die Menschen einzeln nach Merkmalen abtasten müsste.

Die intuitive Lösungsidee der Phase (3) bedarf der bewussten, systematischen, kritisch prüfenden Ausarbeitung, das geschieht in der 4. Phase, der Verifikation. Sie ist unbedingt notwendig, denn die intuitive Lösungsidee kann wieder verlöschen. Sie kann auch – trotz Poincaré – schlicht falsch sein. Dafür gibt es Beispiele in der Geschichte der großen Mathematiker. Ein besonders spektakulärer Fall ist der oben erwähnte Ramanujam. Wichtiger als das Aufdecken eines Fehlers ist, dass in der Phase der Verifikation der Sachverhalt geordnet, fachmännisch formuliert, gemäß den Standards bewiesen und somit dem Corpus des objektiven mathematischen Wissens eingefügt wird.

Was kann nun das Wissen über kreative Prozesse (wie bruchstückhaft es auch sei) für den Mathematikunterricht bedeuten?

Unübersehbar ist, dass das Lernen im Schulunterricht in wesentlichen Umständen total verschieden vom Forschen in der Universität ist (hier Kinder, dort Erwachsene; hier Laien, dort Profis; hier Schulpflicht, dort freiwillige Tätigkeit; hier längst bekannte Lehrstoffe, dort wissenschaftliches Neuland; usw.), so dass einem die Vokabel vom „forschenden Unterricht" nicht leicht von den Lippen gehen kann. Insbesondere können wir nicht unterstellen, die Schülerinnen und Schüler seien von Natur aus allesamt von der Mathematik fasziniert und wären begierig, schwierige mathematische Probleme anzugehen und dabei keine Anstrengung zu scheuen, was auf eine Minderheit – etwa auf die Teilnehmer an mathematischen Olympiaden – gewiss zutrifft; uns interessiert aber die große Masse der Schülerinnen und Schüler.

Ist also die Forderung nach einem Unterricht, der Lernen durch „(gelenktes) Nacherfinden" (Freudenthal [14], S. 124) fördern soll, nicht eine Illusion oder gar eine Verstiegenheit? Muss man nicht akzeptieren, dass der Erwerb bereits vorhandenen und schon geordneten Wissens in der Schule eben ganz anderen Regeln unterliegt als die Kreation neuen Wissens in der Forschung durch eben kreative Mathemtiker?

Schon der gestrenge Predigerhumanist und Klassiker Johann Gottfried Herder (1744 - 1803) wettert mit Feuereifer gegen die, die das Lernen nicht fach- und schulgemäß betreiben wollen:

> „Dies (das regelrechte Schullernen) ist eine ganz andere Sache, als hie und
> da aus Büchern etwas zusammenlesen, was weder zum Kohl noch zum Salat
> taugt, oder sich gar Wissenschaften, Regeln und Künste selbst erfinden wol-
> len, wie sie uns der Geist oder vielmehr der Wind zuführt. Wissenschaften
> lassen sich nicht erfinden: sie dürfen auch nicht erfunden werden, denn sie
> sind einem großen Teil nach schon da: seit Jahrtausenden hat der menschliche
> Geist ihrer mehr erfunden, als wir lernen werden; darum sollen wir sie auf
> dem kürzesten, richtigsten, gewissesten Wege lernen."   (Herder [18], S. 6)

Diese nüchtern-ernüchternde Mahnschrift unseres Klassikers, in der ersichtlich einige Hauptargumente D. P. Ausubels in seinem Streit gegen J. S. Bruner über den Wert und die Möglichkeiten entdeckenden Lernens vorweg genommen werden (Neber [32] 1981, S. 30 ff.), verweist eindringlich auf die Notwendigkeit geordneten Schullernens, jedoch wär gerade zu spezifizieren, was als „kürzest, richtigst, gewissest" anzusehen ist. Herder selbst hat an anderer Stelle betont, dass Lernen nur durch ein Höchstmaß an Eigenaktivität des Lernenden und in Freiheit möglich sei, schließlich war er begeisterter und kritischer Anhänger der Ideen von J. J. Rousseau (1712 - 1778).

Und genau die hier vertretene These, dass Lernprozesse umso erfolgreicher sind, je mehr die Lernenden bei der Entwicklung ihrer eigenen Handlungskompetenzen selbst aktiv (einschließlich emotionaler Eingebundenheit) beteiligt sind, macht das Betrachten kreativer Prozesse didaktisch interessant.

Damit ist aber erst das Problem angedeutet und noch nichts für eine Lösung getan: Was kann unterrichtlich unternommen werden, damit möglichst viele Schülerinnen und Schüler in dem Sinne kreativ werden, dass sie den Erwerb mathematischer Fertigkeiten und Fähigkeiten als ihr persönliches Anliegen und als konstruktiven Prozess mit starker aktiver Eigentätigkeit erfahren?

Ein besonders heikles, aber wichtiges Teilproblem bezieht sich auf die Rolle des Unbewussten, die bei Poincaré und Hadamard so hoch eingeschätzt wird und auch in neueren theoretischen Ansätzen zur Kreativität immer wieder als das angesehen wird, was kreative Prozesse von „nur" intelligenten unterscheidet. „Die entscheidenden Komponenten für Kreativität sieht man in den emotionalen Zuständen und in Motivationsbedingungen" (Oerter [34], S. 373).

Auch wenn es in der Schule selbstverständlich nicht um objektiv neue Erfindungen, sondern bestenfalls um Nacherfindungen längst bekannter, tausendfach durchdachter und immer ökonomischer dargestellter Inhalte geht und auch wenn Einfälle nicht mit dem Glorienschein eines Mysteriums, einer exklusiven Genialität oder gar einer Divinität („göttlicher Funke") umgeben werden, so ist es doch die Frage, wie (wenn es überhaupt möglich ist) dieses unbewusste Kombinieren, Vergleichen, Sortieren und Bewerten von Gedächtniselementen, das Generiern von bildhaften und evidenten Vorstellungen aus dem vorhandenen Material, das Zusammenfügen von Einzelheiten zu neuen Ganzheiten begünstigt werden kann. Muss etwa der Lehrende einfach nur geduldig warten, bis der eine oder andere Lernende einen (den richtigen) Einfall bekommt? Wie lange darf er warten (Pensumdruck!)? Lässt unser System Schule überhaupt Inkubationszeiten zu? Was bedeutete das für die übrigen Schülerinnen und Schüler, wenn nur einer den Einfall hat? Woher soll der Lehrende wissen, inwieweit bei (diesen, jenen, allen) Schülerinnen und Schülern überhaupt so etwas wie Inkubation stattfindet? Setzt dies nicht ein gewisses Maß von Interesse an der anstehenden Thematik voraus und wie könnte dieses evtl. geweckt werden? Poincaré z. B. behauptet, dass ohne „diese besondere ästhetische Sensibilität" (S. 49) mathematische Erfindungen nicht möglich seien. Braucht man diese Sensibilität auch für schulische Nacherfindungen und wie könnte sie dann evtl. gefördert, kultiviert werden?

In der neueren psychologischen Kreativitätsforschung ist es unumstritten, dass Kreativität (sehr grob gesagt: die Fähigkeit, brauchbare Einfälle zu produzieren, lat.: creare = hervorbringen, schaffen, erschaffen, zeugen, gebären, wählen) nicht das Privileg einer elitären Minderheit (von Genies) ist, sondern – freilich in unterschiedlichen Ausrichtungen und (beeinflussbaren) Ausmaßen – zur natürlichen Ausstattung eines jeden Menschen gehört und übrigens geradezu *das* Unterscheidungsmerkmal zwischen Mensch und Tier ist (Oerter [34], S. 297). Diese Einschätzung ist einer der wichtigsten Rechtfertigungsgründe für die Forschung nach entdeckendem Lernen.

Die allgemeine Bedeutung der Kreativität für den Menschen wird in der durch sie ermöglichten „Selbstverdoppelung" (Oerter [34], S. 295 ff.; Matussek [29], S. 25 f.) gesehen: Das Kleinkind spielt verschiedene Rollen, indem es sich einbildet, eine Mutter, ein Arzt, ein Pilot zu sein, spiegelt sich dabei selbst in anderen und wird sich seiner und der Außenwelt als Außenwelt bewusst. In vergleichbarer Weise spiegeln sich Künstler, Wissenschaftler und andere im engeren Sinne kreative Menschen in ihren Werken. „Gewöhnliche" Menschen sind kreativ, wenn sie ihr Handeln reflektieren (also auf sich selbst zurückspiegeln) und mögliche Handlungsvarianten gedanklich durchspielen, wenn sie nicht nur erfolgsorientiert denken, sondern auch vor-, quer- und nachdenken.

Ein Mensch gilt u. a. (im Hinblick auf einen hinreichend problemdurchsetzten Realitätsbereich) als umso kreativer,

- je empfindlicher er gegenüber Problemen ist, insbesondere Widersprüchlichkeiten nicht auszuweichen trachtet,
- je mehr er – auch nach einer erbrachten Lösung – an der Problemsituation und ihrer Lösung „weiterspinnt",
- je mehr er bereit und in der Lage ist, divergente Denkformen (frei assoziieren, fließen lassen, Verbindungen zwischen entfernten Dingen suchen, umschalten, Rahmen sprengen, usw.) auszuüben,
- je stärker er bestrebt ist, über den Zaun der jeweiligen Problemsituation hinauszusehen und dabei auch den Sinn der ganzen Anstrengung zu bedenken,
- je mehr er dazu neigt, sich auszudrücken, aktiv zu sein, sich spontan zu engagieren und zu begeistern, je weniger er Angst vor nonkonformen Lösungsideen, vor Konflikten, vor Misserfolgen hat

(vgl. auch [34], S. 348).

Caesar (S. 87) benennt – die einschlägige Literatur zusammenfassend – die folgenden Persönlichkeitskorrelate kreativen Verhaltens: Neugier, Ausdauer (u. a. hohe Frustrationstoleranz), Aktivation, Autonomie, Ich-Stärke, kontrollierte Regressionsfähigkeit (d. h. Offenheit für Empfindungen, Gefühle, Emotionen, kindliches Verhalten, usw.).

Wohltuend verständlich und nüchtern beschreibt Hofstadter kreatives (er nennt es „intelligentes") Verhalten:

- „sehr flexibel auf die jeweilige Situation reagieren,
- günstige Umstände ausnützen,
- aus mehrdeutigen und kontradiktorischen Botschaften klug werden
- die relative Wichtigkeit verschiedener Elemente in einer Situation erkennen,
- trotz trennender Unterschiede Ähnlichkeiten zwischen Situationen finden,
- trotz Ähnlichkeiten, die sie zu verbinden scheinen, zwischen Situationen unterscheiden können,
- neue Begriffe herstellen, indem man alte Begriffe auf neuartige Weise zusammenfügt,
- Ideen haben, die neuartig sind" (S. 29).

In der Tat: Dass ein gewisses Maß von kreativem Verhalten einerseits vorhanden sein muss, um entdeckend lernen zu können, und dass andererseits Kreativität als Lernziel (nützlich für die Gesellschaft wie für die Persönlichkeitsentwicklung) hoch zu schätzen ist, wären eine fragwürdige Unterstellung und eine illusionäre Zielbestimmung, wenn Kreativität nicht durch möglichst „handfeste" didaktische Unternehmungen förderbar wäre. Dies scheint von allen Autoren als realisierbar angesehen zu werden. „Kreativität kann durch verschiedene Maßnahmen innerhalb gewisser Grenzen gefördert werden"(Oerter [34], S. 396).

Von den diversen Vorschlägen zum Trainieren von Kreativität, die es in der psychologischen Literatur gibt, halte ich mit Blick auf den Mathematikunterricht die Folgenden am ehesten für theoretisch rechtfertigbar und praktisch realisierbar, wenn auch keinesfalls für trivial, wie sie möglicherweise klingen:

(1) Probleme (nicht geben, sondern) aus Kontexten heraus entwickeln, die herausfordernd erscheinen, zum Fragen anreizen
(2) Möglichkeiten zum freien Experimentieren, insbesondere auch sinnlicher Natur, an die Hand geben und zum Vermuten ermuntern
(3) Lern-/Entdeckungshilfen genügend weit halten, weniger Ergebnisfindungshilfen als mehr Hilfen zum Selbstfinden des Ergebnisses anbieten
(4) für warmes Lernklima sorgen, insbesondere Zurückhaltung in der Bewertung (falsch/richtig) von Schülerbeiträgen, Abbau von Scheu vor ungewöhnlichen Vorschlägen
(5) heuristische Strategien bewusst machen und allgemein über Denken, Ausdrücken, Darstellen, Sichmerken, Erinnern, Vergessen, Fehlermachen, Üben, usw. sprechen
(6) Inhaltliche oder „formale" Bedeutsamkeit des Themas deutlich werden lassen.

9.2 Exkurs über Intuition

Bevor in den folgenden Abschnitten die Problematik der Förderung kreativen Verhaltens in konstruktiver Weise weiter verfolgt wird, noch ein Wort zum Begriff der „Intuition", der ja in engster Verbindung zu dem der Kreativität zu liegen scheint.

Das Wort „intuitiv" wird von Mathematikern häufig benutzt, aber selten näher präzisiert, vielleicht in der unterschwelligen Annahme, dass Intuition nur intuitiv verstanden werden könne oder verstanden zu werden ausreiche. Davis und Hersh ([7], S. 413) zählen allein sechs gebräuchliche Verwendungsweisen von „intuitiv" auf, nämlich intuitiv als (1) nicht streng, (2) visuell, (3) einleuchtend, obwohl nicht bewiesen, (4) unvollständig, lückenhaft im Beweis, (5) durch ein physikalisches Modell repräsentiert, (6) ganzheitlich (vs. detailliert). Das gemeinsame Merkmal aller dieser Bedeutungen ist offenbar, dass intuitive Handlungsweisen mit dem Entwickeln, Entdecken zusammenhängen und nicht oder kaum mit der deduktiven Durcharbeitung und Ordnung mathematischer Ideen. Die Autoren Davis und Hersh kritisieren die Weigerung und das Versäumnis der Mathematiker, „die Natur und Bedeutung der postulierten Intuition zu erklären" (S. 415); sie halten den Begriff der Intuition zwar für schwierig und komplex, aber keineswegs für unerklärbar, geheimnisvoll, nicht analysierbar. „Eine realistische Analyse der mathematischen Intuition ist ein vernünftiges Ziel und sollte zu einem zentralen Bestandteil einer adäquaten Philosophie der Mathematik werden" (S. 416). Nachdem sie gezeigt haben, dass alle drei bekannten Grundlagenstandpunkte (Platonismus, Formalismus, Konstruktivismus) Schwierigkeiten haben, die Intuition einzuordnen, schlagen Davis und Hersh als eigenen Lösungsvorschlag interessanterweise vor, die dahinter stehende erkenntnistheoretische Frage „Was wissen wir und wie wissen wir es?" pädagogisch zu deuten und die Frage zu stellen: „Was unterrichten wir und wie unterrichten wir es?" (S. 420). Dieser Ansatz zur Beantwortung der Frage nach Wesen und Bedeutung der Intuition läuft darauf hinaus, dass sich Intuition über lernende Erfahrungen in geeigneten Erfahungsfeldern *bildet*. Intuitive Vorstellungen von mathematischen Ideen (Begriffen, Objekten, Sachverhalten, Verfahren, …) sind subjektive geistige Bilder (als Spuren oder Prägungen von Erfahrungen), die im Zuge kommunikativer Auseinandersetzungen mit anderen objektiviert werden.

> „Wir haben eine Intuition, weil wir eine geistige Vorstellung von mathematischen Objekten haben. Diese Vorstellung erwerben wir nicht, indem wir verbale Formeln auswendig lernen, sondern durch wiederholte Erfahrungen (auf der elementaren Stufe im Umgang mit physischen Objekten, auf der fortgeschrittenen Stufe durch das Lösen von Aufgaben und dadurch, dass wir Dinge auf eigene Faust entdecken)" (S. 421).

Diese stark empiristische Auffassung steht im Gegensatz zu der in der Pholosophie weit verbreiteten, wonach die Intuition eine innere Anschauung ist, eine Spiegelung des Bewusstseins auf sich selbst und wonach intuitive Urteile ohne Empirie möglich und ohne weitere Begründung wahr sind; mit einer Art geistigem Auge erschaut man Wahrheiten unmittelbar (Volkert [50], S. 178). Diese „reine oder übersinnliche Intuition"(Boutroux [3], S. 192), die am entschiedensten von Plato als die der mathematischen Erkenntnisbildung am besten entsprechende angesehen wird, muss aber, wie übrigens Plato selbst schon erkannt hat, als übermenschlich angesehen werden: Nur göttliche Wesen und einige wenige auserlesene Menschen sind imstande, die Mathematik insgesamt in dieser Art zu schauen, also ohne Hilfe der als inferior angesehenen diskursiven logischen Aufstückelung (lat.: discursus = das Sichergehen über etwas) und ohne mühsame Erfahrungs- und Lerntätigkeit. Es dürfte wohl schwierig sein, empirische Belege für die Existenz einer a priori wirksamen Intuition als Erkenntnisquelle vorzulegen, wahrscheinlich ist der Glaube daran eine Ausgeburt mathematikbegeisterter Philosophen wie Plato und (vor allem) Descartes:

> „Unter Intuition verstehe ich nicht das schwankende Zeugnis der sinnlichen Wahrnehmung oder das trügerische Urteil der falsch verbindenden Einbildungskraft, sondern ein so müheloses und deutlich bestimmtes Begreifen des reinen und aufmerksamen Geistes, dass über das was wir erkennen, gar kein Zweifel zurückbleibt, oder, was dasselbe ist: eines reinen und aufmerksamen Geistes unbezweifelbares Begreifen, welches allein dem Lichte der Vernunft entspringt und das, weil einfacher, deshalb zuverlässiger ist als selbst die Deduktion, die doch auch, wie oben angemerkt, vom Menschen nicht verkehrt gemacht werden kann. So kann jeder intuitiv mit dem Verstande sehen, dass er existiert, dass er denkt, dass ein Dreieck von nur drei Linien, dass die Kugel von einer einzigen Oberfläche begrenzt ist ..." (Descartes [8], S. 10 f.)

Diese Sicht gibt elitären Vorstellungen Spielraum, obwohl Descartes selbst davon überzeugt ist, dass jeder Mensch zu derartigem „unbezweifelbarem Begreifen" fähig ist.

Pädagogisch fruchtbarer und auch empirisch plausibler ist die Davis/Hersh-Hypothese, wonach intuitive Vorstellungen durch Erfahrung erworben werden und entwickelbar sind, was ja keineswegs (unterschiedliche) genetische Voraussetzungen und große Abweichungen von Mensch zu Mensch ausschließen muss. Wahrscheinlich ist ein Teil intuitiver Überzeugungen phylogenetisches Erbe. Schon F. Klein unterschied „naive" von „verfeinerter" Intuition (Boutroux [3], S. 193).

Wie auch immer die Natur der Intuition psychologisch eingerichtet ist und funktionieren mag, ihre Bedeutung für das entdeckende Lernen – und damit im Kontext von Kreativität – ist nicht zu unterschätzen: Sie ist einerseits gewissermaßen der Untergrund von mathematischen Entdeckungen, insofern allgemeine alltägliche Erfahrungen als commonsense-Erkenntnisse spezifiziert werden. Die aktivierte Intuition dürfte der wichtigste Entdeckungsapparat sein, z. B. kann das plötzliche Gewahrwerden von Analogien nur als ein intuitives Geschehen gedacht werden. Andererseits kann sie durch mathematische Erfahrungen verfeinert werden, damit würden Wahrnehmungs-, Lern und Entdeckungsfähigkeit erhöht, die Chancen für Verstehen und erfolgreiches Problemlösen würden verbessert.

Für die Gestaltung des Unterrichts ist es dabei u. a. wichtig zu sehen, welchen Widerstand die verschiedenen Inhalte einem intuitiven Verständnis leisten. So stehen z. B. die Strahlensätze einem intuitiven Zugriff offenbar viel näher als der Satz des Pythagoras: Das allgemeine und schon in früher Kindheit gefühlsmäßig vorbereitete Konzept der Ähnlichkeit, als durch maßstäbliche Vergrößerungen/Verkleinerungen vermittelt, spezifiziert sich direkt in den Strahlensätzen, während das intuitive Erfassen des Pythagoras-Satzes „verfeinerte" Umgestaltungen mit diskursiven Einschüben erfordert. So werden auch die weit über 100 Beweise verständlich, man möchte „den Pythagoras" immer besser intuitiv verstehen. Zwischen dem halbbewussten und ganzheitlichen intuitiven Erfassen und der diskursiven Zergliederung eines Sachverhaltes scheint ein ähnliches Spannungs- und Abhängigkeitsverhältnis zu bestehen wie zwischen Anschauung und Begriff (wobei ich hier übrigens zwar eine sehr große Verwandtschaft, aber keine Identität zwischen dem Paar Anschauung/Begriff einerseits und dem Paar Intuition/Diskurs andererseits sehe; bei Intuition vs. Diskurs ist die Frage nach der Beteiligung/Nichtbeteiligung von unbewussten Elementen (spüren, ahnen, fühlen, empfinden, ...) entscheidend).

Vielleicht ist dieses Beispiel zur Unterscheidung von intuitiv vs. diskursiv erhellend. Der Satz der Bruchrechnung

$$\text{Wenn } \frac{a}{b} < \frac{c}{d}, \text{ dann gilt } \frac{a}{b} < \frac{a+c}{b+d}, \text{ wobei } a, b, c, d \text{ beliebige natürliche Zahlen sind,}$$

kann diskursiv durch algebraisches Rechnen bewiesen werden:

$$\frac{a}{b} < \frac{c}{d} \Rightarrow a \cdot d < b \cdot c \Rightarrow a \cdot d + c \cdot d < b \cdot c + d \cdot c \Rightarrow (a+c) \cdot d < (b+d) \cdot c \Rightarrow \frac{a+c}{b+d} < \frac{c}{d}$$

Dabei werden zweimal die Definitionen von $<$, einmal die Monotonieeigenschaft von $<$ gegenüber $+$ und einmal das Distributivgesetz von $\cdot$ über $+$ angewandt. Das ist dekuktiv-klar, aber muss nicht intuitiv-klar sein. Ein intuitiver Beweis besteht darin, die Brüche $\frac{a}{b}$ und $\frac{c}{d}$ im Koordinatensystem darzustellen (Zähler als Ordinaten, Nenner als Abszissen); der Wert eines Bruches ist so durch den Anstieg der Hypotenuse des durch den Bruch gegebenen rechtwinkligen Dreiecks markiert. Fast unmittelbar zu sehen ist dann, wie der Bruch $\frac{a+c}{b+d}$ sich darstellt und dass sein Wert zwischen dem der beiden gegebenen Brüche liegen muss.

Ein anderer intuitiver Beweis ergibt sich, wenn man die Brüche als Mischungsverhältnisse (z. B. Sirup - Wasser) deutet.

Die Intuition ist vorwegnehmend, wenn sie mehr oder weniger kühne Hypothesen nahelegt. Sie hinkt der geistigen Entwicklung hinterher und ist verfeinerunsbedürftig, wenn geahnte Vermutungen unter strengen Blicken zu rechtfertigen sind oder wenn Produkte einer algebraisch-algorithmischen Synthese mit Vorstellungsbildern ausgestaltet werden sollen.

9.3 Polyas Heuristik des Problemlösens

Wie kein anderer bisher in diesem Jahrhundert, hat sich der „glänzende Mathematiker" (Davis/Hersh [7], S. 298) George Polya (1888 - 1985) konstruktiv mit dem Lösen von Problemen (er selbst spricht von Aufgaben) befasst und damit über das gesprochen, was Mathematiker normalerweise für nicht erwähnenswert halten. Normalerweise löst man halt Probleme, aber man spricht nicht über den realen Lösungsgang, ja in der endgültigen Fassung wird jede Spur von Genese ausgelöscht. Das Ideal ist die Geschichtslosigkeit.

Polya macht nun gerade das Lösen zum Thema und seine diesbezüglichen Veröffentlichungen gehören m. E. zum Besten, was es an didaktischer Literatur gibt. Die Lösung eines Problems ist in seiner Sicht ein Entdeckungs- und Findungsvorgang, der mit der wissenschaftlichen Forschung durchaus vergleichbar ist. So verwundert es nicht, dass er sich (kaum auf Pädagogen oder Psychologen, sondern) auf Mathematiker beruft, besonders auf Pappos, Descartes, Leibniz, Bolzano. Der Lernpsychologie gesteht er nur eine bescheidene Anregungsfunktion zu (Polya [39] 1966, S. 153). Das Lösen von Problemen soll in seiner Einschätzung die wichtigste Tätigkeit im Mathematikunterricht an Schulen (er meint dann immer das Gymnasium, die Mittelschule in der Schweiz) sein, denn oberstes Ziel ist die Förderung der Denkfähigkeit („An allererster Stelle soll sie den jungen Menschen das DENKEN beibringen" (Polya [39] 1966, S. 153)) und durch nichts – so sein Credo – lernt man besser absichtsvolles und produktives Denken als durch Problemlösen. Und er behauptet, dass man etwas nicht versteht, wenn man nicht weiß, wie es entdeckt worden ist (Albers [1], S. 251).

Da nun die Schülerinnen und Schüler i. Allg. keine kreativen Mathematikprofis sind, kommt es darauf an, die Fähigkeiten zum Problemlösen durch geeigneten Unterricht planmäßig zu entwickeln und zu fördern. Erfolgreiches Lernen in diesem Sinne kommt zustande, wenn drei Prinzipien beachtet werden: (1) Maximale Aktivierung: „Man lasse die Schüler selbst so viel, wie unter den gegebenen Umständen irgend tunlich ist, entdecken" (a. a. O., S. 159). (2) Maximale Motivierung: „Es ist unsere Pflicht als Lehrer, …, den Schüler davon zu überzeugen, …, dass die Aufgabe, die er lösen soll, seinen Einsatz verdient" (a. a. O., S. 160). (3) Beachtung der Phasenfolge bei der Lösung von Nichtroutine-Aufgaben.

Das 3. Prinzip ist nun das eigentliche Thema Polyas: Wie löst man Probleme? An was sollten/könnten sich Problemlöser halten, wenn sie die zunächst zu mächtig erscheinenden Barrieren doch selbständig überwinden wollen?

In der „Schule des Denkens" (1967), ein verständlich (untechnisch) geschriebenes Buch, das man (dennoch) als die Bibel der Heuristik betrachten kann, gibt Polya einen Rahmenplan zur Lösung von Problemen an, indem sich die 4 Phasen von Poincaré-Hadamard in etwa widerspiegeln:

(1) „Verstehen der Aufgaben
 - Was ist unbekannt? Was ist gegeben? Wie lautet die Bedingung?
 - Ist es möglich, die Bedingung zu befriedigen? Ist die Bedingung ausreichend, um die Unbekannte zu bestimmen? Oder ist sie unzureichend? Oder überbestimmt? Oder kontradiktorisch?
 - Zeichne eine Figur! Führe eine passende Bezeichnung ein!
 - Trenne die verschiedenen Teile der Bedingung! Kannst du sie hinschreiben?
(2) Ausdenken eines Planes
 - Hast du die Aufgabe schon früher gesehen? Oder hast du dieselbe Aufgabe in einer wenig verschiedenen Form gesehen?
 - Kennst du eine verwandte Aufgabe? Kennst du einen Lehrsatz, der förderlich sein könnte?
 - Betrachte die Unbekannte! Und versuche, dich auf eine dir bekannte Aufgabe zu besinnen, die dieselbe oder eine ähnliche Unbekannte hat.
 - Hier ist eine Aufgabe, die der deinen verwandt und schon gelöst ist. Kannst du sie gebrauchen? Kannst du ihr Resultat verwenden? Kannst du ihre Methode verwenden? Würdest Du irgend ein Hilfselement einführen, damit du sie verwenden kannst?
 - Kannst du die Aufgabe anders ausdrücken? Kannst du sie auf noch verschiedene Weise ausdrücken? Geh auf die Definition zurück!

- Wenn du die vorliegende Aufgabe nicht lösen kannst, so versuche, zuerst eine verwandte Aufgabe zu lösen. Kannst du dir eine zugänglichere verwandte Aufgabe denken? Eine allgemeinere Aufgabe? Eine speziellere Aufgabe? Eine analoge Aufgabe? Kannst du einen Teil der Aufgabe lösen? Behalte nur einen Teil der Bedingung bei und lasse den anderen fort; wie weit ist die Unbekannte dann bestimmt, wie kann ich sie verändern? Kannst du etwas Förderliches aus den Daten ableiten? Kannst du dir andere Daten denken, die geeignet sind, die Unbekannte zu bestimmen? Kannst du die Unbekannte ändern oder die Daten oder, wenn nötig, beide, so dass die neue Unbekannte und die neuen Daten einander näher sind?
- Hast du alle Daten benutzt? Hast du die ganze Bedingung benutzt? Hast du alle wesentlichen Begriffe in Rechnung gezogen, die in der Aufgabe enthalten sind?

(3) Aufführen des Planes
- Wenn du deinen Plan der Lösung durchführst, so kontrolliere jeden Schritt. Kannst du deutlich sehen, dass der Schritt richtig ist? Kannst du beweisen, dass er richtig ist?

(4) Rückschau
- Kannst du das Resultat kontrollieren? Kannst du den Beweis kontrollieren?
- Kannst du das Resultat auf verschiedene Weise ableiten?
- Kannst du es auf den ersten Blick sehen?
- Kannst du das Resultat oder die Methode für irgend eine andere Aufgabe gebrauchen?"

(Polya [40] 1967, Innendeckel)

Ersichtlich (und verständlicherweise) werden aus den 4 Phasen bei Poincaré/Hadamard nur die erste und die letzte als die mit bewusster Anstrengung verlaufenden von Polya explizit aufgegriffen:

Poincaré/Hadamard	Polya
Präparation	Verstehen der Aufgabe
(Inkubation)	Ausdenken eines Planes
(Illumination)	Ausführen eines Planes
Verifikation	Rückschau

In der 2. Polyaschen Phase (Ausdenken eines Planes) wird versucht, mit bewussten Mitteln auch auf unbewusste oder halbbewusste Vorgänge einzuwirken. Wenn der Aufgabenlöser z. B. aufgefordert wird, sein Gedächtnis nach einer verwandten Aufgabe abzugrasen, so ist dies in zweierlei Hinsicht nur teilweise der bewussten und erfolgssichernden Steuerung zugänglich: Erstens muss eher gefühlt als mit klaren Kriterien entschieden werden, was hier „verwandt" bedeutet und zweitens ist das Erinnern an etwas nicht einfach willentlich herbeizuführen. Insofern ist das, was vermutlich während der Inkubationsphase (sofern es diese überhaupt immer im Sinne von Hadamard gibt) geschieht, als unausgesprochener Untergrund während des „Ausdenkens eines Planes" wirksam.

Polya hat seine Heuristik des Problemlösens in zweierlei Weise deutlicher dargestellt: erstens durch genauere Beschreibung der Heurismen, zweitens durch die Schilderung von möglichen Lösungsprozessen von Aufgaben/Problemen aller Levels und diese Schilderungen (teils in berichtender Form) sind mehrheitlich Perlen mathematikdidaktischer Literatur. Was ihn dazu in besonderer Weise befähigte, waren seine ungewöhnlich weite Bildung (außer Mathematik alte Sprachen, Philosophie und Physik) und seine Ausbildung zum (Sprach-)Lehrer (Albers [1], S. 247 ff.).

Seine wichtigsten Heurismen für das Ausdenken von Lösungsplänen sind:

- Analogiebildung
- Induktion
- Umorganisation (vor allem durch Hilfselemente)
- Variation
- Analyse/Synthese
- Verallgemeinerung/Spezialisierung,

die Polya an Beispielen verschiedenster Art erläutert, mit geschichtlichen Bezügen versieht und mit Faustregeln über „vernünftiges" Verhalten aus der alltäglichen Lebenspraxis verbindet.

Jetzt soll am Beispiel einer konstruierten problemlösenden Sequenz illustriert werden, wie entdeckendes Lernen unter dem Blickwinkel der Polyaschen Heuristik inszeniert werden kann, wobei es sich aber nicht um einen modellhaften Unterrichtsvorschlag handelt. Das Beispiel hat aber mit „normalem" Schulstoff zu tun, die Ausführungen von Polya dazu (Polya [41] 1969, S. 215 ff.) werde ich teils kürzen, teils „schulmäßig" erweitern.

Ein Minimumsproblem (Reflexionsaufgabe)

Gegeben sind zwei Punkte und eine Gerade, alle in derselben Ebene gelegen, die beiden Punkte liegen auf derselben Seite der Geraden. **Gesucht** ist ein Punkt auf der Geraden derart, dass die Summe seiner Entfernungen von den gegebenen Punkten möglichst klein wird.

(1) *Verstehen der Aufgabe*

Dazu bietet sich als erstes sicher eine Zeichnung an (Abb. 9.1a), die mit Bezeichnung und vorweggenommener Lösung (Analysis!) ausgestaltet wird.

Die Frage lautet jetzt schärfer gefasst: Wo muss X auf g so liegen, dass $\overline{AX} + \overline{BX}$ möglichst klein wird?

So sehr sich dieses Zeichnen und Beschriften anbietet (oder für den Kenner anzubieten scheint?), so sehr darf es nicht für selbstverständlich gehalten werden. Es bleibt zunächst unthematisiert, dass für den gesuchten Punkt X zwei Bedingungen zugleich erfüllt sein sollen:

1. X soll auf g liegen und 2. X soll so liegen, dass $\overline{AX} + \overline{BX}$ möglichst klein wird.

Indem dies nun thematisiert wird, werden Gegebenes, Gesuchtes und die dazwischen klaffende Lücke (die Problembarriere) deutlicher aufeinander bezogen.

Durch entsprechende Anstöße („Was wäre, wenn X nicht auf g zu liegen brauchte? Was wäre, wenn X zwar auf g liegen müsste, aber $\overline{AX} + \overline{BX}$ nicht unbedingt möglichst klein zu

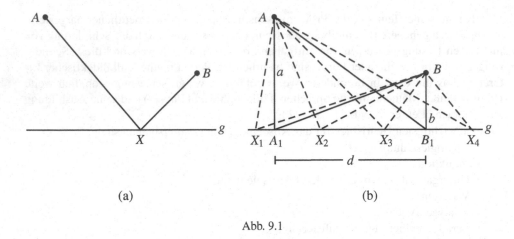

(a)   (b)

Abb. 9.1

sein brauchte?") sollte herausgearbeitet werden (wobei schon die Zeichnung dynamisiert werden muss), dass die Aufgabe nur dann ein richtiges Problem ist, wenn beide Bedingungen zugleich erfüllt werden müssen.

Um Intuitionen (gewachsen durch alltägliche Erfahrungen) stärker aktivieren zu können, wird es nützlich sein, die Schülerinnen und Schüler zu „Episodierungen" (griech.: epeisodion = zwischen die Chorgesänge eingeschobener Dialogteil) zu ermuntern, etwa: Es soll ein Schiff auf dem kürzesten Wege von der Insel A über eine Anlegestelle X an der geradlinigen Küste g zur Insel B fahren. Wo sollte diese Anlegestelle X liegen? – „Erfindet eine andere passende Geschichte." (Z. B. eine Kalte-Buffet-Geschichte oder eine Feuerwehr-Geschichte).

Zur Erweiterung des Aufgabenverständnisses kann pIanmäßiges Variieren des (vorweggenommenen Lösungs-) Punktes X dienen. Die Schülerinnen und Schüler werden ggf. direkt aufgefordert, X von links nach rechts wandern zu lassen, einige Lagen zu skizzieren und Beobachtungen und Vermutungen zu formulieren.

(2) *Ausdenken eines Planes*

(2a) Durch das Variieren können bereits *experimentelle Lösungsideen* auftauchen. Beispielsweise könnte der Vorschlag kommen, eine genügend fein skalierte Schnur, in A und B befestigt, mit einem Punkt X auf g „abgeknickt" und immer straff gespannt, zu benutzen und so mögliche Schiffswege zu simulieren (Abb. 9.1b).

(2b) Oder es wird eine *zeichnerische Näherungslösung* nach der Regula-falsi-Strategie ins Auge gefasst: Mit Hilfe (Stech-)Zirkels und Lineals tastet man sich an den gesuchten Punkt heran. Die Schülerinnen und Schüler werden aufgefordert, dieses handwerkliche Probehandeln gedanklich zu durchdringen: Wieso sind alle Wege über einen Punkt zwischen A_1 und B_1, etwa über X_2 (Abb. 9.1b) kürzer als $\overline{AA_1} + \overline{A_1B}$ und auch kürzer als $\overline{AB_1} + \overline{B_1B}$? Kann man das nicht nur messend feststellen und gefühlsmäßig für richtig halten, sondern auch durch Überlegungen begründen?

Die Beantwortung dieser Frage ist auch dann nicht leicht, wenn es für unmittelbar einsichtig gehalten würde, dass durch „Ausbeulen" einer konvexen (nicht mit Ein-buchtungen versehenen) Figur nicht nur der Flächeninhalt, sondern auch der Um-fang wächst. In Abb. 9.2a ist $\overline{AD} + \overline{DB} > \overline{AC} + \overline{CB}$, denn:

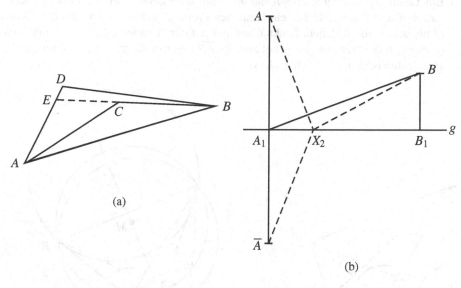

(a)

(b)

Abb. 9.2

$$\overline{AD} + \overline{DB} = \overline{AE} + \overline{ED} + \overline{DB} > \overline{AE} + \overline{EB} = \overline{AE} + \overline{EC} + \overline{CB} > \overline{AC} + \overline{CB}.$$

Das ist wegen der zweimaligen Anwendung der Dreiecksungleichung ein recht ela-borierter Beweis. Anschaulich intuitiv lautet die Aussage: Der Umweg von A nach B über D ist länger als der Umweg über C; und damit dies deutlicher erkannt werden kann, sollte zu einem Fadenexperiment geraten werden: Straff von A über D nach B spannen, in C Nadel einstecken, Faden in D loslassen.

Aber dieser Sachverhalt kann nur ins Blickfeld rücken, wenn die Figur in Abbil-dung 9.1b so umgeformt wird, dass die Wege von A nach B einmal über A_1 und zum anderen über X_2 überhaupt direkt verglichen werden können.

Die Transformation (*Umstrukturierung, Umorganisation*) von Abb. 9.1b in Abb. 9.2b erfordert sicher gezielte Anstöße und spielerisches Probieren. Ist diese Trans-formation gefunden worden, dann kann an dieser Stelle auch die klassische Spiege-lungslösung auftauchen.

(2c) Sind die Abstände $\overline{AA_1} = a$, $\overline{BB_1} = b$ und $\overline{A_1B_1} = d$ numerisch gegeben (oder werden als Messwerte einer Zeichnung entnommen), so kann eine *rechnerische Näherungs-lösung* möglich werden, wenn der Satz des Pythagoras als Wissen zur Verfügung steht. Es wären rechtwinklige Dreiecke zu entdecken, das ist wieder ein Akt der Umorganisation des Gesehenen in Abb. 9.1b. Das Anlegen einer Tabelle böte sich an.

(2d) Ist gar die Differentialrechnung zu Händen, so gerät das Problem u. U. zum Routi-nefall: X wäre über die Funktion $f(x) = \sqrt{a^2 + x^2} + \sqrt{b^2 + (d - x)^2}$ mit $\overline{A_1X} = x$

direkt rechnerisch zu bestimmen; die Funktion hat bei $x = \dfrac{d \cdot a}{a+b}$ ihr Minimum. Und diese Lösung könnte nachträglich als Spiegelungslösung uminterpretiert werden.

(2e) Ein Lösungsplan über *Analogiebildung* kann angestoßen werden, falls die Schülerinnen und Schüler früher ein ähnliches Problem gelöst haben, nämlich dieses (Abb. 9.3a): Von welchem Punkt X aus, der auf der Geraden g liegt, sieht man eine (außerhalb der Geraden gelegene) Strecke $\overline{AB}$ unter größtem Winkel (Problem des Fotografen oder des Fußballspielers)?

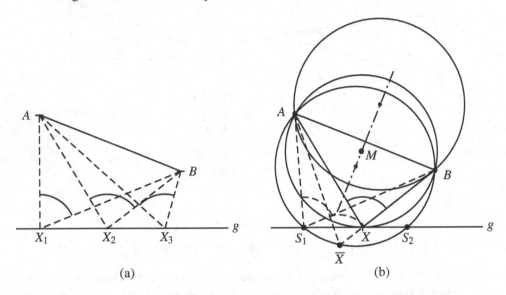

(a) (b)

Abb. 9.3

Damals führte evtl. das „*Schema der berührenden Niveaulinie*" (Polya [41], a. a. O., S. 188) zur Lösung des Fotografenproblems (Abb. 9.3b): Zeichnet man eine Schar von Kreisen, die alle durch A und B verlaufen (deren Mittelpunkte also (!) alle auf der Mittelsenkrechten von $\overline{AB}$ liegen) und beobachtet ihre Peripheriewinkel über der Sehne $\overline{AB}$, so zeichnet sich aus dieser Schar derjenige aus, der g berührt. Und der Berührungspunkt ist der gesuchte Punkt X, denn alle Kreise der Schar, die g in zwei Punkten schneiden, haben kleinere Peripheriewinkel über der Sehne $\overline{AB}$, wie an dem Alternativkreis, der g in S_1 und S_2 schneidet, gesehen werden kann.
Diese Lösung des Fotografenproblems setzt die Kenntnis der Umkehrung des Peripheriewinkelsatzes voraus: Alle Punkte, von denen aus eine Strecke $\overline{AB}$ unter ein und demselben Winkelmaß gesehen werden kann, liegen auf ein und derselben Kreislinie, die durch A und B geht. Die Lösung kann dann von Lernenden entdeckt werden, wenn die heuristische Hilfe „Erinnert euch an Tatsachen oder Figuren, in denen Winkel eine wichtige Rolle spielen!" einschlägige Vorkenntnisse wachrufen kann und nicht völlig ins Leere gehen muss.
Was der Kehrsatz des Peripheriewinkelsatzes aussagt, kann durch Experimente mit

Papierwinkelfeldern auf bekannte Art dem intuitiven Erfassen zugänglich gernacht werden.

Im Fotografenproblem sind jedenfalls Kreise die Niveaulinien, nämlich Linien gleich großer Winkel zum Ansehen der Strecke $\overline{AB}$. Man könnte in der Schule diese Niveaulinien „Gleichwinkellinien" nennen und auf den zu beeindruckenden Begriff „Niveaulinien" verzichten, obwohl über ihn ja gerade die Analogiebildung läuft. Es mag genügen, hervorzuheben: „Beim Fotografenproblem halfen uns Kreise als Gleichwinkellinien. Welche Linien könnten uns denn evtl. hier helfen?"

Wenn dann Lernende die Analogiebildung soweit ausbauen könnten, dass sie sagen würden, man müsse hier nach Linien suchen, deren Punkte je dieselbe Abstandssumme von A und B haben, dann wäre das eine beachtliche Übertragungsleistung.

Ist der Ellipsenbegriff (in der Brennpunktsicht) nicht bekannt, so erscheinen jetzt Experimente unerlässlich:

Eine bestimmte Länge l (größer als $\overline{AB}$) wird vorgegeben, die Schülerinnen und Schüler sollen Punkte P finden, die der Bedingung $\overline{AP} + \overline{PB} = l$ genügen. Das kann zeichnerisch geschehen, wobei bald eine „ovale Figur" erscheint und evtl. deren Achsensymmetrien bewusst werden, da man mit jeder Unterteilung von l in der Regel 4 Punkte gleichzeitig bekommt. Den Schülerinnen und Schülern sollte aber auch die Chance eingeräumt werden, die Gärtnerkonstruktion nachzuerfinden, evtl. durch die Bemerkung angestoßen: „Einen Kreis kann man ja mit Hilfe eines Fadens (Radiusfaden) mit einem Schlag zeichnen. Vielleicht geht es hier auch mit Hilfe eines Fadens."

Der Name „Ellipse" muss gegebenenfalls mitgeteilt, die Definition als Linie (geometrischer Ort, Punktmenge) aller Punkte einer Ebene, die von zwei fest gegebenen Punkten dieselbe (gegebene) Entfernungssumme haben, sollte gemeinsam entwickelt und fixiert werden.

Wenn eine Schar von Ellipsen, je mit denselben Brennpunkten A und B (punktweise klassisch mit Zirkel oder in einem Zug „empirisch" mit Faden) gezeichnet worden ist (wobei der Name Brennpunkt hier noch gänzlich unmotiviert erscheint), dann ist die Rückbesinnung auf unser eigentliches Minimumproblem erforderlich („Was suchen wir eigentlich?"), um die spezielle Ellipse in der Schar zu entdecken, nämlich die, die g berührt. Dass der Berührpunkt X der berührenden Ellipse tatsächlich der gesuchte Punkt X ist, kann wie im analogen Fall des Fotografenproblems durch Vergleich mit einer alternativen Ellipse, die g in S_1 und S_2 schneidet, begründet werden (Abb. 9.4).

Das Schema der berührenden Niveaulinie kann in zahlreichen weiteren Situationen, in denen es um Extremwerte („Minimum-Maximum-Aufgaben") geht, als Lösungsverfahren dienen. Das einfachste (aber recht unpraktische) Beispiel dürfte das Fällen des Lotes von einem Punkte P auf eine Gerade g sein. Der gesuchte Lotfußpunkt ist derjenige Punkt von g, der die kleinste Entfernung zu P hat. Niveaulinien sind Kreise um P, der g berührende Kreis liefert im Berührungspunkt mit g den Lotfußpunkt. Kreis und Kreistangente erscheinen immerhin in einem vernünftigen Kontext.

Das Schema der berührenden Niveaulinie ist eine spezielle Ausformung des allgemeinen Heurismus der Variation. In unserem Minimumproblem hält man zunächst eine bestimmte Abstandssumme $s = \overline{AX} + \overline{XB}$ konstant und lässt X variieren. Das

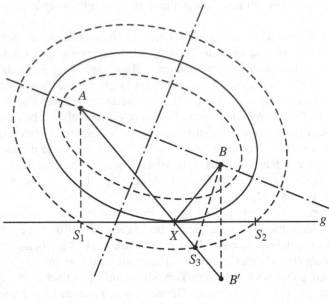

Abb. 9.4

liefert (falls $s > \overline{AB}$) eine bestimmte Ellipse nit den Brennpunkten A und B. Dann variiert man s, lässt s etwa wachsen und jedes s liefert eine Ellipse, wenn jeweils mit bestimmten s der Punkt X variiert. Es ergibt sich eine Ellipsenschar, in der sich die g berührende auszeichnet.

Den Punkt X klassisch (mit Zirkel und Lineal) auch wirklich zu konstruieren, läuft darauf hinaus, den Berührpunkt zu konstruieren, wenn Tangente und Brennpunkte der Ellipse gegeben sind.

Das ursprüngliche Problem ist damit völlig verformt worden und ob das transformierte Problem leichter zu lösen ist, hängt vom Vorwissen über Ellipsen und ihre Tangenten ab. Ist dieses Vorwissen nicht in ausreichendem Maße verfügbar, und will man sich auch nicht mit der Existenzaussage über das gesuchte X begnügen, so muss man sich jetzt entscheiden, ob der Niveaulinienansatz konstruktiv weitergeführt werden soll. Wenn die Entscheidung dafür ausfällt, muss sich eine mehr oder weniger eingehende Beschäftigung mit Ellipsen und ihren Tangenten anschließen.

(2f) Der bisherige Lösungsansatz kann aber auch aufgegeben werden, vielleicht durch die Bemerkung angespitzt, ob „es" nicht eine leichtere Lösung gibt. In diesem Fall erfolgt ein Zurückgehen auf die ursprüngliche Aufgabenstellung. Die Frage danach, was eigentlich die Aufgabe so schwierig macht, könnte zu der Abänderung der Daten in der Weise führen, dass die Punkte A und B auf verschiedenen Seiten von g gelegen (Abb. 9.5a) vorausgesetzt werden. In diesem so einfachen Fall ist der gesuchte Punkt X natürlich sofort gefunden.

Durch Variation von $\tilde{B}$ („interessante Lage suchen") kann die (*Spiegelungs*)lösung gefunden werden, die freilich noch genauer durchdacht werden muss, wiederum

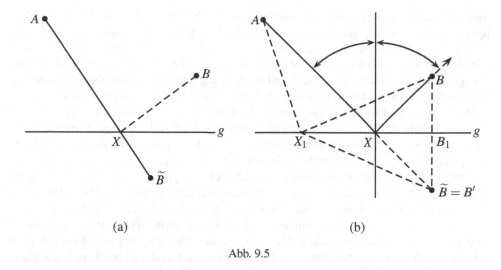

(a)   (b)

Abb. 9.5

durch Vergleich mit einem alternativen Punkt X_1 (Abb. 9.5b). Das führt zur 3. Phase im Polya-Schema.

(3) *Ausführen des Planes*

Dies kann bei der Spiegelungslösung wohl kein Problem sein: Es wird B an der Achse g gespiegelt. A wird mit Spiegelbild B' von B verbunden, der Schnittpunkt von AB' mit g liefert das gesuchte X (Abb. 9.5b). Der Beweis, dass der so konstruierte Punkt X wirklich der gesuchte ist, erscheint zwar sehr leicht, aber erfordert doch einige gedankliche Schritte, etwa: $\overline{AX_1} + \overline{X_1 B'}$ ist größer als $\overline{AB'}$ (Dreiecksungleichung). $\overline{AX_1} + \overline{X_1 B'}$ ist andererseits gleich $\overline{AX_1} + \overline{X_1 B}$ weil $\overline{X_1 B'} = \overline{X_1 B}$ ist (Spiegelbilder). Also ist $\overline{AX_1} + \overline{X_1 B}$ auch größer als $\overline{AB'}$ und dies ist ja gleich $\overline{AX} + \overline{XB}$. Inwieweit diese Verbalisierung als notwendig angesehen wird, hängt von den Voraussetzungen und Zielen ab. U. U. wird ein Betrachten der Abb. 9.5b (im Sinne eines stummen „Siehe-Beweises") für ausreichend gehalten („Klar?" „Klar!").

Das Ausführen des Niveaulinien-Lösungsplanes ist anspruchsvoller, wenn hier erst Wissen über Ellipsen entwickelt werden muss und wenn eine klassische Konstruktion mit Zirkel und Lineal für den gesuchten Punkt X intendiert wird. Das kann aber auch als die willkommene Chance gedeutet werden, zu erleben, wie ein Problemkontext eine (neue) Begriffsbildung („Ellipse") motiviert.

(4) *Rückschau*

Diese Phase kann z. B. durch die Frage eingeleitet werden, ob man die Spiegelungslösung *kontrollieren* kann. Dass derselbe Punkt X auch üben den Spiegelpunkt A' von A, also als Schnitt von $\overline{A'B}$ mit g gefunden werden kann, ist zwar nur eine bescheidene gedankliche Ausweitung, lässt aber Eigenschaften der Geradenspiegelung wiederholen und regt zu weiteren Beobachtungen an. Es kann – spontan oder vom Lehrenden angeregt – entdeckt werden, dass die Winkel AXg und BXg vom gleichen Maß sind, was zu begründen wäre:

Spiegelungseigenschaften und Scheitelwinkelsatz (Abb. 9.5b). Indem diese Gleichwinkeligkeit ins Bewusstsein gehoben und an der Zeichnung hervorgehoben wird, kann eine *physikalische Umdeutung* der Situation angeregt werden: Ein Lichtstrahl geht von A aus, wird an g (als Spiegel) reflektiert und verläuft dann durch B. (Oder: Eine Billardkugel, in A liegend, wird angestoßen, trifft in X auf die Bande g und läuft weiter über den Punkt B. Diese makroskopische Deutung ist freilich in physikalischer Hinsicht problematisch).

Die Fassung des Lichtreflexionsgesetzes „Einfallswinkel = Ausfallswinkel" (hier $lXA = lXB$, Abb. 9.5b) dürfte auch bei bescheidenem physikalischen Vorwissen erinnerbar sein, anderenfalls wäre hier eine günstige Situation, diese Aussage deutlich werden zu lassen. Auf jeden Fall führt der Rückblick auf die geometrische Spiegelungslösung (unerwartet?) zu einem neuen – zwar elementaren aber wichtigen – physikalischen Wissen (das wohl Heron von Alexandrien, um 60 n. Chr., erstmals entdeckte): Indem der Lichtstrahl dem Reflexionsgesetz „Einfallswinkel = Ausfallswinkel" gehorcht, gehorcht er gleichzeitig dem Gesetz des kürzesten Weges und umgekehrt. Es sollte versucht werden, diese Äquivalenz so deutlich wie möglich zu machen: Die Aufgabe, den *kürzesten* Weg von A nach B über g zu finden, hat (merkwürdigerweise?) dieselbe Lösung, wie die gänzlich andere Aufgabe, einen Weg (aus 2 Teilstrecken) von A über g nach B zu finden, so dass *gleich große* (Auftreff- und Absprung-)*Winkel* entstehen.

Die Rückschau wird noch ergiebiger, wenn auch die Niveaulinienlösung (2e) einbezogen werden kann. Die Schülerinnen und Schüler werden etwa aufgefordert, die beiden Lösungen (2e) und (2f) miteinander zu vergleichen, oder – direkter – die Abbildung 9.4 und 9.5b aufeinander zu legen. Das Aufeinanderbeziehen der beiden an sich total verschiedenartigen Lösungen (hier Berührellipse, dort Lichtstrahl) ist ein durchaus anspruchsvoller Akt von Neuorganisation, hier sogar im engeren Sinne der Gestaltpsychologie (Dunker [11] 1966, Wertheimer [53] 1964): Einmal ist die Gerade g Tangente an die (lösungsstiftende) Ellipse, zum anderen ist sie gleichzeitig Reflektierende des Lichtstrahls von A nach B. Daraus können mindestens zwei neue Aussagen über Ellipsen entdeckt werden:

(1) Ein vom Brennpunkt ausgehender Strahl wird an der Ellipse (als Spiegel) reflektiert und zum anderen Brennpunkt hingelenkt.

Jetzt wird erst klar, wieso die „Startpunkte" A und B Brennpunkte der Ellipse heißen. $\overline{AX}$ und $\overline{XB}$ werden als Brennstrahlen gedeutet. An der Reflexionsstelle X wird der Ellipsenpunkt durch den Punkt eines geradlinigen Spiegels, der Tangente, ersetzt.

(2) Die Tangente an eine Ellipse halbiert den Winkel, der von einem Brennstrahl und der Verlängerung des anderen gebildet wird.

Damit wird die klassisch-konstruktive Ausführung des Lösungsplans (2e) sehr leicht: Man spiegelt einen Brennpunkt an der Tangente und verbindet diesen geradlinig mit der anderen. Der Schnitt dieser Strecke mit der Tangente ist der gesuchte Berührpunkt.

Wir sehen hier – und das verdient höchste Beachtung –, dass die Phase der Rückschau eben keine langweilige Wiederholung sein muss, sondern ausgesprochen kreativ sein kann.

Werden die Schülerinnen und Schüler aufgefordert, anhand der Abbildungen 9.1b und 9.5b eine Beziehung zwischen den Maßen $\overline{AA_1} = a$, $\overline{BB_1} = b$, $\overline{A_1B_1} = d$ und $\overline{A_1X} = x$ aufzusuchen, also die Lösungen (2c) und (2f) miteinander zu vergleichen, so wird dann eine weitere Entdeckung gemacht, wenn die Umorganisation von Abb. 9.5b in 9.6 geleistet wird und der Strahlensatz erinnerlich ist:

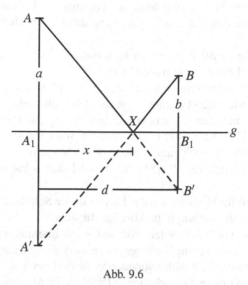

Abb. 9.6

Es ist $x : d = a : (a+d)$ bzw. $x = \frac{a \cdot d}{a+d}$ und hieraus lässt sich die Weglänge $\overline{AX} + \overline{XB} = \overline{AB'}$ mit Hilfe des Satzes von Pythagoras berechnen:

$$\sqrt{(a+b)^2 - d^2}.$$

Schließlich kann die Spiegelungslösung zu weiteren analogen Problemstellungen führen, etwa auf die folgende (auf Cavalieri, 1598 - 1647, zurückgehende): Zu drei gegebenen Punkten der Ebene ist ein vierter Punkt der Ebene zu finden, dessen Entfernungssumme zu den drei gegebenen möglichst klein ist. (Polya [41], a. a. O., S. 220 ff.). Es ist der berühmte Torricelli (I608 - 1647)-Punkt, vgl. dazu auch Wittmann [56], S. 291 ff. Eine noch weiter schreitende Fortsetzung kann zum Lichtbrechungsproblem führen.

Soweit das Beispiel!

Blicken wir kritisch darauf zurück, so fällt (1) der Reichtum an Aktivitäten unterschiedlichen Niveaus auf (handgreiflich experimentieren, real messen, schätzen, berechnen, konstruieren, definieren, beweisen), (2) die Fülle an inhaltlichen Verflechtungen (Geradenspiegelung, Dreiecksungleichung, Satz des Pythagoras, Ellipse, Ellipsentangente, Reflexionsgesetz) und (3) die üppige Palette an Heurismen (Zeichnungen anfertigen, Zeichnungen ergänzen, Variationen durchführen; ähnliche Probleme heranziehen; umdeuten; einfache Nebenprobleme nutzen): Diese drei Punkte werden in der Konzeption des entdeckenden Lernens als Positiva gewertet. Man muss sich aber klar machen, dass hierdurch schwierige Unterrichtsprobleme gegeben sind und dass in der konträren Sicht des belehrenden Lernens Lernvorteile gerade darin gesehen werden, wenn von vornherein entflochten und entmischt wird.

Ferner lehrt das Beispiel, wie gänzlich unterschiedlich eine Lösungssequenz realiter verlaufen kann. Es gibt keine kanonische Straße vom Problem zur Lösung. Insbesondere kann es an verschiedenen Stellen zu Einbrüchen kommen, z. B. wenn nicht auf hilfreiches Vorwissen rekurriert werden kann, oder gar, wenn das Durchhaltevermögen überstrapaziert zu werden droht.

Vor allem aber sollte deutlich geworden sein, dass die Polyasche 4-Stadien-Heuristik allein das entdeckende Lernen nicht tragen kann.

Es wird zwar nicht möglich sein, einen entsprechenden Unterricht zu konzipieren, ohne intensiven und fortentwickelten Gebrauch von der Polyaschen Heuristik zu machen. Alle bisherigen Vorschläge nehmen mehr oder weniger Bezug auf Polyas Ideen ([42], V. d. [51], [54], [48], [22], [13], [24], [44] u.v.a.). Van der Waerden nennt Polyas „Schule des Denkens" ein „wunderbares Buch" und fordert: „Jeder Student, jeder Forscher, besonders jeder Lehrer sollte das Buch lesen" ([51], S. 4) und Lakatos hat bei Polya in Heuristik promoviert.

Aber die Hauptarbeit im Hinblick auf das Lernen in der Schule scheint noch vor uns zu liegen, sowohl in theoretischer wie in praktischer Hinsicht.

Erstens ist nach wie vor das Problem vorhanden, ob überhaupt und wenn ja wie die Masse der Lernenden in stärkerem Umfange interessiert werden kann. Polya setzt immer schon problemlösefreundliche Schüler voraus oder fordert einfach, dass der Lehrende die Lernenden interessieren müsse. Das schwierige Problem der *Motivation* ist wahrscheinlich nicht allein im Rahmen der Fachdidaktik lösbar, wenn sie ihm auch keineswegs ausweichen kann. Es wäre töricht, zu übersehen, dass es bei Lernenden und Lehrenden auch so etwas wie Heurismen des „heimlichen Lehrplanes" gibt, etwa: Schreibe die Lösung eines Problems (aus einem Buch, von einem „Profi-Schüler") ab. Befrage einen Kenner, wenn du nicht weiter kommst. Rechne blind darauf los, vielleicht hast du Glück, u. Ä.

Man baut als Lehrender auf Sand, wenn man über den unbewussten Voreinstellungen, vor allem den Ängsten, Aversionen, Missachtungen, die funkelnden Gebäude schöner Problemlöseprozesse errichtet. Dabei dürfen nicht die Ziele des Schulunterrichts übersehen werden. Es geht ja nicht primär um die Förderung einer inhaltlich ungebundenen Problemlösefähigkeit an sich, sondern um den Erwerb bedeutungsvollen Wissens und die Kultivierung des Wahrnehmungs-, Denk- und Urteilsvermögens generell bei möglichst allen Lernenden. Das Trainieren von Hackern und Knackern steht keineswegs an erster Stelle und es wäre pädagogisch geradezu verhängnisvoll, wenn die große Masse der Lernenden immer nur an diesen gemessen würde, wenn Verständnis- und Einstellungsprobleme von Schülern nur als lästige Hemmnisse für das forsche Problemlösen angesehen würden (wie das m. E. bei Schoenfeld in starkem Maße der Fall ist).

Zweitens bleibt das Problem des *Übens*, das ja vom zeitlichen Anteil her das Übergewicht hat. Wenn es nicht gelingt, die Übungspraxis kreativ zu durchsetzen, wenn also das Problemlösen im Rahmen einer Polyaschen Heuristik nur eine Art sonntäglicher Ausnahmeerscheinung ist und der „normale" Unterricht davon wenig berührt wird, dann ist der Fortentwicklung des Mathematikunterrichts doch nicht sehr viel geholfen. Polya denkt zwar für einen Mathematiker erstaunlich realistisch und schulnah, aber die wunderschön konstruierten Entdeckungsgeschichten müssen vielen Lehrerinnen und Lehrern doch recht abgehoben vorkommen im Vergleich zu den oft desillusionierenden Erlebnissen im Schulalltag.

Vielleicht ist von hier aus auch die unübersehbare Reserve in der Lehrerschaft gegenüber diesem Ansatz verständlich. Die Kluft zwischen dem forschungsnahen Entdeckungsunterricht und der täglichen Praxis mit ihren (wenn überhaupt stattfindenden) winzigen Fortschritten, erscheint unüberbrückbar groß.

Drittens – und mit dem vorigen zusammenhängend – ist das Problem des Ineinandergreifens von *epistemischer und heuristischer Struktur* nicht gelöst. Inwieweit ist es z. B. wirklich und generell nützlich im Sinne einer Verbesserung des Problemlöseverhaltens, wenn Heurismen thematisiert werden? Diese Heurismen sind ja keine Algorithmen, sie sind jeweils immer wieder auf die spezielle Problematik inhaltlich zu bestimmen. Das ist anspruchsvoll; und ist das den Mitgliedern der breiten Masse möglich? Bei Polya sieht es oft so aus, als ob die Einfälle bei „Anwendung" dieses oder jenes Heurismus nur so herauspurzeln müssten. Es gibt zwar einige empirische Befunde, die den Nutzen der Heuristik leidlich belegen (z. B. Schoenfeld [44], S. 189 ff.), aber einen Beweis für eine grundlegende, weittragende und langwirkende Verbesserung des Problemlöseverhaltens durch explizites Heuristik-Lernen kenne ich nicht.

Man darf auch nicht vergessen, dass es so etwas wie einen Vasari-Effekt geben kann (Der Italiener Giorgio Vasari (1511 - 1574) war zwar ein kompetenter Kunstschriftsteller, aber hatte als Künstler meist eine unglückliche Hand): Es wird klug über Problemlösen geredet, ohne dass dadurch die Befähigung dazu verbessert wird.

Viertens gibt die Polyasche Heuristik keine systematische Antwort auf die Probleme, die in den kommunikativen Gegebenheiten des *Klassen-* (und damit *Massen-*)unterrichts liegen. Die Problemlösegeschichten, die Polya erzählt, sind immer Dialoge, Zwiegespräche zwischen einem wissenshungrigen Lernenden und einem meisterhaften Lehrenden. Wie aber verwickelt man eine ganze Klasse höchst unterschiedlicher Individuen in problemorientierte Lernprozesse? Dass dies möglich ist, darüber gibt es keine Zweifel. Bekannt ist auch, dass die Lerngruppe sogar eine zahlenmäßige Mindeststärke („kritische Entdeckungsmasse") haben sollte, damit genügend verschiedenartige Vorschläge erwartet werden können. Aber es gelingt bisher zu selten, wirkliche Entdeckungsgespräche mit der breiten Masse in Gang zu bringen; zu rasch erfolgt oft eine Reduktion auf die „Profis" der Klasse, meist durch die Angst erzwungen, man komme im „Stoff" zu langsam vorwärts. „Es sind doch immer dieselben, die mitmachen."

Fünftens schließlich kann im Rahmen der Polyaschen Heuristik kaum oder gar nicht die Frage nach den *Lerninhalten* diskutiert werden. Für das Schullernen ist es eben nicht gleichgültig, welche Probleme gelöst, welche Begriffe gebildet, welche Verfahren entwickelt werden und woran geübt wird. Die vielen Bücher über Kreativitätsförderung und Schulung des Problemlöseverhaltens strotzen von hübschen und amüsanten Beispielen und manchmal sieht es so aus, als ob entdeckendes Lernen an die Unterhaltungsmathematik (besonders beliebt sind Streichholzaufgaben) gebunden sei. Bei Polya selbst handelt es sich zwar immer um bedeutungsvolle Beispiele, aber erstens überwiegen doch geometrische (die sind einfach „schöner") und zweitens wird ihr pädagogischer Sinn nicht ausdrücklich besprochen. Dies ist auch gar nicht möglich, die Ebene der pädagogischen Zielbestimmungen liegt über der Ebene der Heuristik.

Davis/Hersh fragen kritisch: „Ist man hintendrein immer klüger? Bewähren sich diese (Polyas) Ideen vor der Klasse?" und kommen zu dem skeptischen Urteil: „Zu einem guten Unterricht gehört offenbar mehr als ein paar gute Ideen des Meisters" (S. 304 f.). Polya hat sicher weitaus mehr gegeben als „ein paar gute Ideen", aber die Heuristik ist in ein umfassenderes Konzept von Lehren und Lernen einzubringen.

Die größten einschlägigen Anstrengungen sind bisher sicher zum Komplex Problemlösen unternommen worden: das Sammeln von problemhaltigen Aufgaben, die Darstellung und Systematisierung von Lösungswegen, auch Versuche zum Ausarbeiten eines generellen Problemlösemodells (beachtenswert insbesondere das stark auf der Gedächtnisforschung gegründete Prozess-Modell von Kießwetter; [24], S. 71 ff.), weniger schon das Dokumentieren von Problemlösehandlungen unter verschiedenen Bedingungen und das Erarbeiten von Beobachtungsinstrumenten und Bewertungskriterien für das Lernen im Klassenzimmer (bemerkenswerte Ansätze dazu in Krulik/Reys [26]). Das Konzept des entdeckenden Lernens ist aber weiter zu fassen als die Theorie und Praxis eines Unterrichtes, in dem Problemlösen geübt wird, wenn dies auch ein zentraler Bestandteil ist. Vor allem erscheint es notwendig, die Perspektive nicht vorzeitig auf den Stoff (die schönen Probleme, die eleganten Lösungen) und die tollen Problemlöser in der Klasse zu verkürzen, sondern sich einer weiten humanwissenschaftlichen Sicht zu öffnen und wahrnehmungsfähiger gegenüber den Wirklichkeiten des Schullernens zu werden.

9.4 Divergentes Denken und Heurismen zur Produktion

Der Vortrag von Joy Paul Guilford (damals Präsident der „American Psychological Association") im Jahre 1950 über „Creativity" (wiedergegeben in Mühle/Schell [31], S. 13 ff.) gilt allgemein als Auslöser für die dann boomhaft ansteigende Kreativitätsforschung in den USA (und anderswo).

Am stärksten scheint in der einschlägigen Psychologie beachtet worden zu sein, dass Guilford zwischen konvergenten (lat.: convergere = sich hinneigen) und divergenten (lat.: divergere = auseinanderstreben) Denkoperationen unterscheidet. Er greift damit frühere Unterscheidungen teilweise vergleichbarer Art auf, etwa die Freudsche Unterscheidung zwischen Sekundärprozessen (bewusst, kontrolliert, realitätsbezogen) und Primärprozessen (unbewusst, bildhaft, traumhaft) oder die gestaltpsychologische Unterscheidung zwischen bloß logisch richtigem und schöpferisch-einsichtigem Denkhandeln oder die Unterscheidung zwischen diskursivem und intuitivem Denken. Vielleicht darf man sogar an den Nietzschen Gegensatz apollonisch vs. dionysisch denken.

Offensichtlich gibt es für das Paar konvergent/divergent auch eine hirnphysiologische Grundlage: die beiden Hemisphären mit ihren unterscheidbaren Funktionen. So findet man bei Eccles ([12], S. 276), einem führenden Hirnphysiologen, diese aufschlussreiche Gegenüberstellung:

„Dominate Hemisphäre	Subdominante Hemisphäre
- Verbindung zum Bewusstsein	- keine derartige Verbindung
- verbal	- fast nicht-verbal
- linguistische Beschreibung	- musikalisch
- ideagen	- Bild- und Musterempfinden
- begriffliche Ähnlichkeiten	- visuelle Ähnlichkeiten
- zeitliche Analyse	- zeitliche Synthese
- Detailanalogie	- holistisch - Bilder
- arithmetisch und computerhaft	- geometrisch und räumlich"

Die Operationen der konvergenten bzw. divergenten Produktion erklärt Guilford so:

> „Konvergente Produktion: Entwicklung logischer Schlussfolgerung aus gegebener Information, wobei die Betonung auf dem Erreichen der einzigen oder im üblichen Sinne besten Lösung liegt. Es ist wahrscheinlich, dass die gegebene Information (der Hinweis) das Ergebnis wie in Mathematik oder der Logik vollständig determiniert."
>
> „Divergente Produktion: Entwicklung logischer Alternativen aus gegebener Information, wobei die Betonung auf der Verschiedenheit, der Menge und der Bedeutung der Ergebnisse aus der gleichen Quelle liegt. Beinhaltet wahrscheinlich auch die Erinnerung an Transfer (ausgelöst durch neue Hinweise)."
>
> (Guilford/Hoepfner [15], S. 34)

Nach Guilford besteht das konvergente Denken aus 22 Faktoren seines Strukturmodells, von der Fähigkeit, Figurenaufgaben mit Objekten zu lösen (z. B. versteckte Formen erkennen) bis zur Fähigkeit, aus gegebener verbaler Information Pläne zu entwickeln und Konsequenzen zu ziehen ([15], S. 98 ff.).

Für das divergente Denken, das uns hier interessiert, findet Guilford die folgenden Faktorengruppen:

1) *Sensitivität für Probleme*

2) *Flüssigkeit*
3) *Flexibilität*   *bei der Produktion von Wörtern,*
4) *Originalität*   *Assoziationen, Ideen*
5) *Elaboriertheit*

6) *Neudefinition (Umstrukturierung), eher zur konvergenten Produktion gehörig.*

Inwieweit hierdurch wesentliche Züge der Kreativität insgesamt erfasst werden, sei dahingestellt (vgl. Oerter [34], S. 326 ff.).

Von Interesse ist es aber, einen Blick auf die Tests zu werfen, die von Guilford und anderen Autoren (insbes. Torrance) entwickelt wurden. Ein Beispiel nach Torrance mag genügen:

Kreise (Seiffge-Krenke [45], S. 204)

Den Versuchspersonen (Vpn) werden auf einem Blatt 30 kongruente Kreise vorgegeben mit der Aufforderung, daraus möglichst viele und möglichst originelle („von denen du glaubst, dass kein anderer darauf kommt") Bilder von Gegenständen zu zeichnen und jedes Bild mit einem möglichst originellen Titel zu versehen. Insgesamt sind also maximal 30 Bilder möglich, oft wird eine Zeitvorgabe (10 Minuten) gemacht, was aber als problematisch angesehen wird (Test unter Stressbedingungen).

Hohe Flüssigkeit zeigt eine Vp, wenn sie viele Bilder produziert. Hohe Flexibilität zeigt sie, wenn sie nicht mehrere Beispiele aus einer Kategorie nimmt (z. B. Apfel, Pampelmuse,

Kirsche), sondern auf immer neue Kategorien kommt (z. B. Apfel, Sonne, Spiegel, Luft-ballon, Tennisball, Iris, usw.). Der Originalitätswert eines Bildes ist umso höher, je weni-ger Mitprobanden diesen Gegenstand ebenfalls gezeichnet haben (z. B. könnte Pulvermaar originell sein). Hohe Punktwerte für Elaboration erhält die Vp, wenn sie die Zeichnungen mit vielen Details ausgestaltet, z. B. einen Löwenkopf mit Augen, Nase usw. Einige Mög-lichkeiten zeigt Abb. 9.7: Spiegel, Blutkörperchen, Kirsche, Rad, Rohr.

Abb. 9.7

Bei der Auswertung des Tests hält sich der Tester an die angegebenen Standards, die aus einer großen Population erwachsen sind.

Man erkennt an diesem Beispiel deutlich den Unterschied zu Testaufgaben in den gängi-gen Intelligenztests, die das konvergente Denken (günstigenfalls) messen. Wenn etwa die konvergente Fähigkeit „Erkennen von Gesetzmäßigkeiten in einer gegebenen Datenliste" (bzw. „Fähigkeit zum induktiven Denken") gemessen werden soll, dann erhalten die Vpn u. a. Aufgaben dieser Art: Setze diese Zahlenfolge fort:

$$5, 10, 11, 22, 23, 46, 47, 94, \ldots$$

95 wird dann „natürlich" als richtige Lösung gewertet, aus der erkennbar ist, dass die Vp das (?) Bildungsgesetz der Folge (abwechselnd verdoppeln, plus 1) mit hoher Wahrschein-lichkeit erkannt hat. Würde eine Vp „97" als Lösung angeben, so würde das wahrschein-lich als falsch bewertet, obwohl die Vp ein sehr gutes Argument dafür hätte (abwechselnd verdoppeln, nächste Primzahl nehmen), woran man sieht, erstens welche normative Funk-tion solche Tests haben können (Sie messen nicht nur etwas objektiv Gegebenes, sondern definieren es gewissermaßen auch), zweitens, dass konvergentes und divergentes Denken wohl kaum messerscharf voneinander zu trennen sind. Die Zielgerichtetheit der obigen Zahlenfolgeaufgabe ist ja nicht ein Merkmal dieser Aufgabe selbst, sondern kommt erst durch den zusätzlichen Auftrag des Testers herein: Du sollst *das* Bildungsgesetz finden (das ich meine).

Tatsächlich ist es bis beute offen, wie das Verhältnis zwischen (Test-) Intelligenz und Kreativität und allgemein zwischen Kognition und Emotion, zwischen bewusster Tätigkeit des Ichs und der unbewussten des Es, zu sehen ist.

Für die Mathematikdidaktik scheint mir das Konstrukt „divergentes Denken" des ungeachtet von erheblichem Interesse zu sein, obgleich dies vielleicht angesichts der konvergenten Strenge der Mathematik verwunderlich oder gar gefährlich erscheinen könnte. Der Begriff der Divergenz gestattet es, die Poincaré-Hadamardsche Hypothese über die Produktivität der Inkubationsphase besser zu beschreiben: Poincaré benutzt das Bild des Herumschwärmens: „wie ein Schwarm von Mücken" ([37], S. 50) durchkreuzen die Ideen, die in der Präparationsphase aus ihrer Ruhelage gebracht wurden, während der Inkubationsphase den Raum des Unbewussten, um durch Zusammenstöße neue Verbindungen einzugehen.

Die Guilfordschen Faktorengruppen des divergenten Denkens lassen sich konstruktiv didaktisch umdeuten, nämlich als Anforderungen an den Unterricht, was – sehr grob ausgedrückt – so aussehen kann:

1) Problemsensitivität: Die Schülerinnen und Schüler sollen Möglichkeiten erhalten, selbst Fragen und Problemstellungen zu entwickeln.
2) Flüssigkeit: Die Schülerinnen und Schüler sollen dazu ermuntert werden, Sachverhalte auf viele Arten darzustellen, auszudrücken.
3) Flexibilität: Die Schülerinnen und Schüler sollen dazu angeregt werden, eine Sache von wesentlich verschiedenen Standpunkten aus zu betrachten oder mit wesentlich anderen Sachverhalten in Beziehung zu setzen.
4) Originalität: Die Schülerinnen und Schüler sollen darin bestärkt werden, auch ungewohnte und ungesicherte (Lösungs)Wege zu versuchen.
5) Elaboration: Die Schülerinnen und Schüler sollen Gelegenheiten erhalten, allgemeinere Sachverhalte zu konkretisieren, zu detaillieren, auszugestalten und zunehmend fachmännisch zu beschreiben.

Dies sind zugegebenermaßen recht blasse didaktische Aufgaben und zudem keineswegs brandneu. Die Forderung nach Flexibilitätstraining ist sicher verwandt mit den bekannten Forderungen nach operativer Durchdringung, Beziehungshaltigkeit, systematischen Standpunktänderungen, Umzentrierungen und Umstrukturierungen.

Eine Konkretisierung dieser Anforderungen möge an einer Standard-Thematik skizzenhaft versucht werden, die auf den ersten Blick recht kreativitätsfern zu sein scheint (und gerade deshalb gewählt wurde):

Ansätze zum Anstoß divergenten Denkens bei quadratischen Gleichungen (und quadratischen Funktionen)

1) Problemsensitivität

Fragen, zu denen eine vorgegebene Gleichung, wie $x^2 - 7x + 12 = 0$, oder die allgemeine Gleichung $ax^2 + bx + c = 0$ anregen kann:
- Gibt es Sachverhalte (Anwendungen), die auf solche Gleichungen führen?
- Gibt es ein (allgemeines) Verfahren zum Ausrechnen der Lösungen?
- Kann man schon vor dem Ausrechnen irgendwie erkennen, ob es überhaupt Lösungen gibt, ob es speziell ganzzahlige Lösungen bei ganzzahligen Koeffizienten gibt?
- Kann man Gleichungen der Form $ax^2 + bx + c = 0$ stets so umformen, dass sie reinquadratisch werden ($rx^2 + s = 0$)?

- Welche Fälle (bezüglich der Koeffizienten) lassen sich unterscheiden? (Was ist z. B., wenn $c = 0$ ist?
- Was ist mit den Lösungen, wenn in $x^2 + 3x + c = 0$ das c variiert (verschiedene Werte annimmt)?

2) *Flüssigkeit*

- Spiele $x^2 - 2x - 3$ für (10) verschiedene x mit Pfeilen an der Zahlengeraden durch.
- Stelle aus der Gleichung $x^2 - x - 12 = 0$ (10) verschiedene andere quadratische Gleichungen dar, die dieselben Lösungen haben.
- Nenne (10) verschiedene quadratische Gleichungen, die alle die Lösungen -1 und $+0,5$ haben.
- Gib der Gleichung $4x^2 + 3x = 0$ auf (10) verschiedene Arten eine Rätselform.
- Gib (10) quadratische Gleichungen an, die jeweils eine Lösung haben, (10) andere, die nur „knapp" gar keine Lösung haben.

3) *Flexibilität*

- Suche nach wesentlich verschiedenen Situationen, in denen eine Größe quadratisch von einer anderen abhängt, wie z. B. die Oberfläche des Würfels von der Kantenlänge oder die Länge des Bremsweges von der Geschwindigkeit des Fahrzeuges.
- Versuche die Gleichungen $x^2 + c = 0$, $x^2 + bx = 0$, $ax^2 + c = 0$ usw. in Zusammenhang mit den Funktionen $y = x^2 + c$, $y = x^2 + bx$, $y = ax^2 + c$ usw. zu bringen.
- Versuche, einen Zusammenhang zwischen den Funktionen $y = x + 1$, $y = x - 4$ und $y = x^2 - 3x - 4$ herzustellen.
- Versuche, die Gleichung $2x^2 + 3x = 28$ als Aufgabe anzusehen, bei der die Seite x eines Quadrates gesucht wird. Verallgemeinere!
- Versuche, die Gleichung $x^2 + 4x - 17 = 0$ mit Hilfe des Sekantensatzes zu lösen. Verallgemeinere!
- Suche einen Zusammenhang zwischen quadratischen Gleichungen und Primfaktorzerlegung.
- Suche einen Zusammenhang zwischen quadratischen Gleichungen und binomischen Formeln.
- Suche einen Zusammenhang zwischen quadratischen Gleichungen und dem Pascal-Dreieck.

4) *Originalität*

- Gib der Gleichung $x^2 + x - 1 = 0$ eine besonders fremdartige Form (z. B.

$$1 = 0,25x + 0,75x + \frac{x}{2} \cdot x + x \cdot 0,5x).$$

- Finde und untersuche „extreme" quadratische Gleichungen, wie z. B.

$$x^2 - 0,00001x + 500 = 0 \quad \text{oder} \quad 10^{-6}x^2 + x + 1 = 0.$$

- Suche nach ungewöhnlichen Lösungsmöglichkeiten der Gleichung $x^2 + 5,5x + 2,5 = 0$ (z. B. Herantasten oder zuerst leichte „Nachbargleichung" $x^2 + 6x + 3 = 0$ durch Raten lösen oder x durch $\bar{x} = x + \frac{5,5}{2}$ ersetzen oder zur Gleichung $x = -\frac{2,5}{x} - 5,5$ übergehen, ...).

- Suche nach ungewöhnlichen Anwendungen (z. B. Was wäre, wenn bei einer Gehaltserhöhung das alte Gehalt x auf das neue Gehalt $0,00001x^2 + x + 50$ ansteigen würde? oder: Bei welchen Waren wäre es sinnvoll, wenn der Preis proportional zum Quadrat des Gewichts wäre?).

5) *Elaboration*

- Entwirf ein Flussdiagramm (ein Computerprogramm) für die allgemeine Lösung quadratischer Gleichungen.
- Schreibe einen Aufsatz über das Lösen der Gleichungen vom Typ $x^2 + px + q = 0$.

Diese Skizze mag im Kontext der ehrfurchtsgebietenden Begriffe „divergentes Denken" oder gar „Kreativität" ernüchternd wirken, abgesehen davon, dass sie im Hinblick auf unterrichtspraktische Konkretisierung berechtigte Wünsche offen lässt; sie dürfte aber doch deutlich machen, wie durch offene (= divergent angelegte) Aufgaben versucht werden kann, einerseits die konvergenten Normalverfahren (hier zum Lösen quadratischer Gleichungen) mit Zugewinn an Verständnis zu trainieren und dabei gleichzeitig Verkrustungen und verhärtende Fixationen aufzubrechen.

Zum divergenten Denken im angedeuteten Sinne planmäßig anzuhalten, ist gewiss eine harsche Herausforderung für das Mathematikunterrichten. Der glatte Fluss des fragend entwickelnden Unterrichts bekäme unkontrollierbare Stromschnellen, bedrohliche Stauungen oder entmutigende Versickerungen. Der Lehrende müsste sich auf Wagnisse einlassen, die im gegenwärtigen System Schule i. Allg. nicht hoch geschätzt werden. Wenn die folgende Beschreibung von Oerter richtig ist, dann bleibt noch viel zu tun.

> „Der Lehrer hat meist einen mehr oder minder fest umrissenen Plan, wie er vorgeht, also eine Art Algorithmus. Je mehr sich der Schüler in diesen Algorithmus einpasst, desto rascher begreift er den Stoff, den der Lehrer vermitteln will. Unsere Schule funktioniert deshalb auf weiten Strecken auf der Basis von konformistischem Verhalten. Kreativität aber steht immer in gewissem Gegensatz zum Konformismus und zur Anpassung an die Intentionen des Lehrenden. Originelle Schülerantworten sind zwangsläufig entfernt von den Antworten, die der Lehrer erwartet. Originelle Lösungen und Lösungswege treten oft da auf, wo sie gar nicht passen, etwa zu Beginn einer Stunde und nicht am Ende, wo sie als das Ergebnis langer Bemühungen intendiert werden."
> (Oerter [34], S. 345 f.)

Inwieweit ein Lehrender Mut zur divergenten Offenheit hat, ist sicher mehr eine Frage seiner Persönlichkeitsstruktur, wenn auch unbestreitbar ist, dass er ein weites und tiefes Wissen über den Stoff, die Lernenden und die Welt besitzen muss.

Divergentes Denken findet seinen Ausdruck in *Produktionen* und zwar (in Abweichung von der Begriffsbestimmung „produktiv" in der Gestaltpsychologie) im wörtlichen Sinne des Herstellens von (neuen) Gegenständen, Figuren, Termen, Sätzen, usw. (lat.: productio = Hervorführung); so spricht denn auch Guilford selbst meist von divergenter Produktion.

Es muss natürlich als eine wichtige Aufgabe angesehen werden, Schülerinnen und Schüler zum Produzieren anzustiften. Wie kann dies geschehen?

Einen Heurismus zur Produktion haben wir schon eingehender besprochen, das *Iterieren*. Gegeben sind eine Ausgangsfiguration X (geometr. Figur, Term, ...) und eine Handlungsvorschrift H und produziert werden soll eine Folge von Folgefigurationen, indem die Handlung fortgesetzt ausgeübt wird: $X, H(X), H(H(X)), H(H(H(X)))$, usw.

Ein zweiter Heurismus zur Produktion, der gleichfalls an vielen Stellen des Mathematiklernens Verwendung finden kann, ist das Kombinieren und zwar *Kombinieren* in weitem Sinne (lat.: combinare = zusammenbringen von je zweien). Gegeben sind Figurationen bestimmter Art und eine (oder mehrere) Zusammensetzungsregel(n), unter deren Anwendung neue Figurationen entstehen sollen. U. U. sind Kombinationsregeln erst zu finden, zu ersinnen. Auf der semantischen Ebene gehören zu diesen kombinatorischen Fügungen zunächst einmal alle Zahlverknüpfungen: durch Addieren, Subtrahieren, usw. entsteht aus zwei Zahlen jeweils eine neue Zahl. Allerdings tritt dabei der Schöpfungsaspekt nicht immer deutlich hervor, weil das Verknüpfungsergebnis meist schon vorher aus anderweitigen Erfahrungen bekannt ist. Es wäre indes wünschenswert, auch beim „normalen" Zahlenrechnen das herstellende Moment stärker zu betonen, etwa durch Aufgaben der folgenden Art: Welche Zahl kannst du erhalten, wenn du mit 5 und 7 beliebig oft addieren und subtrahieren darfst, also z. B. $7 - 5, 7 + 7 - 5, 5 + 5, 5 + 7, \ldots$ rechnen darfst (4./5. Kl.) – Stelle aus $\sqrt{2}$ unendlich viele weitere irrationale Zahlen her. (9./10. Kl.). – Wie kann man durch Rechnen aus 1 alle rationalen Zahlen bekommen? (9./10. Kl.) – Produziere aus $(3, 4)$ und $(-1, -4)$ durch beliebiges Addieren und Subtrahieren weitere Vektoren der Ebene. (S II) – Bilde aus den Nullfolgen (a_n) und (b_n) eine möglichst große Klasse weiterer Nullfolgen. (S II). – usw.

Augenscheinlicher kann der Heurismus des Kombinierens auf der mehr gegenständlichen und der syntaktischen Ebene wirken. So gibt es für Grundschüler ergiebige Produktionsaufgaben zur Geometrie mit realen Formen, etwa: Finde (alle wesentlich verschiedenen) Quadratfünflinge. Oder: Lege (alle wesentlich verschiedenen) Bäume (im Sinne der Topologie) aus 7 Streichhölzern. Oder: Finde (alle wesentlich verschiedenen) geschlossenen Halsketten aus 7 schwarzen und 3 weißen Perlen, usw. Im Algebraunterricht der S I können die Schülerinnen und Schüler zur Termproduktion veranlasst werden, etwa aus a und b Ausdrücke wie $a + b, a - b, a^2, a^2 + b, a^2 - b, a^2 - b^2$ herzustellen. Und im Analysisunterricht der S II ist besonders das Kapitel Polynome und Potenzreihen geeignet, produktive Aspekte hervorzukehren, etwa durch Aufgaben der Art: Stelle aus $f(x) = \frac{1}{x}$, $x \neq 0$ durch Differenzieren und Integrieren viele weitere Funktionen her.

Schließlich sei noch ein wichtiger Produktionsheurismus erwähnt, den Hürten für den Geometrieunterricht so formuliert und an vielen Beispielen demonstriert hat: „Bildet man eine Originalfigur durch eine (oder mehrere) Abbildungen so auf eine Bildfigur ab, dass Original und Bild in irgendeinem Zusammenhang stehen, so ist zu erwarten, dass man aus der Gesamtfigur einen Lehrsatz ablesen kann." (Hürten [20] 1971, S. 64). Hürten nennt diesen Heurismus (zum Produzieren von Sätzen und Beweisen) das *Heuristische Prinzip der Geometrie*. Auf den ersten Blick sieht dieser Heurismus recht speziell aus, tatsächlich steckt aber dahinter eine fundamentale Weise des Erkenntnisfortschritts überhaupt, nämlich: Wird irgendeine Konfiguration (es muss nicht eine geometrische sein) einer Transformation unterworfen, so dass eine neue Konfiguration entsteht, so können aus dem Vergleich zwischen neuer und alter Konfiguration oft neue Einsichten gewonnen werden. (Und umgekehrt kann es produktiv sein, herauszufinden, welche Transformation zwei gegebene Konfigurationen aufeinander bezieht). Was Transformation ist, hängt natürlich von der jeweiligen Gegenstandswelt der Konfiguration ab. So lernt das Kleinkind Gegenstände kennen, indem es diese dreht und wendet, fallen lässt, Druck darauf ausübt, zu beißen trachtet, usw.

Die Nähe dieses Heurismus *Produktion durch Transformation* zur Piagetschen Psychologie und damit zum Operativen Prinzip in der Mathematikdidaktik ist ersichtlich.

Bei aller Ermunterung zur (divergenten) Produktion, also zum Herstellen von Figuren, Termen, sprachlichen Ausdrücken usw. darf nicht die Frage nach der *Bewertung* der Produkte ausgeschlossen bleiben. Produzieren ohne das Geleit durch die Vernunft kann ja geradezu destruktiv sein, wie uns die Produktion der Unmassen literarischen Schunds, die Nebenproduktion von Schadstoffen und nicht zuletzt die gigantische Kriegsmaschinenproduktion in unserer Welt genügend eindringlich vor Augen führen. Im Mathemtikunterricht wird zwar nur schlimmstenfalls Unbrauchbares oder Unsinniges produziert, jedoch sollte auch dort Wert darauf gelegt werden, dass Sinnzusammenhänge deutlich werden. So müsste z. B. die erwähnte Herstellung aller Quadratfünflinge eingebettet werden in Fragen nach Grundformen, Symmetrien und anderen übersituativen Merkmalen wie Umfang, Flächeninhalt, Konvexität. Und die Produktion von weiteren Irrationalzahlen aus $\sqrt{2}$ wäre zu verknüpfen mit algebraischen und zahlbegrifflichen Aspekten. Kurzum: Produzieren soll zwar stark begünstigt werden, nicht zuletzt aus motivationalen Gründen (Lust am Herstellen), aber auch mit der Suche nach Sinn verknüpft bleiben.

Literatur

[1] Albers/Alexanderson (Ed.): Mathematical People, Birkhäuser 1986.

[2] Bender, P.: Kritik der LOGO-Philosophie. In: Journal für Mathematikdidaktik, 8 (1987), S. 3 - 104.

[3] Boutroux, P.: Das Wissenschaftsideal der Mathematik, Teubner 1927 (Nachdruck 1968).

[4] Caesar, S.G.: Über Kreativitätsforschung. In: Psychologische Rundschau, 32 (1981), S. 83 - 102.

[5] Copey, F.: Der fruchtbare Moment im Bildungsprozeß, Quelle & Meyer 1950.

[6] Cropley, A.J.: Kreativität und Erziehung, Reinhardt 1982.

[7] Davis/Hersh: Erfahrung Mathematik, Birkhäuser 1985.

[8] Descartes, R.: Regeln zur Ausrichtung der Erkenntniskraft, Meixner 1979.

[9] Dinter, H.: Schule der Kreativität, Aulis 1985.

[10] Dreyfus, H.L.: Die Grenzen künstlicher Intelligenz, Athenäum 1985.

[11] Duncker, K.: Zur Psychologie des produktiven Denkens, Springer 1966.

[12] Eccles, J.: Das Gehirn des Menschen, Piper 1984[5].

[13] Engel, A. (Hrsg.): Internationale Mathematik-Olympiade. Über mathematische Wettbewerbe. Über Prinzipien beim Problemlösen. In: Der Mathematikunterricht 25 (1979) Heft 1.

[14] Freudenthal, H.: Mathematik als pädagogische Aufgabe, Bd. 1, Klett 1973.

[15] Guilford/Hoepfner: Analyse der Intelligenz, Beltz 1976.

244

[16] Hadamard, J.: The Psychology of Invention in the Mathematical Field, Dover 1945.

[17] Haefner/Eichmann/Hinz: Denkzeuge, Birkhäuser 1987.

[18] Herder, J.G.: Vom Nutzen der Schulen. In: Röhrs, H. (Hrsg.): Bildungsphilosophie, 2. Bd., Akad. Verlagsges. 1968.

[19] Hofstadter, D.R.: Gödel, Escher, Bach, Klett-Cotta 1985.

[20] Hürten, K.H.: Das heuristische Prinzip der Geometrie und seine Bedeutung für die Propädeutik des Mathematikunterrichts. In: Beiträge zum Mathematikunterricht 1970, Schroedel 1971, S. 63 - 72.

[21] Hussy, W.: Denkpsychologie, Bd. 2, Kohlhammer 1986.

[22] Lakatos, I.: Beweise und Widerlegungen, Vieweg 1979.

[23] Lenat, D.: Software für Künstliche Intelligenz. In: Spektrum der Wissenschaft, Heft 11, 1984, S. 178 - 189.

[24] Kießwetter, K. (Hrsg.): Materialien zum Problemlösen. Problemlösen als eine Leitidee. Problemlösen und Kreativität. In: Der Mathematikunterricht 29 (1983), Heft 3.

[25] Krause, R.: Produktives Denken bei Kindern, Beltz 1977.

[26] Krulik/Reys (Hrsg.): Problem Solving in School Mathematics, 1980 Yearbook des NCTM, Resten 1980.

[27] Massialas/Zevin: Kreativität im Unterricht, Klett 1969.

[28] Maturana/Varela: Der Baum der Erkenntnis, Scherz 1987.

[29] Matussek, P.: Kreativität als Chance, Piper 1974.

[30] Montessori, M.: Das kreative Kind, Herder 1972.

[31] Mühle/Schell (Hrsg.): Kreativität und Schule, Piper 1971[2].

[32] Neber, H. (Hrsg.): Entdeckendes Lernen, Beltz 1981.

[33] Newell/Simon: Human Problem Solving, Prentice-Hall, 1972.

[34] Oerter, R.: Psychologie des Denkens, Auer 1977[5].

[35] Papert, S.: Mindstorms. Kinder, Computer und neues Lernen, Birkhäuser 1982.

[36] Piaget, J.: Psychologie und Intelligenz, Rascher 1948.

[37] Poincaré, H.: Wissenschaft und Methode, Teubner 1914 (Nachdruck 1973).

[38] Polya, G.: Die Heuristik, Versuch einer vernünftigen Zielsetzung (S. 5 - 16), Vermuten und wissenschaftl. Methode (S. 80 - 96). In: Der Mathematikunterricht 10 (1964).

[39] Polya, G.: Vom Lösen mathematischer Aufgaben, 2. Bd., Birkhäuser 1966.

[40] Polya, G.: Schule des Denkens, Francke 1967[2].

[41] Polya, G.: Mathematik und plausibles Schließen, 2. Bd., Birkhäuser 1969[2].

[42] Pushkin, V.N. (Ed.): Problems of Heuristics, Keter Press (Jerusalem) 1972.

[43] Roszak, T.: Der Verlust des Denkens, Droemer Knauer 1986.

[44] Schoenfeld, A.H.: Mathematical Problem Solving, Academic Press, 1985.

[45] Seiffge-Krenke, J.: Probleme und Ergebnisse der Kreativitätsforschung, Huber 1974.

[46] Shirai/Yoshiaki: Artificial Intelligence, John Wiley 1984.

[47] Simons, G.L.: Introducing Artificial Intelligence, National Computing Centre Publications 1984.

[48] Tammadge, A.: Creativity. In: The Mathematic Gazette, 63 (1979), S. 145 - 163.

[49] Ulmann, G.: Kreativität, Beltz 1968.

[50] Volkert, K.Th.: Die Krise der Anschauung, Vandenhoeck & Ruprecht 1986.

[51] Waerden, B.L. van der: Einfall und Überlegung, Birkhäuser 1973^3.

[52] Weizenbaum, J.: Die Macht der Computer und die Ohnmacht der Vernunft, Suhrkamp 1978.

[53] Wertheimer, M.: Produktives Denken, Kramer 1964.

[54] Wickelgren, W.A.: How to solve Problems, Freeman 1974.

[55] Wiener, O.: Turings Test. Vom dialektischen zum binären Denken. In: Kursbuch 75, 1984, S. 12 - 37.

[56] Wittmann, E.: Elementargeometrie und Wirklichkeit, Vieweg 1987.

[57] Ziegenbalg, J.: Computer im Mathematikunterricht. In: Mathematik lehren, Heft 7 (1984), S. 6 - 15.

[58] Zwicky, F.: Entdecken, Erfinden, Forschen, Knaur 1971.

Auswahl jüngerer Literatur zum Thema

[59] Bruder, R.: Möglichkeiten und Grenzen von Kreativitätsenwicklung im gegenwärtigen Mathematikunterricht. In: Neubrand, M. (Hrsg.): Beiträge zum Mathematikunterricht 1999, Franzbecker 1999.

[60] Bruder, R.: Kreativ sein wollen, dürfen und können. In: Mathematik lehren 2001, Heft 106, S. 46-51.

[61] Büchter, A. / Leuders, T.: Mathematikaufgaben selbst entwickeln, Cornelsen Scriptor 2005.

[62] Grieser, D.: Mathematisches Problemlösen und Beweisen – Eine Entdeckungsreise in die Mathematik, Springer Fachmedien 2013.

[63] Hartfeldt, C. / Henning, H.: Muster, Flächen, Parkettierungen – Anregungen für einen kreativen Mathematikunterricht, Fakultät für Mathematik, Universität Magdeburg 2002.

[64] Neuhaus, K.: Die Rolle des Kreativitätsproblems in der Mathematikdidaktik, Verlag Dr. Köster 2002.

[65] Schupp, H.: Thema mit Variationen – Aufgabenvariationen im Mathematikunterricht, Franzbecker 2002.

[66] Ulm, V.: Mathematikunterricht für individuelle Lernwege öffnen, Kallmeyer 2007.

[67] Weth, T.: Kreativität im Mathematikunterricht – Begriffsbildung als kreatives Tun, Franzbecker 1999.

[68] Weth, T.: Kreative Mathematik – Was ist das? & Kreative Produkte. In: Mathematik lehren 2001, Heft 106, S. 4-9, S. 42-46.

[69] Zimmermann B.: Der Mathematikunterricht 47 (2001), Heft 6.

10 Lernen von der Wirklichkeit – Entdecken und Anwenden

10.1 Die Fallgesetze bei Galilei – ein exemplarischer Fall von Mathematisierung

Im Jahre 1638 erscheinen die „Discorsi e Dimostrazioni matematiche intorno a due nuove Scienze" (= „Unterredungen . . .", deutschsprachige Ausgabe 1891) des Galileo Galilei (1564 - 1642), des „Ersten Philosophen und Mathematikers des Großherzogtums der Toscana" (so sein Titel), der allerdings – fast schon total erblindet und im 75. Lebensjahr stehend – auf Grund des Urteils des Päpstlichen Inquisitionsgerichts vom Juni 1633 als Hausarrestant in Arcetri bei Florenz lebt.

Die beiden neuen Wissenschaften der „Discorsi" sind die Festigkeitslehre und die Lehre von den Ortsbewegungen. In der letzteren geht es um den freien Fall, die Wurfbewegung und die Pendelbewegung und diese neue Kinematik des Galilei gilt als der „erste Grundstein für die klassische Mechanik und überhaupt die Physik der Neuzeit" (Heidelberger [11], S. 145), die man nach Lagrange „nie genug bewundern" kann.

Die „Discorsi" sind für uns geradezu eine didaktische Fundgrube, da nicht einfach neuer Stoff dargestellt, sondern ein neues Wissen in Dialogform – in Rede und Gegenrede und einschließlich metakognitiver Reflexionen – entfaltet wird, wobei die brillante Sprache und viele didaktische Details gesondert zu würdigen wären.

Im Folgenden soll versucht werden, die Entdeckung der Fallgesetze im Sinne Galileis nachzuzeichnen. Dabei leitet mich nicht historisches, sondern pägagogisches Interesse; die Gedanken Wagenscheins ([25] 1980, S. 170 ff.) werden kritisch fortgesetzt.

Der mögliche Hinweis, die Behandlung der Fallgesetze gehöre doch in den Physikunterricht, allenfalls könne man im Mathematikunterricht an passender Stelle darauf zurückgreifen und entsprechende Anwendungsaufgaben rechnen, ist verständlich und bringt schon gleich eines der didaktischen Dilemmata auf den Punkt: Wenn man echtes Anwenden im Mathematikunterricht anstrebt, also Mathematisierungs- oder Modellbildungsprozesse entwickeln will, dann muss man sich ernsthaft auf außermathematisches Gebiet begeben. Genau diese Intention aber ruft einen ganzen Schwarm von Problemen hervor: Kompetenz des Lehrenden, Abstimmung mit anderen Fächern, zusätzlicher Pensumdruck, mögliche Desorganisation des mathematischen Curriculums, Irritationen bei Schülerinnen und Schülern und Eltern, usw.

Andererseits würde eine weitgehende Reduktion auf „reine" Mathematik – evtl. mit gut vorstrukturierten Anwendungstextaufgaben an passenden Stellen angereichert – die pädagogischen Chancen, die in einer tieferen Wirklichkeitsorientierung liegen, ungenutzt lassen, und wie wollte man das verantworten? Auf jeden Fall wird es keine wohlfeilen

Lösungsangebote für die didaktische Anwendungsproblematik geben können, weder konzeptionelle noch methodisch-praktische.

Wie voraussetzungsvoll „echtes" Mathematisieren ist, das eben kann uns das Beispiel der Fallgesetze bei Galilei besonders eindringlich lehren, wenn wir uns auch der Verschiedenartigkeit der Situationen (hier originärer Findungsprozess in einer bestimmten geschichtlichen Situation, dort gelenkter Nacherfindungsprozess unter heutigen schulischen Bedingungen) bewusst sein müssen.

Schon in seinen jungen Jahren als Professor in Pisa und dann in Padua (1589 - 1610) beschäftigte sich Galilei u. a. mit Fragen der Kinematik. Es ist (mir) nicht bekannt, welches spezielle Interesse ihn dabei leitete und wodurch dieses Interesse geweckt worden ist. Wie sein Schüler und erster Biograph V. Viviani erzählt, soll ein sich leise bewegender Kronleuchter, den er während einer Messe im Dom zu Pisa beobachtet (?), sein physikalisches Genie geweckt haben: Angeblich soll er entdeckt und durch Vergleich mit den Schlägen des eigenen Herzens verifiziert haben, dass die Schwingungsdauer konstant ist (Hemleben [12], S. 22).

Galileis Leistungen lassen sich nur verstehen, wenn sie im geschichtlichen Kontext gesehen werden. In Schule und Universität lernt er das spätscholastische Denken kennen, geprägt wird er aber entscheidend vom Geist der Florentiner Spätrenaissance, den er zwischen Studium und Beruf (1581 - 1585) in der Arnostadt begierig aufnimmt: Er lernt die griechische Mathematik und begeistert sich dabei vor allem für Archimedes, den er als den größten Mathematiker und Naturwissenschaftler („göttlich", „unnachahmlich") preist und zu seinem Vorbild macht. Er sieht um sich die Werke der überragenden Florentiner Maler und Bildhauer, die aber auch Architekten, Ingenieure, Kunsthandwerker, Mechaniker, Mathematiker gewesen sind, allen voran Leonardo da Vinci (1452 - 1519), der verschiedene Epochen seines Lebens in Florenz verbracht hatte. Florenz ist auch Handels- und Gewerbestadt mit vielerlei Beziehungen zu aller Welt. Sie ist eine der norditalienischen Republiken, die das neuzeitliche Geldwesen entwickeln und damit eine Wirtschaftsweise befördern, die über agrarische Selbstgenügsamkeit weit hinausgeht. Unzweifelhaft stellt die Geldwirtschaft (bis heute) das am stärksten verbreitete Anwendungsfeld der Mathematik dar, wenn es sich auch meist nur um sehr elementare Mathematik handelt. Möglicherweise haben die in der Geldwirtschaft wirkenden Abstraktionen (Reichtum drückt sich in Zahlen abstrakter Geldeinheiten aus) und Optimalitätsbetrachtungen (Das Beste ist definitionsgemäß das Effektivste und das lässt sich wiederum zahlenmäßig angeben) das Bestreben begünstigt, die Natur ebenfalls mit mathematischen Augen zu sehen. Florenz ist aber auch die Stadt, in der im 15. Jahrhundert die Philosophie Platos wiederentdeckt und enthusiastisch rezipiert wird (Heidelberger [11], S. 70 f.). 1462 wird die Florentiner Akademie gewissermaßen als Fortsetzung der Akademie Platos gegründet und im erblühenden Neuplatonismus wird die Welt als Kunstwerk Gottes betrachtet, in der alles nach Maß, Zahl, Form, Harmonie – also mathematisch – geordnet ist. Nikolaus Cusanus (1401 - 1464) und vor allem Johannes Kepler (1571 - 1630) sind völlig von dieser Idee durchdrungen und sie sehen in der so auf die Welt angewandten Mathematik weniger ein Herrschaftsinstrument zur technischen Nutzung der Natur als vielmehr eine Möglichkeit, die Menschen über die wunderbaren Taten Gottes aufzuklären. Durch den Neuplatonismus wird die Vorherrschaft des aristotelisch-scholastisch geprägten mittelalterlichen Denkens weitgehend überwunden, was für die Physik allgemein deshalb besonders bedeutungsvoll ist, als nach

Aristoteles die Mathematik kein Mittel zur Erkenntnis der Natur sein kann, lediglich die Sternenwelt lasse sich mathematisch beschreiben. Die Lehre von den Ortsbewegungen von natürlichen Körpern im Speziellen ist nach Aristoteles grundsätzlich unmathematisch, da von qualitativen Kategorien (vor allem natürliche vs. erzwungene Bewegungen) bestimmt.

Man darf sich nun keinesfalls vorstellen, Galilei habe in einem einmaligen genialen Akt die sprichwörtliche „Galileische Wende" in der Physik/Mathematik vollzogen, indem er das scholastische Denken kurzerhand über Bord geworfen und durch objektives Beobachten, induktives Verallgemeinern und experimentell-messendes Bestägigen die mathematisch gefassten Naturgesetze souverän entdeckt habe. Insbesondere ist es eine (didaktisch irreführende) Legende, Galilei habe in seiner Pisaner Zeit Fallversuche am schiefen Turm unternommen und so die Aristotelische Lehre, wonach spezifisch schwere Körper schneller als leichte fallen, empirisch-experimentell widerlegt. Das ist schon deshalb unglaubwürdig, weil es gar keine genügend präzisen Uhren gab (Jordan [14], S. 155).

Die Verstricktheit in überkommene Denkweisen, vor allem in mehr unausgesprochene Rahmenvorstellungen, ist weitaus tiefer und intensiver als es in der historischen Distanz aussehen mag, auch bei so genannten genialen Menschen, also solchen, die gewohnte Rahmen zu sprengen am ehesten befähigt sind. So hält Galilei 1588 in Florenz zwei öffentliche Vorträge über Form, Lage und Größe der Hölle in Dantes „Göttlicher Komödie", Kepler fertigt zeitlebens (auch aus Geldmangel) Horoskope an und Isaac Newton(1642 - 1727) befasst sich viele Jahre lang mit Alchemie (der „sein Herz gehörte"). Auch wissenschaftliche Irrtümer des Galilei verdienen hier Erwähnung: Als Ursache der Gezeiten sieht er die Erdumdrehungen (und nicht die Anziehungskraft des Mondes) an und seine falsche Gezeitentheorie ist paradoxerweise eines seiner Hauptargumente für die Richtigkeit des Kopernikanischen Weltbildes. Weiterhin lehnt Galilei Keplers 1. Gesetz als falsch ab, er beharrt darauf, dass die Planeten sich auf Kreisen bewegen (Teichmann [23], S. 151). Er sieht es auch als unmöglich an, Wärme durch Luftreibung erzeugen zu können und verstellt sich die Möglichkeit, das Trägheitsgesetz in globaler Sicht zu erfassen. Diese Bemerkungen sollen ausschließlich die überaus wichtige didaktische Erkenntnis befestigen, dass die Entstehung neuen Wissens wesentlich unsystematischer, unlogischer, subjektivistischer verläuft als es die Schulbuchdarstellungen (längst) bekannten Wissens ahnen lassen.

Das wird noch deutlicher, wenn wir jetzt die Entdeckung der Fallgesetze nach Galilei im Einzelnen verfolgen.

Man darf dabei etwa die folgenden Schritte der Problemlösungsgenese unterscheiden, ohne zu behaupten, dass die historische Entwicklung in jedem Falle in dieser Chronologie verlaufen wäre:

(1) Idealisierung, der „leere" Raum,
(2) Hypothesenbildung über die Fallgeschwindigkeit
(3) Experimente auf der schiefen Ebene
(4) Wurfbewegungen

Zu (1) Idealisierung: Nach Aristoteles benötigen leichtere Gegenstände desselben Stoffes eine längere Fallzeit (für dieselbe Fallhöhe) als schwerere. In späterer Zeit hat man diese Aussage oft geradezu als Inkarnation von Vor- oder gar Unwissenschaftlichkeit angesehen und scharf gegen die funkelnde Wissenschaftlichkeit von Galilei abgegrenzt. Tatsächlich gab es schon lange vor Galilei Zweifel an dieser Behauptung.

Gerechter und produktiver wäre es, das physikalische Weltbild des Aristoteles in Betracht zu ziehen. Sein Begriff von Bewegung wird paradigmatisch durch das Bild vom fahrenden Pferdekarren geprägt (Toulmin [24], S. 63 ff.): Dieser bewegt sich gleichförmig schnell (und das ist seine „natürliche Bewegung"), wenn die Kraft des Pferdes sich mit der Widerstandskraft der Straße und des Wagens die Waage hält. Der Wagen bleibt (sofort!) stehen, wenn das Pferd aufhört zu ziehen. Insofern gibt es zwar verschieden schnelle Bewegungen, aber alle neigen zur Gleichförmigkeit und es gelten die einfachen „Proportionen": Die Geschwindigkeit einer Bewegung ist der agierenden Kraft (Pferd) direkt und dem gegenagierenden Widerstand (Gewicht des Wagens, Unebenheit des Weges, Reibung der Räder) umgekehrt proportional. Das erscheint doch wirklich plausibel und in guter Übereinstimmung mit Alltagserfahrungen. Tatsächlich gilt in der heutigen Physik das Stokessche Gesetz, wonach die Geschwindigkeit eines Körpers, der in ein widerständiges Medium eintaucht, bald konstant wird und proportional zur bewegenden Kraft und umgekehrt proportional zur Viskosität des Mediums ist. Auf den freien Fall übertragen heißt das, dass schwerere Körper deshalb schneller fallen müssen als leichte, weil sie mehr Kraft haben, sich gegen das widerständige Medium Luft durchzusetzen. Ihre Kraft besitzen sie dank ihres Bestrebens, wieder an den rechten natürlichen Ort zurückzukehren, je schwerer umso tiefer liegend und umgekehrt, wobei „schwer" im Sinne von „spezifisch schwer" zu interpretieren ist.

Galilei – allerdings gestützt auf gleichartige Überlegungen Battista Benedettis (1530 - 1590), den er zu zitieren vergisst – widerlegt Aristoteles nun keineswegs mit Experimenten, sondern mit einem Glanzstück „lupenreiner Scholastik"(Teichmann [23], S. 151), einem Gedankenexperiment: Man denke sich einen kleinen (leichten) und großen (schweren) Körper desselben Stoffes durch einen fast gewichtslosen Faden verbunden und lasse beide aus einer bestimmten Höhe gleichzeitig fallen. Was passiert dann? Nach Aristoteles müsste einerseits dieses Paar – wegen der Wirkung des Gesamtgewichts – noch schneller fallen als der schwerere Körper allein und andererseits – wegen der festen Verbindung zwischen zwei in Vereinzelung ungleich schnell fallenden Körpern – gleichzeitig auch langsamer fallen als der schwerere Körper, ein Widerspruch, der sich nach Galilei nur auflöst, wenn die Aristotelische These fallen gelassen wird.
Insoweit wir diese Schlussweise für zulässig halten, haben wir einen besonders prägnanten Fall dafür, wie eine Modellvorstellung, die zunächst einige Plausibilität für sich hat, durch den Nachweis eines inneren Widerspruchs hart angegriffen wird: Zumindest für spezifisch gleich schwere Körper muss bei gleicher Fallhöhe gleiche Fallzeit angenommen werden.

Was Körper aus verschiedenen Stoffen (Holz, Blei, ...) angeht, so hat der junge Galilei zunächst auch an unterschiedliche Fallgeschwindigkeiten geglaubt: sie sei abhängig vom spezifischen Gewicht und vom Luftwiderstand. Zeitweise hat er sogar gemeint, Holz falle anfangs schneller als Eisen, werde dann aber vom Eisen überholt (Jordan [14], S. 155 f.). In den „Discorsi" von 1638 behauptet er dann entschieden, dass alle Körper (ohne Rücksicht auf Gewicht, Volumen Gestalt, ...) gleich schnell fallen *würden*, wenn es kein widerständiges Medium *gäbe*. Und in dieser konjunktiven Formulierung liegt einer der Wesensunterschiede zwischen Aristotelischer und Galileischer Physik. Während Aristoteles zu beschreiben wähnt, was er wirklich (am Pferdewagen) zu beobachten glaubt, fragt Galilei nach Zusammenhängen in gar nicht real existierenden, sondern in idealisierten Situationen: Was würde geschehen, wenn kein Luftwiderstand da wäre? Wie fallen Körper im „leeren Raum"? Eine solche Frage muss ein „Aristoteliker" für abwegig halten, da er sich ja für faktische Erscheinungen interessiert. (Außerdem wird bei „Aristotelikern" die Luft dafür verantwortlich gemacht, dass die Fallbewegung beschleunigt ist, während bei Galilei genau umgekehrt die Luft zur Verzögerung beiträgt.)

Wir haben also hier den zunächst paradox erscheinenden Umstand, dass erst durch rigorose Idealisierung eine exaktere Beschreibung der Naturvorgänge ermöglicht wird. Erst durch einen künstlichen, gedachten leeren Raum wird es möglich, die Mathematik zur Beschreibung einzusetzen. Auf den ersten Blick scheint diese Exaktheit im Reich des Idealen auf Kosten phänomenaler Fülle im Realen zu gehen und in dieser scheinbaren Zwiespältigkeit liegt eine der Ursachen für den z. T. hitzigen Streit zwischen Galilei und seinen Feinden.

Die Behauptung vom gleich schnellen Fallen im luftleeren Raum stützt Galilei ([8] 1638) nun tatsächlich mit Verweisen auf empirische Beobachtungen von Fallbewegungen in verschiedenen Medien (Wasser, Quecksilber, Luft), allerdings teilt er keine Messreihen mit. Er richtet sich ja nicht an eine wissenschaftliche Gemeinschaft, die es noch nicht gibt, sondern an die Anhänger der Aristotelischen Physik.

In didaktischer Hinsicht ist es außerordentlich bemerkenswert zu sehen, dass das ideative Modell keinesfalls durch Abstraktion von der farbigen Fülle realer Fallvorgänge entsteht, sondern – eher umgekehrt – im Kopfe ausgebrütet wird und als Hintergrund für das Wahrnehmen wirklicher Vorgänge dient. Die Idee, dass alle Körper im luftleeren Raum gleich schnell fallen würden, eine Feder so schnell wie eine Bleikugel, diktiert gewissermaßen das leibliche Sehen im luftgefüllten realen Raum: Das Heruntertaumeln der Feder und das rasante Fallen der Bleikugel werden verstanden unter dem Gesichtspunkt der Abwesenheit von Leere. Ausdrücklich spricht Galilei von der Möglichkeit, „abstrakt aufgestellte Definitionen" zu benutzen (S. 11).

Zu (2) Hypothesenbildung: Schon lange vor Galilei gibt es unter einigen Aristoteles-Exegeten die Überzeugung, dass Dinge nicht gleichmäßig schnell, sondern immer schneller werdend fallen. William Ockham (1284 - 1349), Jean Buridan (gest. nach 1358), Nicole d'Oresme (1325 - 1382) u. a. Scholastiker gehen neue Denkwege, da die Lehre des Aristoteles im Widerspruch steht zu genaueren Beobachtungen. Wie soll man z. B. verstehen, dass es einen fühlbaren Unterschied macht, ob einem derselbe Stein aus Kniehöhe oder aus Kopfhöhe auf den Fuß fällt? Ziemlich unverständlich ist vor allem auch die Theorie des Wurfes bei Aristoteles. Jean Buridan formuliert die so genannte Impetus-Theorie, wonach die Schwungkraft des bewegten (geworfenen) Gegenstandes nicht (wie Aristoteles lehrt) an die umgebende Luft weitergegeben wird (wodurch dafür gesorgt wäre, dass der Gegenstand nach Verlassen der Hand des Werfers sich weiter bewegen kann), sondern in den Gegenstand selbst übergeht und sich bei Widerständen verbraucht. Speziell für den freien Fall scheibt Buridan:

> „Darin scheint mir auch der Grund zu liegen, weshalb der natürliche Fall schwerer Körper eine ständige Beschleunigung erfährt. Zu Beginn des Falles bewegte allein die Schwerkraft den Körper: er fiel langsamer. Aber im Verlauf des Bewegens teilte diese Schwerkraft dem schwereren Körper einen Impetus mit, der zugleich mit der Schwerkraft den Körper bewegt. Daher wird

die Bewegung schneller und in dem Maße, wie sie schneller wird, wächst der
Impetus. Es ist offensichtlich, dass die Bewegung stetig beschleunigt wird."

(zit. nach Heidelberger [11], S. 42)

Klar ist also nicht nur, *dass* die Fallbewegung eine beschleunigte ist, sondern auch,
warum das so ist: Der Fallweg wächst wie eine Lawine, wie Kapital bei Zinseszinsen oder
besser wie eine Pflanze, deren Volumenzuwächse umso größer sind, je mehr Volumen
schon da ist.

Von hier ist es kein weiter Schritt mehr zu der quantifizierenden Modellvorstellung, dass
die Momentangeschwindigkeit, die ein fallender Körper in einem bestimmten Zeitpunkt
hat, proportional ist zum bereits zurückgelegten Fallweg. In heutiger Sprache drückt das
die Differentialgleichung

$$\frac{ds}{dt} = p \cdot s$$

aus, deren Lösung die Exponentialfunktion

$$s = s_0 \cdot e^{pt}$$

ist.

Aus diesem Ansatz würde folgen, dass zu Beginn des Fallvorgangs ($t = 0$) bereits ein
Fallweg zurückgelegt sein müsste (s_0), was absurd ist.

Tatsächlich glaubt Galilei noch 1604: Die Geschwindigkeit wächst proportional mit der
Fallhöhe. In den „Discorsi" bezeichnet er diesen Glauben als „falsch und unmöglich",
weil aus ihm folge, dass ein Körper für alle Fallhöhen dieselbe Zeit brauche. Dies ist eine
falsche Argumentation, da sie eine gleichmäßig-beschleunigte Bewegung bereits voraussetzt (Hall [9], S. 84).

Wahrscheinlich ist er durch Spekulation auf die beiden „richtigen", d. h. sich später
bestätigenden und zunächst noch isoliert voneinander bestehenden Hyothesen

(a) Geschwindigkeit ist proportional zur Fallzeit

(b) Weg ist proportional zum Quadrat der Fallzeit

gekommen.

Zunächst ist da nämlich interessant, dass das, was wir heute funktionale Abhängigkeit
nennen, bei Galilei in der Idee der Proportionalität aufgehoben ist. Er fragt nicht: „Wie
hängt *A* von *B* ab?", sondern: „Ist *A* zu *B* proportional?" oder „Zu was von *B* ist *A* proportional?" o. Ä. Unausgesprochen gibt es die Überzeugung, dass sich Abhängigkeit immer
in irgendeiner Proportionalität ausdrücken müsse, eine überaus leistungsfähige, aber keineswegs universelle Idee, wie wir wissen. Dahinter steht die allgemeine (neuplatonische)
Überzeugung, dass es sich in der Natur um „einfache" Zusammenhänge handeln muss.
Was ist aber das einfachste Bewegungsgesetz, wenn das Allereinfachste (die gleichförmige Bewegung) für den freien Fall ausscheidet? Galilei stellt sich diese Frage und antwortet
in den „Discorsi":

„Wenn ich aber bemerke, dass ein aus der Ruhelage von bedeutender Höhe
herabgefallener Stein nach und nach neue Zuwüchse an Geschwindigkeit erlangt, warum soll ich nicht glauben, dass solche Zuwüchse in allereinfachster,

Jedermann plausibler Weise zustande kommen? Wenn wir genau aufmerken, werden wir keinen Zuwachs einfacher finden als denjenigen, der in immer gleicher Weise hinzutritt .... Mit dem Geiste (!) erkennen wir diese Bewegung als einförmig und in gleichbleibender Weise stetig beschleunigt, da in irgendwelchen gleichen Zeiten gleiche Geschwindigkeitszunahmen sich addieren." (Galilei [8], S. 10)

Aus dieser Modellannahme (obige These (a)) lassen sich nun tatsächlich diese abstrakten Folgen bilden, wenn die Geschwindigkeit am Ende der 1. Zeiteinheit (wie immer diese definiert sei) mit x beschrieben wird und wenn man mit Galilei (Theorem I, S. 21) die Weglängen mit Hilfe der Durchschnittsgeschwingkeiten bestimmt.

Zeitpunkte, Ende der n-ten Zeiteinheit (ZE)	Geschwindigkeit am Ende der n-ten ZE	Mittlere Geschwindigkeit in der n-ten ZE	Weglängen nach der n-ten ZE
1.	x	$\frac{x}{2}$	$\frac{1}{2} \cdot x$
2.	$2 \cdot x$	$\frac{3}{2} \cdot x$	$\frac{1+3}{2} \cdot x$
3.	$3 \cdot x$	$\frac{5}{2} \cdot x$	$\frac{1+3+5}{2} \cdot x$
$\vdots$	$\vdots$	$\vdots$	$\vdots$
$n.$	$n \cdot x$	$\frac{2n-1}{2} \cdot x$	$\frac{n^2}{2} \cdot x$

Z. B. beträgt die Geschwindigkeit zu Beginn der 3. ZE $2 \cdot x$, an deren Ende $3 \cdot x$, im Mittel also $\frac{5}{2} \cdot x$ und genau diese Geschwindigkeit hat der Körper in der Mitte der 3. ZE, vorher ist er langsamer als $\frac{5}{2} \cdot x$, nachher schneller als $\frac{5}{2} \cdot x$. Dies muss so sein, wenn Proportionalität gilt. Wie lang ist der Fallweg, den der Körper während dieser 3. ZE zurücklegt? Nach Galilei (und vor ihm schon Oresme) gibt es während der 3. ZE zu jedem Zeitpunkt vor der Mitte der 3. ZE einen Zeitpunkt nach der Mitte der 3. ZE, in der der Gegenstand sein Versäumnis gegen die mittlere Geschwindigkeit (nämlich $\frac{5}{2} \cdot x$) kompensiert, so dass er während der 3. ZE genau dieselbe Weglänge schafft, die er schaffen würde, wenn er gleichbleibend die Geschwindigkeit $\frac{5}{2} \cdot x$ hätte (aus heutiger Sicht eine gewagte quasi-infinitesimale Argumentation). Die Weglängen, die während der 1., 2., 3., ... ZE zurückgelegt werden, betragen also

$$\frac{1}{2} \cdot x, \quad \frac{3}{2} \cdot x, \quad \frac{5}{2} \cdot x, \quad \dots \frac{2n-1}{2} \cdot x.$$

Die Folge der ungeraden Zahlen 1, 3, 5, ... erscheint, wahrlich Manifestationen des „Einfachen". Hieraus ergibt sich durch Summation die Folge der Weglängen nach der 1., 2., 3., ... n-ten ZE zu

$$\frac{1}{2} \cdot x, \quad \frac{1+3}{2} \cdot x = \frac{2^2}{2} \cdot x, \quad \frac{1+3+5}{2} \cdot x = \frac{3^2}{2} \cdot x, \dots, \quad \frac{1+3+\dots+2n-1}{2} \cdot x = \frac{n^2}{2} \cdot x.$$

Was hier geschieht, ist Arbeiten im Modell: Es werden Schlüsse gezogen aus der Annahme, dass die Geschwindigkeit proportional zur Zeit ist und dass die Regel über die mittlere Geschwindigkeit gilt, die Merton-Regel (Hall [9], S. 84). Die bei Wagenschein etwas mystisch verklärte Folge der ungeraden Zahlen muss sich aus dieser Annahme logisch ergeben. Und die Folge der Quadratzahlen (für die Fallwege) muss sich ergeben, insoweit die obige quasi-infinitesimale Überlegung mathematisch konsistent ist.

Insgesamt sehen wir, dass Galilei bis hierher in keiner Weise induktiv vorgeht, also verallgemeinernde Schlüsse aus Messreihen zöge. Bis jetzt ist das Fallgesetz eine „intellektuelle Schöpfung", ein „erklärendes Ideal" und diese sind (nach Toulmin [24], S. 47) tatsächlich das Herzstück der Naturwissenschaften. In Wagenscheins Unterricht kommt dieser Gesichtspunkt überhaupt nicht zum Ausdruck, auch die eigentliche Genese der Formeln wird stark vernachlässigt.

Zu (3) Experimente: Diese dienen Galilei nicht nur als nachgeschobene Argumente zur Bestätigung seiner Hypothesen. Ihre praktische Anlage und theoretische Analyse sind didaktisch höchst bemerkenswert. In den „Discorsi" mahnt der Gegenspieler Simplicio Experimente an (Galilei [8], S. 22).

Galilei beobachtet an Stelle freier Fallbewegungen Bewegungen auf der schiefen Ebene („Fallrinne"), die er ebenfalls als gleichförmig beschleunigte, aber langsamer verlaufende erkennt (Analogie!). Sie kann er besser beobachten, nachdem er eigens dafür eine Art Wasseruhr zur Zeitmessung erfunden hat, die genauer ist als alle zeitgenössischen mechanischen Uhren. So stellt er in „häufig wiederholten" Versuchen immer wieder fest, dass tatsächlich die durch die Fallrinne rollende Messingkugel bei halber Fallzeit immer ein Viertel der Fallstrecke zurücklegt und dass allgemein stets „die Strecken sich verhielten wie die Quadrate der Zeiten und dieses zwar für jedwede Neigung der Ebene" ([8], S. 26). (Spätere Wiederholungen dieser Experimente haben allerdings gezeigt, dass sich die ideale Theorie gar nicht so einfach realiter bestätigt).

Die Bewegungen auf der schiefen Ebene sind für Galilei nicht irgendwie nur analog zur Fallbewegung, vielmehr ist letztere nichts als ein Sonderfall der ersteren.

Mit einer Argumentation, die eines Archimedes würdig wäre, begründet er die gar nicht ins Auge springende Aussage, dass die Geschwindigkeit, die die Kugel am Ende der Fallrinne hat, nur von der (vertikalen) Fallhöhe abhängt, dass also alle Körper, die dieselbe Höhe durchfallen haben – sei es frei in kürzester Zeit oder über eine schiefe Ebene in längerer Zeit – dann dieselbe Geschwindigkeit haben ([8], S. 18).

Dazu zieht Galilei einige bemerkenswerte Schlüsse und an diesen sieht man überhaupt erst so recht, inwieweit die mathematische Fassung des Fallgesetzes tatsächlich zu echten Wissenserweiterungen in der Sache führen. Jetzt wird die Dialogform weitgehend aufgegeben, Sagredo und Simplicio lauschen den Ausführungen des Salviati-Galilei:

(a) (Abb. 10.1) Die Fallzeiten t_1 und t_2 für die Fallwege $\overline{AB}$ und $\overline{AC}$ verhalten sich zueinander wie diese Weglängen. Beweis: Die Endgeschwindigkeit der Kugeln (die in A starten) in B bzw. C ist nämlich in beiden Fällen v. Also gilt

$$\overline{AB} = \frac{v}{2} \cdot t_1 \quad \text{und} \quad \overline{AC} = \frac{v}{2} \cdot t_2, \quad \overline{AB} : \overline{AC} = t_1 : t_2$$

(b) (Abb. 10.1) Entsprechend gilt für die beiden Beschleunigungen (als Geschwindigkeitszunahmen pro Zeiteinheit) g_1 und g_2 die Beziehung $\overline{AB} : \overline{AC} = g_2 : g_1$, d. h. die Beschleunigungen sind den Weglängen umgekehrt proportional. Speziell kann man

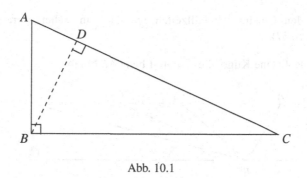

Abb. 10.1

hieraus g_1 (die Beschleunigung beim freien Fall) berechnen, wenn man g_2 experimentell bestimmt hat (was Galilei bemerkenswerterweise nicht tat).

(c) (Abb. 10.1) In der Zeit t_1 in der die frei fallende Kugel den Weg $\overline{AB}$ zurücklegt, schaffte sie auf der schiefen Ebene nur die Strecke $\overline{AD}$. Wegen (b) gilt nämlich

$$\overline{AB} : \overline{AC} = \overline{AD} : \overline{AB} \quad \text{oder} \quad \overline{AB}^2 = \overline{AD} \cdot \overline{AC}.$$

Also ist $\overline{BD}$ das Lot auf $\overline{AC}$.

(d) (Abb. 10.2) Variiert man bei fester vertikaler Fallhöhe $\overline{AB}$ die Länge und damit die „Schiefe" der Fallrinne $\overline{AC_1}$, $\overline{AC_2}$, ..., so liegen die Punkte, die die in A gleichzeitig startenden Kugeln in *der* Zeit erreichen würden, die eine Kugel von A nach B benötigt, auf dem Thaleskreis über $\overline{AB}$. Oder auch: Der vertikale Durchmesser eines Kreises wird in derselben Zeit durchfallen wie jede vom oberen Sehnenendpunkt ausgehende Sehne.

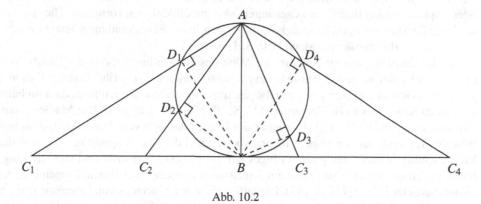

Abb. 10.2

(e) Lassen wir in Abb. 10.2 in A zum selben Zeitpunkt auf jeder von vielen Fallrinnen (einschließlich der vertikalen) je eine Kugel starten, so liegen sie zu jedem Zeitpunkt auf einem Kreis durch A. Die Kreise wachsen mit der Zeit und zwar wachsen die

Radien mit dem Quadrat der Fallzeiten, wahrlich ein „scherzo gracioso" der Natur (Galilei [8], S. 37).

(f) (Abb. 10.3) Rollt eine Kugel die schiefe Ebene $\overline{AB}$ hinab

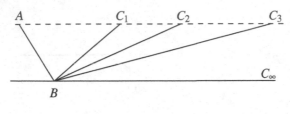

Abb. 10.3

und muss dort eine weitere schiefe Ebene, etwa $\overline{BC_1}$ oder $\overline{BC_2}$ wieder aufsteigen, so erreicht sie von selbst (wenn von Reibung und Luftwiderstand abgesehen wird) die Ausgangshöhe, also die von A. Die Wege $\overline{BC_1}$, $\overline{BC_2}$, ... werden umso länger, je geringer die Neigung ist und umso kleiner wird auch die Beschleunigung. Im Extremfall, wenn also die Fallrinne von B aus horizontal verläuft, gibt es überhaupt keine Beschleunigung mehr, die Kugel müsste geradlinig mit konstanter Geschwindigkeit unendlich weit rollen. Damit steht Galilei dicht vor der Entdeckung des (später nach Newton) benannten Trägheitsgesetzes (Galilei [8], S. 57).

Als didaktisch äußerst bemerkenswert müssen wir festhalten, wie ausgedehnt und effektiv Galilei bei seinem Experimentieren den Heurismus der Datenvariation anwendet. Erst dadurch wird ja Gesetzhaftes auf dem blassen Hintergrund der Normalität des Alltags deutlich sichtbar. Einen heuristischen Glanzpunkt zeigt die Situation (f), wo Galilei die Variation „auf die Spitze" treibt und gerade dadurch einem fundamentalen physikalischen Gesetz auf der Spur ist. Galilei kann aber nur Gesetze entdecken, insoweit er – explizit oder implizit – dabei Begriffserweiterungen oder -modifikationen vornimmt. Hier sind es die Begriffe Momentangeschwindigkeit und – vor allem – Beschleunigung; letzteren führt er ganz neu in die Physik ein (Mach [19], S. 136).

Zu (4) Wurfbewegungen: Noch in der Mitte des 16. Jahrhunderts ist der Glaube verbreitet, ein Kanonenprojektil werde bis zur Erschöpfung mit seiner (ihm von der Kanone) gegebenen Geschwindigkeit gradlinig fliegen, um dann vertikal abzustürzen, die Flugbahn also einen Knick haben (Heidelberger [11], S. 40, Mach [19], S. 143). Der Mathematiker Niccolo Tartaglia (1500 - 1557) ist einer der Ersten, der sich von dieser Aristotelischen Wurftheorie (und späteren Impetustheorie) befreit und die Überzeugung vertritt, dass die Erdanziehung während des ganzen Fluges auf das Geschoss einwirkt und sich die Flugbahn aus einem geraden Stück, einem Kreisbogen und einer vertikalen Tangente daran zusammensetze (Mach [19], S. 143). Eigentlich hätte er aus seiner Grundannahme folgern müssen, dass die Flugbahn überall gekrümmt ist, wie es auf einem späteren Holzschnitt (1606) in einem Werk von Tartaglia tatsächlich zu sehen ist (Heidelberger [11], S. 80).

Galilei, der sich schon 1609 mit der Bewegung von Geschossen beschäftigt, schafft tatsächlich den Durchbruch im Sinne einer Mathematisierung, indem er wiederum ein (neuplatonisch inspiriertes) Einfachheitsideal annimmt: Eine Wurfbewegung (sei sie vertikal nach oben/unten, waagerecht oder beliebig schräg) setzt sich aus zwei Teilbewegungen zusammen, der erzwungenen vom Werfer und der natürlichen durch die Schwere; diese sind unabhängig voneinander und „addieren" sich zueinander im Sinne einer Überlagerung (Superposition). Diese Zusammengesetztheit sieht Galilei nicht aus realen Bewegungen heraus, sondern in sie hinein, was wiederum eine gewagte ideative Konstruktion ist. Die Unabhängigkeit voneinander und die Natur ihrer Verknüpfung als Überlagerung sind gleichfalls zunächst keine Beobachtungsergebnisse, sondern Annahmen aus dem Einfachheitsprinzip, denen allerdings auch schon Aristoteles anhing.

Dieser heuristische Ansatz („Denke dir das Ganze als aus unabhängigen Teilen aufs einfachste zusammengesetzt!") ist zweifellos von bedeutender (wenn auch keinesfalls von universeller) Tragweite (Mach [19]76, S. 143 ff.) und erweist sich im besonderen Falle der Wurfbewegungen bei Galilei als erfolgreich, wie nun am „schiefen Wurf" kurz dargestellt werden soll.

Ein Körper wird aus Bodenhöhe mit einer bekannten Geschwindigkeit vom Betrag c unter dem Winkel α schräg geworfen. Welche Bahn wird der Körper durchfliegen, wenn – natürlich – vom Luftwiderstand abgesehen wird? Nach Galilei kann man so argumentieren: Die erste Bewegung ist eine gleichförmige Bewegung, die – isoliert betrachtet – den Körper auf gerader Linie schräg aufsteigen lassen würde; die zweite Bewegung ist die freie Fallbewegung, die – isoliert betrachtet – den Körper beschleunigt nach unten sinken lassen würde. Galilei löst nun das Problem des schiefen Wurfs, indem er schrittweise verallgemeinert: horizontaler Wurf, schiefer Wurf (Abb. 10.4b).

Zuerst aber bespricht er die Parabel als Kegelschnitt, was den Gesprächspartner Simplicio in Verlegenheiten bringt. Das erste Theorem des vierten Tages lautet: „Ein gleichförmiger horizontaler und zugleich gleichförmig beschleunigter Bewegung unterworfener Körper beschreibt eine Halbparabel" (Galilei [8], S. 81).

In der Sprache der Koordinaten, die Galilei in einer beachtlich kreativen Vorform verwendet, lassen sich (heute!) die beiden Bewegungen und ihre Resultate – die Wurfbewegung – durchsichtig beschreiben (soweit man diese Sprache versteht): Es sei mit x die horizontale Weite, mit y die vertikale Höhe und mit t die Zeit bezeichnet (Abb. 10.4a). In der Zeit t würde die erste Bewegung allein den Körper um die Länge $c \cdot t$ auf der Geraden $y = c \cdot x$ versetzen, seine Höhe über Flur wäre dabei $c \cdot t \cdot \sin \alpha$, seine horizontale Weite $c \cdot t \cdot \cos \alpha$. In derselben Zeit t würde ihn die zweite Bewegung allein um $\frac{g}{2} t^2$ sinken lassen, seine Fallweglänge wäre $-\frac{g}{2} t^2$, seine Weite 0. Die Superposition bedeutet nun (in der Koordinatensprache) die entsprechende Addition der Höhen und Weiten, d. h. der Körper erreicht in der Zeit t insgesamt $y = c \cdot t \cdot \sin \alpha - \frac{g}{2} t^2$ an Höhe und $x = c \cdot t \cdot \cos \alpha$ an Weite. Eliminiert man t, so ergibt sich eine Funktion der Höhe y in Abhängigkeit von der Weite x:

$$y = x \cdot \tan \alpha - \frac{g}{2c^2 \cos^2 \alpha} \cdot x^2,$$

aus der hervorgeht, dass die Wurfbahn eine nach unten geöffnete Parabel ist mit dem Scheitel H (dem höchsten Punkt der Wurfbahn):

$$x_H = \frac{c^2 \cdot \sin 2\alpha}{2g} \qquad y_H = \frac{c^2 \cdot \sin^2 \alpha}{2g}$$

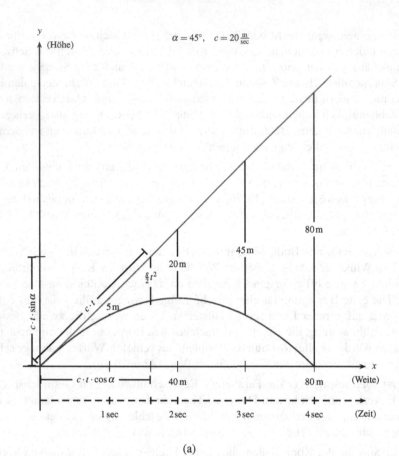

(a)

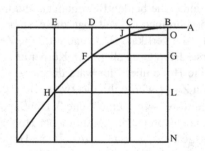

(b) (Original Galilei)

Abb. 10.4

und dem Auftreffpunkt T

$$x_T = \frac{c^2 \cdot \sin 2\alpha}{g} \qquad y_T = 0.$$

Mit dieser Mathematisierung der Wurfbewegung hat man das Mittel in der Hand, einen ganzen Schwarm von Fragen zu beantworten (Bei welchem α wird maximale Weite erreicht? Wie hoch fliegt der Körper bei gegebenem c und α? Wie muss man c und α einrichten, um einen bestimmten Punkt T zu treffen? usw.), denen Galilei in den „Discorsi" auch nachgeht und von denen einige auch schon zu Galileis Zeiten von beachtlichem militärischem Interesse sind. Praktische Nutzung hat Galilei wie – der Legende nach – auch sein Vorbild Archimedes, nicht schnöde verachtet (im Gegensatz zu dem Galilei, den Brecht in seinem Bühnenstück auftreten lässt). So preist er 1609 in einem Brief an den Dogen von Venedig den militärischen Nutzen des von ihm entwickelten und der Signoria geschenkten Fernrohrs: „... auf dem Meere werden wir die Fahrzeuge und Segel des Feindes zwei Stunden früher entdecken, als er unser ansichtig wird ..." (zit. nach Hemleben [12], S. 44). Was den militärischen Nutzen des von Galilei gefundenen Wurfgesetzes (Geschossbahn ist ein Parabelbogen) angeht, so ist er zwar wegen der Vernachlässigung des Luftwiderstandes arg begrenzt (So müsste ein Infanteriegeschoss bei $c = 600\,\frac{m}{sec}$ eine maximale Weite von rd. 36 km erreichen, schafft aber nur 4 km (Hamel [10], S. 25)), jedoch hat Galilei die solide Grundlage der militärischen Ballistik geschaffen.

Die ins Allgemeine gewendete Frage nach der möglichen Verwendung erfolgreicher naturwissenschaftlicher Mathematisierungen ist sowohl für die Mathematik selbst als auch und besonders für den Mathematikunterricht brisant: Wenn die pädagogischen Ziele ernst genommen werden sollen, dann kann die heikle und sehr beunruhigende Frage nicht ausgeblendet werden, zu welchem Gebrauch und zu welchem Missbrauch ein Ergebnis der Angewandten Mathematik schließlich (beim Endverbraucher oder Endopfer) führen kann. Wenn es wahr ist, dass der 1. Weltkrieg von der Chemie (Giftgas), der 2. Weltkrieg von der Physik (Atombombe) entschieden wurden und der 3. (und endgültig letzte) Weltkrieg von der Mathematik (Computersysteme) entschieden werden würde (Davis/Hersh [5], S. 97), so genügt es nicht mehr, auf die Weltabgewandtheit, Schönheit und Unschuld der Mathematik „an sich" zu verweisen und sich für die Anwendungsproblematik als nicht zuständig zu erklären.

10.2 Probleme der Anwendungsorientierung

Wahrscheinlich wird es solange keinen entscheidenden Fortschritt in Theorie und Praxis des Mathematikunterrichts geben, solange das überaus komplizierte Verhältnis zwischen „der" Wirklichkeit und „der" Mathematik nicht in einem tieferen pädagogischen Sinne verstanden wird.

Weder erschöpfend noch überlappungsfrei kann man drei didaktische Funktionen in der Anwendungsorientierung unterscheiden (Winter [27] 1985):

(1) Angewandte Mathematik als Lehrstoff

   - bürgerliches Rechnen mit Größen, Dreisatz-, Prozent- ... Rechnung
   - Elementare Stochastik
   - darstellende und berechnende Geometrie
   - angewandte Analysis
   usw.

(2) Sachbezogenheit als Lernprinzip

- Umweltphänomene als Einstiege in Lernprozesse
- Verkörperung mathematischer Begriff in lebendigen Situationen
- Angewandte Aufgaben zum Üben

(3) Wirklichkeitserschließung als Lernziel

- Befähigung zum besseren Verständnis der aktuellen Lebenswelt der Schülerinnen und Schüler
- Vorbereitende Befähigung zur Meisterung von Situationen des späteren (privaten, beruflichen, öffentlichen) Lebens der Schülerinnen und Schüler

Alle drei Funktionen – so leicht verständlich und begründbar sie zunächst aussehen mögen – werfen spezifische Probleme auf (Becker [1] 1979) und haben immer und überall unterschiedliche Ausprägungen und Einschätzungen erfahren (Kaiser-Meßmer [16] 1986).

Die Funktion (1) kann weitgehend erfüllt werden, ohne dass eine ernsthafte Auseinandersetzung mit der verwirrenden und schmuddeligen Außenwelt stattfindet. Zumindest besteht die Gefahr der Reduktion auf Bereitstellungsmathematik, etwa wenn beim arithmetischen Mittel nicht auch gelernt wird, welche Aussagekraft es in realen Situationen haben kann. Die angewandte Mathematik wird da im Grunde „rein" betrieben, das Anwenden selbst wird außermathematischen Instanzen überlassen. Man beschränkt sich auf die Entwicklung von Instrumenten. Schon der gewaltige Unterschied zwischen naturgemachten und menschengemachten Größen (etwa Gewicht vs. Preis) wird dabei u. U. als mathematisch unwichtig übersehen.

In der Funktion (2) sind zwar „bewährte" didaktische Prinzipien aufgehoben, vor allem die der Anschaulichkeit, der Lebensnähe, des paradigmatischen Lernens, des abwechslungsreichen Übens. Aber abgesehen von der Schwierigkeit, passende anschauliche Situationen überhaupt aufzufinden, gibt es hier das Problem, dass das Anwenden insofern zu einem bloß methodischen Hilfsmittel geraten kann, als inhaltliche Bezüge nicht genügend ernst genommen und damit als austauschbar angesehen werden. Im Extrem läuft da die Anwendungsorientierung auf das Bemühen hinaus, nackte mathematische Ideen in einer attraktiven Verpackung zu präsentieren.

Die Funktion (3) ist das umfassendste, anspruchsvollste, aber auch problemreichste Unternehmen. Wenn sie akzeptiert und ernst genommen wird, schließt sie die beiden übrigen in bestimmter Weise ein. Es geht hier nämlich (in ideal-typischer Vereinfachung) darum, von außermathematischen Problemsituationen auszugehen, diese unter mathematischem Blickwinkel zu analysieren (was immer schon mathematisches Vorwissen voraussetzt), ein Beschreibungsmodell zu entwerfen und dabei neue Begriffe zu entwickeln, im Modell zu arbeiten (zu rechnen etwa), um dann die Ergebnisse des Modelldenkens zu deuten und mit realen Befunden zu konfrontieren, was u. U. zu Änderungen der Modellierung nötigen kann.

Das nachstehende Diagramm (Abb. 10.5) über den viel diskutierten Modellbildungsprozess entnehme ich Fischer/Malle [7] S. 101, das zu kritisieren wäre, wenn es suggerierte, dass die Modellbildung ohne Ideation möglich wäre.

Besseres Verstehen von Situationen der außermathematischen Wirklichkeit besteht hier – grob ausgedrückt – darin, sie im Lichte einer mathematischen Idee, eben eines Modells, sehen zu lernen. Hinzu kommt die Hypothese, dass auch umgekehrt die mathematische

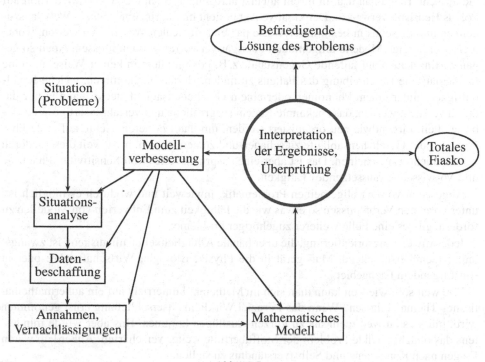

Abb. 10.5

Idee (besser) verständlich wird durch die Kenntnis eines repräsentativen Kranzes von Anwendungen.

Man muss sich im Klaren darüber sein, dass auch schon in einfachen alltäglichen Begebenheiten idealisierende Modellannahmen stecken, was nur deshalb u. U. nicht bewusst ist, weil sich diese Modelle so überwältigend gut bewährt haben und damit für „die" Realität selbst gehalten werden. Dass die Sonne morgens aufgeht, ist eine Modellannahme, dass die Erde sich morgens der Sonne zudreht, eine andere für „dieselbe" Sache. Oder (eine menschengemachte Situation): Wenn ich in einem Kleiderladen für einen Anzug 325 € und für ein Oberhemd 39 € und für alles zusammen 364 ,€ bezahle, so steckt in diesem Additionsmodell die heimliche Annahme der Unabhängigkeit. Der Ladenbesitzer könnte aber auch Preisnachlass gewähren, wenn ich beides zugleich kaufe. Davis/Hersch gehen der Problematik der passenden Modellbildung (durch Addition) in anregender Weise nach und kommen zum Resultat: „Jede systematische Anwendung der Addition auf eine breitgefächerte Klasse von Problemen geschieht per 'fiat' (= es sei so). Dabei addiert man und hofft, dass sich dieser Schritt im Lichte vergangener und zukünftiger Erfahrungen als vernünftig erweist" (S.72).

Die Modellbildung, das Herzstück der Anwendungsorientierung, umschließt konstruktive, ja kreative Betätigung und das ist einer der Gründe, weshalb die Anwendungsorientierung für das Konzept des entdeckenden Lernens so zentral ist. So verwundert es auch nicht, wenn Blechman u. a. in ihrem äußerst anregenden Buch ([2] 1984) wiederholt auf Polyas Heuristik verweisen. Der kreative Akt besteht hier darin, eine „ideale Welt" auszudenken und diese als in bestimmter Weise passend zur realen Welt nachzuweisen, wobei meist vorgängige Modelle umgemodelt oder gar verworfen werden müssen. Noch so genaues Hinschauen auf fallende Gegenstände z. B. genügt allein in keiner Weise, um eine mathematische Beschreibung des Fallens zu finden. Herauszubekommen, welche Regelhaftigkeit hinter einem Phänomen oder einem Geschehensablauf steckt, kann ja nur dadurch versucht werden, dass bekannte Regeln (begriffliche und verfahrensartige Wissensbestandteile) irgendwie neu organisiert werden, um dann in deren Lichte auf reale Phänomene oder Geschehensabläufe zu schauen und zu beobachten, inwieweit diese dadurch verständlich(er) erscheinen. Das ist aber eine anspruchsvolle (weil Sensitivität, Phantasie und Vorwissen voraussetzende) Tätigkeit.

Abgesehen von der allgemeinen Problematik, inwieweit und wodurch es möglich ist, unter normalen Verhältnissen so etwas wie die Fähigkeit zum Entwerfen von Modellen zu fördern, gibt es eine Fülle weiterer zugehöriger Probleme:

Jede Anwendungsorientierung, die über banale Alltäglichkeiten hinausgeht, ist zwangsläufig fachüberschreitend. Man gerät in die Physik, Biologie, Wirtschaftslehre oder in sonst irgendein Fachgebiet.

Wie weit soll, wie weit kann man sich im Mathematikunterricht auf ein außermathematisches Thema einlassen? Wenn das Lernziel Wirklichkeitserschließung ernst genommen wird, muss es zu weit mehr als zu kurzen Ausflügen kommen. Das aber würde mindestens das ohnehin heikle Problem der Stoffüberfülle weiter verschärfen. Außerdem wären Fragen nach Kompetenz und Selbstverständnis zu stellen.

„Echte" Anwendungen sind selten von der Art, dass sie eine „homogene" und gut abgrenzbare Mathematik erfordern, sie liegen vielfach quer zur (curricularen) *Fachsystematik*. Das Thema „Lebensversicherungen" z. B. (10.4) ist mit disparaten mathematischen Begriffen verbunden: Prozent, Potenz, geometrische Reihe, Wahrscheinlichkeit u. a. Wie lassen sich nun Sachsystematik mit Fachsystematik unter einen Hut bringen? Die unterrichtsorganisatorisch einfachere Lösung, zuerst die Theorie (Fach), dann die Praxis (Sache), würde gerade der zentralen Intention, nämlich Mathematik auch in der Begegnung mit Situationen der Wirklichkeit zu lernen, zuwiderlaufen. Andererseits ist es unvorstellbar, wie eigenständiges Modellbilden möglich sein soll, ohne dass mit innermathematisch organisierten, gleichsam uninterpretierten begrifflichen Elementen gespielt wird. Dieses Spielen setzt aber ein gewisses Maß fachsystematischer Distanziertheit voraus.

Ein weiteres Problem betrifft die *inhaltliche* Seite: Was sind eigentlich „gute" Anwendungen? Wie können Anwendungen nach pädagogischer Wichtigkeit unterschieden werden? Gibt es vielleicht unersetzbare, sozusagen fundamentale Anwendungen und wie wären sie dann zu begründen?

Dass Anwenden nicht schon an sich pädagogisch positiv sein muss, dürfte unstreitig sein. In der Nazizeit wurden bekanntlich im Rahmen einer theoriefeindlichen Erziehungsideologie Anwendungen bestimmter Art – nämlich solche mit rassistischem chauvinistischem und (vor allem) militaristischem Hintergrund – hoch geschätzt. Das ist sicher das extremste Beispiel für die Möglichkeit, dass Anwendungsorientierung im Dienste inhumaner Zweckbestimmungen stehen kann. Ein Rückzug auf harmlose (oder nur scheinbar harmlose) Anwendungen erschiene verständlich, wäre aber wieder unverträglich mit der eigentlichen Intention der Wirklichkeitserschließung. Die Auseinandersetzung mit der Frage, inwieweit Anwendungsorientierung „gut" ist, d. h. letztlich Aufklärung im Sinne der Vermehrung von Humanität und Geist anstrebt, kann also nicht umgangen werden.

Die folgenden Kriterien für die bewertende Auswahl können vielleicht nützlich sein, wenn sie auch die Analyse in jedem möglichen Einzelfall einer Anwendung nicht ersparen:

– Ist die Anwendung geeignet, Schülerinnen und Schülern in ihrer **heutigen Existenz** zu helfen, zu begründbaren Urteilen über Verhältnisse ihrer Lebenswelt und zu besserem (menschlichem) Handeln in dieser Lebenswelt zu gelangen? Kann womöglich das Ergebnis der Bemühung unmittelbar benutzt werden?

– Ist die Anwendung geeignet, Schülerinnen und Schülern in ihrer mutmaßlichen **späteren Existenz** zu helfen, Problemsituationen im Sinne einer Vermehrung des eigenen Glücks und des Gemeinwohls zu lösen?

Schließlich sei noch die Problematik der *didaktischen Strukturierung* von Anwendungen wenigstens erwähnt. Diese betrifft hauptsächlich die folgenden Fragen:

– Wie *authemtisch* ist das die Anwendung repräsentierende Material? Können die Schülerinnen und Schüler mit unmittelbaren, dokumentarischen Quellen arbeiten oder werden frisierte/fingierte Daten vorgelegt?

– Wie *zugänglich* ist die Anwendungssituation für die Schülerinnen und Schüler hier und jetzt? Sind primäre sinnliche Erfahrungen möglich oder gibt es eine Vermittlung über Medien (Texte z. B.)?

– Wie *reichhaltig* ist eine vorgegebene Sachsituation an möglichen sachkundlich-mathematischen Problemstellungen? Lassen sich ohne Krampf mehrere wesentlich verschiedene mathematisierbare Aspekte unterscheiden, oder ist die Situation stark auf einen einzigen Problemtyp eingeengt?

– Wie *schwierig* ist – im Angesicht von Vorwissen und situativen Barrieren – der Modellbildungsprozess und wie anspruchsvoll sind die einhergehenden mathematischen Begriffsbildungen? Erfordert die Analyse der Anwendungssituation mehr oder weniger kühne Idealisierungen, Umstrukturierungen bisheriger Vorstellungen und neuartiger Konstruktionen oder lässt sie sich eher routinemäßig vollziehen?

Anwendungsorientierung ist ersichtlich eine anspruchsvolle und voraussetzungsreiche Forderung. Für die Qualität des entdeckenden Lernens dürfte es ausschlaggebend sein, inwieweit sie unterrichtlich eingelöst werden kann.

In den folgenden beiden Abschnitten werden zwei Beispiele als Unterrichtsprojekte skizziert, die m. E. geeignet sind, die Bedeutung der Anwendungsorientierung für das Konzept des entdeckenden Lernens deutlicher zu zeigen. Es wird damit aber nicht behauptet, Anwendungsorientierung lasse sich *nur* in Projekten verwirklichen.

10.3 Geschwindigkeit im Straßenverkehr

Die gesellschaftliche, ja existentielle Bedeutsamkeit dieses Themas ist unbestreitbar. Dazu braucht man sich nur zu vergegenwärtigen, dass es im Jahre 1886 in der Bundesrepublik nicht weniger als 1,93 Mio. Straßenunfälle gab und dabei 8945 Menschen getötet und 443235 verletzt wurden. Als häufigste Unfallursache (mit 21,7 % aller Unfälle) wird „nicht angepasstes Tempo" angegeben (nach „Auto Bild" v. 2.3.87). Wenn auch die Anzahl der in einem Jahr Getöteten trotz ständiger Zunahme von Fahrzeugen und Fahrleistungen signifikant gefallen ist (1970: 19193 Tote, 1976: 14820 Tote, 1980: 13041 Tote, 1984: 10199 Tote), so bedeuten 9000 Tote immer noch die totale Auslöschung der Bevölkerung einer kleinen Stadt. Im Dezennium von Anfang 1976 bis Ende 1985 starben insgesamt 124336 Menschen auf unseren Straßen, das ist etwa die Einwohnerzahl von Regensburg. Wenn man noch bedenkt, welches hunderttausendfache Leid durch Unfallverletzungen entstanden ist und weiterhin entsteht (ganz zu schweigen von unfallbedingten Sachschäden und von Umweltschäden auch bei unfallfreiem Verkehr), so müsste man annehmen, dass unser im wahrsten Sinne des Wortes mörderischer Verkehr in der Breite der Bevölkerung, in der Medienöffentlichkeit und auf der politischen Bühne tiefe Betroffenheit hervorriefe. Dass dies nur bedingt der Fall zu sein scheint, kann zwar mit vielerlei psychologischen Verhaltensweisen „erklärt" werden, stellt aber den Glauben an die menschliche Vernunft und die Macht der Aufklärung auf eine harte Probe.

Gleichwohl bleibt für die Schule nichts anderes, als beharrlich und möglichst mit immer besseren didaktischen Mitteln aufklärend zu wirken, was, wie wir wissen, intellektuelle, emotionale und moralische Komponenten umfasst.

Eine unersetzbare Aufgabe des Mathematikunterrichts besteht dabei in der Entwicklung eines tieferen Verständnisses der „Fahrphysik" und ihrer Bedeutung für die Sicherheit/Gefährdung von Menschen. Da gibt es unzweifelhaft einen Denk-, Empfindungs- und Handlungsbedarf in weiten Teilen der Bevölkerung. Insbesondere sind gänzlich mangelhafte Vorstellungen über die Länge von Bremswegen und Überholstrecken, über die Verminderung der Geschwindigkeit beim Bremsen (so genannte „Restgeschwindigkeit"), über Einflussfaktoren für das Bremsen usw. verbreitet, sogar Fahrlehrern und Kraftfahrzeugsachverständigen. So vermuteten „Experten", dass beim Abbremsen aus einer Geschwindigkeit von 50 km/h nach 15 m Anhalteweg das Auto nur noch eine Geschwindigkeit von höchstens 18 km/h habe (nach einer Mitteilung in „Gute Fahrt"). Tatsächlich beträgt sie bei einer Bremsverzögerung von -6m/sec^2 und einer Reaktionszeit von 1 sec noch 48 km/h. Wahrscheinlich wird aus der (richtigen) Tatsache, dass die Geschwindigkeit gleichmäßig mit der Zeit abnimmt, (heimlich) geschlossen, dass sie auch mit dem Bremsweg gleichmäßig abnehme, was tödlich ausgehen kann.

In der Fahrschule wird zwar die Faustformel „Tachozahl durch 10 – diese Zahl mit sich selbst malnehmen" zur Bestimmung des Bremsweges gelernt, aber eine solche Faustformel ist in ihrer Isoliertheit kaum geeignet, das Verständnis für Bremsbewegungen anzubahnen oder zu fördern.

Ebenso dürfte andererseits eine „Behandlung" der Bremsbewegung als Anwendungsbeispiel in der Analysis der S II dann keine Handlungsorientierung bewirken, wenn die situativen und menschlichen Bezüge weitgehend ausgeblendet bleiben. In der Tat kann man die Sache rasch theoretisch „erledigen".

Was aber dringlich erscheint, ist eine Auseinandersetzung mit der Thematik und zwar wegen der allgemeinen Bedeutung in der S I, in der die Schülerinnen und Schüler intensiver und selbständiger an der Modellbildung beteiligt werden und Anstöße erhalten, die mathematischen Überlegungen und Ergebnisse mit den sachkundlichen Aspekten zu verknüpfen.

Ein mögliches Teilthema, auf das ich mich hier beschränke, ist durch die aktuelle, in der Öffentlichkeit kontrovers diskutierte und auch die Schülerinnen und Schüler als Verkehrsteilnehmer unmittelbar betreffende Frage repräsentiert: Soll in Wohngebieten die Höchstgeschwindigkeit für Kraftfahrzeuge von 50 km/h auf 30 km/h beschränkt werden? (wie es z. B. der Deutsche Kinderschutzbund fordert). Befunde von entsprechenden Versuchen sollte der Diskussion Richtpunkte geben, z. B. könnte diese Pressemitteilung einbezogen werden:

„Weniger Tote und Unfälle. Tempo 30 in allen Städten?

Tempo 30 ist nicht mehr zu bremsen: Die Zahl der Unfälle mit Verletzten ist in den Versuchsgebieten Deutschlands drastisch gesunken. Zwar läuft der Großversuch noch bis Ende 1989, doch die Formel: „Langsamer fahren – weniger Unfälle" stellt heute niemand mehr ernsthaft in Frage.

Jüngste Ergebnisse der Modellversuche sprechen für sich: Es ist Zeit, die Raserei auf Kosten von Kindern, Alten und Radfahrern mit einem Tempolimit zu stoppen, fordern Experten.

„Die Ergebnisse von Tempo 30 sind wirklich erfreulich, der Aufwand hat sich gelohnt", kommentiert Hamburgs Innensenator Rolf Lange erste Untersuchungsergebnisse des Großversuchs. Die Hansestadt ist Vorreiter. Von 1300 Straßenkilometern, die für eine Geschwindigkeitsbeschränkung in Frage kommen, gilt bereits auf 850 Kilometern Tempo 30. Bald werden es mehr als 900 Kilometer sein.

Obwohl sich nur jeder zweite Autofahrer an das Tempolimit hält, gingen die Zahlen der Unfallopfer in den Langsamfahrgebieten deutlich zurück: 22 Schwerverletzte (34 %), 69 Leichtverletzte (22,3 %), 18 Unfälle mit Kindern (20,2 %) und 24 Unfälle mit Radfahrern (22,8 %) weniger als im Vergleichszeitraum des Vorjahres.

Je sinnvoller Straßen umgestaltet werden, desto größer ist der Erfolg. Zum Beispiel Buxtehude: In der kleinen Stadt bei Hamburg ging die Gesamtzahl der Unfälle auf den 40 Kilometern mit Zickzackkurs, Straßenverengungen und Blumenkübeln zwar nicht zurück, aber es gab 40 Prozent weniger Unfälle mit Verletzten, die Zahl der Schwerverletzten sank um 62 Prozent."

(Kleino/Walthe in Auto Bild, 7.7.86)

Die Frage, ob denn der Unterschied zwischen den beiden Geschwindigkeiten 50 km/h und 30 km/h wirklich so bedeutend ist, muss nun mathematisch-physikalisch genauer untersucht werden. Das ist das – bewusst vage formulierte – Problem.

Wir spitzen zu: Wie bewegt sich ein Wagen, der mit 50 km/h Geschwindigkeit fährt, jetzt abgebremst wird, bis er nach irgendeiner Zeit an irgendeiner Stelle stehen bleibt?

– Wie lang ist die Bremszeit?
– Wie lang ist der Bremsweg?
– Welche Geschwindigkeit hat er in den Zeitpunkten der Bremsbewegung?

Bevor Versuche unternommen werden können, solches auszurechnen, muss aufgedeckt werden, was alles beim Bremsen eine Rolle spielt und inwieweit wir idealisieren: ideale Straße (eben, überall gleicher Belag), idealer Fahrer (bremst vollkommen gleichmäßig während des ganzen Vorgangs), ideales Auto (Bremsanlage spricht sofort an und wirkt vollkommen gleichartig während des ganzen Vorganges), idealer Raum (kein Luftwiderstand). Wie können wir nun in dieser vereinfachten idealen Welt Rechnungen anstellen?

Natürlich wird es festgehalten, wenn eine Schülerin oder ein Schüler jetzt die „Fahrschulformel" vorschlägt. Aber wir wollen ja die Bewegung genauer untersuchen.

Klar ist nur, *dass* der Wagen immer langsamer wird, dass seine Geschwindigkeit von 50 km/h zu Anfang auf 0 absinkt. Aber *wie* wird das Absinken vonstatten gehen?

Möglicherweise dominiert die (an sich ja fruchtbare) Linearitätsidee, die zur Vermutung führen würde, dass nach halbem Bremsweg auch die Geschwindigkeit auf die Hälfte (also auf 25 km/h) heruntergedrückt worden ist. Dieser Vorschlag – die Geschwindigkeit sinkt im gleichen Maße wie der Bremsweg zunimmt, nach $\frac{1}{n}$ Weg ist die Geschwindigkeit um $\frac{1}{n}$ gesunken – muss kritisch bedacht werden. Der Verweis auf Erfahrungen beim Radfahren oder als Mitfahrer in PKWs (Schau auf die Bewegung der Tachonadel!) könnte stutzig machen und eine alternative Hypothese nahelegen: Die Geschwindigkeit nimmt – gemessen am Bremsweg – zuerst langsam, dann immer rascher ab; kurz vor dem Stop fällt sie steil ab. Gibt es ähnliche, bekannte Bewegungen? Ja, wenn wir einen Stein senkrecht nach oben katapultieren, so scheint es so auszusehen, als ob seine Geschwindigkeit auf dem letzten Stück rascher abnehme als auf dem Anfangsstück der Wurfbewegung.

Der Vergleich mit dem senkrechten Wurf (Heurismus der Analogie!) könnte – je nach physikalischen Vorkenntnissen – tatsächlich zu folgendem Modellansatz führen: Wir denken uns die Geschwindigkeit beim Bremsweg aus zwei unabhängig voneinander wirkenden Geschwindigkeiten (überlagernd) zusammengesetzt: der fest bleibenden und vorwärtsgerichteten Geschwindigkeit des Wagens von 50 km/h (in der der Wagen beharren würde, wenn es keine Widerstände gäbe) und einer wachsenden und entgegengesetzt gerichteten (bremsenden) Geschwindigkeit. Der Einfachheit halber nehmen wir weiter an, diese zweite Geschwindigkeit nehme (dem Betrag nach) proportional zur Zeit zu (so wie die reine Fallgeschwindigkeit proportional zur Zeit zunimmt, wo eine feste Anziehungskraft wirkt, während bei uns eine feste Bremskraft im Spiel ist). Diese modellstiftenden Überlegungen sind zweifellos die anspruchsvollsten des ganzen Unterrichtsprojektes. Es werden Vorschläge über das Maß dieser Geschwindigkeitszunahme pro Zeiteinheit verhandelt. Der Lehrende (oder besser ein Lernender als lokaler Experte) mag berichten, dass der TÜV üblicherweise eine Geschwindigkeitsänderungsrate von 4 m pro sec fordert, dass gesetzlich mindestens 2,5 m pro sec vorgeschrieben sind und dass man bei günstigen Verhältnissen auf 8 m pro sec gelangen kann (Rieder u. a. [20], S. 245).

Hier ist der Ort, die Begriffe (Momentan)Geschwindigkeit und (Momentan)Beschleunigung (evtl. wiederholend) deutlicher hervorzuheben.

Geschwindigkeit: 50 km/h bedeutet, dass der Wagen in 1 h eine Strecke von 50 km (in Geradeausfahrt) zurücklegen würde, wenn er 1 h lang genau so schnell fahren würde, wie

er im Augenblick tatsächlich fährt. Besser ist die Beschreibung an einem überschauba-
ren Zeitmaß: $50\,\text{km/h} = 13\frac{8}{9}\,\text{m/sec} \approx 14\,\text{m/sec}$. Der Wagen fährt damit schneller als die
schnellsten Sprinter der Welt laufen, die auf einer 100-m-Strecke im Schnitt höchstens
$10\,\text{m/sec}$ erzielen.

Die Momentan-Geschwindigkeit gibt also die Wegänderungsrate an, die Wegzu/abnah-
me, die der Wagen pro Zeiteinheit erführe, wenn er mit der Augenblicksschnelligkeit diese
Zeiteinheit durchhielte.

Beschleunigung: $(4\,\text{m/sec})/\text{sec}$ bedeutet, dass der Wagen in $1\,\text{sec}$ eine Geschwindigkeitszunahme von $4\,\text{m/sec}$ erfahren würde, wenn er $1\,\text{sec}$ lang in der Art schneller wird, wie es
im Augenblick geschieht. Die Momentanbeschleunigung gibt also die Geschwindigkeitsänderungsrate an, die Geschwindigkeitszu/abnahme, die der Wagen pro Zeiteinheit erlitte,
wenn er mit der Augenblicksgeschwindigkeitsänderung diese Zeiteinheit durchstünde. In
unserem Falle handelt es sich um eine in der Zeit gleichmäßige Geschwindigkeitsabnah-
me, man nennt sie Bremsverzögerung. Die Schreibweise $-4\,\text{m/sec}^2$ gibt das Gemeinte
kurz wieder: Das Minuszeichen weist auf die Gegenrichtung hin, das Quadrat darauf, dass
die Änderungsrate der Änderungsrate des Weges nach der Zeit gemeint ist.

Erstaunlich ist, dass allein mit der Angabe der Bremsverzögerung (und den genannten Idealisierungen) die Bewegung modelliert werden kann, indem die folgende Tabelle
entwickelt wird:

Zeit (sec)	Geschwindigkeit v zur Zeit t (m/s)	Weg s zur Zeit t (m)
0	14	0
1	$14 - 4 = 10$	$14 - \frac{1}{2}\cdot 4 = 12$
2	$14 - 2\cdot 4 = 6$	$28 - (\frac{1}{2} + \frac{3}{2})\cdot 4 = 20$
3	$14 - 3\cdot 4 = 2$	$42 - (\frac{1}{2} + \frac{3}{2} + \frac{5}{2})\cdot 4 = 24$
3,5	$14 - 3{,}5\cdot 4 = 0$	$49 - (\frac{1}{2} + \frac{3}{2} + \frac{5}{2})\cdot 4 - 3\frac{1}{4}\cdot\frac{1}{2}\cdot 4 = 24{,}5$

Die Berechnung des Weges (rechte Spalte) geschieht (in Galileischer Manier), indem die
jeweils inmitten einer Zeiteinheit gelegene Geschwindigkeit als Durchschnittsgeschwin-
digkeit für diese gesamte Zeiteinheit genommen und dann je die Grundvorstellung

$$\text{Weg} = \text{Geschwindigkeit}\cdot\text{Zeit}$$

realisiert wird. So hat die gleichmäßig verzögernde Bewegung zu Beginn der 2. Zeiteinheit
die Geschwindigkeit $-4\,\frac{\text{m}}{\text{sec}}$, an deren Ende $8\,\frac{\text{m}}{\text{sec}}$, im Mittel also $-\frac{3}{2}\cdot 4\,\frac{\text{m}}{\text{sec}}$, so dass der
Verzögerungsweg in dieser 2. Zeiteinheit $\frac{3}{4}\cdot 4\,\text{m}$ beträgt.

Einen klareren Blick in die Bremsbewegung versuchen wir durch Schaubilder zu erlangen.

Das Bild (Abb. 10.6) der Weg-Geschwindigkeits-Funktion – punktweise gewonnen –
scheint einen Parabelbogen zu zeigen, was – wenn etwa Algebra oder Geometrie verfügbar ist – bestätigt werden kann. Dazu entwickeln wir zunächst aus unserer Tabelle die

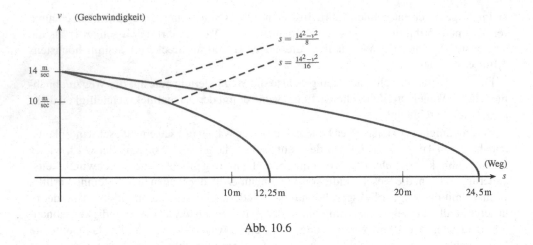

Abb. 10.6

Gleichungen über die Zeit-Geschwindigkeits- und die Zeit-Weg-Funktion.

$$v = 14\frac{m}{\sec} - 4\frac{m}{\sec^2} \cdot t$$

$$s = 14\frac{m}{\sec} \cdot t - 4\frac{m}{\sec^2} \cdot \frac{t^2}{2}$$

oder „entlasteter"

$$v = 14 - 4t$$

$$s = 14t - 2t^2$$

woraus – über $t = \frac{14-v}{4}$ – die Gleichung $s = 14 \cdot \frac{14-v}{4} - 2 \cdot \frac{(14-v)^2}{16} = \frac{14^2-v^2}{8}$ gewonnen wird, die den Zusammenhang zwischen momentaner Geschwindigkeit v beim Bremsvorgang und der Weglänge beschreibt. Als „Nebenproblem" ist bei der Zeit-Weg-Funktion die Summe der n ersten ungeraden Zahlen zu bestimmen:

$$1 + 3 + \ldots + 2n - 1 = n^2.$$

Tatsächlich handelt es sich also um eine Parabel. Rechnerisch und zeichnerisch lassen sich jetzt Fragen dieser Art beantworten: Nach welcher Weglänge beträgt die Geschwindigkeit nur noch $7\frac{m}{\sec}$, $5\frac{m}{\sec}$, $\ldots$?

Wie hoch ist die („Rest")Geschwindigkeit nach $15\,m$, $21\,m$, $22\,m$, $\ldots$ Weglänge? Konkret: Mit welcher Geschwindigkeit prallt ein Auto auf eine Person, wenn der Fahrer mit $14\frac{m}{\sec}$ ($\approx 50\frac{km}{h}$) fährt und im Abstand von $18\,m$ vor der Person zu bremsen beginnt? (Immer noch mit fast $26\frac{km}{h}$!).

Variationen der Bremsverzögerung liefern (bei festgehaltener Anfangsgeschwindigkeit $14\frac{m}{\sec}$) neue Parabeln: in Abb. 10.6 ist die für die doppelte Bremsverzögerung ($-8\frac{m}{\sec^2}$) eingetragen, woraus eindringlich erkennbar wird, welche Bedeutung gute Bremsanlagen und bremsgünstige Straßen haben. Die lebenswichtige Regel wird entdeckt: Doppelt so gutes Bremsen (d. h. doppelte Bremsverzögerung) halbiert den Bremsweg, was noch reiner gesehen werden kann, wenn die Zusammenhänge mehr und mehr allgemein in Variablen dargestellt werden:

Geschwindigkeit v nach der Zeit t bei Bremsverzögerung $-b$ und bei Bremsanfangsgeschwindigkeit v_A:

$$v(t) = v_A - b \cdot t$$

Weg s nach der Zeit t:

$$s(t) = v_A t - \frac{b}{2} t^2$$

Bremszeit t_B:

$$t_B = \frac{v_A}{b}$$

Weglänge in Abhängigkeit von der Momentangeschwindigkeit v:

$$s(v) = \frac{v_A^2 - v^2}{2b}$$

Gesamte Bremsweglänge s_B:

$$s_B = \frac{v_A^2}{2b}$$

Die letzte Gleichung ist für das Verkehrsgeschehen von besonderer Bedeutung und verdient genaue Analyse. Aufgaben, die geradezu das Leben stellt, können berechnet und müssen situativ ausgestaltet werden: Um wieviel % vergrößert sich der Bremsweg, wenn die Bremsverzögerung nur noch 90 % (80 %, ...) der „normalen" $(-b)$ beträgt? Um wieviel % ist die Bremsverzögerung (dem Betrage nach) verkleinert, wenn der Bremsweg um $\frac{1}{3}$ des „normalen" $(\frac{v_A^2}{2b})$ länger ist? Experimentell wurden (für $v_A = 50 \frac{km}{h}$) folgende Bremslängen bei sonst gleichen Bedingungen gefunden (Auto Bild, 24.11.86, S.4):

Belag Zustand	Zement Beton	Asphalt	Kopfstein grob	Kopfstein fein
trocken	12 m	12 m	14 m	13 m
nass	14 m	16 m	17 m	18 m
schmierig	20 m	33 m	29 m	33 m
vereist	90 m	100 m	120 m	125 m

Die Fahrschulfaustregel sollte hiermit und auch mit unserer theoretischen Formel $s_B = \frac{v_A^2}{2b}$ konfrontiert werden. Welche Bremsverzögerung wird in der Faustformel angenommen?

Die quadratische Abhängigkeit des Bremsweges von der Anfangsgeschwindigkeit v_A ist genau der Punkt, der offenbar nur mit Anstrengung republikanisiert werden kann (vgl. z. B. „Die Crux mit dem Quadrat" v. G. Weihmann in der FAZ vom 5.9.82), zu mächtig ist das lineare (proportionale) Denken und zu gering und phylogenetisch zu jung sind die menschlichen Erfahrungen mit hohen Geschwindigkeiten (Fischer/Malle [7], S. 136).

Es müsste hier zunächst mit aller Klarheit herausgestellt werden (siehe Eingangsfrage!), dass die Reduktion von 50 km/h auf 30 km/h (also um 40 %) dramatisch mehr bringt als etwa eine Verkürzung des Bremsweges auch um nur 40 %. Das muss zeichnerisch, rechnerisch und algebraisch erlebt werden. In Abbildung 10.7 sind die Geschwindigkeits-Weg-Parabeln für verschiedene Anfangsgeschwindigkeiten je mit der (guten) Bremsverzögerung $-6 \frac{m}{sec^2}$ dargestellt.

Der Bremsweg reduziert sich bei Absenkung des Tempos v_A von 50 km/h auf 30 km/h, von 16 m auf 5,8 m, also um fast 64 %. Und diese prozentuale Abnahme des Bremsweges um 64 % (oder auf 36 %) tritt immer ein, wenn v_A um 40 % abgesenkt wird, denn

$$\frac{(v_A(1-0,4))^2}{2b} = \frac{v_A^2}{2b} \cdot 0,36.$$

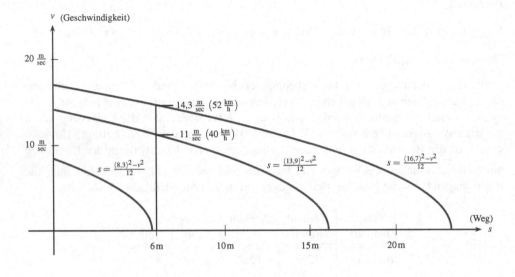

Abb. 10.7

Die Einsicht: „Doppelte Geschwindigkeit bedeutet vierfachen Bremsweg, halbe Geschwindigkeit bedeutet Viertelung des Bremsweges" muss geradezu auswendig gelernt werden. Besonders drastisch wird die Unterscheidung zwischen beiden hier zu besprechenden Geschwindigkeiten, wenn wir uns vorstellen, dass zwei (ideal gleichartige) Wagen, der langsamere mit 30 km/h, der schnellere mit 50 km/h ankommend, auf derselben Höhe zugleich mit der Bremsbewegung beginnen. Nach knapp 1,4 sec Bremszeit und 5,8 m Bremsweg steht der langsamere Wagen. Nach 1,4 sec hat aber der schnellere Wagen bereits eine Strecke von 13,5 m hinter sich gebracht und immer noch eine Geschwindigkeit von 20 km/h. Wichtiger ist noch, dass der schnellere Wagen nach weniger als 0,5 sec mit einer Geschwindigkeit von noch fast 40 km/h über die Stelle rast, an dem (wenig später) der langsamere Wagen halten wird. Würde also im Augenblick des Bremsvorganges in 6 m Entfernung plötzlich ein Kind auftauchen, so käme der langsamere Wagen gerade noch zum Stehen, während der schnellere mit fast 40 km/h Geschwindigkeit aufprallen würde. Bei überhöhter Geschwindigkeit von 60 km/h gar würde das Kind mit fast 52 km/h Geschwindigkeit überfahren und zumindest schwer verletzt werden. Nach Angaben des Kinderschutzbundes wachsen die Tötungswahrscheinlichkeiten mit steigender Aufprallgeschwindigkeit (weitaus) überproportional an:

Aufprallgeschwindigkeit	Tötungswahrscheinlichkeit
25 km/h	0,035
50 km/h	0,37
70 km/h	0,83

Bei allen unseren Überlegungen und Berechnungen haben wir noch davon abgesehen, dass zwischen dem Erkennen eines Gefahrenpunktes und dem Beginn des Bremsens eine Zeit vergeht (Reaktionszeit) und der Wagen in dieser Zeit einen Weg zurücklegt (Reaktionsweg). Wenn man (realistischerweise) die Reaktionszeit mit 1 sec (nach Rieder u. a. [20] 0,4 bis 1,5 sec, S. 243) und (plausiblerweise) eine konstante Geschwindigkeit (v_A) in der Reaktionszeit annimmt, so können die obigen Fragestellungen noch näher an reale Situationen herangerückt werden, was aber hier nicht mehr ausgeführt werden soll.

Es dürfte genügend erkennbar geworden sein, dass nur eine mathematisch tiefer gehende Auseinandersetzung überhaupt erst die Sachlage deutlicher erkennen lässt und nur so ein Stück Aufklärung geleistet werden kann. Inwieweit ein genaueres Wissen auch ein besseres Handeln nach sich zieht (das Sokratische Problem der Vermittelbarkeit von Tugend), bleibt allerdings grundsätzlich offen, wenngleich die Hoffnung berechtigt erscheint, dass Aufklärung wirkungsvoller ist, wenn emotionale Momente eingeschlossen werden.

Für die Problematik des entdeckenden Lernens ist wichtig, dass mathematisch-physikalische Begriffe (Geschwindigkeit, Beschleunigung, quadratische Abhängigkeit, Proportion, Funktion) in einer bedeutungsvollen und authentischen Situation erfahren werden und dass es viele Möglichkeiten zu selbständiger und differentieller geistiger Arbeit gibt. Es ist auch wahrscheinlich, dass diese Thematik in dieser Genese Betroffenheit bei den Schülerinnen und Schülern bewirkt.

10.4 Lebensversicherung

Noch stärker als das Beispiel „Geschwindigkeit im Straßenverkehr" (10.3) gehört dieses Thema in den Bereich der menschengemachten Realitätsbereiche: Versicherungen und ihr Regelwerk sind geschichtliche Phänomene (vs. physikalische).

Die Bedeutung der Lebensversicherung für viele einzelne Bürger wie auch für die Gesellschaft insgesamt ist zwar nicht so hautnah und täglich sinnlich erfahrbar wie der Straßenverkehr, aber dennoch unbestreitbar groß: Wir Menschen sind (wahrscheinlich) die einzigen Lebewesen, die um ihren Tod wissen und befähigt sind, bewusst Vorsorge für das Alter und für die Versorgung Hinterbliebener zu treffen. Ganz allgemein drücken sich in dem (nachweislich wachsenden) Bestreben, die finanziellen Folgen möglicher Unglücksfälle (Tod, Alter, Krankheit, Unfall, Arbeitslosigkeit, Beraubung, Hagel, ...) durch Abschluss einer Versicherung zu mildern, die Angst der Menschen vor den Unsicherheiten einer unbekannten Zukunft und ihr finanziell quantifizierter Lebenshunger aus. Konkret: Im Jahre 1984 wurden von den Bewohnern der Bundesrepublik insgesamt rd. 96,6 Mrd. DM (Deutsche Mark) an Beiträgen für privaten Versicherungsschutz aller Art ausgegeben, das waren rd. 1600 DM pro Person. Nicht eingeschlossen sind darin die Beiträge für die gesetzliche Sozialversicherung, bei der von den Versicherten allein noch einmal insgesamt rd. 117,1 Mrd. DM an Beitragsgeld aufgebracht wurden. Geradezu exponentiell ist das Wachstum des privaten (freiwilligen) Lebensversicherungswesens, wie die Entwicklung der totalen Jahresbeiträge für die Bundesrepublik zeigt:

Jahr	1960	1970	1980	1985
Jahresbeiträge in Mrd DM	3,0	9,9	28,7	39,4

Ganz grob war es eine Ver-3-fachung in 10 Jahren, was einer durchschnittlichen jährlichen Steigerung von fast 12 % entspricht. Auf einen deutschen Haushalt entfallen heute im Mittel 2 bis 3 Lebensversicherungsverträge, wobei aber diese Mitteilung schamhaft verhüllt, dass es in der Realität gewaltige Unterschiede gibt. Insbesondere sind viele alleinstehende ältere Frauen erbärmlich unterversorgt.

Mit dem Thema Lebensversicherungen sind zentrale wirtschafts- und sozialpolitische Probleme verbunden, etwa: Versicherungswirtschaft als Teil der freien Marktwirtschaft, Aufsichtsfunktion des Staates, Sparen und Leihen als grundlegende Geldhändel, Steuern und Steuerermäßigung, staatliche und private Altersversorgung, Bevölkerungsaufbau.
Bei entsprechender didaktischer Erschließung könnte das Thema als exemplarisch für wirtschaftsmathematisches Denken im Sinne Wagenscheins gelten, wenn man noch beachtet, dass einfache, aber wichtige mathematische Ideen involviert sind: Prozentrechnung, Proportion, geometrisches Wachstum, Potenzrechnung, Summierung geometrischer Reihen, Wahrscheinlichkeit.

Versicherungsprobleme können Schülerinnen und Schüler des fraglichen Alters sogar schon unmittelbar angehen. Stichwörter: Schülerunfallversicherung; Haftpflichtversicherung für Moped-Fahrer; Ausbildungs- oder Aussteuerversicherung, die Eltern für ihre Kinder abschließen.

Die spezifische Aufklärung, die der Mathematikunterricht der allgemeinbildenden Schule hier leisten könnte (und müsste, wenn das Thema überhaupt gewählt wird), besteht in der verständigen Erarbeitung des Grundgedankens der *(Netto)Prämienkalkulation*: Wie hoch sollte fairerweise der Nettobeitrag des Versicherten sein, wenn der Versicherer – ein profitorientiertes Unternehmen – die und die Gegenleistung (im Versicherungsfall) garantiert? Es geht nicht darum, ein Stückchen Berufsausbildung von Versicherungskaufleuten vorwegnehmen zu wollen, sondern um einen Beitrag zur republikanischen, nämlich Urteilsfähigkeit intendierenden Aufklärung. Nach meinen (punktuellen) Erfahrungen haben Agenten der Versicherungswirtschaft – es soll deren 300 000 geben – zwar ein technisches Gebrauchswissen (und Propagandawissen), aber kaum eine klare Vorstellung von dem, was mathematisch hinter den Gebräuchen steht. Die einschlägige Medienöffentlichkeit, soweit sie kritisch ist, vermeidet es ebenfalls, die mathematischen Ideen klar vorzustellen. Und die offizielle Versicherungsmathematik ist derart fachlich ausdifferenziert, dass von dort aus auch keine Breitenaufklärung möglich erscheint. So wäre es Aufgabe der Schule, eine redliche Mitte zwischen alltäglichen Gebrauchs/Geschäftswissen, übergeordnetem Wirtschaftswissen und spezialisiertem Versicherungsmathematikwissen ausfindig zu machen. Dass dieses Unternehmen sich allseits Kritik aussetzt, ist unvermeidbar.

Ein möglicher (und teilerprobter) Versuch sei nun skizziert, es gibt dazu ein Schülerarbeitsheft (Winter [28] 1987).

Als Einstieg dient die Präsentation einer authentischen Lebensversicherungspolice, aus der hervorgeht:

Versicherungsunternehmen (Versicherer): *A*
Versicherte Person: *W*
Alter von *W* bei Vertragsabschluss: 46 Jahre
Geschlecht von *W*: männlich
Versicherte Summe: 40 000 DM
Prämie (Beitrag) jährlich im Voraus zu zahlen: 3 235, 20 DM
Beginn der Versicherung des 1. Versicherungsjahres: 01.12.1974
Ablauf des Versicherungsschutzes: 01.12.1986
Versicherungsdauer: 12 Jahre
Bezugsrecht: im Todesfalle während der Versicherungszeit an Ehefrau *L*,
      im Erlebensfalle am 01.12.1986 an *W*.
Datum des Vertragsabschlusses: 06.11.1974

Dieses Dokument regt zu sachkundlich orientierten Diskussionen an, deren Richtungen man kaum voraussehen kann. Fast zwangsläufig tritt irgendwann die Frage auf: Stehen Beitragsleistungen von *W* und Versicherungsleistungen von *A* in einem „vernünftigen Verhältnis" zueinander? Man kann zuspitzen (Erzeugung eines kognitiven Konfliktes): Wäre es nicht besser für *W* (gewesen), das Beitragsgeld als Spargeld zu verwenden und noch Zinsen einzuheimsen?

Diese Frage wird in verschiedener Weise zu Aufgaben spezifiziert:

- Gesamtbetrag der Einzahlung nach 12 Jahren, wenn es keine Zinsen gibt (Sparstrumpfmodell)?
- Gesamtbetrag nach 12 Jahren, wenn der Jahreszinssatz 2 % (2, 5 %, 3 %, ...) beträgt und die anfallenden Zinsen immer jeweils dazugeschlagen werden?

Die zweite Aufgabe gibt die Gelegenheit, Prozent- und Zinsrechnung zu wiederholen und zu den Begriffen Zinseszins, Potenz und Geometrische Reihe hinzuführen.

Diese tabellenartige Lösung können die Schülerinnen und Schüler weitgehend selbständig entwickeln, soweit sie diese Grundvorstellung verstanden haben:

„Um 2 % wachsen" heißt „auf das 1, 02-fache steigen"

$$3235, 20 \,\text{DM} + 2\% \text{ von } 3235, 20 \,\text{DM} = 3235, 20 \,\text{DM} \cdot 1, 02$$

Zahlung Nr.	Zinszeit in Jahren	Betrag am 01.12.86	
1	12	$3235, 20 \,\text{DM} \cdot 1, 02^{12}$	$= 4103, 02 \,\text{DM}$
2	11	$3235, 20 \,\text{DM} \cdot 1, 02^{11}$	$= 4022, 56 \,\text{DM}$
3	10	$3235, 20 \,\text{DM} \cdot 1, 02^{10}$	$= 3943, 69 \,\text{DM}$
4	9	$3235, 20 \,\text{DM} \cdot 1, 02^{9}$	$= 3866, 36 \,\text{DM}$
5	8	$3235, 20 \,\text{DM} \cdot 1, 02^{8}$	$= 3790, 55 \,\text{DM}$
6	7	$3235, 20 \,\text{DM} \cdot 1, 02^{7}$	$= 3716, 23 \,\text{DM}$

7	6	$3\,235,20\,\text{DM} \cdot 1,02^6$	$= 3\,643,36\,\text{DM}$
8	5	$3\,235,20\,\text{DM} \cdot 1,02^5$	$= 3\,571,92\,\text{DM}$
9	4	$3\,235,20\,\text{DM} \cdot 1,02^4$	$= 3\,501,88\,\text{DM}$
10	3	$3\,235,20\,\text{DM} \cdot 1,02^3$	$= 3\,433,22\,\text{DM}$
11	2	$3\,235,20\,\text{DM} \cdot 1,02^2$	$= 3\,365,50\,\text{DM}$
12	1	$3\,235,20\,\text{DM} \cdot 1,02^1$	$= 3\,299,90\,\text{DM}$
		Gesamtbetrag	$44\,258,60\,\text{DM}$

Für das Berechnen der Potenzen wird der TR (mit x^y-Taste) benutzt (wobei evtl. Rundungsprobleme thematisiert werden können). Die Lösung muss anfangs nicht so dargestellt werden. Die Schülerinnen und Schüler könnten auch dieses Programm für den TR erfinden:

1. Beginne mit 0
2. Addiere $3\,235,20\,\text{DM}$
3. Vervielfache mit $1,02$
4. Hast du 3. schon insgesamt 12-mal ausgeführt?

   a) Ja, Ende. Ergebnis ist Sparkapital nach 12 Jahren.
   b) Nein. Setze mit 2. fort.

Diese „Computerlösung" liefert relativ rasch das Ergebnis – und das gänzlich ohne Potenzbegriff und erst recht ohne den Begriff der geometrischen Reihe. Auch die Zwischenergebnisse (Sparguthaben nach $0, 1, \ldots$ Jahren) könnten sukzessive notiert werden. Jedoch liegt in dieser iterativen Lösung auch eine große Schwäche, denn ein Verständnis für exponentielles Wachstum, das ja eine ganze Klasse außermathematischer Prozesse beherrscht, kann sicher nur erlangt werden, wenn es explizite Vorstellungen vom Potenzbegriff gibt. Ob und inwieweit man diesen Begriff und den der geometrischen Reihe schon hier oder erst später gesondert thematisiert, ist eine andere Frage. Auf jeden Fall gibt es aus der Situation erwachsende und in ihr bedeutungsvolle mathematische Erkundungsmöglichkeiten, worauf hier nur stichwortartig hingewiesen sei:

(a) Zum Potenzbegriff und der Zinseszinsformel.

   1) $((3\,235,20\,\text{DM} \cdot 1,02) \cdot 1,02) \cdot 1,02 = 3\,235,20\,\text{DM} \cdot 1,02^3$;
      wächst ein Geldbetrag jährlich um $2\,\%$, so steigt er in 3 Jahren auf das $(1,02)^3$-fache an.
   2) $1,02^{12}$ ist nicht das Doppelte, sondern das Quadrat von $1,02^6$; $(1,02^6)^2 = 1,02^{12}$;
      dem Verdoppeln der Verzinsungszeit entspricht das Quadrieren des Zinsfaktors,
      dem Halbieren der Verzinsungszeit entspricht das Radizieren des Zinsfaktors.
   3) $1,02^{12} = 1,02^5 \cdot 1,02^7$; dem Addieren von Verzinsungszeiten entspricht das Multiplizieren der Zinsfaktoren;
      usw.

(b) Zum Begriff der geometrischen Reihe und der Rentenformel.

Guthaben nach 12 Jahren $= 3\,235,20\,\text{DM} \cdot \dfrac{1,02^{13} - 1,02}{0,02}$, weil das, was im 13. Jahr dazukommen würde, auf zwei Arten beschrieben werden kann:

1) 2 % von dem, was da ist, plus $3\,235,20\,\text{DM} \cdot 1,02$, also

$$3\,235,20\,\text{DM} \cdot (1,02^{12} + 1,02^{11} + \ldots + 1,02) \cdot 0,02 + 3\,235,20\,\text{DM} \cdot 1,02.$$

2) $3\,235,20\,\text{DM} \cdot 1,02^{13}$

Aus der Gleichsetzung von 1) und 2) geht die obige Summenformel hervor. Um auf die superbe Idee zu kommen, gerade mit dem Zuwachs im 13. Jahr zu rechnen, sollten die Schülerinnen und Schüler angehalten werden, das Wachsen von Jahr zu Jahr genau – auch graphisch – zu verfolgen, etwa der Übergang von 3 auf 4 Jahre so (Abb. 10.8):

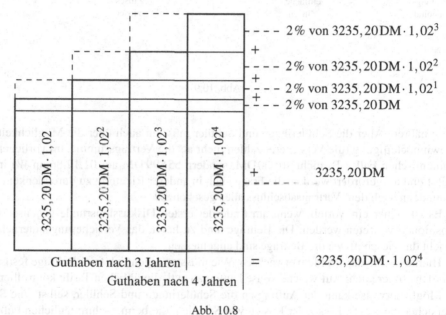

Abb. 10.8

(c) Zum Binomischen Lehrsatz (und Pascaldreieck)

- Kapitalentwicklung bei Zins und Zinseszins in 3 Jahren

Wann und in welcher Ausdehnung auch immer solche notwendigen mathematischen Exkurse unternommen werden, man muss wieder zurück zur Versicherungssache kommen.

Die Frage war, inwieweit Leistungen (Beiträge) und Gegenleistungen in einem „vernünftigen Verhältnis" zueinander stehen.

Das Ergebnis, dass der Versicherte W bei nur 2 % Jahreszins ein Guthaben von über 44 000 DM angespart hätte, bei 4 % gar eins von 50 000 DM, könnte Zweifel in einer Rich-

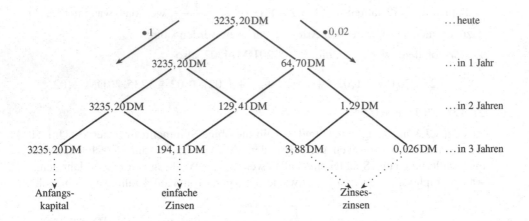

Abb. 10.9

tung nähren. Aber die Schülerinnen und Schüler müssten auch über die Möglichkeit der Gewinnbeteiligung (die Versicherer zahlen mehr als die Vertragssumme, im vorliegenden authentischen Fall z. B. nicht 40000 DM, sondern 55 899 DM am 01.12.86 an W) informiert und aufgefordert werden, die Frage auch in anderer Richtung zu durchdenken: Was kann denn nach dem Vertragsabschluss alles geschehen?

Es ist sicher ein Vorteil, wenn am Ende der ersten Diskussionsrunde gegensätzliche Positionen vertreten werden: Die Beiträge sind zu hoch, das Versicherungsunternehmen macht das Geschäft, vs. die Beiträge sind angemessen.

Hieraus sollte das Problem erwachsen: Wie müssten eigentlich faire Beiträge festgelegt werden? (oder auch: Auf welche Weise kann man evtl. die üblichen Tarife kontrollieren?)

Möglicherweise kann der Auftrag an die Schülerinnen und Schüler, selbst eine Sach-Versicherung – z. B. Ersatz der Kosten von Schäden, die beim nachmittäglichen Fußballspielen auf dem Schulhof entstehen können – zu entwerfen, Weichen für die nun angestrebte Modellbildung stellen: Da der Verursacher des Schadens nicht immer zweifelsfrei festgestellt werden kann und außerdem keine böse Absicht vorliegt, vielmehr ganz einfach Pech, erscheint es einigermaßen fair, den Schaden auf alle Beteiligten umzulegen. Es zahlt dann jeder relativ wenig Geld, um den Schaden, der vereinzelt unglücklicherweise auftreten kann, zu ersetzen.

Auch auf die Familie als einer möglichen Versicherungsgemeinschaft auf Gegenseitigkeit kann (analogisierend) hingewiesen werden, um schließlich einen ersten grundlegenden Modellansatz zu finden:

Fairness müsste durch den Gleichheitsgrundsatz hergestellt werden, wobei noch ausdrücklich hervorgehoben werden muss, dass es möglichst viele Versicherte und möglichst wenige Schadenfälle geben sollte, wenn die Prämie niedrig sein soll.

> Summe aller Prämien der Versicherten an
> den Versicherer
>
> ## Leistung

=

> Summe aller Zahlungen des Versicherers an
> die Versicherten
>
> ## Gegenleistung

Dieses Urmodell muss nun noch spezifiziert werden. Zunächst ist klar, dass hierbei nicht die Kosten (einschließlich Gewinn) des Versicherers berücksichtigt würden. Das Modell ist so nur für ideale (idealistische) Versicherungen auf Gegenseitigkeit geeignet. Sehen wir von den Kosten des Versicherers ab, so passt unser Modell immerhin noch für einen Teil der Prämie, für die Nettoprämie oder – wie es im Jargon heißt – für den Risikoanteil der Prämie. Wir schreiben also in obige Grundgleichung „Nettoprämie" anstelle von „Prämie".

Leider sind beide Seiten der Gleichung noch unbekannt! Man weiß im Voraus nicht, welche Gegenleistungen des Versicherers, die ja in der Zukunft liegen, auftreten werden. Man müsste es aber wissen, weil ja die davon abhängenden Prämien im Voraus zu zahlen sind.

Die Analyse eines weiteren speziellen (und wieder authentischen) Falles könnte weiterhelfen:

Die Bausparkasse L verlangt vom Bausparer den Abschluss einer Risiko-Lebensversicherung. Die Versicherungssumme ist gleich dem Bauspardarlehen. Die Bausparkasse verlangt ab dem Tage der Auszahlung des Darlehens bis zu seiner Tilgung für je 1 000 DM Versicherungssumme und 1 Jahr Versicherungsdauer folgende Prämien (Auszug):

Alter des Versicherten	Jahresprämie
30	4,37 DM
40	5,97 DM
50	10,72 DM
60	26,59 DM
70	57,30 DM

Nachdem der Sinn einer solchen Risiko-Lebensversicherung erörtert worden ist (Zahlung der Versicherungssumme (=(Rest)-Darlehen) an die Angehörigen im Falle des Todes des Bausparers), werden – angeregt durch die Tabelle – folgende Modellannahmen für die Bestimmung der (Netto)-Prämie im Todesfall (= Risiko)-Lebensversicherungen entwickelt, wobei sicher Hilfen notwendig sind:

(1) Die Prämie ist proportional zur Versicherungssumme („je 1000 DM")

(2) Die Prämie hängt vom Alter des Versicherten ab. Sie ist proportional zur Wahrscheinlichkeit des Sterbens.

(3) Um die Zahlungen der Versicherten und des Versicherers, die ja zu verschiedenen Zeiten erfolgen, vergleichen zu können, werden sie alle auf ihren heutigen Wert umgerechnet (Barwert).

Alle drei Annahmen beschreiben keineswegs natur- oder logiknotwendige Sachverhalte, sie haben nur eine gewisse Plausibilität für sich. Idealisierung liegt u. a. insofern massiv vor, als die Versicherten als austauschbare statistische Einheiten fungieren. Am unproblematischsten ist wahrscheinlich (1). In (2) ist der quantifizierende zweite Teil brisant, da er voraussetzt, dass man die Sterbewahrscheinlichkeit zahlenmäßig ermitteln kann. Jetzt müssen den Schülerinnen und Schülern Sterbetafeln ausgehändigt werden, die ihrerseits zu vielerlei Fragen und Erkundungen Anlass geben. Der Verweis auf Wettsituationen kann evtl. einsichtsfördernd sein; die Prämie (Preis für das Los) ist ja verloren, wenn kein Todesfall eintritt. Nicht so sehr auf der Hand liegend ist (3), es geht hier die Unterstellung ein, dass eine später fällig werdende Zahlung heute einen geringeren Wert hat, denn dieser heutige Betrag hat ja Zeit, durch Verzinsung auf den später zu zahlenden Betrag anzuwachsen. Die Schülerinnen und Schüler erhalten die (3) präzisierende Zusatzinformation: In der Lebensversicherung wird durchgehend mit einem Jahreszins von $3,5\%$ ab 01.01.87 (früher 3%) gerechnet.

Die 3 Modellannahmen und die Sterbetafeln reichen aus, die obigen Prämienforderungen der Bausparkasse L zu kontrollieren und dabei die Modellbildung zu vertiefen.

Aus den Sterbetafeln 1986 und 1960/62 ist zu entnehmen

Alter x (in Jahren)	Lebende des Alters x (1986)		Lebende des Alters X (1960/62)
	männlich	weiblich	
30	95 896	96 808	91 778
31	95 706	96 677	91 576
40	93 756	95 177	89 411
41	93 458	94 962	89 302
50	89 351	92 205	85 030
51	88 650	91 768	84 329
60	79 161	86 021	73 616
61	77 631	85 086	71 829
70	58 255	72 154	50 761
71	55 357	69 969	47 956

Nun ist (im Modell!) zu rechnen! Legen wir zunächst einen Rechnungszins von 3% und die Sterbetafel von 1960/62 zugrunde, wo nicht nach Geschlecht unterschieden wird.

Von 100 000 Lebendgeborenen wurden 91 778 30 Jahre alt, davon starben im Laufe des darauf folgenden Jahres 91 778 − 91 576 = 202 Menschen. Also war danach die Sterbewahrscheinlichkeit für 30-Jährige $\frac{202}{91778}(= 0,0022)$. Die (Netto-)Prämie P sei heute zu zahlen, die Versicherungssumme von 1 000 DM dagegen erst in 1 Jahr, falls der Versicherte im Laufe des Jahres stürbe. Der heutige Wert diese 1 000 DM ist aber bei Jahreszins von 3 % nur $\frac{1000\,\text{DM}}{1,03}$. Nach unserer Modellannahme müsste also für 1 000 DM Versicherungssumme und 1 Jahr die (Netto)Prämie P so groß sein:

$$P = \frac{202}{91\,778} \cdot \frac{1\,000\,\text{DM}}{1,03} = 2,14\,\text{DM}.$$

Die Bruttoprämie, die die Bausparkasse tatsächlich fordert, ist dagegen mehr als doppelt so hoch. Da haben wir doch immerhin schon etwas aufgedeckt. Allerdings könnte auch unsere Rechnung insofern falsch sein, als die Modellannahmen gar nicht auf die Praxis zutreffen. Dies ist aber in der Tat der Fall, wie uns die einschlägige Gesetzesgebung bestätigt. Nach der Sterbetafel 1986 berechnete sich die Nettoprämie für 1 000 DM mit 3,5 % Rechnungszins und 1 Jahr Versicherungszeit

$$\text{zu } \frac{190}{95\,896} \cdot \frac{1\,000}{1,035} = 1,91\,\text{DM} \text{ für 30-jährige Männer und}$$

$$\text{zu } \frac{131}{96\,808} \cdot \frac{1\,000}{1,055} = 1,31\,\text{DM} \text{ für 30-jährige Frauen.}$$

Die entscheidenden und schwieriger zu durchschauenden Grundlagen der Nettoprämienberechnung sind die Altersabhängigkeit und der Jahreszins, also (2) und (3). Es wird gut sein, weil der Grundgleichung „Leistung = Gegenleistung" besser entsprechend, die Modellkomponente (2) in diese Form zu bringen:

(2)' Jahresprämie · Anzahl Lebender zu Beginn des Jahres = Versicherungssumme · Anzahl während des Jahres Verstorbener.

Für obiges Beispiel:

$$P \cdot 91\,778 = \frac{1\,000\,\text{DM}}{1,03} \cdot 202.$$

Dabei ist der heutige Wert (Barwert) der Versicherungssumme zu nehmen. Die analoge Formulierung von (2)' für den Erlebensfall kann selbständig formuliert werden.

Ganz deutlich muss herausgearbeitet werden, dass angenommen wird, dass alle 91 778 Personen der Sterbetafel 1960/62 sich versichern, von denen 202 im folgenden Jahr sterben, und dass es bei dieser Annahme nur auf das Verhältnis dieser beiden Zahlen ankommt!

Was den Rechnungszins angeht, so darf nicht verhüllt werden, dass sich seine Festlegung kaum allein aus der Versicherungssituation begründen lässt (Die Versicherungsunternehmer sprechen von „vorsichtiger Kalkulation"). Auch ist es nur bedingt einsichtig, dass z. B. eine in 10 Jahren fällige Zahlung heute nur

$$\frac{1}{1,035^{10}} = 71\,\%$$

davon wert sein soll, die jährliche Inflationsrate könnte ja höher sein als der Jahreszins von

3,5 %, von dessen Willkürlichkeit abgesehen. Abgesehen davon wird es notwendig sein, einen Exkurs über den Begriff Barwert zu unternehmen, der in der folgenden Operatorform vielleicht besonders griffig erscheint.

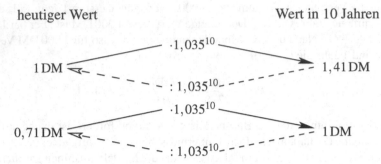

Die allgemeine Darstellung der Barwertformel in Variablen als Umkehrung der Zinseszinsformel wäre nützlich:

$$K_n = K_0 \cdot \left(1 + \frac{P}{100}\right)^n \qquad \text{(Zinseszinsformel)}$$

$$K_0 = \frac{K_n}{\left(1 + \frac{P}{100}\right)^n} \qquad \text{(Barwertformel)}$$

Auch könnte es hier sinnvoll sein (in Verbindung mit Schaubildern der Funktion $n \to K_n$) negative Exponenten einzuführen:

$$K_0 = K_n \cdot \left(1 + \frac{P}{100}\right)^{-n}.$$

Auf jeden Fall erscheint es unerlässlich, den beschleunigten Charakter exponentiellen Wachstums kräftig zu betonen: Was ist 1 DM heute wert, wenn sie in 50, 80, 100 Jahren zu zahlen ist? In wieviel Jahren wird aus einem Betrag das Doppelte bei 1 %, 2 %, 3 %, ... Jahreszinssatz? Usw.

Mit Hilfe des Barwertbegriffs lässt sich unser Modell zur Nettoprämienberechnung jetzt (vorläufig) endgültig so zusammenfassen:

> Summe der Barwerte aller Prämien
> der Versicherten

$$=$$

> Summe der Barwerte aller Zahlungen
> des Versicherers

Erstaunlich ist, dass damit im Wesentlichen alle relevanten Fälle der Lebensversicherung gemeistert werden können.

Hier folgt nur noch ein Beispiel zur Berechnung der Nettoprämie für eine gemischte Erlebens- und Todesfallversicherung (vgl. die authentische Ausgangssituation!), das genügend Herausforderungen bietet und evtl. in Gruppen bearbeitet werden kann.

Gegeben:

> Alter der weiblichen Versicherten bei Beginn (heute): 20 Jahre
> Versicherungsdauer: 5 Jahre (unrealistisch!)
> Versicherungssumme: 100 000 DM
> Versicherungsart: Kapitalzahlung im Todes- und Erlebensfall
> Rechnungszins: 3,5 % p. a.
> Sterbetafel: 1986
> Prämienzahlungsweise: jährlich im Voraus (ab heute)

Gesucht:

> a) Nettoprämie für Todesfall
> b) Nettoprämie für Erlebensfall

Die Schülerinnen und Schüler sollten zunächst schätzen. Wenn sie die Meinung verträten, dass die Prämie für den Erlebensfall wesentlich höher sein müsste als für den Todesfall, wäre das lobenswert.

Eine ausführliche Lösung sieht so aus: Sterbetafeldaten sammeln

Alter x	Lebende des Alters x	Verstorbene im Alter x bis $x + 1$
20	97 989	
21	97 880	109
22	97 768	112
23	97 655	113
24	97 539	116
25	97 422	117

a) Nettoprämie P_T, für den Todesfall

    a1) Gegenleistungen des Versicherers: Summe der (Barwerte von 100 000 DM · Anzahl der je Verstorbenen)

$$\frac{100\,000\,\text{DM}}{1{,}035} \cdot 109 = 10\,531\,401\,\text{DM}$$

$$+ \; \frac{100\,000\,\text{DM}}{1{,}035^2} \cdot 112 = 10\,455\,320\,\text{DM}$$

$$+ \; \frac{100\,000\,\text{DM}}{1{,}035^3} \cdot 113 = 10\,191\,935\,\text{DM}$$

$$+ \; \frac{100\,000\,\text{DM}}{1{,}035^4} \cdot 116 = 10\,108\,730\,\text{DM}$$

$$+ \; \frac{100\,000\,\text{DM}}{1{,}035^5} \cdot 117 = 9\,851\,086\,\text{DM}$$

$$\overline{ 51\,138\,472\,\text{DM}}$$

a2) Leistungen der Versicherten: Summe der (Barwerte der Jahresprämie P_T · Anzahl der je Lebenden)

$$
\begin{array}{rcl}
P_T & \cdot & 97\,989 \\
+\quad \dfrac{P_T}{1,035} & \cdot & 97\,880 \\
+\quad \dfrac{P_T}{1,035^2} & \cdot & 97\,768 \\
+\quad \dfrac{P_T}{1,035^3} & \cdot & 97\,655 \\
+\quad \dfrac{P_T}{1,035^4} & \cdot & 97\,539 \\
\hline
P_T & \cdot & 456\,905
\end{array}
$$

Aus a1) und a2) ergibt sich die Nettoprämie

$$
P_T = \frac{51\,138\,472\,\mathrm{DM}}{456\,905} = 111,92\,\mathrm{DM}
$$

Fragen: Wie könnte man P_T überschlagsweise bestimmen? Was bedeutet die Zahl 456\,905?

b) Nettoprämie P_L für den Erlebensfall

b1) Gegenleistungen des Versicherers: Barwert von 100\,000 DM · Anzahl der Lebenden nach 5 Jahren

$$
\frac{100\,000\,\mathrm{DM}}{1,035^5} \cdot 97\,422 = 8,2027\,\mathrm{Mrd.\ DM}
$$

b2) Leistungen der Versicherten: Summe der (Barwerte der Jahresprämie P_L · Anzahl der je Lebenden)

(Übernahme der Ergebnisse von a2)!

$$
P_L \cdot 456\,905
$$

Aus b1) und b2) folgt für die Nettoprämie

$$
P_L = \frac{8,2027\,\mathrm{Mrd.\ DM}}{456\,905} = 17\,952,68\,\mathrm{DM}
$$

Dass die Gesamtprämie sich additiv aus P_T und P_L zusammensetzt, erscheint plausibel. Die gesamte Nettoprämie für diese Versicherung (die wegen der Kürze der Laufzeit unrealistisch ist), beträgt 18\,064,60\,DM.

Mit den erarbeiteten Methoden könnte auch die Nettoprämie unseres Ausgangsbeispiels berechnet werden, nur der Rechenaufwand wäre größer, so dass sich Computereinsatz anbieten könnte.

Für unsere generelle Problematik des entdeckenden Lernens dürfte das Thema Lebensversicherung besonders deutlich vor Augen geführt haben, welche Schwierigkeiten sich ergeben, wenn die Schülerinnen und Schüler *aus* der Lebenspraxis lernen sollen. Wenn sie aber *für* ihre eigene Lebenspraxis lernen sollen, dann gibt es wohl keine verheißungsvollere Möglichkeit, als ernsthafte Auseinandersetzung mit Erscheinungen unserer Wirklichkeit zu unternehmen, aber dies auf entdeckende Art und Weise.

Literatur

[1] Becker, G. u.a.: Anwendungsorientierter Mathematikunterricht in der S I, Klinkhardt 1979.

[2] Blechman/Myskis/Panovko: Angewandte Mathematik, Deutscher Verlag der Wissenschaften 1984.

[3] Cantor, M.: Vorlesungen über Geschichte der Mathematik, 2. Band Teubner 1965 (Nachdruck von 1900).

[4] Christmann, N. u.a.: Anwendungsorientierter Mathematikunterricht, Schöningh 1981.

[5] Davis/Hersh: Erfahrung Mathematik, Birkhäuser 1985.

[6] Dörfler/Fischer (Hrsg.): Anwendungsorientierte Mathematik in der S II, Heyn 1976.

[7] Fischer/Malle: Mensch und Mathematik, Bibl. Institut 1985.

[8] Galilei, G.: Unterredungen und mathematische Demonstrationen über zwei neue Wissenszweige, die Mechanik und die Fallgesetze betreffend, 3. und 4. Tag (Arcetri 1638), Ostwald-Klassiker, Verlag Engelmann 1891.

[9] Hall, R.: Die Geburt der naturwissenschaftlichen Methode, Mohn 1963.

[10] Hamel, G.: Elementare Mechanik, Teubner 1985 (Nachdruck von 1912).

[11] Heidelberger/Thiessen: Natur und Erfahrung. Deutsches Museum, Rororo 1985.

[12] Hemleben, J.: Galilei, Rororo 1983.

[13] Hoyningen-Huene, P. (Hrsg.): Die Mathematisierung der Wissenschaften, Artemis 1983.

[14] Jordan, P.: Galileo Galilei. In: Exempla historica, Band 27, Fischer 1984, S. 143 - 166.

[15] Jost, R.: Mathematik und Physik seit 1800: Zerwürfnis und Zuneigung. In: Hoyningen-Huene (Hrsg.) 1983.

[16] Kaiser-Meßmer, G.: Anwendungen im Mathematikunterricht, Franzbecker 1986.

[17] Klein, F.: Elementarmathematik vom höheren Standpunkt aus (1908), Springer 1968.

[18] Lietzmann, W.: Lebendige Mathematik, Physica 1955.

[19] Mach, E.: Die Mechanik, Wiss. Buchgesellschaft 1976 (Reprint der 9. Auflage von 1933).

[20] Rieder/Poethke/Willms: Elementare Überlegungen über Sicherheitsabstand und Verkehrsfluß im Fernverkehr. In: Chistmann, N. u.a.

[21] Schwarz, H.-R.: Die Einwirkung der Mathematisierung der Wissenschaften auf die angewandte und numerische Mathematik. In: Hoyningen-Huene (Hrsg.) 1983.

[22] Steiner, H.-G.: Zur Methodik des mathematisierenden Unterrichts. In: Dörfler/Fischer (Hrsg.): Anwendungsorientierte Mathematik in der S II, Heyn 1976.

[23] Teichmann, J.: Wandel des Weltbildes, Deutsches Museum, Rororo 1985.

[24] Toulmin, S.: Voraussicht und Verstehen, Suhrkamp 1981.

[25] Wagenschein, M.: Naturphänomene sehen und verstehen, Klett 1980.

[26] Weyl, H.: Philosophie der Mathematik und Naturwissenschaft, Oldenbourg 1966[2].

[27] Winter, H.: Sachrechnen in der Grundschule, Cornelsen-Velhagen & Klasing 1985.

[28] Winter, H.: Sterbetafel und Lebensversicherung. In: Mathematik lehren, Heft 20, 1987, S. 27 - 42.

[29] Wittmann, E.: Elementargeometrie und Wirklichkeit, Vieweg 1987.

Auswahl jüngerer Literatur zum Thema

[30] Blum, W. / Galbraith, P. / Henn, H.-W. / Niss, M. (Hrsg.): Modelling and Applications in Mathematics Education, Springer 2007.

[31] Borromeo Ferri, R.: Wege zur Innenwelt des mathematischen Modellierens – Kognitive Analysen zu Modellierungsprozessen im Mathematikunterricht, Vieweg+Teubner 2011.

[32] Büchter, A. / Humenberger, H. / Hußmann, S. / Prediger, S. (Hrsg.): Realitätsnaher Mathematikunterricht – vom Fach aus und für die Praxis, Franzbecker 2006.

[33] Engel, J.: Anwendungsorientierte Mathematik, Springer 2010.

[34] Greefrath, G.: Mathematisches Modellieren – Aufgaben für die Sekundarstufe I, Aulis 2006.

[35] Greefrath, G. / Weigand, H.-G. (Hrsg.): Mathematik lehren – Simulieren – Mit Modellen experimentieren, 2012, Heft 174.

[36] Henn H. (Hrsg.): Mathematik lehren – Modellieren, 2002, Heft 113.

[37] Henning, H. (Hrsg.): Der Mathematikunterricht 59 (2013), Heft 1.

[38] Hinrichs, G.: Modellierung im Mahthematikunterricht, Spektrum 2008.

[39] Maaß, K.: Mathematisches Modellieren im Unterricht, Franzbecker 2004.

Register

(s. = sensu = im Sinne von, des),

Abakus, 81 ff
Ableitung von $f(x) = \frac{1}{x}$, 61 f
Abtrennungsregel (der Logik), 146 f
advance organizer, 88
Äquilibrationstheorie s. Piaget, 214
algebraische Methode, algebr. Prinzip, 70, 116 ff, 180
Algorithmus, didaktische Einschätzung, 70 ff
Analogie
    Ebene-Raum, 58
    in der Sprache, siehe Metaphorik und Transfer, 59
Analogiebildung als Heurismus, 57 ff, 91, 141, 181, 203, 225, 228 f, 254, 266
Analysis
    in Konstruktionsaufgaben, 112 ff
    in Textaufgaben, 114 ff
    s. Euklid, 109
    s. Polya, 225
    s. Vieta, 109 ff, 148
Analysis (/Synthesis) als Heurismus, 109 ff, 138, 225
analytische Geometrie
    in der Schule, 124 ff
    s. Descartes, 122 ff
Anamnese, 9, 17, 44
Anschauung und Begriff, 171 ff, 222
Anschauungsvermögen als Lernziel, 177
Antaneiresis, 174
Antizipation, 132, 164
Anwendungsorientierung, Probleme der, 247, 248, 259 ff
Aphairesis, 176
Apollonius, Kreis des, 49
Approximation, approximieren, 114
Aristotelische Bewegungslehre, 249 ff
ars inveniendi, 128
ars iudicandi, 128
Artikulationsschema s. Roth, 95
Aufklärung, 16, 20, 22, 67, 263 f, 271 f

von Paradoxien, 201 ff

babylonisches Wurzelziehen, 155
Barwertformel, 280
Baumdiagramm, 143
Bergsteigerproblem s. Duncker, 209
Beschleunigung
    beim Bremsen/Fahren, 266 ff
    beim Fallen, 251 f, 255 f
Betragsfunktion, 200 f
Beweis-Widerlegungs-Spiel s. Lakatos, 18 ff
Binomialkoeffizient, 136 ff, 144, 162
Binomischer Lehrsatz, 144 f, 149, 275
Bremsweg beim Fahren, 266 f

Cardanosche Formel, 186
Cavalieri Satz (Prinzip) des, 55 f
Comenius, Johann Amos, 1
Coß, 68

Diagonalen im n-Eck, Satz über, 165 f
Dialog
    s. Galilei, 17, 247, 254
    s. Lakatos, 18 ff
    s. Lorenzen, 20 f
    s. Plato, 12 ff
    s. Polya, 235
didaktische Exposition s. Ausubel, 93
differenzieren (vs. identifizieren), 142
Diskurs, diskursiv, 221 f
divergentes Denken
    in didaktischer Sicht, 239 ff
    s. Guilford, 236 ff
Dreiecksungleichung, 200 f, 227, 231, 233

einfach im Sinne der Didaktik, 121
Einfachheit in der Natur
    s. Galilei, 252, 257
Einmaleins-Übung, 100 f
Elaboriertheit s. Guilford, 237 f
Ellipse, 229 ff, 233
Endstellenregeln, 82

Printed in the United States
By Bookmasters